건축재료의 이해

Building Materials

김태곤 지음

청문각

PREFACE

건축물의 각 부분의 용도에 따라 건축재료에 요구되는 성질이 다르기 때문에 건축재료를 적합한 곳에 사용하기 위해서는 각 재료의 성질, 즉 특성이나 장단점 등을 명확히 알고 그 용도에 따라 사용목적에 적합한 것을 합리적으로 시공하는 것이 중요합니다.

최근에 와서는 건축에서 요구되는 성능이 다양해져서 그것에 맞는 신재료를 연구하게 되었고 발전시켜 오게 되었습니다. 앞으로 신재료에 대한 대책이나 특수한 성능을 가진 신재료가 개발되기를 기대하는 것도 중요하지만, 현재 있는 건축재료의 활용성 증대방안을 연구하는 것이 오히려 신재료의 개발에 더욱 도움이 될 것이라 생각됩니다. 그러자면 건축재료에 대한 전반적인 검토가 이루어져야 합니다.

이 책은 이러한 상황을 고려하여, 제1장 건축재료의 발달에서는 건축과 건축재료의 일반적인 관계, 건축재료의 발달과정, 건축재료의 규격에 대해 언급하였습니다. 제2장 건축재료의 분류와 요구성능에서는 여러 가지 관점에 따라 건축재료를 분류해 보고, 건축재료의 요구되는 성능을 생각해 보았습니다. 제3장 건축재료의 일반적 성질에서는 역학적 성질, 물리적 성질, 화학적 성질, 내구성 및 내후성으로 나누어 각 재료의 요구되는 성질에 대한 이해를 돕기 위해 용어 위주의 설명을 별도의 장으로 구성하였습니다. 제4장 각종 건축재료의 특성, 용도, 규격에 관한 사항에서 본격적으로 여러 종류의 건축재료를 설명하기 위해서 가능하면 많은 사진과 그림을 넣어 독자들에게 충분한 이해가 되도록 노력하였습니다.

마지막으로 제5장 재료의 선정방법에서는 각종 재료의 특성과 용도를 아는 것도 중요하지만, 알고 있는 재료를 적재적소에 선정하는 방법이 더더욱 중요하다는 것을 강조하기 위해서 마지막 장으로 할애하였습니다.

마지막으로, 이 책에 있는 수식, 표, 그림의 단위는 국제화 추세에 맞추어 SI 단위를 사용하였으며, 각 장마다 관련 실전 연습문제를 두어, 그 단원에 대한 이해를 돕고자 노력하였습니다.

끝으로 이 책의 부족한 부분은 앞으로 계속해서 수정 보완할 것을 약속드리며, 출판을 위해 수고해 주신 청문각 관계자 여러분께 감사드립니다.

2017년 2월
저자 올림

CONTENTS

Chapter 4

각종 건축재료의 특성, 용도, 규격에 관한 사항

XI. 접착제

XII. 역청재료

Chapter 5

재료의 선정방법

Chapter | 1

건축재료의 발달

건축과 건축재료 / 건축재료의 발달과정 / 건축재료의 규격

1. 건축과 건축재료

건축이란 양질의 건축물을 생산하기 위해 인간이 필요로 하는 재료를 이용해서 어떻게 효율적으로 내구성을 가지며 안전하게 만드느냐 하는 문제이며, 이런 개념은 구조분야, 시공분야, 계획분야 등 건축 전분야에 걸쳐 공통적으로 중요시해야 할 것이다. 즉, 구조라는 것도 재료를 어떻게 절약해서 단단하게 내구성을 가지며 인간에게 안전한 공간을 만드느냐 하는 것이다.

양질의 건축물이란 다음 3가지 점을 만족시키는 것으로 정의할 수 있다.

- 지진·태풍 등의 자연재해와 화재 등의 인적 재해에 대하여 안전할 것
- 건축계획이 합리적이고 건물이 사용목적에 대해 쾌적하여 사용하기 편리할 것
- 건물이 내구적이고 경제적일 것

이러한 양질의 건축물을 만드는데 사용되는 건축재료는 많은 종류가 대량으로 사용되기 때문에 건축재료의 선택 방법과 사용 방법에 따라 건축물의 재해에 대한 안전성, 기능성, 내구성 등에 크게 영향을 주고 있다. 또한 건축물 각 부분의 용도에 따라 건축 재료에 요구되는 성질이 다르기 때문에 건축재료를 적합한 곳에 사용하기 위해서는 각 재료의 성질, 즉 특성이나 장단점 등을 명확히 알고 그 용도에 따라 사용 목적에 적합한 것을 합리적으로 시공하는 것이 중요하다. 최근에 와서는 건축에서 요구되는 성능이 다양해져서 그것에 맞는 신재료를 연구하게 되었고 발전시켜 오게 되었다. 앞으로 신

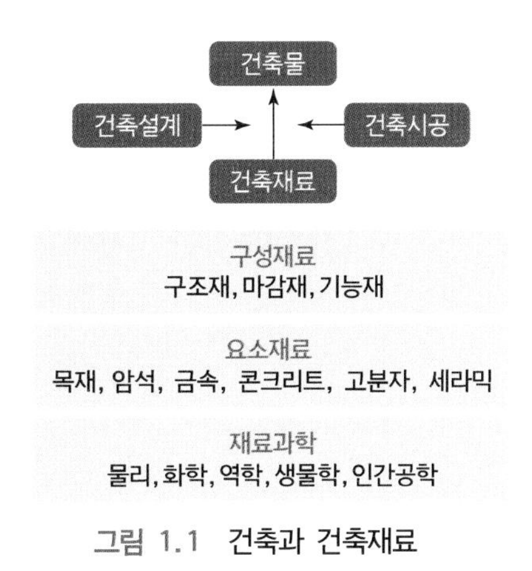

그림 1.1 건축과 건축재료

재료에 대한 대책이나 특수한 성능을 가진 신재료가 개발되기를 기대하는 것도 중요하지만, 현재 있는 건축재료의 활용성 증대방안을 연구하는 것이 오히려 신재료의 개발에 더욱 도움이 될 것이라 생각된다. 그러자면 건축재료에 대한 전반적인 검토가 이루어져야 한다.

건축재료는 간단하고 부서지기 쉬운 재료들, 즉 원시적으로 풀로 엮은 초가, 나뭇가지로 만든 틀, 아카시아나무에 진흙을 바른 허술한 벽 같은 것으로부터 시작하여 내구성이 강한 점토·벽돌·돌·시멘트와 같은 재료로 발전되어 왔다. 현대에 들어서면 철근 콘크리트를 비롯하여 철골·구리·알루미늄·유리·구조섬유·플라스틱 등 여러 재료를 사용해 더욱 대담한 구조물을 세우게 되었고, 재료 자체의 고유한 성질을 잘 활용하여 완전히 새로운 장식계획에 이용함으로써 아름다운 많은 형태들을 만들었다.

건물재료 가운데 중요한 것으로는 석재, 벽돌, 목재, 철과 강철, 콘크리트를 들 수 있다. 자연에서 얻는 재료들은 기술이 발달함에 따라 점차 가공재료로 바뀌었지만, 전적으로 대체된 것은 아니며, 구조적·장식적으로 사용하게 되었다.

석재를 쉽게 구할 수 있는 지역에서는 보통 기념비적인 건축에 쓸 재료로 어떤 건축재료보다도 석재를 많이 사용했다. 석재의 장점은 내구성이 있으며, 표면을 조각하기 쉽고 자연 상태로도 건축하기에 적당하다는 것이다. 그러나 채석과 운반, 가공처리가 어렵고 인장력이 약해서 보·인방·바닥구조물로 쓰기에는 한계가 있다. 가장 간단하고 값싼 방식으로는 막쌓기를 들 수 있으나, 기념비적인 건축에 맞는 가장 강하고 적합한 방법은 규칙적으로 석재을 잘라 쌓은 다듬돌쌓기이다. 외장재를 제외한 다른 용도에는 석재보다 더 값싸고 효율적인 가공재료가 쓰이게 되었지만, 석재는 석기시대 이래 각종 건물에 꾸준히 쓰인 재료이다.

벽돌은 하중을 지탱하기에는 너무 작고 가벼우며 울퉁불퉁하기 때문에 반드시 모르타르와 같이 사용해야 한다. 때로는 독특한 구조나 표현에 걸맞도록 그 형태를 특수하게 가공하여 사용한다. 그 예로 아치에 사용되는 쐐기 모양의 벽돌을 들 수 있다. 벽돌은 BC 4000년경부터 사용되었고 고대 근동 지방에서는 가장 흔히 쓰이던 건축재료였다. 중세를 거치면서 보편화된 벽돌은 특히 16세기 이후 북부 유럽에서 널리 쓰였다. 20세기에 들어서도 널리 쓰이고 있으며, 보통 철골구조체에서 힘을 받지 않는 비내력벽을 쌓는 주재료로 쓰인다.

목재는 다른 자연재료들에 비해 구하기도 쉽고 운송과 가공도 쉽다. 대단히 큰 구조물이나 기초부분을 제외하면 건물의 어떤 부분에도 효과적으로 나무를 사용할 수 있다. 그러나 목재는 불에 타기 쉽고 흠집이 생기기 쉬우며 해충의 피해를 입는 단점이 있다. 서구에서는 기념비적인 건축에 나무를 사용한 예가 드물지만, 중국·한국·일본과 북유럽·북아메리카의 주거건축에서는 그 목조구조의 역사가 길다. 오늘날에도 여러 가지 건축기술에 쓰이고 있는데 합성보나 대들보의 형태로 무거운 구조틀을 만들기도 하고, 합판 형식으로 내부와 외부 마감재로 쓰이기도 하며 얇은 판으로 잘라 아치나 트러스를 만드는 일에 사용되기도 한다.

주철(무쇠)과 강철은 석재·벽돌·목재보다 적은 양으로 훨씬 튼튼하고 높은 구조물을 만들 수 있다. 또한 별도의 지지체가 없어도 개구부나 내부·외부 공간을 크게 만들 수 있다. 주철은 이미 1779년부터 다리건설에 사용되었다. 주철은 인장력보다는 압축력에 훨씬 강하기 때문에 보와 같은 인장재보다는 소규모의 기둥에 사용하는 것이 좋다. 19세기경에는 인장력과 압축력에 똑같이 강하고 유연하여 작업하기 쉽고 저항력이 좋은 강철이 등장했다. 철골구조는 단단하고 연속성이 있으며, 용접기술이 발달한 덕택에 부재들의 접합부도 부재만큼 견고하며 하중을 보와 기둥으로 분산시킨다.

콘크리트는 시멘트와 모래와 자갈을 물로 혼합한 가공재료로 빠르게 굳어 돌처럼 단단하고 물과 불에 잘 견디며 압축력에도 강한 응고체가 되지만 인장력에 약하다. 액체상태에서 형틀에 부어 넣을 수 있기 때문에 연속적인 형태를 만들 수 있으며 다른 재료들과 쉽게 혼합할 수 있는 장점이 있다. 또한 경제적이어서 전통적 재료들을 대신하게 되었다.

콘크리트는 고대 이집트와 로마에서 주로 돔과 볼트, 하수도시설, 다리 등에 쓰였다. 철근 콘크리트는 1860년대 콘크리트의 압축력에 강철의 인장력을 결합하려는 목적으로 발명되었다. 형틀 속에 강철을 올가미처럼 얽어놓고 콘크리트를 부어 만드는데, 일단 응고된 상태에서는 두 재료가 똑같이 반응한다.

앞에서 언급한 건축재료의 성분, 조직, 구조 등을 명확히 알고, 건축재료의 물리적, 화학적, 생물학적 성질을 이해하며 신재료를 포함하는 각종 재료를 안전하고 합리적으로 사용할 수 있는 재료선택의 기초를 배우는 것이 건축재료학을 배우는 목적이다.

건축재료학의 구성은 그림 1.2와 같다.

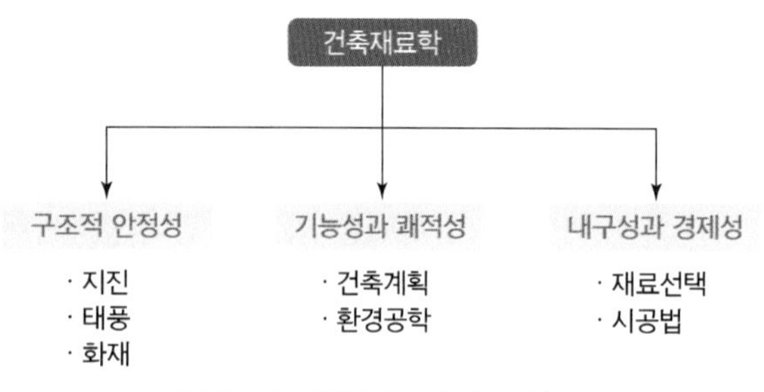

그림 1.2 건축재료학의 구성

2. 건축재료의 발달과정

시대적 변화 및 건축기술의 발전에 따라 건축재료도 함께 발전해 왔다. 선사시대에서 18세기 초까지는 목재, 석재, 점토 등의 천연재료가 대부분의 건축재료로 사용되었다. 현재 이러한 재료는 구조재료보다는 환경친화적인 마감재료 등으로서 사용되고 있다. 18세기 후반에 일어난 산업혁명 이후부터는 제조기술이 점차적으로 발전함에 따라 천연재료의 사용에서 시멘트, 철강, 유리 등의 무기재료 사용이 도입되었다. 초기에는 이러한 재료를 건축재료로 이용하거나 응용하는 데에 많은 기술적 제약이 있었던 것이 사실이다. 그러나 19세기 중반에 들어서는 신소재의 개발이나 제조기술의 발전으로 건축재료의 형태도 크게 변하게 된다. 재료별로 보면, 천연재인 목재는 가공품인 집성목재나 합판, 섬유판 등의 인공재료가 등장하였다. 석재는 레진 충진제의 배합을 변화시켜 제조한 인조대리석이 등장하여 인테리어 재료로 사용되어 석재의 용도를 크게 변화시켰다. 점토는 사용법에 큰 변화가 없었으나 광택도 등이 뛰어난 라스타 타일, 전자파를 흡수하는 페라이트 타일들이 나오게 되었다. 시멘트는 19세기 초에 영국의 앱스딘(Aspdin, Joesph)에 의해 포틀랜드 시멘트가 발명되었다. 19세기 중엽에는 프랑스의 모니에(Monnier)에 의해 철근콘크리트의 이용법이 개발 및 연구됨으로써 19세기 말부터는 독일을 중심으로 전 세계로 보급되어 현재 콘크리트는 건설재료의 주재료로 의심할 여지가 없으며, 사회·경제적 발전에 큰 역할을 한 주요 자재로 인식되고 있다. 콘크리트의 이용법에서는 초고성능 감수제 등을 넣어서 만든 고강도콘크리트, 진동다짐이 필요없는 고유동콘크리트, 추정내구연한이 500년 이상인 고내구성콘크리트 등이 나오고 있다. 또한, 공장제품으로는 고강도 프리캐스트 부재나 ALC 제품 등이 제조되고 있다. 철강도 19세기 중엽에 전로법, 평로법 등이 발명되어 제강술이 급속히 진보하였다. 최근에는 압연기술이 발전함에 따라 경량형강과 같은 박판강이나 두께가 25 mm를 초과하는 후판강 등이 나오고 있고, 강관이나 H형강 등이 대량으로 보급되고 있다. 또 고장력 강재, 열가공을 억제할 수 있는 TMCP강, 고온에 견딜 수 있는 내열강 등이 출현하고 있고, 특히 내식성이 크게 요구되는 부문에 사용할 수 있는 스트인리스강 등 고품질의 강재가 생산되고 있다. 유리는 18세기 말에 소다유리가 발명되면서부터 유리의 제조방법이 개량되었다. 처음엔 평판유리를 사용하다가 열선방사유리, 복층유리, 강화 유리 등 특수 용도의 제품이 많이 생산되게 되었다.

이와 같이 전술한 재료들 외에도 합성수지의 출현은 건축재료를 크게 변화시키는 계기가 될 것이며, 20세기 건축 발달에 이바지한 3대 건축재료인 유리, 철강, 시멘트(콘크리트) 대용으로 사용하게 됨으로써 구조재, 마감재로서 건축 재료의 전면적인 이용이 예상된다. 그리고 도료, 접착제, 실링재 등의 출현은 건축생산의 공업화를 앞당기는 계기가 되었다. 또한 최근 초고층 건물이 증대함에 따라 재료에 대한 내화 및 방화에 관한 규제가 심화되고 있으며, 산업폐기물에 대한 활용방안으로써 고로슬래그, 재생골재 등이 건축용 골재로 사용되고 있다. 향후 건설 현장에서는 로봇이 대량 투입되어 시공에 활용될 것이므로 이러한 시공에 가장 적합한 재료를 제조할 필요성이 있다.

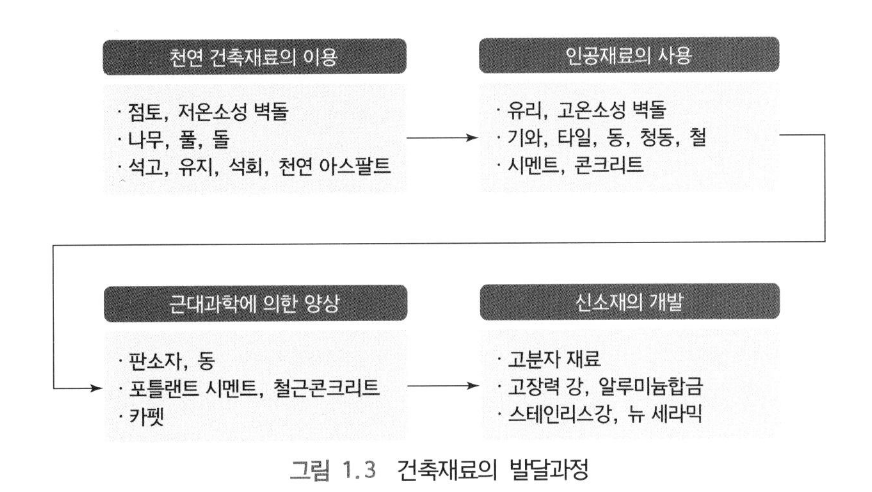

그림 1.3 건축재료의 발달과정

3. 건축재료의 규격

재료나 제품의 모양, 치수, 품질, 사용 방법, 시험 방법 등에 대한 표준 규격을 정하여 통일시키면 품질의 향상에 도움이 될 뿐만 아니라, 경제적인 설계 및 시공을 할 수 있어 생산자와 소비자에게도 이익이 될 것이다. 우리나라에서는 이 규격을 표 1.1과 같이 한국산업표준(KS: Korean Industrial Standards)으로 정하고 있다.

한국산업표준(KS: Korean Industrial Standards)은 산업표준화법에 의거하여 산업표준심의회의 심의를 거쳐 기술표준원장이 고시함으로써 확정되는 국가표준으로서, 약칭하여 KS로 표시한다.

한국산업표준은 기본부문(A)부터 정보부문(X)까지 21개 부문으로 구성되며 크게 다음 세 가지로 분류할 수 있다.

- 제품표준　제품의 향상·치수·품질 등을 규정한 것
- 방법표준　시험·분석·검사 및 측정방법, 작업표준 등을 규정한 것
- 전달표준　용어·기술·단위·수열 등을 규정한 것

표 1.1 한국산업표준의 분류체계

대분류	중분류
기본부문(A)	기본일반/방사선(능)관리/가이드/인간공학/신인성관리/문화/사회시스템/기타
기계부문(B)	기계일반/기계요소/공구/공작기계/측정계산용기계기구·물리기계/일반기계/산업기계/농업기계/열사용기기·가스기기/계량·측정/산업자동화/기타
전기부문(C)	전기전자일반/측정·시험용 기계기구/전기·전자재료/전선·케이블·전로용품/전기 기계기구/전기응용 기계기구/전기·전자·통신부품/전구·조명기구/배선·전기기기/반도체·디스플레이/기타
금속부문(D)	금속일반/원재료/강재/주강·주철/신동품/주물/신재/2차제품/가공방법/분석/기타
광산부문(E)	광산일반/채광/보안/광산물/운반/기타
건설부문(F)	건설일반/시험·검사·측량/재료·부재/시공/기타
일용품부문(G)	일용품일반/가구·실내장식품/문구·사무용품/가정용품/레저·스포츠용품/악기류/기타
식료품부문(H)	식품일반/농산물가공품/축산물가공품/수산물가공품/기타
환경부문(I)	환경일반/환경평가/대기/수질/토양/폐기물/소음진동/악취/해양환경/기타

(계속)

대분류	중분류
생물부문(J)	생물일반/생물공정/생물화학 · 생물연료/산업미생물/생물검정 · 정보/기타
섬유부문(K)	섬유일반/피복/실 · 편직물 · 직물/편 · 직물제조기/산업용 섬유제품/기타
요업부문(L)	요업일반/유리/내화물/도자기 · 점토제품/시멘트/연마재/기계구조 요업/전기전자 요업/원소재/기타
화학부문(M)	화학일반/산업약품/고무 · 가죽/유지 · 광유/플라스틱 · 사진재료/염료 · 폭약/안료 · 도료잉크/종이 · 펄프/시약/화장품/기타
의료부문(P)	의료일반/일반의료기기/의료용설비 · 기기/의료용 재료/의료용기 · 위생용품/재활보조기구 · 관련기기 · 고령친화용품/전자의료기기/기타
품질경영부문(Q)	품질경영 일반/공장관리/관능검사/시스템인증/적합성평가/통계적기법 응용/기타
수송기계부문(R)	수송기계일반/시험검사방법/공통부품/자전거/기관 · 부품/차체 · 안전/전기전자장치 · 계기/수리기기/철도/이륜자동차/기타
서비스부문(S)	서비스일반/산업서비스/소비자서비스/기타
물류부문(T)	물류일반/포장/보관 · 하역/운송/물류정보/기타
조선부문(V)	조선일반/선체/기관/전기기기/항해용기기 · 계기/기타
항공우주부문(W)	항공우주 일반/표준부품/항공기체 · 재료/항공추진기관/항공전자장비/지상지원장비/기타
정보부문(X)	정보일반/정보기술(IT) 응용/문자세트 · 부호화 · 자동인식/소프트웨어 · 컴퓨터그래픽스/네트워킹 · IT상호접속/정보상호기기 · 데이터 저장매체/전자문서 · 전자상거래/기타

이 중에서 건축재료는 대부분 분류 기호 F에 속해 있다.

한편, 국제 표준화 기구(ISO: International Organization for Standardization)가 설립되어 국제적인 규격 통일에 노력하고 있으며, 최근 우리나라에서도 이 규격을 반영하고 있다.

건축재료의 발달

1 1998년 3월 8일 시행

20세기의 새로운 건축의 발달에 관계가 없는 것은?

㉮ 포틀랜드 시멘트의 발명
㉯ 철근콘크리트 이용법의 개발
㉰ 도장재료의 개발
㉱ 소다유리 제조 방법의 발달

1
20세기 건축 발달에 이바지한 3대 건축재료
판유리, 강철, 시멘트(콘크리트)

2 2000년 3월 26일 시행

20세기의 새로운 건축의 발달에 가장 관계가 적은 것은?

㉮ 포틀랜드 시멘트의 발명
㉯ 철근콘크리트 이용법의 개발
㉰ 도장재료의 개발
㉱ 소다 유리 제조 방법의 발달

2
20세기 건축 발달에 이바지한 3대 건축재료
판유리, 강철, 시멘트(콘크리트)

3 2001년 4월 29일 시행

영국의 애습딘에 의해 포틀랜드 시멘트가 발명된 시기는?

㉮ 18세기 중엽　　㉯ 19세기 초
㉰ 19세기 중엽　　㉱ 20세기 초

3
19세기 초
포틀랜드 시멘트 발명(영국의 애습딘)

1.㉰ 2.㉰ 3.㉯

4 2000년 10월 8일 시행, 2002년 7월 21일 시행

프랑스의 모니에(Monier)에 의해 철근콘크리트의 이용법을 개발한 시기는?

㉮ 18세기 초엽 ㉯ 18세기 중엽
㉰ 19세기 초엽 ㉱ 19세기 중엽

4
19세기 중엽
철근콘크리트의 이용법 개발(프랑스의 모니에)

5 2008년 4회 시행

19세기 중엽 철근콘크리트의 실용적인 사용법을 개발한 사람은?

㉮ 모니에(Monier) ㉯ 케오프스(Cheops)
㉰ 애습딘(Aspdin) ㉱ 안토니오(Antonio)

5
19세기 중엽
철근콘크리트의 이용법 개발(프랑스의 모니에)

6 2003년 1월 26일 시행

현대 건축재료에 대한 내용으로 틀린 것은?

㉮ 고성능화, 생산성, 공업화가 요구된다.
㉯ 건설 작업의 기계화에 맞도록 재료를 개선한다.
㉰ 수작업과 현장 시공의 재료로 개발한다.
㉱ 생산성을 높이고 에너지를 절약한다.

6
재료의 고성능화, 생산의 근대화와 공업화, 기계화, 합리화

7 2007년 1회 시행

현대 건축재료에 대한 설명으로 틀린 것은?

㉮ 고성능력, 공업화가 요구된다.
㉯ 건설 작업의 기계화에 맞도록 재료를 개선한다.
㉰ 수작업과 현장시공의 재료로 개발한다.
㉱ 생산성을 높이고 에너지를 절약한다.

7
재료의 고성능화, 생산의 근대화와 공업화, 기계화, 합리화

8 2004년 7월 18일 시행

건축재료의 발전 방향으로 틀린 것은?

㉮ 고성능화 ㉯ 에너지 절약화
㉰ 공업화 ㉱ 현장시공화

8
재료의 고성능화, 생산의 근대화와 공업화, 기계화, 합리화

4.㉱ 5.㉮ 6.㉰ 7.㉰ 8.㉱

9 2008년 1회 시행

다음 중 건축생산에 사용되는 건축재료의 발전방향과 가장 관계가 먼 것은?

㉮ 비표준화 ㉯ 고성능화
㉰ 에너지 절약화 ㉱ 공업화

9
재료의 고성능화, 생산의 근대화와 공업화, 기계화, 합리화

건축 재료의 규격

10 1998년 3월 8일 시행, 2000년 3월 26일 시행

한국산업규격(KS)에 규정되어 있지 않은 것은?

㉮ 제품의 품명 ㉯ 제품의 모양
㉰ 제품의 시험법 ㉱ 제품의 생산지

10
한국산업규격(KS)에 규정하는 것
- 제품의 품질
- 제품의 모양
- 제품의 시험법

9. ㉮ 10. ㉱

Construction Materials

Chapter | 2

건축재료의 분류와 요구성능

건축재료의 분류 / 건축재료의 요구성능

1. 건축재료의 분류

건축재료는 목재, 석재, 콘크리트, 철재 등을 주로 하는 구조재료를 비롯하여 기와, 슬레이트 등의 지붕재료와 미장, 도료 등의 마무리 재료 등 그 범위가 매우 광범위하다. 이러한 여러 가지 재료는 제조분야면에서는 천연재료와 인공재료로 분류하고, 화학적 조성면에서는 유기재료와 무기재료로 분류하며, 공사별로는 기초재료, 골조재료, 지붕재, 바닥, 벽, 천장, 수장, 창호, 도장 등으로 분류할 수 있다. 그러나 이러한 분류법은 각각 장단점이 있어 일반적으로 이용되고 있는 분류법은 화학 조성별 분류에 제조분야별 및 공사별 분류를 적당히 조합하여 사용하는 경우가 많으며, 이러한 방법이 실용적이다. 위와 같이 여러 가지 관점에 따라 건축재료를 분류하면 다음과 같다.

1.1 제조분야별 분류

- 천연재료 자연적으로 생산되는 것으로 석재, 목재, 흙 등
- 인공재료 재료를 가공하여 생산하는 것으로 금속제품, 요업제품, 석유제품 등

1.2 사용목적에 따른 분류

- 구조재료(기둥, 보, 벽체 등) 목재, 석재, 콘크리트, 철강 등
- 마감재료(칸막이, 장식 목적의 내외장재) 타일, 도벽, 유리, 금속판, 보드류, 도료 등
- 차단재료(방수, 방습, 차음, 단열 등) 아스팔트, 실링제, 페어글라스, 글라스 울 등
- 방화, 내화재료(연소방지, 내화성 향상) 방화문, PC부재, 석면시멘트판, 규산칼슘판, 암면 등

1.3 화학조성에 따른 분류

- 무기재료 탄소 화합물로부터 얻어지는 탄소를 함유한 재료

비금속	석재, 토벽, 시멘트, 콘크리트, 도자기류
금 속	철강, 알루미늄, 구리, 합금류

• 유기재료 광물체로부터 얻는 재료

천연재료	목재, 대나무, 아스팔트, 섬유판, 옻나무
합성수지	플라스틱재, 도료, 실링재, 접착재 등

1.4 건물부위에 의한 바닥분류

구조체, 지붕, 바닥, 외벽, 내벽, 천장 등 사용되는 각 부위의 특질이나 요구성능 등에 기초를 두어 분류한다.

1.5 건물의 공사구분에 의한 분류

토공사, 기초공사, 뼈대공사, 설비공사, 창호공사, 도장공사 등 공사별 체계에 기초

1.6 제조공정에 의한 분류

토공사, 기초공사, 골조공사, 설비공사, 창호공사, 도장공사 등 공사별 체계에 기초를 두어 관련되는 자재를 포함하여 분류한다.

2. 건축재료의 요구성능

건축재료의 요구성능은 일정한 것이 아니고, 각 시대에 따라 재료의 질과 종류 또는 시공방법의 변화에 의해 다양하게 변화한다. 또한, 건축의 양산화, 시공의 기계화가 이에 따르는 성능을 요구하는 경우도 있다.

건축재료에 요구되는 성질 또는 성능은 사용되는 재료의 종류, 목적, 장소 등에 따라 다르다.

• 사용목적에 알맞은 품질을 가질 것

역학적 성질 탄성, 소성, 점성, 강도, 응력 – 변형, 탄성계수, 포아송비, 경도, 연성과 전성, 인성과 취성

물리적 성질 비중, 경도, 피로, 열, 음, 광, 수분에 대한 성질

화학적 성질 내약품성, 부식성, 용해성, 방화성, 내구성, 충해성

- 사용환경에 알맞은 내구성 및 보존성을 가질 것
- 대량생산 및 공급이 가능할 것
- 운반·취급 및 가공이 용이할 것
- 가격이 저렴할 것

표 2.1 건축재료의 요구성능

<table>
<tr><th>성질
재료</th><th>역학적
성능</th><th>물리적
성능</th><th>내구성능</th><th>화학적
성능</th><th>방화·
내화성능</th><th>감각적
성능</th><th>생산성능</th></tr>
<tr><td>구조재료</td><td>강도
강성
내피로성</td><td>비수축성</td><td rowspan="2">동해
변질
부패</td><td rowspan="2">발청
부식
중성화</td><td>불연성
내열성</td><td></td><td rowspan="4">가공성
시공성</td></tr>
<tr><td>마감재료</td><td></td><td>열, 음, 광
투과, 반사</td><td rowspan="2">비발연성
비유독 가스</td><td>색채 촉감</td></tr>
<tr><td>차단재료</td><td></td><td>열, 음, 광
수분의 차단</td><td></td><td></td><td></td></tr>
<tr><td>내화재료</td><td>고온강도
고온변형</td><td>고융점</td><td></td><td>화학적
안 정</td><td>불연성</td><td></td></tr>
</table>

건축재료의 분류와 요구성능

■ 건축재료의 분류 ■

1 1999년 3월 28일 시행

다음 재료 중에서 천연물이 아닌 것은?

㉮ 테라조 ㉯ 트래버틴
㉰ 석면 ㉱ 대리석

2 2003년 1월 26일 시행, 2004년 10월 10일 시행, 2006년 1회 시행

다음 건축재료 중 천연 재료에 속하는 것은?

㉮ 목재 ㉯ 철근
㉰ 유리 ㉱ 고분자 재료

3 2006년 5회 시행

다음 중 건축재료의 제조분야별 분류상 천연재료에 속하지 않는 것은?

㉮ 석재 ㉯ 금속재료
㉰ 목재 ㉱ 흙

4 2007년 1회 시행

다음 재료 중 천연재료가 아닌 것은?

㉮ 화강암 ㉯ 테라코타
㉰ 석면 ㉱ 대리석

1
테라조
대리석이나 사문암을 종석으로 하고 연마하면 대리석 풍으로 보이기 때문에 현재는 일반적으로 공장에서 판형태로 생산

2
제조분야별 분류
• 천연재료 : 석재, 목재, 흙 등
• 인공재료 : 금속제품, 요업제품, 석유 제품 등

4
테라코타
테라(terra; 흙)와 코타(cotta; 불로 굽다)라고 하는 이탈리아에서 유래되었다. 점토로 형태를 만들어서 굽는 것

1.㉮ 2.㉮ 3.㉯ 4.㉯

5 2007년 5회 시행

건축재료의 사용물질에 따른 분류에 해당하지 않는 것은?

㉮ 구조재료 ㉯ 마감재료
㉰ 방화, 내화재료 ㉱ 천연재료

6 2006년 4회 시행

건축재료의 용도에 따른 분류 중 구조 주체의 재료가 아닌 것은?

㉮ 석재 ㉯ 목재
㉰ 도료 ㉱ 콘크리트

6
도료는 마감재료.

■ 건축재료의 요구성능 ■

7 2002년 7월 21일 시행

구조재료에 요구되는 성질로 관련이 적은 것은?

㉮ 내화, 내구성이 큰 것이어야 한다.
㉯ 외관이 좋은 것이어야 한다.
㉰ 재질이 균일하고 강도가 큰 것이어야 한다.
㉱ 가공이 용이한 것이어야 한다.

7
㉯는 마감재료에 대한 설명

8 2005년 1월 30일 시행, 2008년 4회 시행

다음 중 구조재료에 요구되는 성질과 가장 관계가 먼 것은?

㉮ 재질이 균일하여야 한다.
㉯ 강도가 큰 것이어야 한다.
㉰ 탄력성이 있고 자중이 커야 한다.
㉱ 가공이 용이한 것이어야 한다.

8
탄력성이 요구되는 것은 마감재료

5.㉱ 6.㉰ 7.㉯ 8.㉰

9 2004년 10월 10일 시행

다음은 구조재료에 요구되는 성질을 설명한 것이다. 틀린 것은?

㉮ 재질이 균일하여야 한다.
㉯ 강도가 큰 것이어야 한다.
㉰ 탄력성이 있고 자중이 커야 한다.
㉱ 가공이 용이한 것이어야 한다.

건축재료의 요구 성질

- 구조재료 : 건축물의 뼈대(기둥, 보, 벽체 등 내력부)를 구성하는 재료
  - 재질이 균일하고 강도가 커야 한다(강도, 강성, 내피로성).
  - 내화, 내구성(동해, 변질, 부패, 부식에 대한 저항성)이 커야 한다.
  - 가볍고, 길고, 큰 재료를 이용하여 얻을 수 있어야 한다(시공성).
  - 가공이 쉬운 것이어야 한다(가공성).
- 마감재료 : 자연으로부터 건물을 보호하기 위한 재료로 미관을 유지시킨다.
  - 지붕재료
    - 재료가 가볍고 방수, 방습, 내화(비발열, 비유동가스), 내수성이 큰 것
    - 열전도율이 작은 것
    - 외관이 좋은 것(색채, 질감)
  - 벽, 천장재료
    - 열전도율이 작은 것
    - 흡음이 잘 되고, 내화, 내구성이 큰 것
    - 외관이 좋은 것
    - 시공 및 가공이 용이한 것
  - 바닥재료
    - 내화, 내구, 탄력성, 내마모성. 미끄럼이 적은 것
    - 청소가 용이한 것
    - 외관이 좋은 것
- 차단재료
  - 열, 음, 광, 수분의 차단
  - 비발연성, 비유독 가스
  - 가공성, 시공성이 좋은 것
- 내화재료
  - 고융점, 화학적 안정성이 있을 것
  - 불연성
  - 가공, 시공성이 좋은 것

10 2005년 7월 17일 시행

다음 중 구조용 재료에 요구되는 성질과 가장 거리가 먼 것은?(라)

㉮ 재질이 균일하고 강도가 큰 것이어야 한다.
㉯ 내화, 내구성이 큰 것이어야 한다.
㉰ 가볍고 큰 재료를 용이하게 얻을 수 있어야 한다.
㉱ 색채와 촉감이 좋은 것이어야 한다.

10
㉱는 마감재료에 대한 설명

9. ㉰ 10. ㉱

11 2007년 4회 시행

건축구조재료에 요구되는 성질과 가장 거리가 먼 것은?

㉮ 재질이 균일하고 강도가 커야 한다.
㉯ 내화, 내구성이 커야 한다.
㉰ 가공이 쉬워야 한다.
㉱ 외관이 미려해야 한다.

12 2003년 10월 5일 시행

바닥재료에 요구되는 성능에 관한 설명 중 옳지 않은 것은?

㉮ 내마모성 : 사람의 보행에 의한 마모작용에 견디는 성능
㉯ 기밀성 : 일광, 공기에 의해 변형, 변질하지 않는 성능
㉰ 내열성 : 열에 의한 변형이나 파괴를 견디는 성능
㉱ 내약품성 : 산·알칼리·기타 약품류에 의해 침식당하지 않는 성능

13 2006년 4회 시행

다음 중 벽 또는 천장재료에 요구되는 성질과 가장 관계가 먼 것은?

㉮ 열전도율이 커서 열효율이 좋아야 한다.
㉯ 외관이 아름다워야 한다.
㉰ 가공성이 용이해야 한다.
㉱ 방음 성능이 좋아야 한다.

14 2008년 1회 시행

다음 중 지붕재료에 요구되는 성질과 가장 관계가 먼 것은?

㉮ 외관이 좋은 것이어야 한다.
㉯ 부드러워 가공이 용이한 것이어야 한다.
㉰ 열전도율이 작은 것이어야 한다.
㉱ 재료가 가볍고, 방수, 방습, 내화, 내수성이 큰 것이어야 한다.

11
㉱는 마감재료에 대한 설명

12
- 기밀(氣密)성 : 용기에 넣은 기체나 액체가 누출되지 않도록 밀폐하는 것을 가리킨다. 보통 이음매의 기밀이 좋지 않을 때 유체가 누출되므로 이음매를 잘 막아야 한다.
- 내후(耐候)성 : 햇볕 등의 날씨 및 기후에 견디는 성질

13
벽, 천장재료
- 열전도율이 작은 것
- 흡음이 잘 되고, 내화, 내구성이 큰 것
- 외관이 좋은 것
- 시공 및 가공이 용이한 것

14
지붕재료
- 재료가 가볍고 방수, 방습, 내화(비발열, 비유동가스), 내수성이 큰 것
- 열전도율이 작은 것
- 외관이 좋은 것(색채, 질감)

11. ㉱ 12. ㉯ 13. ㉮ 14. ㉯

Chapter | 3

건축재료의 일반적 성질

역학적 성질 / 물리적 성질 / 화학적 성질 / 내구성 및 내후성

1. 역학적 성질

1.1 탄성, 소성, 점성

- 탄성(Elasticity) 물체에 외력이 작용하면 변형을 일으키고 외력을 제거하면 원상으로 회복되는 성질(potential energy)
- 소성(Plasticity) 물체에 외력이 작용하면 변형을 일으키고 외력을 제거하여도 재료가 원상으로 돌아가지 않고 변형된 그대로의 상태로 남아 있는 성질
- 점성(Viscosity) 외력이 작용하였을 때의 변형이 하중속도에 따라 영향을 나타내는 성질

1.2 강도(Strength)

재료에 외력이 작용하면, 응력도가 재료에 따라 정해진 값을 넘으면 재료는 역학적으로 파괴된다. 이때, 파괴점에서의 응력도를 그 재료의 강도라고 한다. 재료의 강도는 재료가 견딜 수 있는 응력의 최대값이며, 단위는 응력의 경우와 같다.

(1) 정적 강도(Static Strength)

재료에 비교적 느린 가중속도로 하중을 가하여 파괴하였을 때 파괴 때의 응력을 정적 강도라고 한다.

- 압축강도(Compresive Strength)
- 인장강도(Tensile Strength)
- 휨(변곡)강도(Bending Strength)
- 전단강도(Shearing Strength)
- 비틀림 강도(Tortional Strength)

Tip

강성

재료가 외력을 받을 때 변형에 저항하는 성질을 강성(强性)이라 하며, 변형이 크게 발생하지 않는 경우 강성이 크다고 말한다.

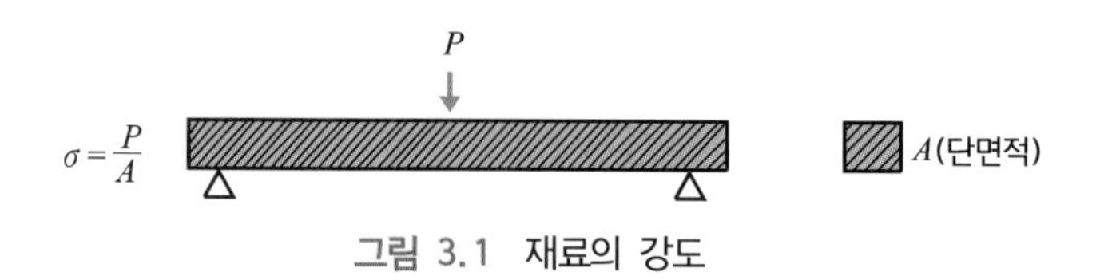

그림 3.1 재료의 강도

(2) 충격강도(Impact Strength) 및 인성(Toughness)

① 충격강도

충격적 하중에 대하여 재료가 나타내는 저항성, 재료의 인성판정자료

② 인성

충격강도 측정 시 충격하중의 흡수 에너지량

인성(Toughness) ↔ 취성(Brittleness)

(3) 피로강도(Fatigue Strength)

재료가 정적강도보다도 낮은 응력을 반복하여 받은 경우에 거의 변형을 수반하지 않고 파괴된 것을 피로(Fatigue)라고 한다.

① 반복응력(Repeated Stress)

회전힘(Rotary bending), 반복인장과 압축(Repeated Tension and Compression) 및 반복비틀림(Repeated Twisting)

② 피로한도

회수(N)=107 반복 → 시간강도(Time Strength)

예 콘크리트 N=106, 알루미늄 동합금 N=107 또는 108

(4) 크리프(Creep)와 이완(Relaxation)

재료에 장시간에 걸쳐 일정한 하중을 지속재하하면 시간경과와 동시에 변형이 증대되는 현상을 크리프(Creep)라고 하며, 궁극적으로 크리프 강도(Creep Strength)에 도달하여 파괴되는 현상을 크리프 파괴(Creep Rupture)라고 한다. 이때 파괴를 일으키지 않은 한계의 지속력의 크기를 크리프 한도(Creep Limit)라고 한다.

이완(Relaxation)은 변형량이 일정하고 시간의 경과에 따라 응력도가 적게 되는 현상을 말한다.

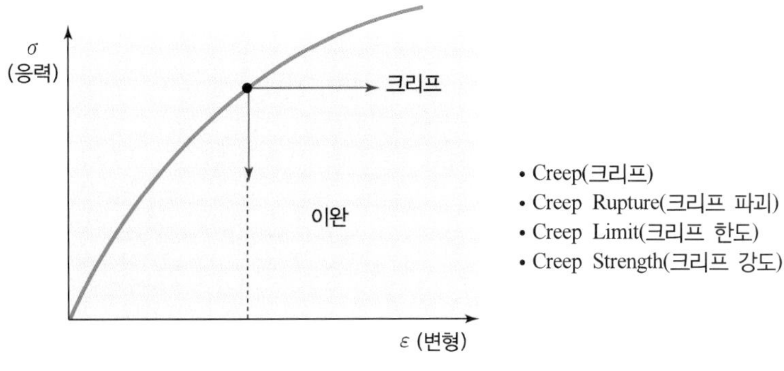

그림 3.2 크리프와 이완

1.3 응력-변형

(1) 응력(Stress)

재료에 외력이 작용하면 분자간의 거리가 변하여 재료가 변형되는데, 이때 재료는 원상태에 있으려고 내력이 발생한다. 이것을 응력(Stress)이라고 한다. 응력에는 압축응력, 인장 응력, 전단 응력, 휨 응력 등이 있다.

(2) 응력변형곡선(Stress Strain Curve) - 단위 N/m^2(Pa) 또는 N/mm^2(MPa)

외력과 변형과의 관계를 나타내는 곡선으로서 물체에 외력이 작용하였을 때 생기는 내력으로 단위 면적당 크기를 단위응력도(Unit Stress)라고 한다.

(3) 변형(Strain)

재료에 외력을 가하면 변형이 생기는데, 이때 단위길이에 대한 변형량을 변형률이라고 하며, 변형률은 단위가 없다.

일반적으로 재료에 외력이 작용할 때, 어느 한도까지는 탄성 변형을 하고, 그것을 넘어서면 소성 변형을 하게 된다. 이때, 영구 변형을 일으키지 않는 한도의 응력을 탄성 한도라고 하며, 탄성 한도를 넘어서면 힘을 증가시키지 않아도 재료가 늘어나게 되는데, 이를 항복점이라고 한다.

1.4 탄성계수, 포아송 비

(1) 탄성계수(Modulus of elasticity)

응력변형관계에 있어서 비례한도에 이르는 직선부의 경사를 (종)탄성계수

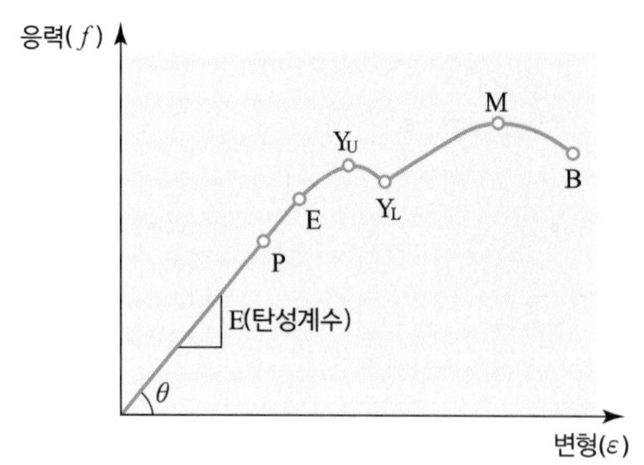

그림 3.3 응력-변형 곡선

라고 한다(금속 : Hook's Law).

$$E = \frac{f}{\varepsilon} = \frac{\frac{P}{A}}{\frac{\Delta l}{l}} = \frac{P \cdot l}{A \cdot \Delta l} = \tan\theta$$

탄성 계수 E는 그림에서 직선 기울기의 각을 θ라 하면 $\tan\theta$가 된다.

(2) Young's modulus(영계수) : E

어떤 재료에 일정한 단면적의 부재에 외(압축력) P가 작용하여 길이 l이 e만큼 변화하였다고 하면 응력도와 변형률과의 비를 Young 계수라고 한다.

영계수와 탄성계수는 같은 의미이다.

$$\text{영계수} = \text{탄성계수} = \frac{\text{작용하는 하중/넓이}}{\text{재료의 길이 변화량/재료의 원래 길이}}$$

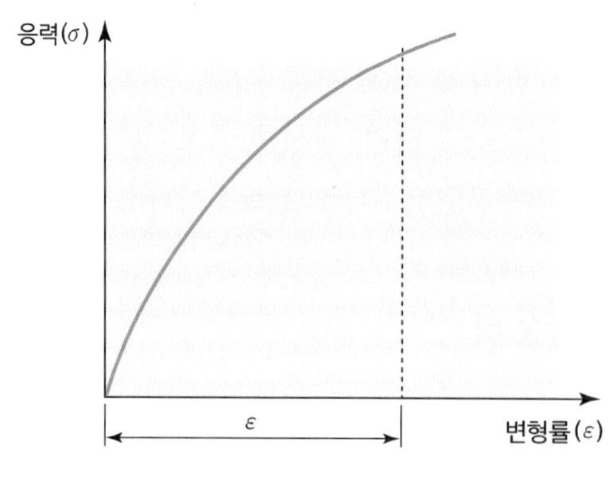

그림 3.4 영계수 곡선

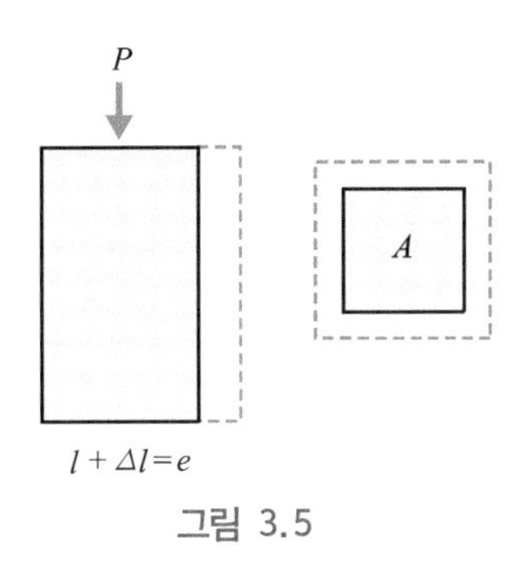

그림 3.5

(3) 포아송비(Poisson's ratio) 및 포아송수(m)

탄성체에 외력이 작용하면 그 방향과 동시에 그와 직각방향에도 역방향의 변형이 생긴다.

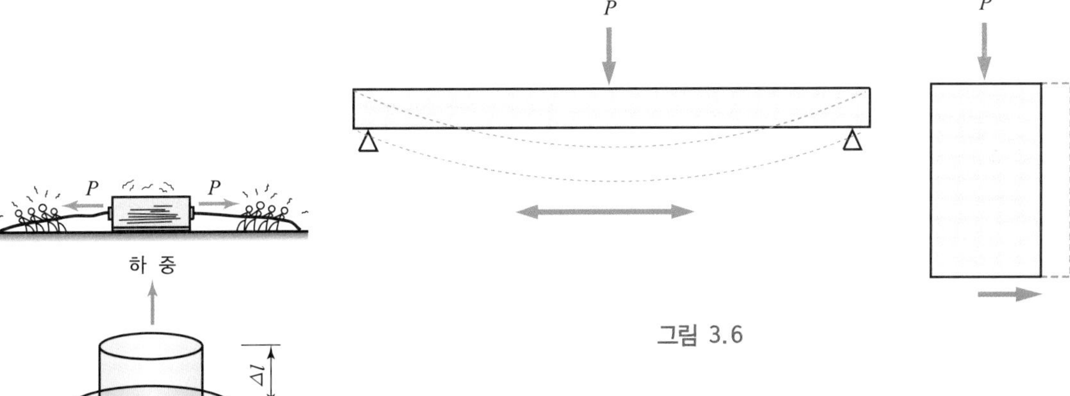

그림 3.6

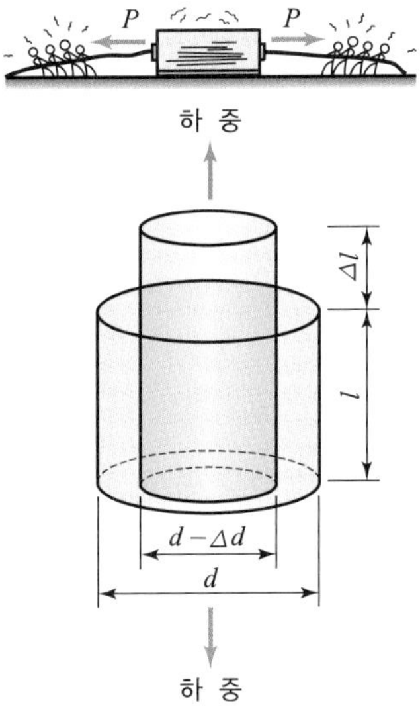

이들의 양변형의 비를 포아송비라고 하며 그 포아송비의 역수를 포아송수(Poisson's Number)라고 한다.

포아송비 μ, 포아송수 m라고 하면

$$\mu = \frac{1}{m} = \frac{\text{응력과 직각방향의 변형(횡방향 변형)}}{\text{응력 방향의 변형(종방향 변형)}}$$

하 중

Δl

l

$d-\Delta d$

d

하 중

그림 3.7

1.5 경도(Hardness)

경도란 재료표면에 다른 물체에 의하여 변형을 주었을 때, 그 재료가 나타내는 표면저항의 대소라고 정의한다. 경도의 표시방법은 글킴경도, 압입경도, 충격경도가 있다.

표 3.1 Mohs 경도에 의한 광물경도

Mohs 경도	물질명	Mohs 경도	물질명	Mohs 경도	물질명
1	활석	4	방해석(대리석)	8	황옥
2	석고	5	적철광	9	루비, 사파이어
3	형석	7	석영(수정)	10	금강석

(1) 글킴경도(Scratch Hardness)

마감재료, 광물의 경도측정 등에 사용된다. 모스경도(Mohs Hardness)는 다이아몬드의 경도를 10으로 하고, 자연계의 광물경도를 대응시킨 것으로 긁어서 흠이 나타나는지 않는지를 보아 정한다.

(2) 투입경도(Indentation Hardness)

주로 철강재의 경도를 측정하는 방법으로서 경강구 또는 다이아몬드 각추를 시료면에 압입하여 홈을 만들어 그 표면적을 이용한 측정방법이다. 또 다른 하나는 경강구 또는 다이아몬드 각추를 압입하였을 때 그 깊이로부터 구하는 방법이다.

(3) 충격반발경도(Dynamic Hardness)

강제함마 끝에 다이아몬드를 집어 놓은 중추를 일정한 높이로 떨어뜨려 시재면의 반발하는 높이로부터 경도를 구하는 방법이다.

1.6 연성과 전성

- 연성(ductility)　재료가 인장력을 받을 때 잘 늘어나는 성질을 연성(延性)이라고 한다. 인성과의 차이는 파괴에 대한 저항력이 매우 작다는 점이다. 금, 은 등은 연성이 큰 재료이다.
- 전성(malleability)　재료를 두드릴 때 박편으로 펼 수 있는 성질을 전성(展性)이라고 한다. 납, 금, 은 등은 전성이 큰 재료이다.

1.7 인성과 취성

- 인성(toughness)　재료가 외력을 받아 파괴될 때까지 상당한 변형이 일어

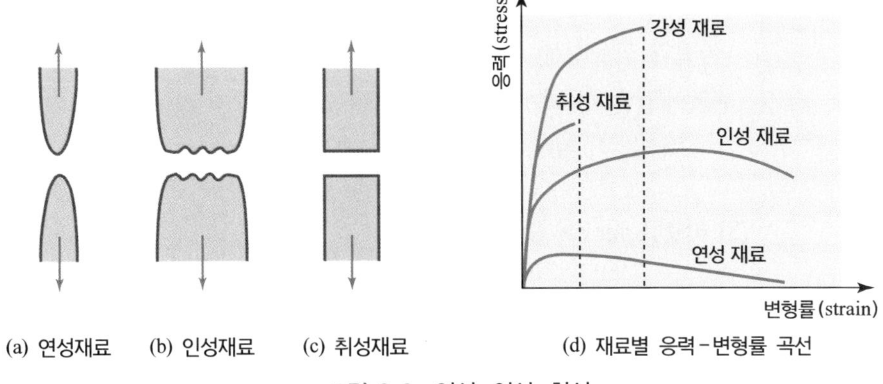

(a) 연성재료 (b) 인성재료 (c) 취성재료 (d) 재료별 응력-변형률 곡선

그림 3.8 연성, 인성, 취성

나면서도 큰 응력에 견디는 성질을 인성(靭性)이라고 한다. 압연강, 고무(gum) 등은 인성이 큰 재료이다.

- 취성(brittleness) 재료가 외력을 받을 때 작은 변형에도 파괴되는 성질을 취성(脆性)이라고 한다. 콘크리트, 주철, 유리 등은 취성이 큰 재료이다.

2. 물리적 성질

2.1 중량에 관한 성질

(1) 밀도(Density)

밀도의 단위는 체적 1 m^3 중에 포함되는 질량(kg/m^3)으로 정하여 지고(계량법), 보조단위로서 g/cm^3가 정하여 있다.

Tip

영·미에서는 g/ml를 밀도(Density)로서 쓰고 있다.

(2) 농도(Concentration)

혼합물에 있어서 혼합비율을 나타내기 위해 쓰이는 것이다.

① 질량백분율(Weight Percent) : 고형분(온도변화 무관)

물질의 함유성분질량과 그 물질의 질량과의 백분율

예 용액 (w)g 중에 용질 (w)′g이 포함되는 용질의 백분율

② 체적백분율(Volume Percent) : 주정도(온도변화 민감)

물질의 함유성분 체적과 그 물질의 체적과의 백분율

예 에틸알코올과 물의 혼합용액에 있어 15℃에 있어서 에틸알코올의 체적 백분율이 40%이며, 주정도 40℃이다.

(3) 비중(Specific Gravity)

재료의 중량을 그와 동일체적의 물의 중량(4℃의 물)으로 나눈 값을 비중, 진비중(True Specific Gravity), 겉비중(Bulk).

(4) 단위용적중량(Unit Weight, Bulk Density)

단위용적중량은 어떤 재료의 단위용적당의 중량을 말하며 단위는 ton/m^3, kg/l 등이 사용된다.

(5) 실적률(Percentage of Solids)

실적률은 공극이 많이 함유하는 재료(목재, 자갈, 모래 등)에 있어서 단위용적 중의 대소는 그 재료의 밀도대소를 나타내는 척도를 말한다.

$$\text{실적률} = \frac{\omega}{\rho} \times 100, \ \text{공극률} = \left(1 - \frac{\omega}{\rho}\right) \times 100$$

ω : 단위용적중량, ρ : 비중

2.2 열에 관한 성질(건설재료와 불가분 관계)

열이란 에너지의 일종으로서 온도가 다른 2개의 성질을 접촉시켰을 때 고온의 물질로부터 저온의 물질로 이동하는 에너지를 열에너지라고 한다.

열에너지는 물질을 구성하고 있는 분자의 이동, 회전진동 등의 운동으로서 물질 내에 존재하는 에너지이다.

열량의 단위는 일의 단위와 같이 Erg. 또는 Joule로 나타낸다.

(1) 열용량 및 비열

① 열용량(Heat Capacity)

- 물질의 온도를 높이는데 필요한 Energy를 나타내는 것
- 열용량은 일반적으로 비열(cal/g℃)로 쓰이며 중량 1 g의 재료의 온도를

1℃ 상승시키는 데 필요한 열량을 말한다.

② 비열(Specific Heat)

- 비열은 정압비열만을 사용하며, 물질의 종류에 따라 다르다. 그것은 같은 열에너지를 주어도 물질의 조성분자운동이 다르기 때문이다.
- 물질의 전 열용량(cal)= 비열×질량×온도

(2) 열전도율(Thermal Conductivity)

- 물질의 종류에 따라 열에너지의 전달능력이 다른 것은 분자밀도와 밀접한 관계가 있다. 따라서, 고체> 액체> 기체의 순서로서 열전도의 양부를 판단할 수 있다.
- 재료표면에서 공기간의 열이동을 열전달, 재료내면에서의 열이동을 열전도라고 한다.
- 열전도(q)는 물체내면의 단위면적(m^2)을 단위시간(hour)에 통과하는 열량($kcal \cdot m^2 \cdot h$)으로서, 열이 흐르는 방향의 온도구배 $\Delta\theta/\Delta t$(℃/m)에 비례한다.

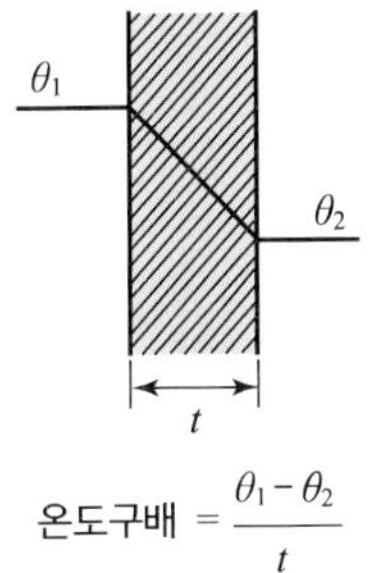

$$q = -\lambda \frac{\Delta\theta}{\Delta t}$$

λ : 열전도율(kcal/m · h℃)로서 비례정수이고, 물질에 따라 고유의 값을 가지며, 이 값이 클수록 열의 전도체이고 단열재료는 λ값이 작을수록 좋다.

- 열전도도와 두께(t)와의 관계는 열전도도의 역수인 열전도 저항($m^2 \cdot h$℃/kcal)으로 나타냈는데, 즉, 어떤 재료의 λ값이 다른 재료의 2배라면, 다른 재료는 두께(t)를 2배로 하면, 동일한 열전도 저항을 얻을 수 있다.
- 단열재료의 평가 : λ값과 두께(t)로 평가한다.

(3) 온도 전도율(Temperature Conductivity) : 결로현상

- 온도 전도율은 비정상 전열에 있어서 중요한 물성값으로서 어떤 물체의 표면을 갑자기 가열하였을 때 가열면에 접한 계면은 분자운동이 많아져 그 근방에 열이 축적되고, 내부 사이에 온도차가 생기므로 열은 더욱 내부에 침입하여 그곳의 온도상승으로 이어지는데, 이것을 내면에 전반하여 가는 것이라고 말한다. 또한 온도 전도율은 온도전반(K)값에 좌우된다.

- 온도파의 이동속도(K)는 흘러 들어오는 열, 즉 그 부분의 온도상승은 물질의 열용량 $c \cdot p$[=(kcal/kg℃)×(kg/m^3)]에 반비례한다.

$$K = \frac{\lambda}{c \cdot \rho}$$

즉, $\frac{\lambda}{c \cdot \rho}$는 온도파의 이동에 관계된 열량이다.

- 온도 전도율이란 온도전반(K)의 양부로 나타낸 것이며, 물질고유의 값으로서 온도전반(K)이 적은 단열재일수록 한쪽 옆면의 온도변화에 대한 다른 옆면의 온도변화가 늦다.
- 결로 : 물체표면의 계면(Interface)열도 15℃ 차이가 발생하면 결로가 생긴다.

(4) 열의 전열과 열관류 : 단열적층 평가(구조재+단열재+구조재)

① 열의 이동

열전도(Heat Conduction), 열복사(Thermal Radiation) → 열에너지 이동
대류(Convection) → 유체(물, 공기) 이동

② 열관류

벽이나 상판의 공기온도 차가 있는 경우, 벽이나 상판을 통하여 온도가 높은 쪽에서 낮은 쪽으로 흐르는 것

③ 열관류의 산정방법

구성재료(벽, 상판)의 열전도율+공기와 재료와의 경계면에 있는 열전도율

- 열관류율(K : kcal/m^2 · hr℃) : 단열기준(일명 K값으로 표시)

  - 실내기온(θ_1)은 단열재를 통하여 외기온(θ_2)으로서 된다. 이와 같이 열이 단열재 또는 그밖에 천정, 지붕 및 벽체를 통하여 공기에서 공기로 이동되는 열관류의 소요열량(Q)을 다음 식으로 계산된다.

$$Q = K(\theta_1 - \theta_2) = K \cdot \Delta\theta$$

$\Delta\theta$: 공기층간의 온도차(℃)

  - 열관류율(K)은 온도차(Q)에 재료의 고유계수를 곱한 것으로서 단위면적(m^2), 단위시간(hr), 단위온도(℃)당 관류하는 양이다.

예 벽체의 열관류율(K)

$$K = \frac{1}{\Sigma \frac{1}{a} + \Sigma \frac{e}{\lambda}}$$

($\Sigma \frac{1}{a}$: 벽체 구성재료의 열전도, $\Sigma \frac{e}{\lambda}$: 양면의 표면 열전도)

- 열관류 저항(R_t : $m^2 \cdot hr℃/kcal$)
  - 열관류율의 역수를 열관류 저항이라 부른다.

$$R_t = \frac{1}{K} = \Sigma \frac{1}{a} + \Sigma \frac{e}{\lambda} = \Sigma R_s + \Sigma R_c$$

단, R_t : 열관류 저항($m^2 \cdot hr℃/kcal$)

R_s : 벽체 구성재료의 열전도 저항($m^2 \cdot hr℃/kcal$)

R_c : 양면의 표면 열전도 저항($m^2 \cdot hr℃/kcal$)

(5) 열팽창계수(Coefficient of Thermal Expansion) : 적층부위 및 부착재료의 평가 기준(마감 선정 기법)

- 재료가 온도의 상승, 하강에 따라 팽창수축하는 비율을 말한다.
- 선팽창계수　2점간의 거리인 경우(금속재료 적용)
- 체팽창계수　체적인 경우(동결융해성 체적중심재료 적용) 체팽창계수는 선팽창계수의 3배이며 단위는 l/℃이다.
- 계면팽창계수　이질재료에 부착하여 적층복합재료 적용

(6) 열확산율(Thermal Diffusivity) : 온도 전도율과 같은 개념

- 단위두께를 가진 재료의 상대 양면에 단위열량을 주었을 때 단위시간에 확산하는 온도를 뜻하며, 온도 전도율이라고 부른다.
- 재료의 밀도를 ρ, 비열을 K, 열전도율을 λ이라 하면

$$(\text{열확산율})\ D = \frac{\lambda}{\rho K}$$

(6) 연화점(Softening Point), 인화점(Flush Point), 연소점(Burning Point) 및 발화점(Ignition Point)

- 아스팔트 및 일부 플라스틱과 같은 재료를 가열하면 연차연화하여, 고체

로부터 액상으로 된다.

- 연화점 연화상태가 일정한 기준에 도달할 때의 온도
- 인화점 연화상태에서 가열하면 재료는 열로 인하여 휘발가스가 발생하고, 여기에 불을 붙이면 규정시간 내에 인화하는 온도
- 연소점 재료 자체가 온도상승과 더불어 재료 자체가 연소하는 온도(탄화점)
- 발화점 연소온도에서 온도가 더 상승하면 재료 자체가 불을 내면서 타는 온도

2.3 기체와 물에 관한 성질(건설재료와 불가분 관계)

물과 기체가 건축재료에 미치는 영향분석 : 설계단계 대응 고려

- 건습작용에 대한 용적변화, 변형, 비틀림
- 건조수축에 의한 균열, 강도변화
- 습도에 의한 열전도도 변화, 결로, 동해

(1) 투기, 흡습, 투습(특수 건축구조물 설계시 고려사항)

① 투기(Air Permeability)

- 투기성은 기밀유지를 필요로 하는 구조물 곡물창고, 기화성 용제 탱크
- 콘크리트 및 시멘트의 탄산화
- 금속의 방충피복 등과 밀접한 관계가 있다.

$$투기량 : Q_u = a\frac{PtA}{\ell}$$

단, a : 투기계수 P : 양벽면간의 기압의 차
t : 압력의 작용시간 A : 투기단면적
l : 벽체의 두께

② 흡습성(Hummidity Absorption) : 건축재료의 건조흡습성

- 건축자재 및 물질은 일정한 온도 및 습도 상태에서 대기 중에 방치하면, 일정량의 습기를 갖도록 평형상태에 이른다(목재 : 12～15%).
- 평형함수율 건조무게(100±5℃)에 대한 습도 백분율

③ 투습성(Hummidity Permeability)

- 습기확산　기체상의 물이 물질내면에서 이동하는 것
- 투과　투습성의 경우, 벽체 및 마루 등에 있어서 습도가 높은 쪽에서 낮은 쪽으로 물이 확산하는 것
- 투습성의 대소는 재료의 동결융해 및 재료의 결로와 밀접한 관계

(2) 흡수, 투수, 함수상태 : 건축재료 개발 과정 평가

① 흡수성(Water Absorption) : 흡수율

일정한 무게의 재료가 물을 일정한 시간(24시간) 내에 흡수하는 질량백분율로 표시한다. 재료의 흡수성은 물질의 다공성, 조직침수기간, 압력상태에 좌우된다(목재 30%).

② 투수(Water Permeability)

투수성은 일정한 시간(24시간) 내에 단위면적을 물이 투과하는 성질로서 표시된다.

③ 함수(Water Contents) : 함수율

재료 중에 포함되는 수분의 중량을 그 재료의 건조(100±5℃, 24 h) 때의 중량으로 나눈 값이다(건조 후 24시간 이상 방치).

(3) 결로 : 재료의 투습성(온도 및 습도)

습기를 함유하는 공기가 그 온도의 노점보다 낮은 온도(양 계면온도차 15℃)에 놓여진 구조물의 마루, 벽, 천정 및 창유리 등에 접하여 액체의 물로서 부착되어 있는 현상이다.

(4) 동해 : 재료의 투습성 및 함수율 등과 밀접한 관계

- 동해　어떤 재료가 동결융해작용을 받으면, 그 조직이 취약하게 되어 깨어지든가, 흠집에 균열이 가는 현상이다.
- 동해가 발생하는 재료의 공통점　모세관구조, 취도계수가 큰 것(포도계수 : 압축강도 및 인장강도)
- 물의 동결　어름의 밀도 0℃, $0.9179/cm^3$, 체적은 1.09배이므로 재료의 모세관 중의 공극체적의 91.7%보다 많으면 팽창압을 일으켜 조직은 파괴 및 균열이 발생하게 된다.

2.4 소리(음)에 관한 성질(흡음재료 및 차음재료의 특성분석)

(1) 음파 : 흡음재료, 차음재료

① 음파

- 매체(기체, 액체, 고체)의 속을 진행하는 탄성파로 인하여 눈에 보이지 않은 진동파로서 나타나는 것이다.
- 일반적으로 기체, 액체는 체적탄성률에 기인하는 종파만 발생되지만, 복합체는 체적탄성률과 전단탄성률을 갖고 있으므로 종파, 횡파 및 표면파도 발생된다. 고로, 흡음재료 및 차음재료의 개발동기가 유도되었다.
- 음의 전파기구 물질을 구성하는 분자 및 원자에 물리적 음압을 가하여 매질입자에 작용하여 변위를 주고, 그에 대응하는 복원력, 즉 탄성으로 왕복운동이 발생되므로 파동이 되고 그것이 차츰 전파가 되는 것이다.

② 소리(음)의 진폭, 주파수 및 위상

- 진폭 음의 크기, 음의 양
  - 음파에 따라 탄성체의 입자가 변위하는 것이 주기적으로 반복할 때, 그 입자의 변위량의 최대값을 소리(음)의 진폭이라고 한다.
- 주파수 1초간(시간개념)
  - 주파수 : 1초간의 왕복운동(소밀파)의 수를 진동수 또는 주파수라고 한다.
  - 진동수(주파수) : $f = 1/T$(HZ : 여기 T는 주기) 각속도 $\omega = 2\pi f$, 파장 $\lambda = c/f$(c : 음의 전파속도) 등의 관계가 있다.
  - 가청음의 주파수는 16~20.000 HZ의 범위이며 파장은 2 cm~20 m 정도. 인간의 귀에 가장 민감한 주파수 : 1.000 HZ(1 KHZ) → (악기제작기준, 작곡기준)

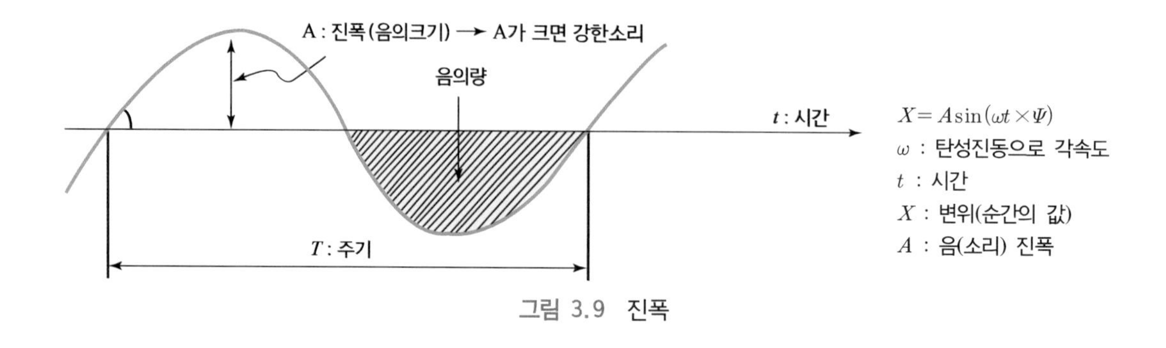

그림 3.9 진폭

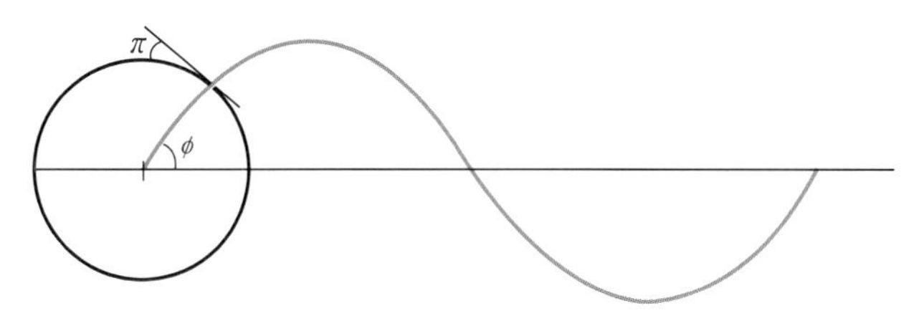

그림 3.10 단진동

- 초저음파 : 주파수 16 HZ 이하
- 초고음파 : 주파수 20 KHZ 이상
- 순음(Pure Tone) : 단일주파수의 소리(음)

- 위상 멸음장치 개발
  - 위상(위상각) : $X = A\sin(\omega t \times \phi)$ 식에서의 ϕ는 $t=0$에서 변위파형의 관계위치를 나타내는 것으로, 이를 위상각 또는 위상이라고 한다. 즉, 주기적 현상에서 싸이클상의 위치를 위상이라고 한다.
  - 멸음의 개념
    - 동일 주파수의 소리(음)가 2중음이 될 때, 위상이 합치하면 동상
    - 서로 주파가 엉키거나 또는 꼭 π만큼 빗나가면(역위상), 서로 소실하게 되어 소리(음)는 끊어져 없어지게(멸음) 된다.

(3) 소리(음)의 세기와 레벨(Level) : 환경건축의 소음해석 기초

① 소리(음)의 세기

- 소리(음)가 평면파로서 진행하는 경우 음파의 진행방향에 대하여 수직인 단위단면을 단위시간에 통과하는 에너지를 소리(음)의 세기라고 한다.
- 소리(음)의 세기 I : 음압 P, 입자속도의 실험 V

$$I = PV$$

또한 음압의 매질의 밀도 ρ, 음의 전파속도 C

$$P = \rho cv \qquad I = \rho cv^2 = P^2/\rho c = \frac{1}{2}\rho ca^2\omega^2$$

a : 입자진동의 반자폭, $\omega = 2\pi \times$진동수$= 2\pi/$주기

즉, 소리의 세기는 입자속도, 음압 2자승에 비례함

Tip

음압의 단위	• erg/cm^2 · sec(CGS : g · cm/sec^2)	• Watt · sec/m^2(MKS : kg · m/sec^2)

② 소리(음)의 에너지 밀도

- 음장 내의 단위체적에 포함되는 소리의 에너지로서 단위는 Watt · sec/m^2 이다.
- 평면진행파 음장의 경우, 소리(음)의 세기 I는 전파방향에 수직인 단위면적을 갖는 전파속도 C의 길이가 공기량에 포함되므로, 그 공간 내 소리(음)의 에너지 밀도 E는,

$$E = I / C \ (\text{Watt} \cdot \text{sec/m}^3 = \text{J/m}^3)$$

③ 소리(음)의 레벨(Level → 고저) : 데시벨 dB

소리(음)의 세기, 크기, 출력 및 음압 등을 비교, 측정하는 경우 그 기준값을 설정하고, 그 기준값에 대한 비를 대수(log)로서 사용하는 데 쓰인다. 이 척도를 레벨(Level)이라 하고 단위는 데시벨 dB를 사용한다.

- 소리(음)은 세기레벨(Intensity Level = IL)

– 세기 I(Watt/m^2)인 소리(음)의 세기레벨(고저)은, 최약가청음의 세기 I_0, $I_0 = I_0 - 12$(Watt/m^2)로 기준을 정하고, I / I_0의 대수로서 다음과 같은 식으로 구한다.

$$IL = 10 \log_{10} \frac{I}{I_o} \ (\text{dB}) \ : \text{측정이 곤란함}$$

– 소리(음)의 세기레벨을 직접측정은 곤란하므로 음압레벨을 측정하여 음압레벨과 음세기레벨과의 관계표를 이용하여 음의 세기레벨을 추정함

- 음압레벨(Sound Pressure Level = SPL) : 통칭으로 "데시벨"

– 음압 P(N/m^2)인 소리(음)의 압력레벨은, 최약가청음압 $P_0 = 2 \times 10^{-5}$ (N/m^2)를 기준으로 취하고, P^2 / P_0^2의 대수로서 구하고 또한 dB로 표시한다.

$$SPL = 10 \ \log_{10} \frac{P^2}{P_0^2} = 20 \ \log_{10} \frac{P}{P_0} \ : \text{측정가능}$$

– 소리(음)의 음압레벨 : 90 dB 이상이 되면, 인간이 견딜 수 없음

– Jet 항공기가 내는 소리(음)의 음압레벨 : 110 dB 정도

- 소리(음)의 크기레벨(Phone Level) : 인간의 감각적인 음 크기 레벨 기준

– 소리(음)의 세기가 같아도 주파수가 다르면, 소리(음)의 크기는 다르게 감지된다.

- 소리(음)의 세기와 감각적인 소리(음)의 크기와의 관계를 표현하는 방법
- 단위는 Phon, Phon : 주파수 1 KHZ 기준, 표시는 Horn으로 호칭
- 인간의 감각적인 소리(음)의 크기레벨을 평가하는 값

(4) 소리(음)의 반사, 굴절, 흡수, 투과 : 흡음재료 및 차음재료의 평가기법

재료에 소리(음)파가 단위단면을 통과하려고 할 경우, 재료 자체의 특성에 따라 입사한 소리(음)의 일부는 표면에서 반사되고, 다른 것은 재료 자체가 흡수하고, 나머지는 투과한다.

① 반사, 굴절 : 차음재료 평가

- 소리(음)가 매질 1로부터 매질 2에 입사하는 경우, 빛과 같은 반사, 굴절의 현상이 있다.
- 매질 1에 대한 매질 2의 반사 : λ사각, θ_1 =반사각 θ
- 매질 1에 대한 매질 2의 굴절률 : $\sin\theta_1 = \sin\theta_2 = C_1/C_2$ (C_1, C_2는 각 물질이 음속)
- 반사율, 투음률(단위 : dB) : 벽체에 세기 e의 소리(음)가 투사되면, 벽면으로부터 반사(e_1), 흡수(e_2)가 되고, 벽면내부 또는 벽면에 따라 분산(e_3)이 되며, 벽체에 투과(e_4)를 일으킨다.

- 반사율$= 10\log_{10}\dfrac{e_1}{e}$
- 투과율$= 10\log_{10}\dfrac{e_4}{e}$
- 차음률은 투과율의 역수로서 $R = 10\log_{10}\dfrac{e_4}{e}$로 표시되며, R을 투음률(감음률)이라고 하고 dB로 표시한다.

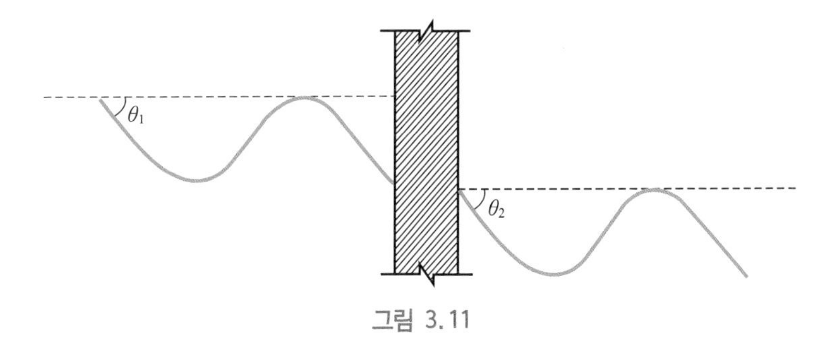

그림 3.11

② 흡수, 흡음률, 투과율 : 흡음재료 평가

- 고체에서 소리(음)가 전파하는 경우, 그 일부는 열로 변하여 산실한다. 즉, 소리(음)의 감쇄가 일어나고 그 나머지는 벽체에 흡수된다.
- 소리(음)의 흡수는 물질의 상태(고체, 액체, 기체) 및 물질의 조직, 조성과 조직에 따라 흡수 및 투과가 다르다.
- 음원으로부터 x점의 소리(음)의 세기 I

$$I = I_s \exp(-2\alpha x)$$

I_s : 음원에서 소리(음)의 세기

α : 소리(음)의 흡수류수

단, α는 진동수의 자승에 비례하고, 음속의 3승, 밀도에 반비례한다.

- 흡음률, 투과율

$$-\text{흡음률} = 1 - \text{반사율} = 1 - 10\log_{10}\frac{e_1}{e}\,(\text{dB})$$

$$-\text{투과율} = 10\log_{10}\frac{e_4}{e}\,(\text{dB})$$

③ 투과, 투과율 : 차음재료 및 흡음재료의 보조평가

- 재료에 입사하는 소리(음)의 세기를 I로 하면, 음에너지는 반사분 R, 흡수분 A, 나머지 투과분 S가 된다.

$$I = R + A + S$$

- 소리(음)의 투과율 τ : $\tau = \dfrac{S}{I}\left(\tau = 10\log_{10}\dfrac{e_4}{e}\right)$
- 차음특성은 투과손실(Transmission Loss : TL)에 관계가 있으며 투과손실 TL는 투과율 τ의 역수이고 I/S의 대수로서 표시하면

$$TL = 10\ \log_{10}\frac{1}{\tau} = 10\ \log_{10}\frac{I}{S}$$

- 차음벽체는 TL이 클수록 좋고, 균질한 재료의 벽체에서 투음손실 TL는 단위면체적 질량 ρ[kgf/m^3]에 비례한다.

3. 화학적 성질

재료의 화학적 성질 중 내식성(耐蝕性)은 금속의 녹, 목재의 부식 등의 작용에 견디는 성질이며, 내약품성은 산, 알칼리, 기름 등의 작용에 견디는 성질이다.

화학성분과 조성, 화학반응, 화학적 저항성

예 철강 : 부식(외기, 해안지방)
알루미늄 새시 : 부식(콘크리트나 모르터 접촉시)
실링재 : 대리석 줄눈 열화
벽돌, 플라스터 미장 벽면 : 유리된 알칼리로 백화

4. 내구성 및 내후성

내구성은 재료가 장기간에 걸쳐 외부로부터의 물리적, 화학적, 생물학적 작용에 견디는 성질이다.

노화에 대한 저항정도

4.1 영향인자

- 물리적 건습, 동결융해, 자외선, 결로, 마모
- 화학적 침식, 풍화, 부식
- 생물적 충해, 균해

4.2 단위계

정확한 단위를 사용하기 위해서는 SI단위와 공학단위 간의 관계를 잘 익혀 두고, 그 환산법을 정확히 이해해야 한다.

- 탄성(elasticity) 외력으로 변형, 제거 후 회복
- 소성(plasticity) 외력의 증가 없이 변형 증대
- 점성(viscosity) 유체흐름 방지 마찰 저항

표 3.2 단위계

유도량	SI단위	MKS(CGS) 단위	두 단위의 관계
거리	m	m(cm)	
시간	s	s	
질량	kg	kg(g)	
힘	N	kg(gf)	1 kgf≒9.81 N
압력, 응력	Pa(N/m^2)	kfg/m^3(gf/cm^2)	1 kgf/m^2≒9.81 Pa 1,000 Pa≒1 kPa 1,000 kPa≒1 MPa 1 MPa≒1 N/mm^2

국제 단위계(SI : International System of Units)는 현재 세계 대부분의 국가에서 채택되어 사용되고 있는 단위계이며, 우리나라에서도 이 단위계를 사용하고 있다.

- 응력(stress) 외력(하중, 반력)에 대응한 내부저항력(내력)을 단면의 크기로 나눈값, 그 크기를 응력도(stress level)
- 변형(strain) 수직, 수평

4.3 응력-변형곡선 재료의 역학적 성질

- 탄성계수(영계수) $E=\sigma/\varepsilon$
- 포와송 비 세로변형과 가로변형의 비
- 강도(strength)
  - 외력을 받았을 때 절단, 좌굴 등과 같은 이상적 변형을 일으키지 않고 저항할 수 있는 능력
  - 파괴에 저항
  - 강도의 방향성 : 목재는 섬유방향에 따라 강도나 탄성계수가 달라짐, 금속재료는 대개 등방향성임
- 비강도 강도/비중

4.4 재료의 역학적 성질

- 강성(rigidity) 외력으로 인한 변형이 작은 것이 강성이 큼. 탄성계수의 대소와 관련
- 인성(toughness) 압연강, 고무(gum) 등 파괴에 이를 때까지 큰 응력을 보이며, 큰 변형이 일어남 → 인성이 큼

- 취성(brittleness) 작은 변형만 나타내면 파괴되는 주철, 유리와 같은 재료의 성질
- 연성(ductility) 인장력으로 파괴될 때까지 큰 신장
- 전성(malleability) 박편으로 폄
- 경도(hardness) 바닥 마감재료의 내마모성과 관련
- Creep 일정 응력에서 변형이 시간과 더불어 증대하는 성질
- 비중(specific gravity)
  - 재료/물질의 중량과 동일한 체적의 4℃인 물의 중량과의 비
  - 진비중(공극, 수분 제외), 겉보기비중(일반적)
  - 중량판단기준, 재료의 강도 · 흡수성 · 열전도율과 관련
  - 일반적으로 비중이 큰 것은 조직이 치밀하고 공극 · 흡수율이 적으므로 내구성이 큼
- 함수율(water content) 수분중량/절대건조(절건) 시 중량, 중량백분율(%/wt)
- 흡수율(coefficient of water absorption) 재료의 공극과 세공의 다소와 관련, 비중에 따라 다름
- 비열(specific heat) cal/g · ℃, 가열, 냉각량 계산
- 열용량(heat capacity) 비열×질량, 열 축적용량
- 열전도율 단위시간당 흐르는 열량, kcal/cm · sec · ℃
- 열팽창률 선, 체적
- 흡음률 두께, 설치방법, 공기층 두께
- 빛의 투과율, 반사율

건축재료의 일반적 성질

1 2005년 1월 30일 시행

건축재료에서 물체에 외력이 작용하면 순각적으로 변형이 생겼다가 외력을 제거하면 원래의 상태로 되돌아가는 성질은?

㉮ 탄성 ㉯ 소성 ㉰ 점성 ㉱ 감성

2 2005년 7월 17일 시행

물체에 외력이 작용되면 순간적으로 변형이 생기지만 외력을 제거하면 원래의 상태로 되돌아가는 성질은?

㉮ 소성 ㉯ 점성 ㉰ 탄성 ㉱ 연성

3 2008년 5회 시행

재료의 응력-변형도 관계에서 가해진 외부의 힘을 제거하였을 때 잔류변형없이 원형으로 되돌아오는 경계점은?

㉮ 인장강도점 ㉯ 탄성한계점
㉰ 상위항복점 ㉱ 하위항복점

4 2006년 1회 시행

인성에 반대되는 용어로 유리와 같이 작은 변형으로도 파괴되는 성질을 나타내는 용어는?

㉮ 연성 ㉯ 인성 ㉰ 취성 ㉱ 탄성

1
탄성(elasticity)
외력으로 변형, 제거 후 회복

2
탄성(elasticity)
외력으로 변형, 제거 후 회복

3
탄성한계점

4
취성(brittleness)
작은 변형만 나타내면 파괴되는 주철, 유리와 같은 재료의 성질

1.㉮ 2.㉰ 3.㉯ 4.㉰

5 2007년 1회 시행

건축재료의 성질에 관한 용어로서 어떤 재료에 외력을 가했을 때 작은 변형만 나타나도 곧 파괴되는 성질을 나타내는 것은?

㉮ 전성 ㉯ 취성
㉰ 인성 ㉱ 연성

6 2007년 5회 시행

인성에 반대되는 용어로 유리와 같이 작은 변형으로도 파괴되는 성질을 나타내는 용어는?

㉮ 연성 ㉯ 전성
㉰ 취성 ㉱ 탄성

7 2006년 4회 시행

재료의 여러 성질 중 금, 은, 알루미늄 등과 같이 압력이나 타격에 의해 파괴됨이 없이 얇은 판 모양으로 펼 수 있는 성질을 무엇이라 하는가?

㉮ 취성 ㉯ 인성
㉰ 전성 ㉱ 강성

8 1998년 9월 27일 시행

재료의 강도를 나타내는 단위로 맞는 것은?

㉮ kg/m ㉯ kg/m^2
㉰ kg/cm^2 ㉱ kg/cm

9 2004년 7월 18일 시행, 2006년 5회 시행

최대강도를 안전율로 나눈 값을 무엇이라고 하는가?

㉮ 허용강도 ㉯ 파괴강도
㉰ 전단강도 ㉱ 휨강도

5
취성(brittleness)
작은 변형만 나타내면 파괴되는 주철, 유리와 같은 재료의 성질

6
취성(brittleness)
작은 변형만 나타내면 파괴되는 주철, 유리와 같은 재료의 성질

7
전성(malleability)
박편으로 폄

8
재료의 강도 단위
N/mm^2(kg/cm^2에서 N/mm^2로 변경은 10.2로 나눈다.)

9
허용강도
공칭강도를 안전계수(safety factor)로 나눈 값

5.㉯ 6.㉰ 7.㉰ 8.㉰ 9.㉮

10 2004년 2월 1일 시행

단위 질량의 물질을 온도 1℃ 올리는데 필요한 열량을 그 물체의 무엇이라 하는가?

㉮ 열용량 ㉯ 비열

㉰ 열전도율 ㉱ 연화점

11 2008년 5회 시행

금속 또는 목재에 적용되는 것으로서, 지름 10 mm의 강구를 시면 표면에 500~3,000 kg의 힘으로 압입하여 표면에 생긴 원형 흔적의 표면적을 구한 후 하중을 그 표면적으로 나눈값을 무엇이라 하는가?

㉮ 브리넬 경도 ㉯ 모스 경도

㉰ 포아송 비 ㉱ 포아송 수

12 2006년 5회 시행

건축 재료에 관한 용어의 설명 중 틀린 것은?

㉮ 인장하중을 받으면 파괴될 때까지 큰 신장을 나타내는 것이 있는데, 이러한 종류의 재료를 연성이 크다고 한다.

㉯ 작은 변형만 나타내면 파괴되는 주철, 유리와 같은 재료의 성질을 인성이라고 한다.

㉰ 크리프란 일정한 응력을 가할 때, 변형이 시간과 더불어 증대하는 현상을 의미한다.

㉱ 재료에 사용하는 외력이 어느 한도에 도달하면 외력의 증감없이 변형만이 증대하는 성질을 소성이라 한다.

10
비열(specific heat)
cal/g · ℃, 가열, 냉각량 계산

11
브리넬 굳기 및 브리넬 경도는 재료의 굳기의 정도이다.

12
취성(brittleness)
작은 변형만 나타내면 파괴되는 주철, 유리와 같은 재료의 성질

10. ㉯ 11. ㉮ 12. ㉯

13 2007년 4회 시행

재료의 용어에 대한 설명 중 옳지 않은 것은?

㉮ 열팽창계수란 온도의 변화에 따라 물체가 팽창, 수축하는 비율을 말한다.

㉯ 비열이란 단위 질량의 물질을 온도 1℃ 올리는데 필요한 열량을 말한다.

㉰ 열용량은 물체에 열을 저장할 수 있는 용량을 말하며, 단위는 kcal/℃이다.

㉱ 차음률은 음을 얼마나 흡수하느냐 하는 성질을 말하며, 재료의 비중이 클수록 작다.

13
차음률
외부와의 음의 교류를 차단하는 것이다. 진동을 전달하지 않는 창문이나 벽 등으로 막고, 흡음재를 사용하여 음이 전달되지 않도록 하는 것의 비율
㉱는 흡음률에 대한 설명이다.

13. ㉱

Chapter | 4

각종 건축재료의 특성, 용도, 규격에 관한 사항

목재 / 석재 / 점토 / 시멘트 / 콘크리트 / 금속재료 / 유리
합성수지 / 미장재료 / 도장재료 / 접착제 / 역청재료

I 목재

목재의 정의는 건축·가구·보드류·펄프·종이 등을 생산하는데 필요한 나무재료로서, 때로는 필요한 치수와 형태로 만들어 낸 나무재료를 말한다. 또한 목재는 학술적인 개념으로 볼 때 수목의 성장에 따라서 형성층세포가 분열 증식하여 형성층의 안쪽으로 형성되는 목질 부분을 말하는데, 목질화한 여러 개의 죽은 세포로 구성되어 있다.

목질화한 부분은 뿌리·줄기·가지 등 나무의 대부분을 구성하고 있으며, 목재로 이용되는 부분은 일반적으로 줄기 부분, 즉 수간(樹幹)에서 생산된다. 목재는 크게 침엽수재와 활엽수재로 나누어지며, 침엽수재는 보통 건축재로 활용되며, 활엽수재는 보통 가구와 내장재 등으로 사용되고 있다.

건축용 재료인 목재는 지구상 유일한 재생산이 가능한 천연재료로서 옛날부터 중요한 구조재 및 수장재의 역할을 담당하여 왔다. 특히, 우리나라의 주거생활은 석조를 위주로 한 서구의 주거생활과 달리 오랫동안 한옥형태의 목조주택을 위주로 한 주거문화로 발전하여 왔다. 따라서 목재는 용도가 매우 넓고, 쉽게 구입할 수 있으며, 가공이 용이하고, 친환경적인 재료로서 사람의 건강에도 좋은 친밀한 재료로 많은 장점을 가진 재료이다.

그러나 가연성이 크고, 내구성이 부족하기 때문에 근래에 와서는 철근콘크리트 및 철재 등의 사용으로 구조재로서의 쓰임은 점차 감소되고 있다.

목재의 특징으로는 목재는 가볍고 비중이 적은데 비해 압축강도 및 인장강도가 크고, 가공성이 좋으며, 열전도율이 작아 보온·방한·방서성이 뛰어나고, 음의 흡수 및 차단성이 클 뿐만 아니라, 흡습 조절의 능력이 우수하다. 온도에 대한 신축이 적고 탄성·인성이 크며, 충격·진동 등의 흡수성이 크고, 외관이 아름답고, 자원이 광범위하여 공급이 풍부하며, 가격이 비교적 싸다. 반면, 단점으로는 가연성, 수식성, 수분에 의한 변형과 팽창 수축이 크며, 재질 및 방향에 따라 강도가 다르고, 크기에 제한을 받으므로 강재나 콘크리트와 같은 큰 재료를 얻기가 어렵다.

우리나라의 목재공업은 1960년대부터 공업발전과 수출증대를 위한 전략산업으로 육성되어 지속적인 발전을 이룩해 왔다. 목재공업의 산업동향은 주요 원자재인 원목의 확보와 건축경기에 따라 크게 좌우되고 있다.

우리나라에서 생산되는 대부분의 목재는 간벌재를 비롯한 중·소경재(中·小硬材)로서 저급의 용도로 활용되거나 이용도가 매우 낮아, 국내에서 필요한 원목의 대부분을 수입에 의존하는 형편이기 때문에, 안정적인 원목수급이 목재공업의 발전에 매우 중요한 조건이다. 그러나 최근 자원보유국의 자원보호 및 공업화 정책, 석유에너지에 대한 대체 자원으로서 목재의 재평가, 목재자원의 지역 편재 등으로 인하여, 국내 목재수요의 95% 이상을 외재에 의존하고 있는 우리나라로서는 지속적이고 안정적인 목재 수급이 중요한 과제이다.

1. 목재의 분류

그림 4.1 우리나라에서 생산되는 목재

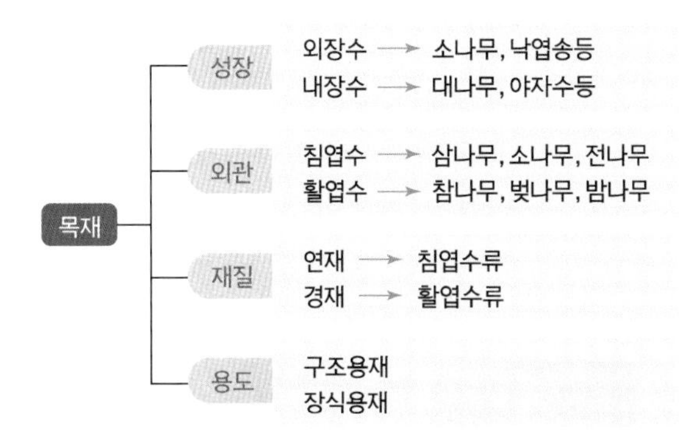

그림 4.2 목재의 분류

건축재료로는 대개 외장수가 많이 사용된다. 외장수 중에서 침엽수에 속하는 목재는 일반적으로 목질이 무른 것이 많으므로 연목재(soft wood)라 하고, 이와는 달리 활엽수의 목재는 일반적으로 목질이 단단하므로 경목재(hard wood)라 한다. 그러나 활엽수에서도 오동나무와 같이 침엽수보다 무른 나무도 있다.

1.1 성장에 의한 분류

- 외장수(外長樹) 길게 뻗어 나감과 동시에 나무줄기의 횡단면에 나이테가 형성되며, 비대 성장하는 수종이다. 일반적으로 말하는 목재로서 건축용 목재에 적합하다. 외장수는 침엽수와 활엽수로 구분된다.
- 내장수(內長樹) 길게 성장할 뿐 나무줄기의 횡단면에 나이테가 형성되지 않으며, 두께가 거의 비대해지지 않고 얇게 되어 조직이 치밀해지는 것에 불과하며, 수종도 적고 특수 용도 이외에도 목재로서의 가치가 적다. 내장수로는 대나무·야자나무 등이 있다.

1.2 외관에 의한 분류

침엽수 ▸   ◂ 활엽수

그림 4.3 외관에 의한 분류

- 침엽수　잎이 바늘 모양으로 된 나무로, 벌목과 운반이 경제적이며 공업 지역에서 많이 쓰는 목재 자원이다. 목질이 연해서 연목재(soft wood)라고도 하며 나뭇결이 곧고 질겨서 건축이나 토목시설의 구조재로 많이 쓰인다. 대표적인 침엽수로는 삼나무, 소나무, 전나무, 낙엽송, 잣나무, 가문비나무 등이 있다.

(a) 삼나무　(b) 소나무　(c) 전나무　(d) 낙엽송　(e) 잣나무　(f) 가문비나무

그림 4.4　대표적인 침엽수

- 활엽수　잎이 넓적하고 섬유 세포의 길이가 짧고 얇다. 목질이 단단해서 경목재(hard wood)라고 하며, 특히 무늬가 아름다워 가구 또는 건축물의 내장재로 많이 쓰이고 있다. 대표적인 활엽수로는 참나무, 오동나무, 단풍나무, 자작나무, 벚나무, 밤나무, 느티나무, 동백나무, 아카시아나무 등이 있다.

(a) 참나무　(b) 오동나무　(c) 단풍나무　(d) 자작나무　(e) 버드나무　(f) 미루나무

그림 4.5　대표적인 활엽수

Tip

은행나무는 낙엽이 지고 나뭇잎이 넓은 잎인데 '왜' 침엽수인가?

학문적으로는 '침엽수'이다. 일반적으로 나무는 잎의 모양에 따라 침엽수와 활엽수로 구분되는 것으로 알려져 있지만 정확히는 나무를 구성하는 섬유 세포의 길이로 침엽수와 활엽수를 구분한다. 활엽수의 섬유세포의 길이는 보통 0.5~2.5 mm 정도이지만 침엽수는 4~5 mm 이상으로 활엽수보다 배 이상 더 길다.
은행나무의 경우 섬유세포의 길이가 4 mm 이상이여서 침엽수에 포함시키는 것이다.

1.3 재질에 의한 분류

- 연재(soft wood) 대부분이 침엽수이다. 침엽수로 판재를 만들면 옅은 노란색에서 적갈색에 이르기까지 비교적 밝은 색을 띠며, 나이테의 춘재와 추재 사이에 색의 밀도가 서로 대비되는 고유한 나뭇결이 나타난다. 활엽수보다 값이 싸고, 건축용 구조재나 가구 제작에 많이 쓰이며, 섬유질 판재나 제지를 만드는 데도 널리 사용된다.
- 경재(hard wood) 대부분이 활엽수이다. 경재는 연재보다 일반적으로 내구성이 더 뛰어나고 색, 조직, 무늬도 더 다양하다. 경재는 연재보다 값이 더 비싸다. 대부분의 경재, 특히 매우 값비싼 외국산 목재는 무늬목으로 만들어진다.

1.4 용도에 의한 분류

- 구조용재 건물의 뼈대로 쓰이는 부재이다. 구조용재는 강도, 내구성이 우수한 것을 사용하고, 나뭇결이 수려하고 뒤틀림 등 변형이 적은 수종이 좋다. 구조용재로 사용되는 것은 소나무, 낙엽송, 삼나무 등의 침엽수가 대부분이다.

그림 4.6 구조용재의 사용

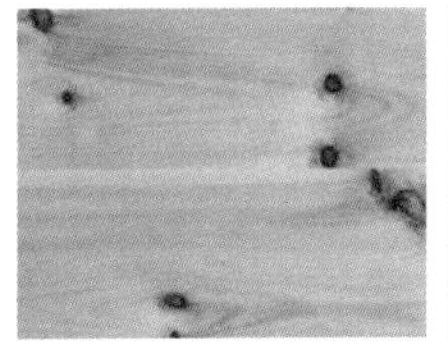

(a) 소나무

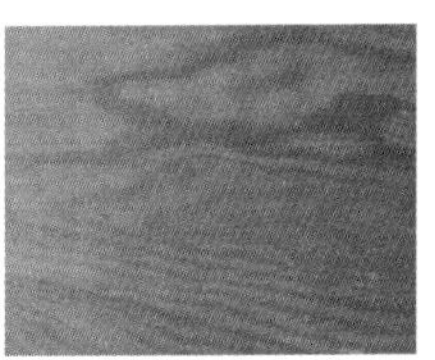

(b) 낙엽송

(c) 삼나무

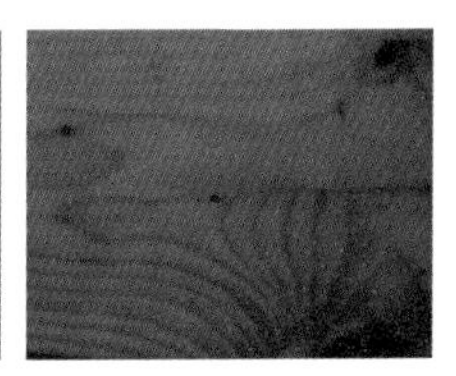

(d) 전나무

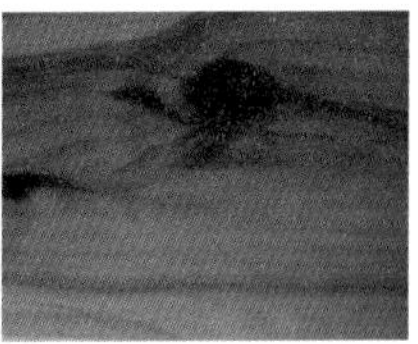

(e) 잣나무

그림 4.7 구조용재

(a) 느티나무 (b) 단풍나무 (c) 참나무 (d) 오동나무 (e) 자작나무

그림 4.8 국내산 장식용재

(a) 나왕 (b) 미송 (c) 마호가니 (d) 자단(紫檀) (e) 흑단(黑檀)

그림 4.9 외국산 장식용재

- 장식용재 주로 실내의 치장이나 가구를 만들기 위해 쓰이는 부재이다. 수장재·창호재·가구재를 총칭. 수장재는 느티나무, 단풍나무, 참나무, 오동나무 등 활엽수이고, 그 외에 나왕, 미송, 마호가니, 자단, 흑단 등의 외국산 수종이 사용된다.

2. 목재의 조직

수목(나무)은 뿌리, 잎, 수간(줄기)으로 구성되어 있다. 그중 수간은 수목

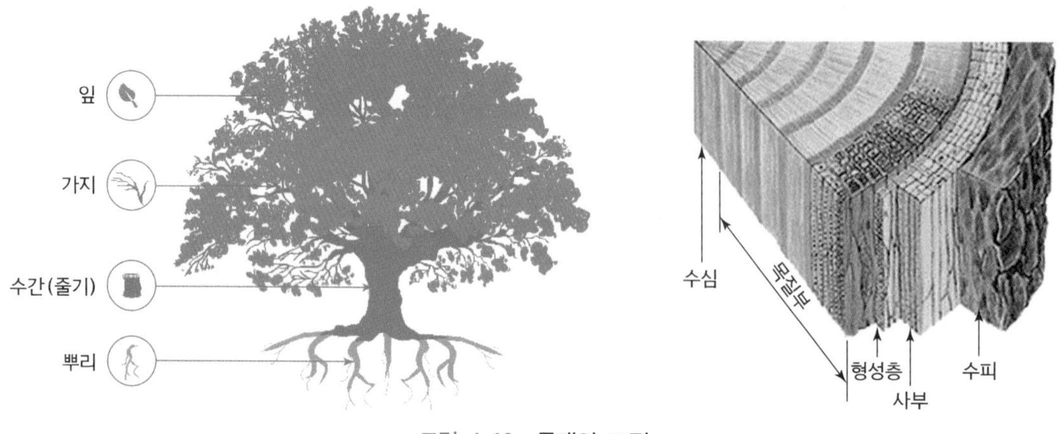

그림 4.10 목재의 조직

의 주요 부분으로서 건축용 재료인 목재로 사용되는 부분이다. 수간은 수피(껍질), 목질부, 수심의 세부분으로 되어 있다. 바깥쪽은 수피이고 중심은 수심이며, 수피와 수심 사이에 목질부가 있다. 수간의 수피는 외수피(겉껍질)와 내수피(속껍질)로 되어 있고, 외수피는 짙은 갈색이다. 수간의 목질부는 춘재와 추재가 동심원 모양으로 수심을 둘러싸고 있다. 수간의 수심은 목재의 중심부분으로 어린 나무일 때는 무른 조직으로 차 있으며 고목은 그 부분이 비어 있다.

Tip

- 춘재 : 형성층의 활동이 가장 활발한 봄에 이루어진 부분으로 목질부가 연약
- 추재 : 형성층의 활동이 둔한 여름과 가을철에 이루어진 부분으로 목질부가 치밀
- 수피(껍질) : 재료로 쓰이지 않는 부분이나 코르크 참나무에서 체취한 코르크는 방습, 방온, 방음재료로 많이 쓰이며, 탄력이 있어 Packing이나 완충재료로 쓰여 왔다. 목재의 건조시 수피를 제거해야 건조가 빠르다.
- 형성층 : 수피와 목질부의 경계에 위치하며 세포의 증식이 일어나는 부분으로 수목성장을 담당하는 곳이다. 봄, 여름에는 활동이 왕성하여 춘재 부분을 만들어내고 가을에 활동이 줄어들기 시작하여 겨울에 휴식하므로 추재 부위를 만든다.
- 목질부 : 목재로 쓰여지는 부분으로 색이 옅고 질이 연한 변재부위와 색이 짙고 질이 딱딱한 심재부로 나눠진다. 심재부위는 세포 내에 고무질, 탄닌, 수지 등이 퇴직하여 재질이 견고하며, 내구성이 크고 수축변형도 변재에 비해 적은 편이다. 변재부위는 균열, 수지공, 동공 등은 작지만 흡수성이 크고 수액이 많아 변형이 심하며 내구성이 부족한 것이 일반적이다.
- 수심 : 목재 중앙부의 유연한 특수조직으로 목재의 결점 중 하나

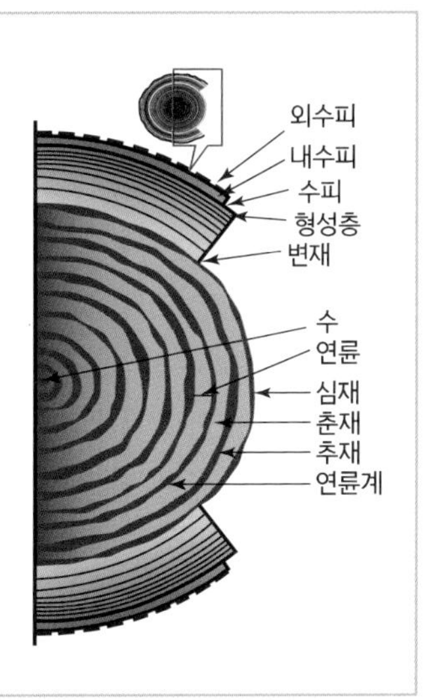

2.1 세포

목재의 세포는 섬유, 물관, 수선, 수지관 등이 있다.

- 섬유(헛물관, 목섬유)　가늘고 길게 된 것으로 목재 대부분의 용적을 차지하고 있으며, 목재의 줄기방향에 평행으로 놓여 있는데, 수액의 통로가 되며 수목에 견고성을 주는 역할을 한다.
- 물관(도관)　주로 활엽수에 있는 것으로 양분과 수분의 통로가 되며 변재에서 물관은 수액을 운반하는 역할을 하나 심재에서는 그 기능이 없고 수지, 광물질 등으로 채워져 있다. 횡단면에서 물관의 배열은 수종에 따라 다르므로 수종을 구별하는 표준이 된다.

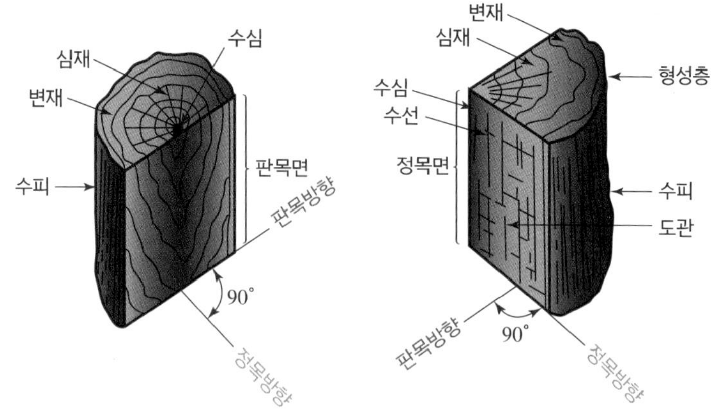

그림 4.11 목재의 조직

- 수선 물관과 같이 양분과 수분의 통로가 된다. 배열이 수심에 직각 방향으로 되어 있어 수액을 수평 이동시키는 역할을 한다.
- 수지관 수지(Resin)의 이동이나 저장을 하는 곳이다. 수직 수지구, 수평 수지구가 있다.

이들 세포는 침엽수와 활엽수 또는 수종에 따라 각기 다른 형태, 배열을 나타내나, 크게 나누면 수목이 굳건하게 서 있을 수 있는 지지역할 및 수분 이동을 담당하는 세포들과 양분의 저축 및 이동을 담당하는 세포들이 있다.

전자의 세포 중 나무가 똑바로 서 있을 수 있도록 지지역할을 담당하는 세포는 가늘고 긴 세포로써 폭과 길이의 비가 1 : 100 정도 되며, 일반적으로 세포벽이 두껍다.

이들 세포는 침엽수의 경우 헛물관이라 하며 90~97%, 활엽수는 목 섬유라 하여 약 70%를 점유한다. 수분 이동을 담당하는 세포는 침엽수에 있어서는 헛물관이 겸하고 있으나, 활엽수는 물관이라는 길이가 짧고 직경이 0.05~0.4 mm에 달하는 대단히 큰 세포가 따로 존재한다. 후자의 양분 이동 및 저장을 담당하는 세포들은 수목이 살아있을 동안의 물질대사에 관계하는 세포로서 5~10%를 점유하는 불과하다. 따라서 나무를 이용하는데 가장 주목해야 할 세포들은 섬유라고 불려지는 헛물관과 목 섬유 및 물관 등 주로 전자의 세포들이다. 이들은 형성층에서 분열된 후에 오래지 않아 원형질을 잃고 죽어버리므로 나무를 구성하는 대부분의 세포는 세포벽으로 둘러싸고 안쪽이 텅 빈 상태에 있다. 실제로 나무의 공간율은 40~80%에 달한다. 따라서 나무의 실질은 20~60%에 불과한 셈이다.

표 4.1 침엽수와 활엽수의 조직

구분세포	섬유 세포	물관 세포	수선 세포	수지관
침엽수	• 헛물관(가도관)이라고도 한다. • 수분 영양분 등의 통로 • 수목 전체 용적의 90~97%를 차지 • 길이가 1~4 mm 정도로 가운데가 텅빈 가늘고 긴 관상 세포	없다.	가늘고 잘 보이지 않는다.	많다.
활엽수	• 목섬유라고도 한다. • 막벽이 두꺼운 것일수록 목재의 강도가 크다. • 수목 전체 용적의 40~75%를 차지한다. • 길이가 0.5~2.5 mm로서 구멍이 많다.	• 목섬유보다 크고 길며 섬유와 같은 방향으로 들어 있다. • 도관이라고도 한다. • 건조한 목재의 종단면 위에 크고 진한 색깔의 무늬가 나타나는 이유이다.	잘 나타나며 종단면에서는 어두운 색의 얼룩 무늬와 광택이 뚜렷하게 아름다운 무늬로 나타난다.	극히 드물다.

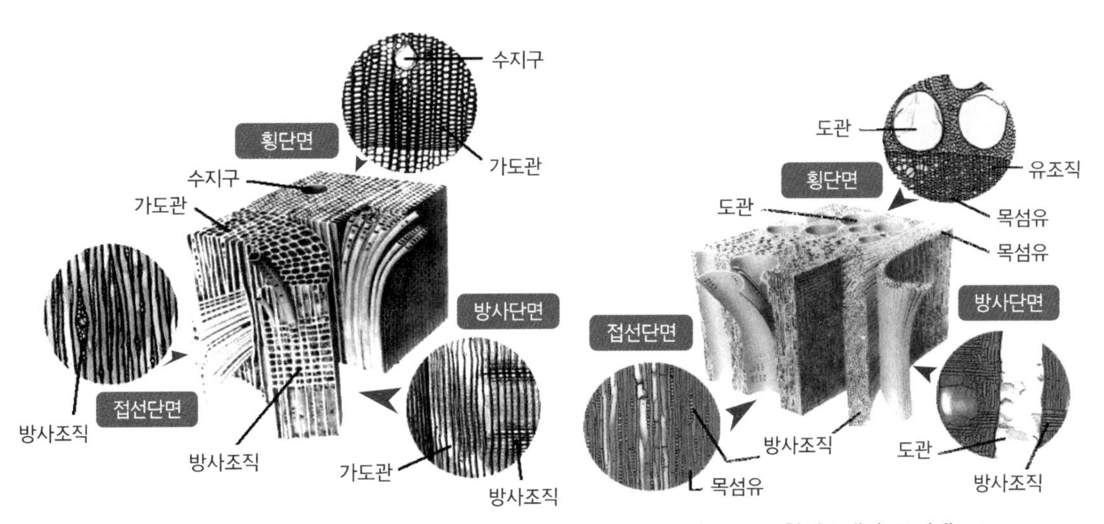

그림 4.12 침엽수재의 구성세포요소

그림 4.13 활엽수재의 구성세포요소

(1) 침엽수의 현미경적 구성세포

진화 정도가 비교적 늦은 침엽수에서는 구성세포의 종류가 적고 형상도 단순하다. 침엽수의 세포는 대부분 가도관 세포로 구성되어 있다. 가도관세포는 수분 이동과 강도를 유지하는 기능을 하게 된다. 방사유세포는 양분을 저장하고 배분하는 역할을 한다.

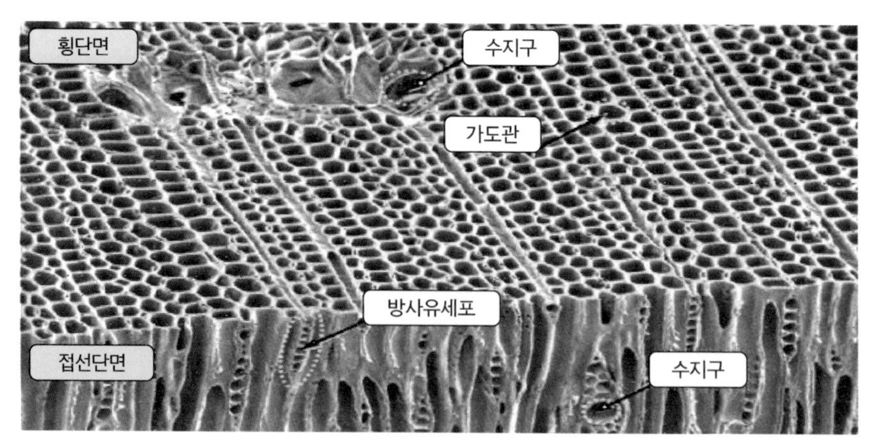

그림 4.14 침엽수 조직

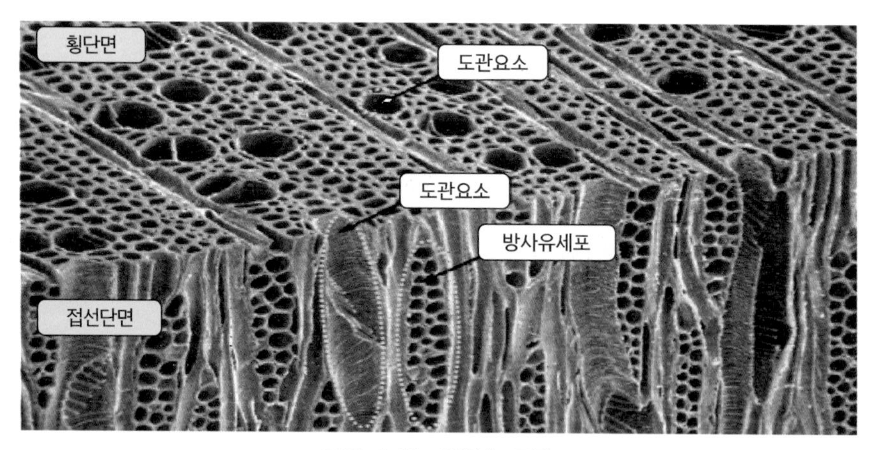

그림 4.15 활엽수 조직

(2) 활엽수의 현미경적 구성세포

침엽수보다 다양한 세포로 구성되어 있다. 활엽수는 수분이동을 담당하는 도관과 나무를 지지하는 목섬유로 분화, 발달되어 있다. 방사유세포는 생리적 역할과 영양분의 이동이나 저장을 하는 역할을 담당하며, 침엽수재에 비해서 훨씬 발달되어 있다.

2.2 화학성분

목재의 원소조성은 대개 탄소 50%, 산소 44%, 수소 5%, 질소 1% 정도이다. 이 외에도 회분·석회·나트륨·망간·알루미늄·철 등이 미량 함유되어 있다.

목재를 구성하고 있는 세포의 벽은 이러한 원소가 결합되어 셀룰로오스, 헤미셀룰로오스, 리그닌의 3가지 물질로 이루어진다. 주요 성분인 섬유소(셀룰로오스; cellulose)는 목질 건조중량의 60% 정도이며 나머지 대부분이 리그닌(lignin)으로 20~30% 정도이다. 그 외에 헤미셀룰로오스(hemi-cellulose)·탄닌(tannin)·수지(resin) 등이 포함되어 있다. 이들 성분에 있어서 침엽수는 리그닌을 많이 함유하며, 활엽수는 헤미셀룰로오스를 많이 함유하고 있다.

셀룰로오스는 세포막을 구성하며 리그닌은 세포와 세포 사이의 간격에 대량으로 분포함으로써 세포상호간의 접착제 역할을 하여 수목이 단단하게 버틸 수 있게 한다. 적당한 용제로 리그닌을 녹여 세포를 분리할 수 있다.

철근콘크리트에 비교하면 셀룰로오스가 철근, 헤미셀룰로오스가 철근과 철근을 연결하는 철사, 리그닌이 콘크리트에 해당하는 역할을 한다.

표 4.2 목재의 화학성분

수 종	셀룰로오스	헤미셀룰로오스	리그닌	수지분	회분
침엽수	50~55	10~15	30	2~5	1 이하
활엽수	50~55	20~25	20	0.5~4	1 이하

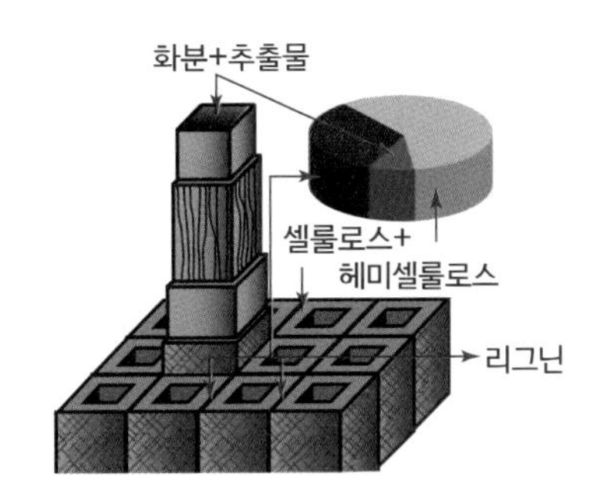

그림 4.16 목재의 화학적 성분

Tip

목재의 세포벽은 형성층에서 분리된 직후는 대부분 셀룰로오스인 것이 점차로 리그닌이 증가하여 단단해 지는데 이러한 현상을 목화현상(木化現狀)이라고 한다.

2.3 나이테

나이테(연륜)는 형성층의 활발한 분열 활동으로 생성되어 춘재부와 추재부 1쌍이 수간 횡단면상에 나타나는 동심원형 조직이다. 봄과 여름에는 성장이 많아 세포막이 얇고 두꺼운 층을 이루며, 유연한 목질 부분을 춘재부라 하고, 가을과 겨울에 성장한 세포막이 두껍고 얇은 층을 이루며 단단한 목질 부분을 추재부라 한다. 열대지방의 목재는 연중 계속 성장하므로 나이테(연륜)가 없거나 명확하지 않다.

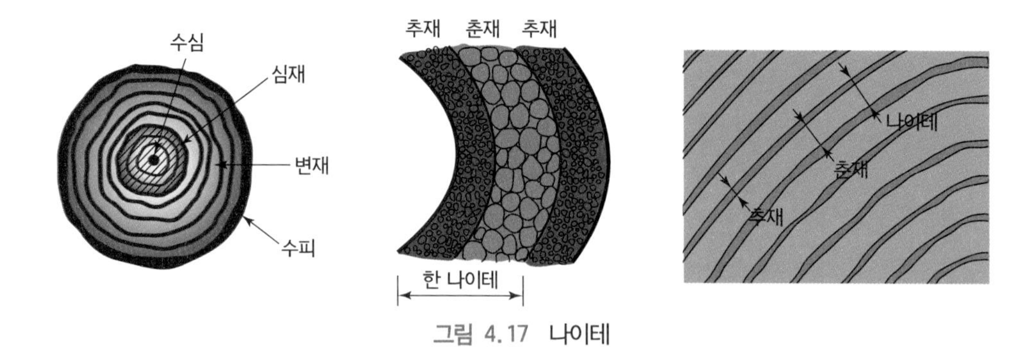

그림 4.17 나이테

추재율과 연륜밀도가 큰 목재일수록 강도가 크다. 일반적으로 나이테(연륜)는 활엽수보다 침엽수에서 명확하게 나타난다.

Tip

- 연륜밀도 : 나이테(연륜)의 수로써 수령을 알 수 있고, 동일 수종에서도 연륜의 조밀은 연륜밀도 또는 평균연륜폭으로 표시한다. 연륜밀도는 마구리면의 반지름 방향길이를 x {cm}라 하고, 그중에 포함되어 있는 연륜수를 n이라 하면 n/x를 연륜밀도라 하고, x/n[cm]를 평균연륜폭이라 한다.
- 추재율 : 목재의 횡단면에서 추재부가 차지하는 비율.

2.4 나뭇결

목재의 면을 깎았을 때 여러 가지 무늬가 있다. 이것을 나무결이라 한다. 이는 목재를 구성하는 섬유의 배열상태 및 목재의 외관적 상태를 말한 것으로서 외관상 중요할 뿐만 아니라 건조수축에 의한 변형에도 관계가 깊기 때문에 매우 중요한 것이다. 나뭇결에는 곧은결, 널결, 무늬결, 엇결 등의 종류가 있다.

- 곧은결은 나이테에 직각 방향으로 켜는 정목 제재시 목재면에 나타나는 평행선상의 나이테 무늬를 말한다. 곧은결재는 널결재에 비하여 일반적으로 외관이 아름답고 수축변형이 적으며 마모율도 적다. 곧은결을 결 간격의 조밀정도에 따라 황정목·사정목으로 구분하고, 특히 결이 치밀한 사정목은 귀한 목재로서 장식용으로 쓰이고 있다.
- 널결은 나이테에 평행 방향으로 켜는 판목 제재시 목재면에 나타난 곡선형(물결모양)의 나무결을 말한 것으로 결이 거칠고 불규칙하게 나타난다. 널결이 나타난 목재를 널결재라 한다. 널결재는 외관을 중요시하는 장식재로 쓰이지만 실용적으로는 곧은결보다 변형이 크고 마모율도 크다.

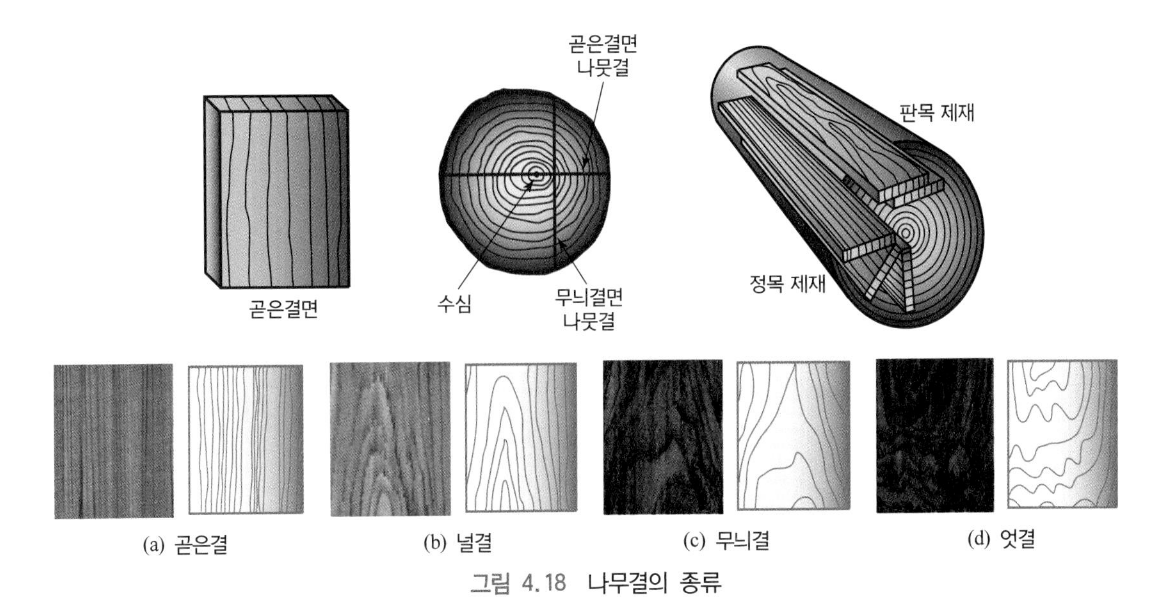

그림 4.18 나무결의 종류

- 무늬결은 나이테의 접선방향으로 제재하여 불규칙하면서도 아름다운 무늬를 나타내는 결이다. 나무를 한 방향으로만 켜기에 동일한 무늬결을 얻을 수 없다.
- 엇결은 나무섬유가 꼬여 나뭇결이 어긋나게 나타난 무늬결이다.

2.5 심재와 변재

수목의 횡단면을 보면 외부는 색깔이 연하고, 수심부에는 색깔이 진하다. 외부에 있는 연한 부분을 변재라 하고, 수심부를 심재라 한다.

- 변재(Sap Wood)는 심재 외측과 수피 내측 사이에 있는 성장한지 오래되지 않은 나이테들의 모임이다. 수액의 통로로서 양분의 저장소이다. 따라서, 성장을 계속하고 있는 세포로 되어 있어 수분을 많이 함유하므로 건조하면 변형이 잘 되고, 습기에 약해서 부패에 대한 저항이 적으므로 사용하는 경우에 주의를 요한다. 색깔은 비교적 엷고 가소성이 풍부하여 목재를 휘어 쓰기에 적합하다.
- 심재(Heart Wood)는 성장한지 오래된 나이테들의 모임이다. 수심의 주위에 둘러져 있고 대부분 세포의 성장이 멈춘 죽은 세포의 집합으로 수액과 수분이 적으며 재질은 변재보다 단단하고 윤기가 난다. 건조시에 변형이 적고 습기에 강해 내구성이 있다. 목재에서 가장 질이 좋은 부분이

표 4.3 심재와 변재의 비교

심 재	변 재
• 변재보다 다량의 수액을 포함, 비중이 크다. • 변재보다 신축이 적다. • 변재보다 내구성, 내후성이 크다. • 노목일수록 심재의 폭이 넓다. • 일반적으로 변재보다 강도가 크다.	• 심재보다 비중은 적으나 건조하면 변하지 않는다. • 심재보다 신축이 적다. • 심재보다 내구성, 내후성이 약하다. • 약목일수록 변재의 폭이 넓다. • 심재보다 강도가 약하다.

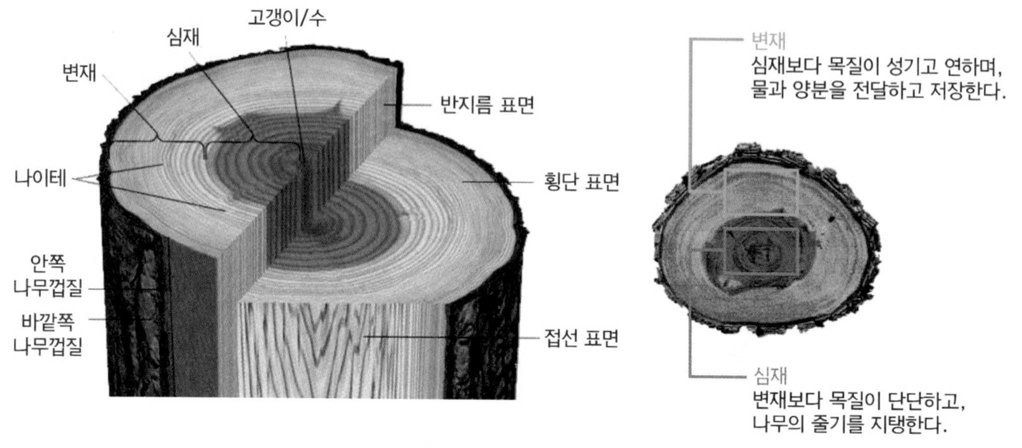

그림 4.19 심재와 변재

므로 이용상의 가치가 크다. 심재의 색깔은 짙으며 고무질·타닌·수지 등이 있다.

2.6 흠

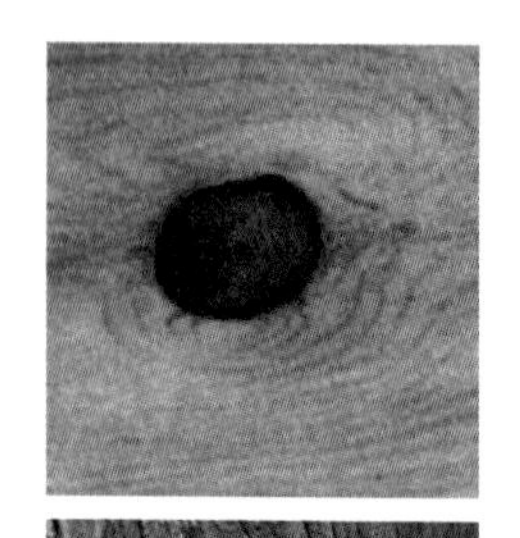

그림 4.20 옹이

목재는 입목으로 있을 때 생리적인 원인과 기후의 변화, 곤충 및 균 등에 의해서 흠이 생기며 벌채 후에도 인위적인 원인으로 인해 생긴다. 목재의 흠은 외관을 손상시킬 뿐만 아니라 강도·내구성을 저하시켜 목재의 이용 가치를 저하시킨다.

- 옹이　옹이는 가지가 줄기의 조직에 말려들어간 것으로 생옹이와 죽은 옹이가 있다. 생옹이는 성장 중의 가지가 말려들어가서 만들어진 것으로 주위의 목질과 단단히 연결되어 있어 강도에는 영향을 미치지 않는다. 죽은 옹이는 말라죽은 가지가 말려들어가서 생긴 것으로 주위의 목질과 독립되어 있는 것이다.

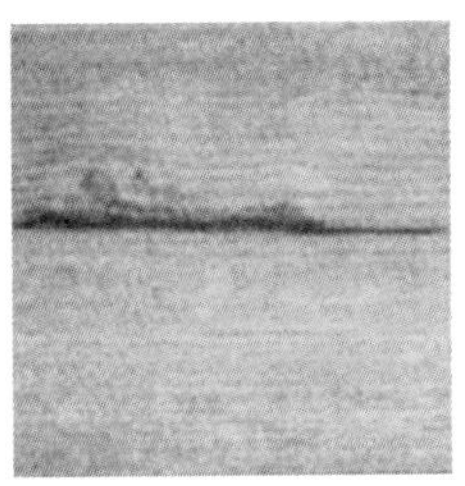

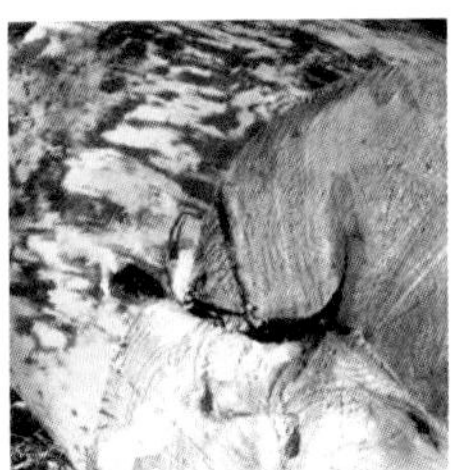

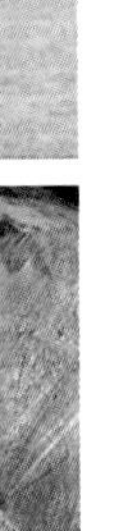

그림 4.21 껍질박이

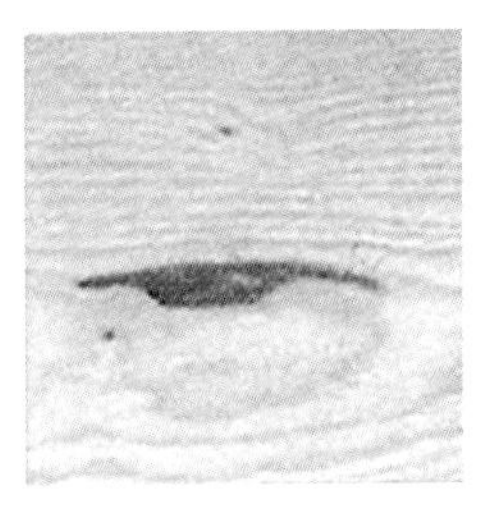

그림 4.22 송진구멍

- 갈라짐 불균일한 건조 및 수축에 의하여 생기는 것으로 여러 가지 모양으로 나타나며 노목에서 흔히 볼 수 있다. 대개는 반경방향의 방사조직에 따라 갈라지는 것이 많다. 갈라짐의 종류는 갈라지는 형상 및 위치에 따라 심재성형 갈림(벌목 후 건조수축에 의하여 생긴 것), 변재성형 갈림(침입된 수분이 동결하여 팽창된 결과 생긴 것), 원형갈림(수심의 수축이나 균의 작용에 의해서 생긴 것), 마구리 갈림, 겉갈림 등이 있다.
- 연륜간격의 차이 수목이 경사지에서 성장하게 되면 어느 한쪽의 연륜이 다른 쪽보다 넓어지게 된 목재부분. 목재의 이상한 조직이 형성된다. 이 목재부분은 비중이 크며 압축에는 강하고 인장에는 약하다. 또 짙은 색으로 수축은 크며 변형되기 쉽다. 침엽수에서 흔히 볼 수 있는 현상이다.
- 껍질박이 수목이 성장도중 수목 세로 방향의 외상으로 수피가 말려들어간 것으로 목재 사용상 지장이 있다.
- 썩정이 벌목이나 운반시 쇠갈고리 등에 의하여 생긴 상처가 썩거나 목재의 일부가 썩어서 변색된 것으로, 부패균이 침범하여 목재 중의 리그닌·셀룰로오스 등을 용해하거나 분해하기 때문에 생기는 것이며, 목재의 가장 큰 결점이 된다.
- 지선 목재의 수지가 흘러나와 가공을 어렵게 하거나, 가공 후에 얼룩이 지는 것을 말한다.
- 송진구멍 송진구멍은 목질 틈서리에 송진이 모인 것으로 소나무에 많다.

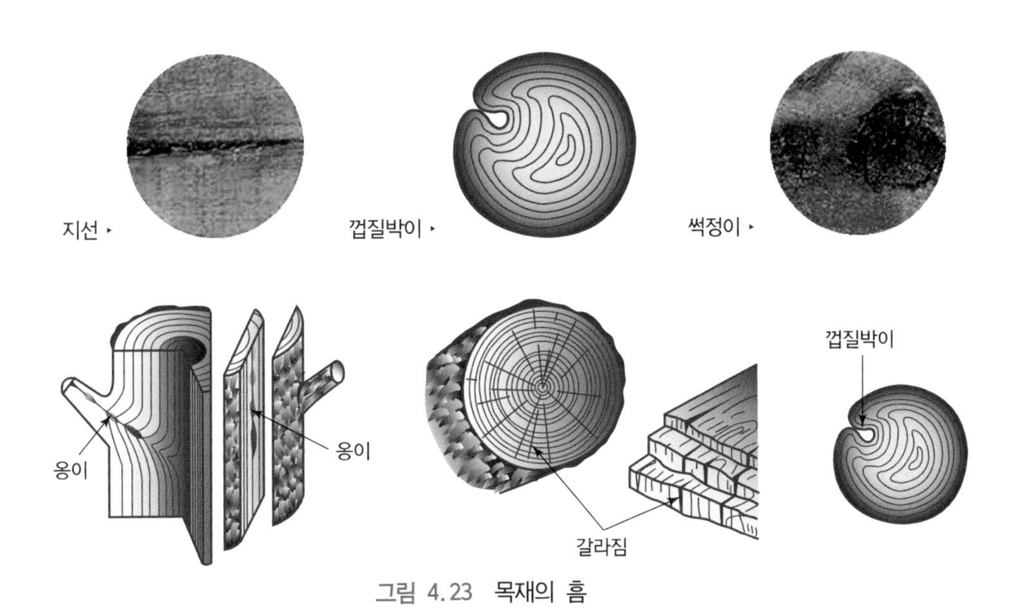

그림 4.23 목재의 흠

- **혹** 혹은 섬유가 집중되어 볼록하게 된 부분으로 뒤틀리기 쉬우며 가공하기도 어렵다.

3. 목재의 성질

목재는 함수량에 따라 부피와 강도가 달라지며, 또 재료에 힘을 주는 방향에 따라 강도가 달라진다.

3.1 비중

보통 목재의 비중은 기건재의 단위용적중량(g/cm^2)에 상당하는 수치, 즉 기건비중으로 나타내고 있으나 절대건조비중으로도 나타낼 수 있다.

- **기건비중** 목재성분 중 수분을 공기 중에서 제거한 상태의 비중을 말한다. 기건비중은 구조설계시 참고자료로 사용된다.
- **절대건조비중** 온도 100～110℃에서 목재의 수분을 완전히 제거했을 때의 비중을 말한다.

목재의 비중(기건비중)은 수종에 따라 크게 차이가 나는데 보통 목재의 비중은 0.3～1.0 범위인데, 오동나무는 0.3 정도로서 가장 작고, 떡갈나무는 0.95 정도이다. 또, 자단, 흑단과 같이 1.0 이상 되는 것도 있다.

목재의 비중은 동일 수종이라도 나이테의 밀도, 생육지, 수령 또는 심재와 변재에 따라 다소 다르다. 추재는 춘재보다 비중이 크다. 목재의 비중이 클수록 목재의 강도는 증가한다.

목재가 공극을 포함하지 않은 실제 부분의 비중을 진비중 또는 실비중이라 하며, 진비중은 목질 세포막의 실질 중량에 상당하므로 수종 및 수령에 관계없이 1.54 정도이다. 그러나 공극을 포함한 겉보기 비중은 세포막의 두껍고 엷은 정도, 세포중의 공극의 많고 적은 상태, 목재 중에 포함된 광물질·수지·기타 유기질의 양에 따라 크게 달라진다.

목재의 비중은 목질부 내에 포함된 섬유질과 공극률에 의해 결정되며, 그 공극률은 다음 식으로 계산할 수 있다.

$$V = \left(1 - \frac{W}{1.54}\right) \times 100\%$$

여기서, V : 공극률(%), W : 절대건조비중, 1.54 : 목재의 비중

예 목재의 비중이 0.3인 절대 건조 목재가 있다고 하면 그 공극률은?

$$V=\left(1-\frac{0.3}{1.54}\right)\times 100\% = 80.5\%$$

3.2 함수율

목재는 수분을 갖고 있다. 수분을 갖는 비율을 함수율이라고 하며, 목재의 절대건조질량에 대한 함유 수분의 질량백분율로 구한다.

$$\text{함수율(\%)}=\left(\frac{W_1-W_2}{W_2}\right)\times 100\%$$

여기서 W_1 : 대상목재의 중량, W_2 : 절대 건조시 목재 중량

예 10 cm 각이고 길이가 2 m되는 목재가 무게가 15 kg, 전건상태의 목재 무게는 10.8 kg일 때 함수율은?

$$\text{함수율}=\frac{5-10.8}{10.8}\times 100 = 39\%$$

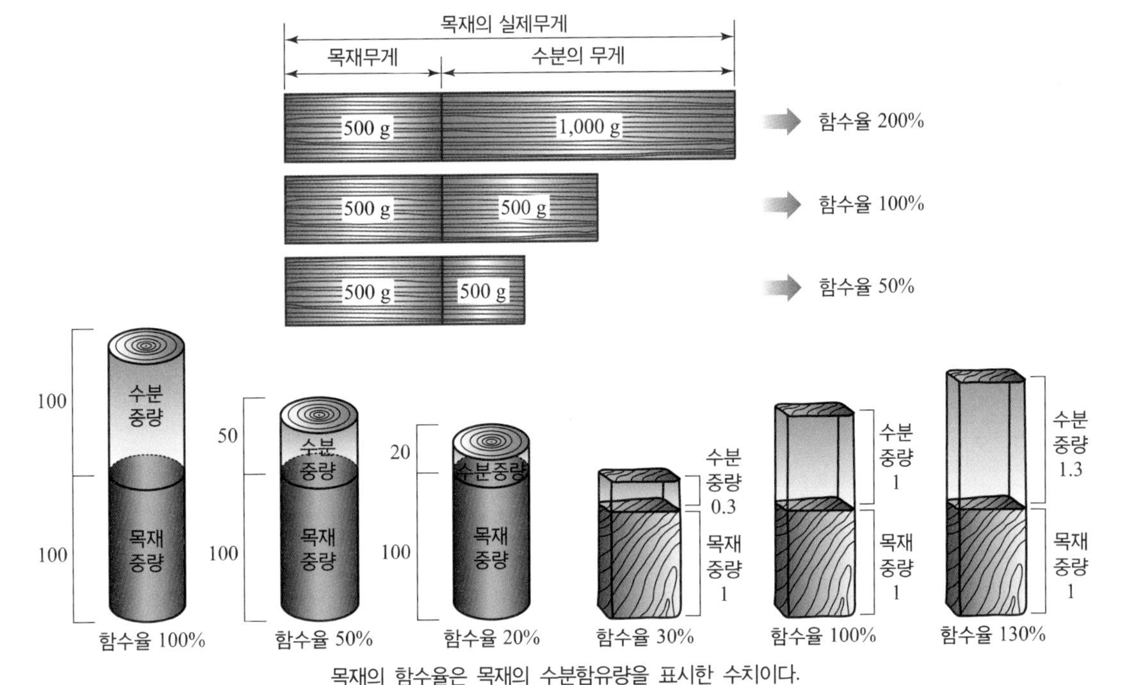

목재의 함수율은 목재의 수분함유량을 표시한 수치이다.

그림 4.24

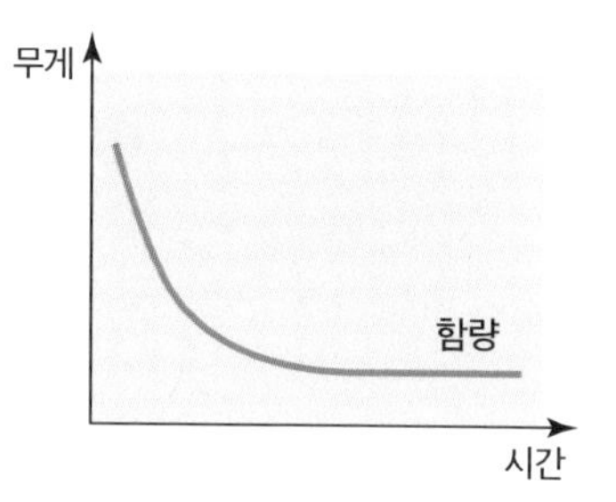

그림 4.25 목재 함수율 측정기

목재의 강도나 수축 등의 모든 성질이 함수율에 따라 다르며, 또 목재를 가공할 때 함수율은 제품의 품질을 파악하는 척도가 된다. 그러므로 목재의 함수율을 파악하는 것이 중요하다. 목재의 함수율 측정 방법은 여러 가지가 모색되었지만 아직도 정확한 측정은 불가능하다. 그러므로 정확한 함수율 측정 기기도 존재하지 않는다고 생각하면 된다.

Tip

목재의 함수율 측정 방법

- 전건법 : 각국에서 널리 사용하고 있는 함수율 표준 측정법으로 함수율을 비교적 정확하게 측정할 수 있지만 측정하는 시간이 하루 이상 소요되어 길다.
- 전기적 수분계 : 휴대용으로서 시험편을 채취하지 않고 현장에서 즉시 함수율을 측정할 수 있어 매우 편리하나, 측정된 함수율은 오차가 있을 수 있기 때문에 보정이 필요하다.
- 습도법 : 목재의 함수율은 주위의 상대습도에 따라 변하므로 목재재부의 상대습도를 측정하여 함수율을 측정하는 방법이다.

목재는 수분의 함수상태에 따라 생재, 섬유포화점, 기건재, 전건재로 나뉜다.

벌채한 직후의 목재는 많은 수분을 가지고 있는데 이것을 생재라 한다. 생재의 함수율은 수종, 산지, 벌채의 계절에 따라 다르나 변재는 80~100%, 심재는 40~100% 정도 된다.

생재가 건조되어 수분이 점차 증발함으로써 약 30%의 함수 상태가 되었을 때를 섬유포화점이라 한다. 목재가 섬유포화점보다 더 건조하여 대기 중의 습도와 균형 상태가 되면, 함수율은 약 15% 정도가 되는데 이것을 기건재라 한다. 기건재를 건조로 등을 이용하여 더욱 건조시켜 함수율이 0%로 되면 전건재라 한다.

Tip

목재 수분의 함수상태

- 전건 함수율 : 100~110℃에서 건조된 무수상태의 목재, 0%
- 기건 함수율 : 목재가 통상 대기의 온·습도와 평형을 이루고 있는 상태의 목재, 12%~18%
- 섬유 포화점 : 세포막 내부가 완전히 수분으로 포화되어 있고 세포내공과 공극 등에는 수분이 없는 상태를 말하고 23~30%이다.
- 생재 함수율 : 벌채한 직후의 목재 함수율, 40~80%(때로는 100% 이상). 그 양은 수종, 수령, 산지, 심재, 변재 등에 따라서 다르고 계절에 따라 다소 차이가 있다.

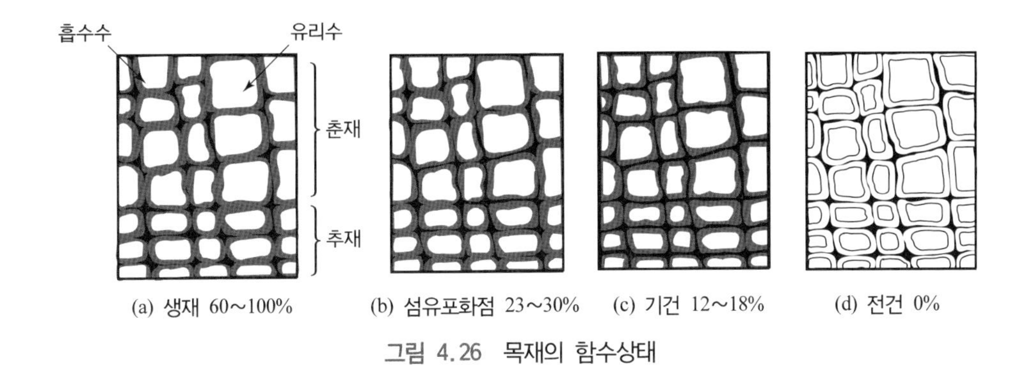

그림 4.26 목재의 함수상태

Tip

- 기건재 : 생재를 방치하여 수분이 증발하여 건조되나 공기 중의 온도와 습도에 의해 일정 수준에서 정지된 상태의 것. 기건재의 함수율은 기후와 계절에 따라 다르나 12~18%의 범위이다.
- 전건재 : 목재를 100℃의 건조기에 넣고 무게가 변하지 않는 상태에 도달했을 때. 함수율 0%이다.

목재에서 수분의 건조나 흡수 속도는 같은 목재일지라도 부분에 따라 다르다. 즉, 수분증발이나 흡수속도는 마구리면이 가장 빠르고 무늬결면, 곧은결면 순이다.

Tip

목재의 3단면

- 마구리면(목구. 木口, Cross surface) : 목재의 줄기를 횡단면으로 자른면, 횡단면
- 무늬결면(판목, 板目, Tangential surface) : 목재 줄기의 수심을 벗어나서 켠 종단면, 접선단면
- 곧은결면(정목, 柾目, Radial surface) : 목재 줄기의 수심을 통과해서 켠 종단면, 방사단면

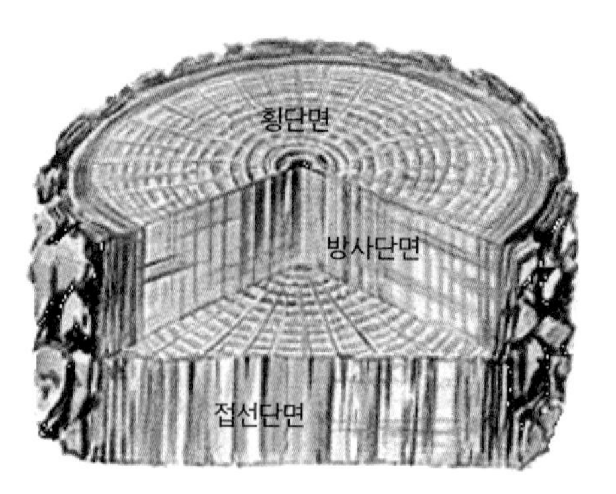

그림 4.27 목재의 3단면 - 1

- 횡단면 축의 직각 방향(섬유 직각방향)으로 절단한 면
- 접선단면 나이테(연륜)에 접선이 되도록 절단한 면. 접선 방향의 수축은 방사 방향의 1.5~2배이다.
- 방사단면 중심부의 수(pith)를 통과하여 방사 방향으로 절단한 면

목재 중에 함유된 수분은 그 존재 상태에 따라 자유수와 결합수로 크게 나눈다.

목재가 증발하면 1차적으로 자유수가 증발하고 결합수가 남는다. 계속 건조하면 결합수가 최종적으로 증발한다. 이때 이 양자의 한계점을 섬유포화점이라 하며 수분이 30%가 된 상태이다.

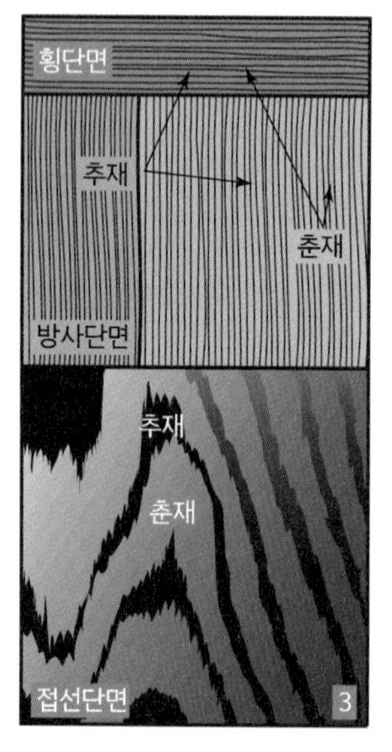

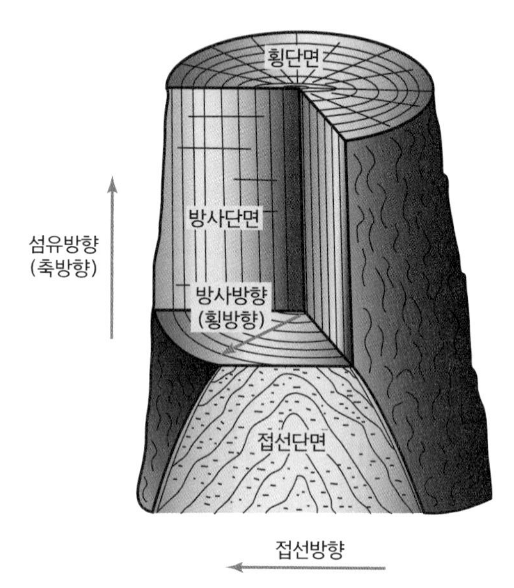

그림 4.28 목재의 3단면 - 2

Tip

- 자유수 : 세포내강, 세포와 세포 사이에 있는 수분을 말하며 벌목과 동시에 증발된다. 이동이 쉬어서 자유수의 증감은 목재의 중량과 열, 전기, 충격에 대한 성질에 영향을 준다.
- 결합수 : 세포막 안에 남아 있는 수분을 말하며 약 30% 정도이다. 이동이 곤란하고 수축, 팽창에 영향을 준다.

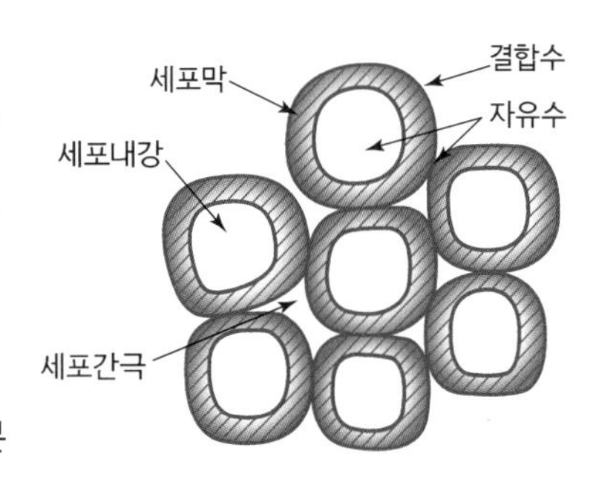

목재에 함유된 수분

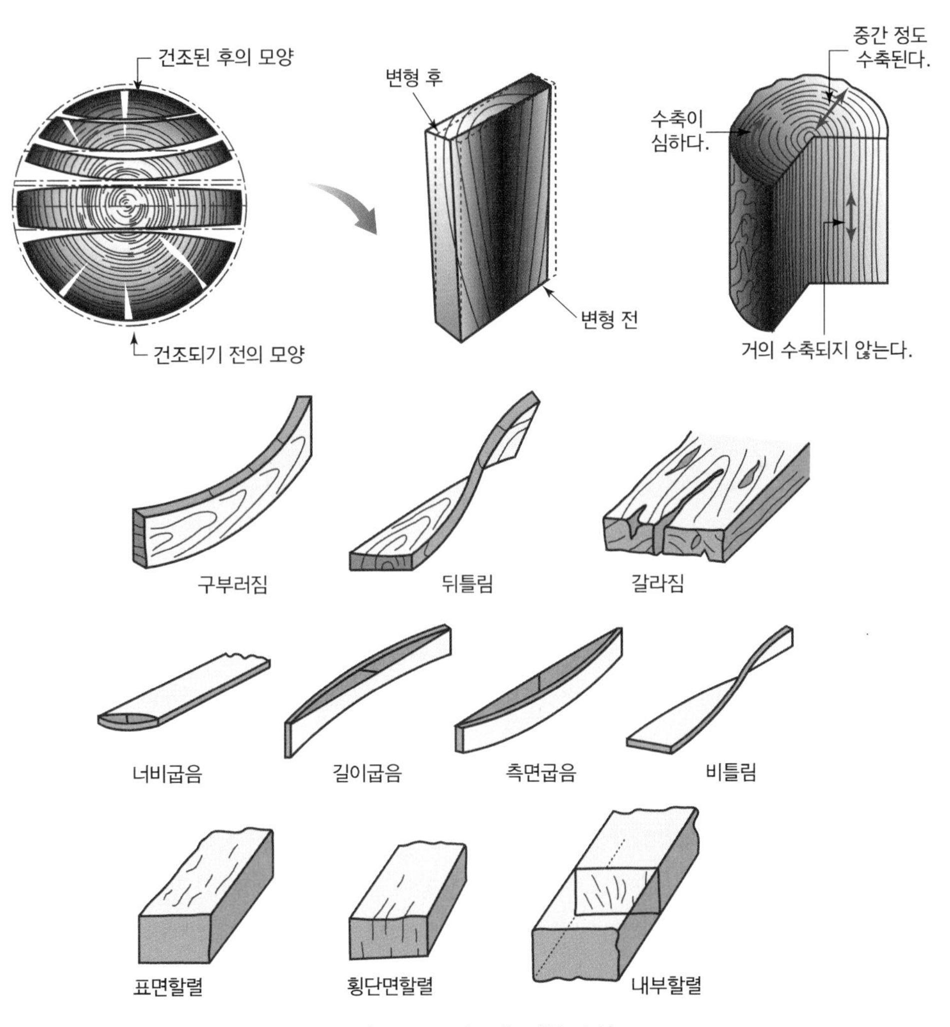

그림 4.29 건조에 의한 손상

함수율이 30%인 섬유포화점 이상의 범위에서는 신축의 증감이 거의 없다. 그러나 섬유포화점 이하가 되면 함수율의 증가, 감소에 따라 수축, 팽창하여 갈림, 휨, 뒤틀림 등의 결점이 생긴다. 특히, 비중이 큰 목재일수록, 섬유가 곧게 뻗어 있지 않을수록, 활엽수가 침엽수보다 대체로 용적 변화와 수축, 팽창이 크다.

목재는 수분을 포함하고 있으므로 건조시키면 부피가 줄어드는데, 수축된 양과 수축되기 전의 양과의 비율을 수축률이라 한다. 목재의 수축률은 나무의 세포벽으로부터 결합수가 건조되는 양에 비례한다.

수축률은 수종 이외에도 생장 상태나 수령에 따라 일정하지 않다. 목재의 부분별 수축 정도는 변재가 심재보다 크고 춘재가 추재보다 크다. 목재의 방향별 수축 정도는 접선방향 : 방사방향 : 섬유방향=20 : 2 : 1 정도이다.

특히, 수축의 크기는 방향에 따라 현저히 다른데 목재의 수분이 6~10% 정도에서 나이테의 접선방향(곧은결 나비방향)으로 수축이 가장 크게 일어나며 심재, 변재 갈림의 원인이 된다. 목재의 수분이 2.5~4.5% 정도에서는 방사방향(횡방향, 나이테의 직각방향)으로 수축이 일어나며 원형 갈림의 원인이 된다. 목재의 수분이 0.1~0.3% 정도에서 목재의 섬유방향(축방향, 길이방향, 줄기방향)으로 수축이 일어난다.

3.3 강도

목재의 강도는 수종에 따라 달라지고, 같은 수종이라도 심재, 변재 등 위치와 함수율 변화, 흠의 포함정도 및 가력방향에 따라 달라진다.

- 비중과 강도　비중이 클수록 강도도 크다. 변재보다 심재가 크다.
- 함수율과 강도　섬유포화점(함수율 30%) 이상의 함수 상태에서는 함수율이 변화하더라도 목재의 강도는 일정하나 그 이하에서는 함수율이 적을수록 강도는 커진다.
- 흠과 강도　흠이 있으면 강도가 떨어진다.
- 가력방향과 강도　목재에 힘을 가하는 방향이 섬유방향에 평행하게 가할 때 최대이고, 이에 직각방향이 최소이다. 경사진 방향에서는 섬유방향과 힘을 가하는 방향의 각도에 따라 섬유방향의 값에 계수를 곱한 값으로 한다. 목재섬유의 직각방향 강도를 1로 할 때 섬유방향의 강도는 압축강도 5~10, 인장강도 10~30, 휨강도 7~15이다.

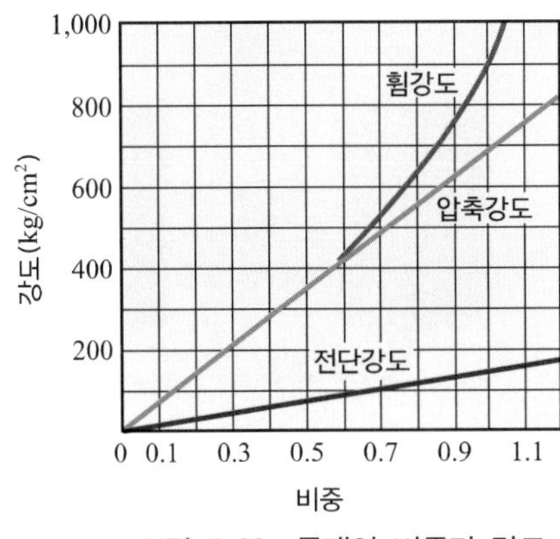

그림 4.30 목재의 비중과 강도

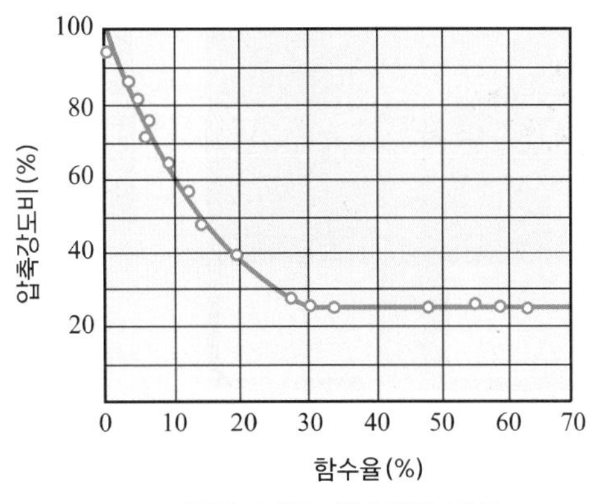

그림 4.31 함수율과 강도

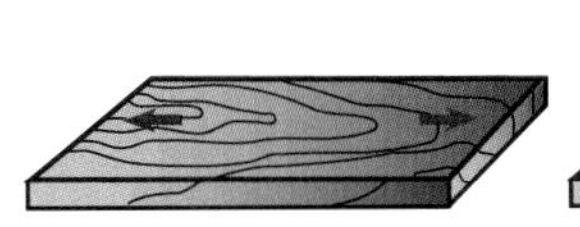

강하다.

약하다.

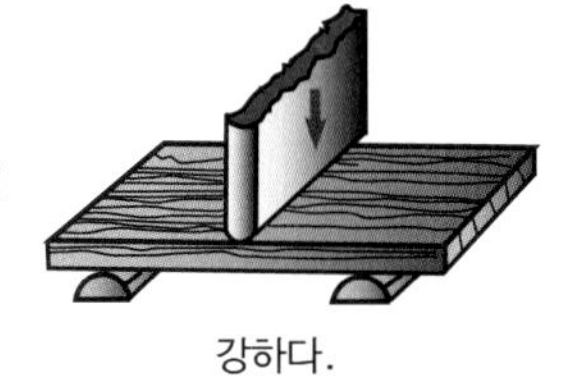

강하다.

약하다.

그림 4.32 목재의 가력방향과 강도

표 4.4 목재에 대한 나뭇결 방향의 허용 응력도

허용응력도 목재의 종류		장기응력에 대한 허용응력도(kg/cm²)			단기 응력에 대한 허용응력도(kg/cm²)		
		압축	인장 또는 휨	전단	압축	인장 또는 휨	전단
침엽수	육송·삼송·아까시아	50	60	4	장기응력에 대한 압축·인장·휨 또는 전단허용응력도 각각의 값의 1.5배로 한다.		
	전나무·가문비나무(당송) 일본삼송·미삼송·미솔송	60	70	5			
	잣나무·벚나무	70	80	6			
	낙엽송·적송·흑송·솔송·일본송·미송	80	90	7			
활엽수	밤나무·물참나무	70	95	10			
	느티나무	80	110	12			
	떡갈나무	90	125	14			
	라 왕	70	90	6			

표 4.5 나뭇결에 경사진 방향의 허용압축응력도 계수

나뭇결 방향과 가력 방향과의 각도	0°	10°	20°	30°	40°	50°	60°	70°	80°	90°
침엽수	1.00	0.83	0.54	0.36	0.26	0.20	0.16	0.14	0.14	0.125
활엽수	1.00	0.90	0.68	0.50	0.38	0.30	0.25	0.22	0.21	0.20

건축물의 구조기준등에 관한 규칙 제16조

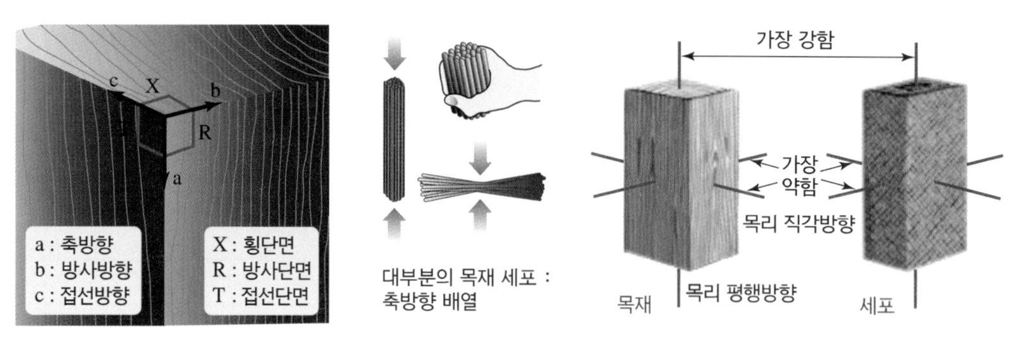

그림 4.33 나무결의 방향과 각도

3.4 내구성

목재를 얼마나 오래 사용할 수 있는가를 말한다. 목재의 내구성을 감소시키는 원인으로는 풍우, 일광, 자외선, 공기 등에 노출되었을 때의 풍화작용으로 인한 마모, 균류 또는 박테리아에 의한 부패, 곤충류에 의한 충해, 화재 등이 있다.

내구성의 크기는 나무의 종류에 따라 밤나무 · 미송 · 육송 · 나왕의 순이며, 일반적으로 심재가 변재보다 내구성이 크다. 같은 종류라도 건조되어 있으면 잘 썩지 않아 내구성이 증가하고, 목재에 칠을 하면 오래 사용할 수 있다. 또한, 목재가 부패균에 의하여 부패되면 성분이 변질되어 비중이 감소되고 강도가 약해진다. 또한, 햇볕 · 비바람 · 기온의 변화 등으로 광택이 없어지며 변색될 뿐만 아니라, 곤충에 의해 목재 내부에 구멍이 생긴다.

- **부패** 목재의 내구성이 감소되는 이유는 주로 부패에 기인한다. 목재의 부패는 균류에 의한 경우가 많으며 균류의 번식에는 적당한 온도(25~35℃) · 수분(습도 90% 이상, 함수율 30~60%) · 공기 및 양분이 필요하다. 따라서 이 4가지 중 하나라도 근절되거나 부적당하게 되면 균의 번식은 불가능하게 된다. 예를 들면 완전 흡수에 의해 공기를 전부 배제한 목재는 절대 균해를 입지 않는다. 즉, 목재가 부패하지 않는다. 상수면 이하에 박은 기초말뚝 또는 수중에 완전히 침수시킨 목재가 부패하지 않는 것도 좋은 예이다.
- **충해** 목재를 침식시키는 것은 흰개미, 굼벵이 등의 곤충류이다. 흰개미도 부패균과 마찬가지로 양분, 수분, 공기, 온도의 조건이 갖추어져야 한다. 목재 속의 양분으로는 셀룰로오스, 헤미셀룰로오스 등의 다당류이다.

변재는 당분함유량이 많아 심재보다 피해를 받기 쉽다. 또 흰개미에 의한 피해는 갉는 데 있으므로 주로 비중이 낮은 춘재부를 갉아먹고 추재부는 그대로 두어 속에 구멍을 만드는 경우가 많고, 목질이 연한 침엽수는 활엽수보다도 저항력이 약한 경향이 있다.

- **풍화** 목재는 부패균이나 충해를 받지 않아도 장기간 대기에 노출되어 햇볕, 비바람, 기온의 변화 등을 받으면 수지 성분이 증발하여 광택의 감소, 표면의 변색·변질, 강도 및 탄성의 감소를 가져오는 데, 이러한 현상을 풍화라 한다. 풍화가 진행되면 목재는 흡수하기 쉽고, 균류의 번식에 적당하므로 부패하기 쉽다.
- **연소** 목재에 열을 가하면 100℃ 정도에서 수분이 증발하고, 180℃ 전후에서 열분해가 시작되어 가연성 가스가 발생한다. 이때 불꽃을 가까이 하면 가연성 가스에 인화는 되지만, 목재에는 불이 붙지 않는데, 이 온도를 인화점이라 한다. 목재의 온도가 260~270℃가 되면 가연성 가스의 발생이 많아지고 불꽃에 의해 목재에 불이 붙는데, 이 온도를 착화점이라 한다. 더욱 온도가 높아져서 목재의 온도가 400~450℃로 되면 불꽃이 없어도 자연 발화가 되는데, 이 온도를 발화점이라 한다. 특히 불이 붙기 쉽고, 저절로 꺼지기 어려운 온도인 260~270℃를 목재의 화재 위험 온도라 한다.

Tip

목재에 불이 붙는 온도

- 인화점(180℃) : 목재 가스에 불이 붙는 온도
- 착화점(260~270℃) : 목질부에 불이 붙는 온도(화재위험 온도)
- 발화점(400~450℃) : 불을 붙이지 않아도 자연 발화하는 온도

(a) 부패

(b) 충해

(c) 풍화

그림 4.34 목재의 내구성을 감소기키는 원인

4. 목재의 이용

벌채한 원목은 통나무 그대로 쓰이는 경우는 드물며, 보통은 각재나 판재로 잘라내는 제재 작업을 거친다.

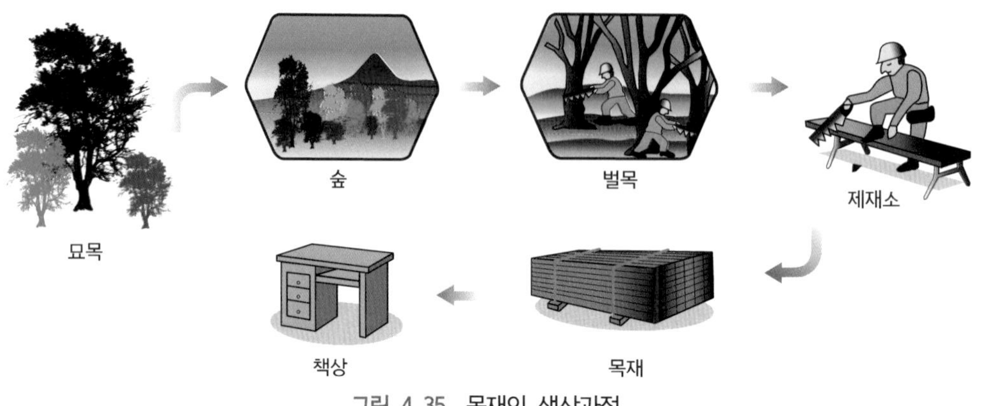

그림 4.35 목재의 생산과정

4.1 벌목

그림 4.36 벌목

산에 있는 나무를 베는 것을 벌목이라 한다. 완전히 자란 나무를 벌목해야 목재가 단단하고 부피도 크다. 시기에 따라 재질에 영향을 주는데, 성장이 정지되고 수액이 적은 겨울철에 벌목하는 것이 좋다. 여름철에 탈피의 용이점이 있으나 수액의 이동이 많아 목질이 변하기 쉽다.

4.2 제재

제재란 필요한 치수의 목재를 얻기 위해 원목을 절단하는 조작을 말하는 것으로서, 목재를 제재하는 요령은 아래와 같다.

- 취재율을 침엽수는 70% 이상, 활엽수는 50% 이상이 되도록 한다.
- 건조수축을 고려하여 여유 있게 제재한다.
- 목재용도에 따라 나뭇결과 무늬 등을 고려하여 제재한다.

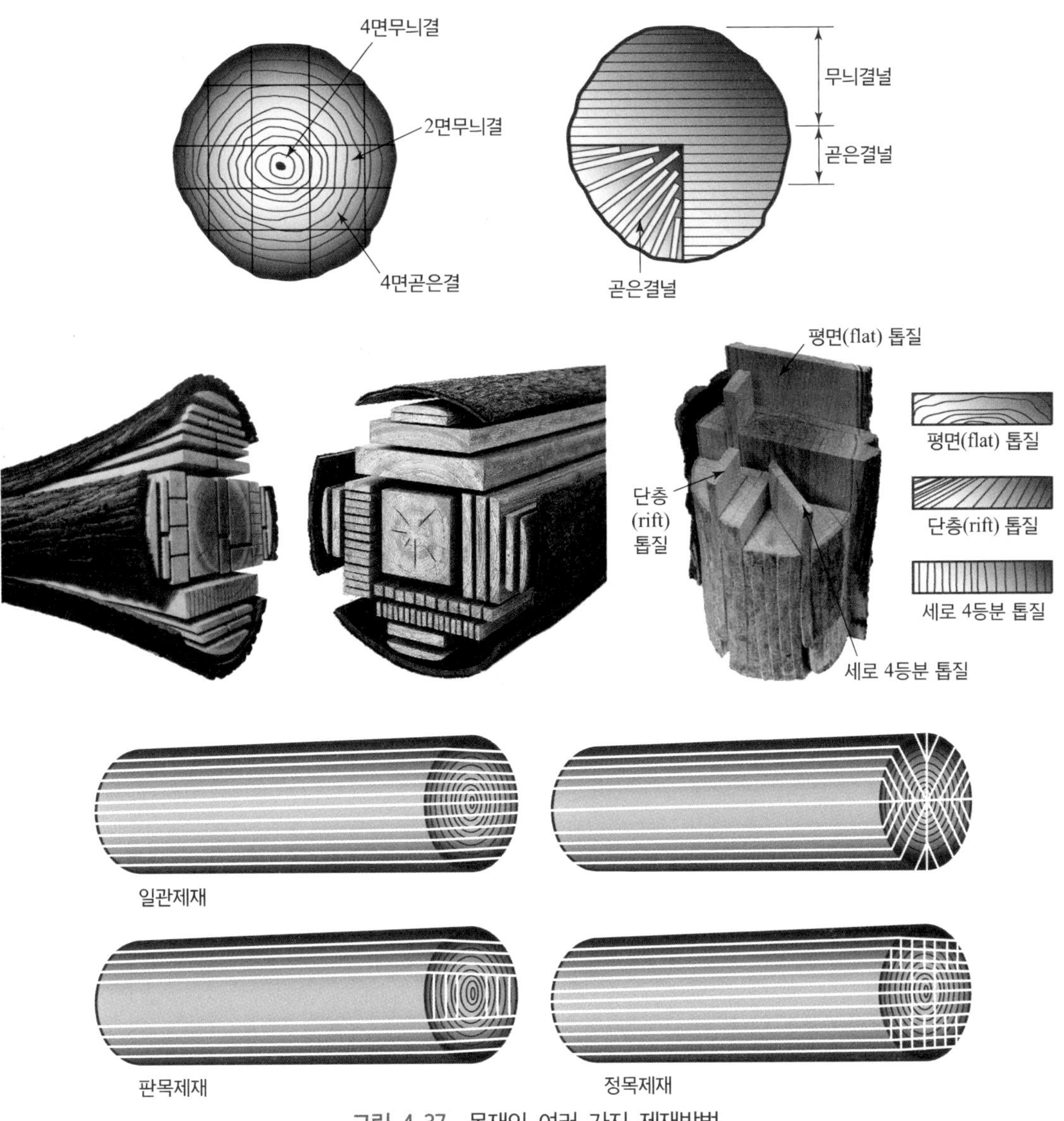

그림 4.37 목재의 여러 가지 제재방법

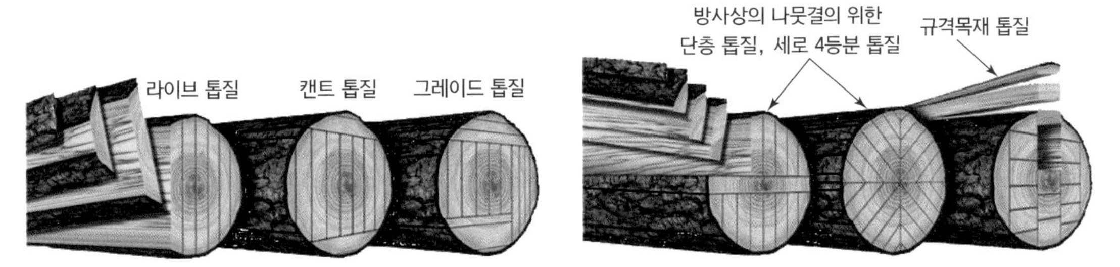

그림 4.38 다양한 평면 톱질

표 4.6 정목과 판목

구 분		정목과 판목의 모양
정목 (Quarter Sawn)	'마사메'라고도 부르는 정목은 톱과 나이테가 직각으로 된 상태에서 자른 가장 이상정인 목재로 20~30 kg 수출과 같은 경도로 구성되어 있어 탄성에 의한 휘어짐이나 틀어짐, 갈라짐 등의 변형률이 적어 건축재나 가구재 등에 적합하다.	나이테(성장선) 절단선
판목 (Flat Sawn)	'이다메'라고도 부르는 판목은 나이테의 방향을 무시하고 자른 목재로 40~60%의 높은 수율과 나무의 특성상 나이테에 따라 성장률과 강도가 다르다.	

목재는 원목과 제재목으로 구분되고, 원목은 통나무, 만각재가 있으며, 제재목은 널재(Board plank), 오림목(Small cant), 각재(Square Timber)로 분류된다.

목재의 제재치수는 한국공업규격(K.S)에서 규정한 규격대로 제재되어 이용되어야 하겠지만, 실용상 많이 이용되고 있는 몇 가지 종류로 제재 판매되고 있다. 그 이외의 것은 필요에 따라 별도로 사용자가 주문하여 이용하여야 한다.

(1) 판재류(두께가 7.5 cm 미만이고, 폭이 두께의 4배 이상인 것)

- 좁은 판재(두께가 3 cm 미만으로 폭이 12 cm 미만인 것)
- 넓은 판재(두께가 3 cm 미만으로 폭이 12 cm 이상인 것)
- 두꺼운 판재(두께가 3 cm 이상인 것)

(2) 각재류(두께가 7.5 cm 미만이고, 폭이 두께의 4배 미만인 것 또는 두께 및 폭이 7.5 cm 이상인 것)

- 큰 각재(두께 및 폭이 7.5 cm 이상인 것)

정각재(횡단면이 정사각형인 것)와 평각재(횡단면이 직사각형인 것)가 있다.

- 작은 각재(두께가 7.5cm 미만이고 폭이 두께의 4배 미만인 것)

정소각재(횡단면이 정사각형인 것)와 평소각재(횡단면이 직사각형인 것)가 있다.

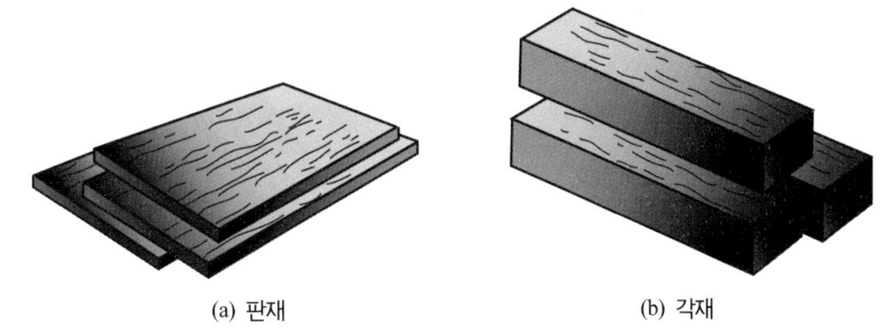

(a) 판재 (b) 각재

그림 4.39 판재와 각재

Tip

- 제재치수 : 목재의 단면을 표시한 지정치수는 특기가 없을 때에는 구조재, 수장재는 제재치수로 한다.
- 마무리치수 : 창호재, 가구재의 치수는 마무리치수로 한다. 제재목의 실제치수는 톱날 두께만큼 작아지고 이를 다시 대패질 마무리하고 또 건조수축하면 더욱 줄어들므로, 이에 대한 고려를 하여야 한다.

(3) 목재의 정척길이

목재의 길이가 규격에 맞게 일정하게 된 것을 정척물이라 하며, 이에는 보통 1.8 m(6자), 2.7 m(9자), 3.6 m(12자)의 3종이 있다. 정척물보다 긴 것을 장척물이라 하며, 보통 0.9 m 길어진 것을 표준으로 한다. 또 1.8 m 이하인 것을 단척물이라 하고 정척물이 아닌 것을 난척물이라 한다. 단척물이나 난척물은 1.8 m를 기준으로 하며 30 cm씩 짧거나 길다. 장척물은 고가, 단척물은 저렴하다.

(4) 목재의 취급단위

목재는 미터법인 m^3 또는 $l(1{,}000\ m^3)$ 등의 체적단위로 취급된다.

한국공업규격에서는 '목재의 두께 및 폭의 단위는 cm, 길이의 단위는 m로 한다'로 되어 있어 목재는 체적단위로 취급되어 m^3로 되어야 하겠으나, 아직도 재래적 단위를 많이 사용하고 있다. 종래에는 1치각 12자 길이의 체적을 단위로 하여 이것을 1재(才; 사이)라고 하였다. 또 1자각 10자 길이를 1석(石)이라 하여 큰 단위로 쓰였다.

통나무의 재적은 실체적으로 계산하거나 끝마구리지름을 1변으로 하는 정각재의 체적으로 계산하며, 널재는 두께를 표시하고 널재면의 합계를 1평방미터(m^2) 또는 1평 단위 묶음으로 하거나 재수로 계산한다. 비계통나무는 눈키지름 몇 cm, 길이 몇 m, 한 개 또는 한 본(本)으로 취급한다.

표 4.7 목재의 취급 단위 환산표

명 칭	내 용	단위	m^3	재(사이)	보드푸트(b.f.)
입방미터	1 m×1 m×1 m	m^3	1 m^3	299.475재	488.475 b.f.
재(才)	1치×1치×12자	재	0.00324 m^3	1재	1.42 b.f.
보드푸트	1″×1″×12′	b.f.	0.00228 m^3	0.703재	1 b.f.

한국공업규격기준
- 목재 두께, 폭의 단위 : 센티미터(cm)
- 길이의 단위 : 미터(m)

Tip

목재의 측정단위

- 1푼(分)=3.03 mm 약 3 mm(일반적으로 판재의 두께를 표시함)
- 1치(寸)=30.3 mm 약 3 cm(일반적으로 각재의 단면을 표시함)
- 1자(尺, 척)=30.3 cm 약 30 cm(일반적으로 판재 및 각재의 길이를 표시함)
- 1인치(inch)=2.54 cm
- 1피트(feet; F.T)=30.48 cm=12인치

재(才, 사이)

일본이나 한국에서 옛날부터 사용하는 체적단위로서 지금도 제재제품에 이 단위가 통용되고 있다. 1寸×1寸×12尺(1치×1치×12자=3 cm×3cm×3.6 m)의 체적을 1 사이로 하는 것으로 표기는 才로 한다. 1.41333 B/F에 해당하며 0.00334 m^3이다.

보드푸트(Board Foot)

미국의 체적단위로써 1″(인치)×1″(인치)×12′(피트) or 1인치×1피트(12인치)×1피트(12인치)를 1보드푸트라 하며 B/F, bf, bm, BMF 등으로 표기한다. 1 보드푸트는 1/12 ft^3에 해당하며 0.00236 m^3에 해당한다. 원목의 체적단위 중에서 가장 적은 양의 단위로서 1,000 B/F를 수퍼보드푸트(super board foot)라 하고 MBF 또는 MBM으로 표기하기도 한다.

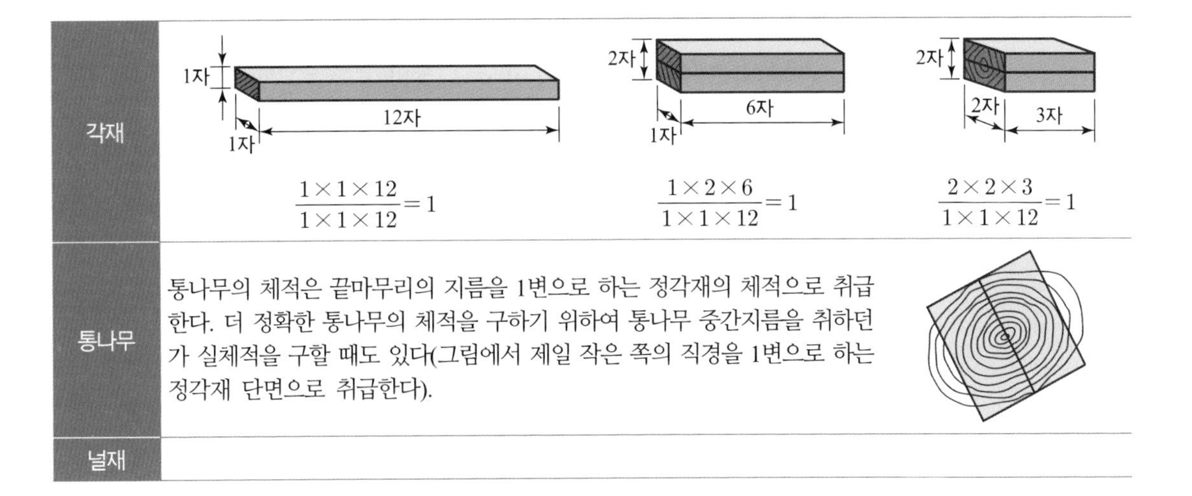

각재	1자, 1자, 12자: $\dfrac{1\times1\times12}{1\times1\times12}=1$ / 2자, 1자, 6자: $\dfrac{1\times2\times6}{1\times1\times12}=1$ / 2자, 2자, 3자: $\dfrac{2\times2\times3}{1\times1\times12}=1$
통나무	통나무의 체적은 끝마무리의 지름을 1변으로 하는 정각재의 체적으로 취급한다. 더 정확한 통나무의 체적을 구하기 위하여 통나무 중간지름을 취하던가 실체적을 구할 때도 있다(그림에서 제일 작은 쪽의 직경을 1변으로 하는 정각재 단면으로 취급한다).
널재	

4.3 건조

생통나무를 기초말뚝으로 사용하는 경우를 제외하면, 목재는 사용하기 전에 반드시 건조시켜야 한다. 건조시키는 정도는 대체로 생나무의 1/3 이상이 경감될 때까지로 하지만, 구조 용재일 때는 함수율이 15% 이하, 수장재 및 가구 용재일 때에는 10%까지 건조시키는 것이 바람직하다.

목재의 건조는 내부 수분이 외부로 이동하여 표면에서 증발하는 것으로 수분이 증발하는 중요한 조건은 온도·습도·풍속 등이다. 온도가 높고 습도가 낮고 풍속이 빠르면 건조는 빠르다.

목재 건조의 목적 및 효과는 아래와 같다.

- 중량경감과 그로 인한 취급 및 운반비 절약
- 강도 및 내구성 증진

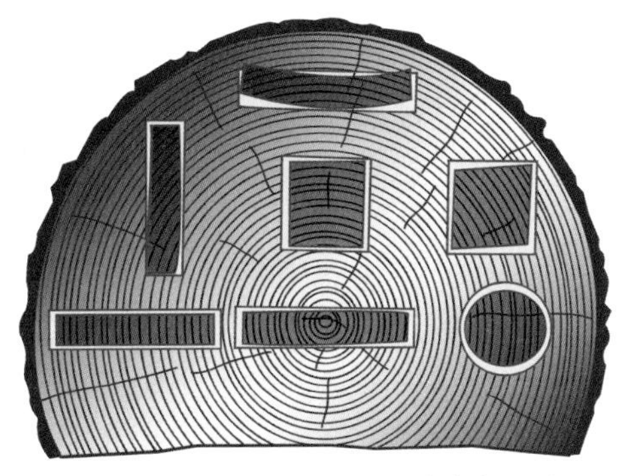

그림 4.40 원목 건조 후 변형된 모양

- 사용 후의 수축 및 균열 방지
- 균류에 의한 부식과 벌레의 피해를 예방
- 도장재료, 방부제, 접착제 등의 약제주입 용이
- 못, 나사 부착력의 증가

목재 건조방법의 종류는 아래와 같다.

(1) 수액제거법(건조 전 처리)

목재는 수액을 제거해야 건조가 빠르다. 수액제거방법은 다음과 같다.

- 원목을 현지에서 1년 이상 방치
- 원목을 뗏목으로 하여 강물에 6개월간 방치
- 목재를 열탕으로 삶기

(2) 자연건조법

자연건조는 목재를 자연 건조장에 쌓아 놓고 자연의 대기 조건에 노출시켜 말리는 것으로, 주로 옥외 건조장에서 건조시킨다. 경비가 적게 들며 가장 일반적이다. 많은 목재를 일시에 건조시킬 수 있는 이점이 있는 반면, 건조시간이 길며 넓은 장소가 필요하고 변색, 부패 등 손상을 입기 쉽다. 건조 장소는 통풍이 잘되고 배수가 잘 되는 곳을 선택한다. 목재는 남향으로 길게 놓으며 직접 지면에 닿지 않도록 약 40~50 cm 정도의 기초를 하여 바람의 방향과 직각이 되게 목재를 쌓아 놓는다. 3 cm 정도 두께의 판재의 경우 건조기간을 침엽수재는 3~6개월, 활엽수재는 3~12개월을 표준으로 하여 2~3개월마다 뒤집어 쌓는다. 이후 잘 건조된 목재는 실내에서 2~3주 두었다가 사용하는 것이 좋다.

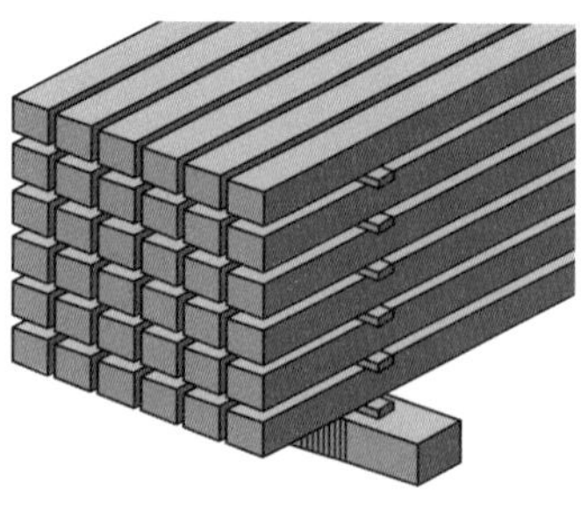

(a) 각재의 건조모습 (b) 판재의 건조모습

그림 4.41 자연건조법

(3) 인공건조법(Artificial Seasoning)

건조한 실내에서 온도와 습도의 조절에 의하여 건조시키는 방법으로, 단기간에 사용목적에 따라 함수율까지 건조시킬 수 있는 등의 장점이 있으나, 시설비 및 가공비가 많이 든다. 대개 건조실의 장치와 설비는 증기의 열도, 완전연소 가스, 고주파전류 등의 가열장치와 급격한 건조에서 손상을 방지하는 조습장치, 실내의 온도와 습도를 균등히 유지하는 송풍장치, 증발된 수분을 밖으로 배출하는 배출구, 습기가 적어 바깥공기를 끌어들이는 흡입구 등이 필수조건이다.

1～3개월 자연건조된 목재를 인공건조하는 것이 바람직하며, 목재를 잘 쌓아야 균질하게 건조가 되고 건조가 끝난 후 서서히 온도가 내려가도록 유의하는 것이 좋다.

인공건조방법에는 훈연건조, 전열건조, 연소가스건조, 진공건조, 약품건조, 고주파건조 등과 같은 것이 있다.

(4) 목재의 보전법

목재의 최대 결점은 연소와 부식이다. 목재시설별 내구연한에 따른 적절한 방부방법의 선택이 중요하다.

방부처리 시 주의사항은 아래와 같다.

- 방부처리한 목재는 인체에 해롭지 않고, 금속재를 녹슬게 하지 않아야 한다.
- 직접 비를 맞는 곳에 사용되는 방부처리 목재는 방수성이 있는 것으로 한다.

그림 4.42 인공건조법

- 화재의 위험이 있는 곳에는 방부처리물이 마감표면 위로 흘러나오지 않도록 내화처리한다.
- 목재는 방부처리에 지장이 없는 정도로 건조되어야 한다.

방부처리는 균류에 대하여 양분을 부적당하게 처리하는 방법으로서, 방부제를 목재 표면에 도포하는 방법과 목재 중에 주입하는 방법이 있다.

- 도포법　방부처리하는 방법 중에서 가장 간단한 방법이 도포법이다. 이는 방부처리 전에 목재를 충분히 건조시킨 다음 균열이나 이음부 등에 솔 등으로 방부제를 도포하는 방법이다. 크레오소트 오일을 사용할 때에는 80～90℃ 정도로 가열하면 침투가 용이하게 된다. 이 방법은 침투 깊이가 5～6 mm를 넘지 못한다. 방부제는 크레오소트 오일, 콜타르, 아스팔트가 사용된다.
- 침지법　상온의 크레오소트 오일 등의 방부제 용액 중에 목재를 몇 시간 또는 며칠 동안 침지하는 것으로서, 액을 가열하면 15 mm 정도까지 침투한다.
- 주입법　방부제 용액 중에 목재를 침지하는 상압주입법과 압력용기 속에 목재를 넣어 7～12기압의 고압하에서 방부제를 주입하는 가압주입법이 있다. 방부제는 크레오소트 오일, 펜타클로로 페놀(PCP)이 사용된다.
- 생리적 주입법　벌목 전에 나무뿌리에 약액을 주입하여 수간에 이행시키는 방법으로 별로 효과가 없는 것으로 알려져 있다.
- 표면탄화법　균에게 양분을 제공하는 목재의 표면을 두께 3～10 mm 정도 태워서 탄화시키는 방법으로 값이 싸고 간편하지만 효과의 지속성이 부족하다.

(a) 도포법

(b) 가압주입법

(c) 표면탄화법

그림 4.43　목재의 보전법

표 4.8 목재 방부제의 종류

구 분	종 류		기 호
유성 목재 방부제	크레오소트유 목재 방부제	1호	A－1
		2호	A－2
수용성 목재 방부제	크롬·플르오르화구리·비소화합물계 목재 방부제	1호	CCA－1
		2호	CCA－2
		3호	CCA－3
	알킬암모늄화합물계 목재 방부제		AAC
	크롬·플르오르화구리·아연화합물계 목재 방부제		CCFZ
	산화그롬·구리화합물계 목재 방부제		ACC
	크롬·구리·봉소화합물계 목재 방부제		VB
	봉소화합물계 목재 방부제		BB
	구리·알킬 암모늄화합물계 목재 방부제	1호	ACQ－1
		2호	ACQ－2
휴화성 목재 방부제	지방산 금속영계 목재 방부제		NCU
			NZU
유용성 목재 방부제	유기요오도·인화합물계 목재 방부제		IPBC
	유기요오도·인화합물계 목재 방부제		IPBCP

목재의 방부를 목적으로 사용하는 방부제는 여러 종류가 있는데, KS에 등록된 목재방부제는 12가지가 있으며 유성 방부제, 수용성 방부제, 유용성 방부제로 대분류할 수 있다. 실내에서의 사용을 목적으로 하는 방부제 IPBC, IPBCP 및 BB를 제외하고, 적정한 약제침윤도와 흡수량을 얻기 위해서는 가압처리 방법을 적용하지 않으면 안되도록 「목재의 방부·방충처리 기준」에 규정하고 있다. 현재 환경문제와 관련하여 문제가 되고 있는 것은 크롬·구리·비소화합물계(CCA) 목재방부제와 크레오소트유 목재 방부제가 있다.

① 유성 방부제

유성 및 유용성 방부제는 방부 처리 후 물에 용해되지 않으므로 습윤한 장소에 적당하다.

- 크레오소트 오일(Creosote oil) 콜타르를 분류할 때 나온 흑갈색의 기름으로 외관이 불미하므로 눈에 보이지 않는 토대·기둥·도리 등에 널리 이용되고 있다. 방부력이 우수하고 내습성이 있으며 값도 싸다. 페인트를

그림 4.44 크레오소트 오일

그림 4.45 철도 목침목

그림 4.46 콜타르

그 위에 칠할 수 없고, 또 좋지 않은 냄새가 나므로 실내에서는 쓸 수 없다. 특히 침투성이 좋아서 목재에 깊게 주입할 수 있다.

- **콜타르(Coal tar)** 석탄의 고온 건류시 부산물로 얻어지는 흑갈색의 유성 액체로서 가열 도포하면 방부성은 좋으나, 목재를 흑갈색으로 착색하고 페인트칠도 불가능하게 하므로 보이지 않는 곳이나 가설재 등에 이용한다.
- **아스팔트(Asphalt)** 가열도포하면 방부성이 우수하나 흑색으로 착색되어 페인트칠이 불가능하므로 보이지 않는 곳에만 사용한다.
- **페인트(Paint)** 유성페인트를 목재에 도포하면 피막을 형성하여 목재표면을 피복하므로 방습·방부효과가 있고, 착색이 자유로우므로 외관을 미화하는 효과도 겸하고 있다.

② 수용성 방부제

무기화합물을 몇 종류 혼합하여 이에 수용성 유기화합물을 가하여 방부·방충성능을 갖도록 한 혼합 약제가 많다.

- **황산구리 1% 용액** 방부효과는 우수하나 철재를 부식시키고 인체에 유해하다.
- **염화아연 4% 용액** 방부효과는 좋으나 목질부를 약화시키고 전기 전도율을 증가시키며 비내구적이다.
- **염화제2수은 1% 용액** 방부효과는 우수하나 철재를 부식시키고 인체에 유해하다.
- **불화소다 2% 용액** 방부효과도 우수하고 철제나 인체에 무해하며 페인트 도장도 가능하지만 내구성이 부족하고 값이 비싸다.

③ 유용성 방부제

- **펜타클로로 페놀(Pentachloro phenol, PCP)** 무색이고 자극적인 냄새가 나며 독성이 있다. 방부력이 가장 우수하며 그 위에 페인트칠을 할 수 있으나 크레오소트에 비하여 값이 비싸다. 석유 등의 용제로 녹여서 쓴다.

5. 목재 제품

목재는 불균등성, 흡습성 및 그로 인한 변형 등의 치명적 결함을 가지고 있다. 이러한 결점을 보완하고 목재를 합리적으로 이용한 합판, 섬유판, 집성재, 파티클보드, 코르크판 등의 목재가공 제품이 있고, 바닥마감재로서 플로링, 파키트보드 등의 마루판재가 있다.

5.1 합판

합판은 통나무나 각재를 얇게 깎아서 만든 단판(베니어; veneer)을 3장 이상의 홀수로 하여 단판의 섬유 방향이 서로 직교하도록 포개고 접착제로 붙여서 하나의 판으로 만든 것이다. 팽창 수축에 의한 변형이 적고 섬유 방향에 따른 강도의 차가 적으며, 나비가 넓은 판을 얻을 수 있는 특징이 있다.

합판에 쓰이는 목재는 소나무·삼나무·오동나무·느티나무·단풍나무·참나무·벚나무 등 여러 나무들을 쓸 수 있으나 주로 수입재인 나왕이 많이 쓰인다.

접착제에는 페놀계 수지, 멜라민계 수지, 요소(유레아)계 수지, 비닐계 수지 등이 있다.

베니어의 제조법에는 다음과 같이 4종이 있다.

- **로터리 베니어에 의한 방법** 원목을 일정한 길이로 절단하여 이것을 회전시키면서 연속적으로 얇게 벗긴 것으로 원목의 낭비를 막을 수 있는 것이다.
- **소드 베니어에 의한 방법** 각재의 원목을 얇게 톱으로 자른 단판으로 아름다운 나무결을 얻을 수 있는 것이다.
- **슬라이드 베니어에 의한 방법** 원목을 미리 적당한 각재로 만들어 칼날로 엷게 절단한 것으로 곧은 결이나 널결을 나타낼 수 있는 것이다.

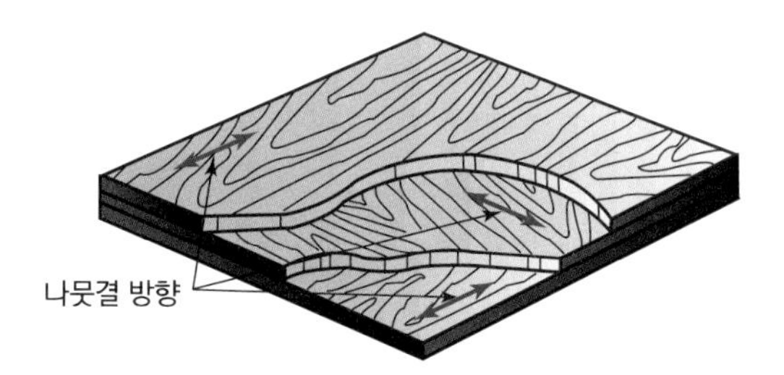

그림 4.47 합판-단판의 섬유방향

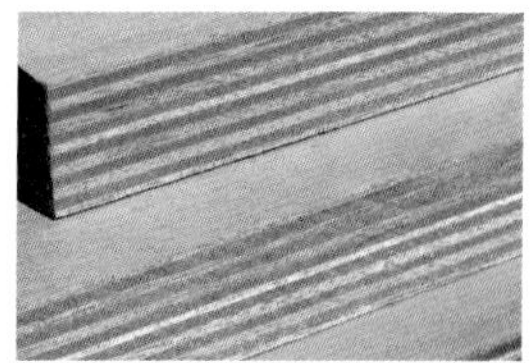

그림 4.48 합판

• 반원 슬라이드 베니어에 의한 방법　우선 껍질을 벗긴 원목을 반원으로 켜서 껍질 쪽으로 고정시켜 이것이 고정된 긴날에 접하면서 원호를 그리며 상하로 움직여 단판을 벗겨내는 것으로서, 아름다운 결을 갖는 고급 목재로서 무늬목을 얻는 데 쓰인다.

합판은 함수율 변화에 의한 신축 변형이 적고 방향성이 없으며, 교착이 잘 된 것은 원목보다 강도가 강하고 곡면 가공을 하여도 균열이 생기지 않을 뿐만 아니라 무늬도 일정하며, 표면 가공법으로 흡음효과를 낼 수 있는 등의 특성을 가지고 있다.

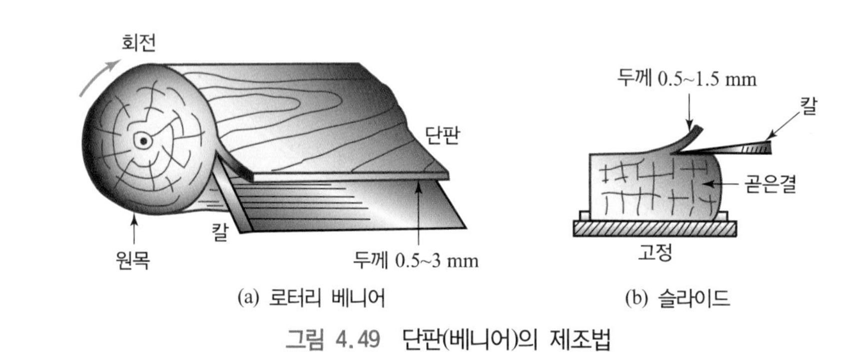

그림 4.49　단판(베니어)의 제조법

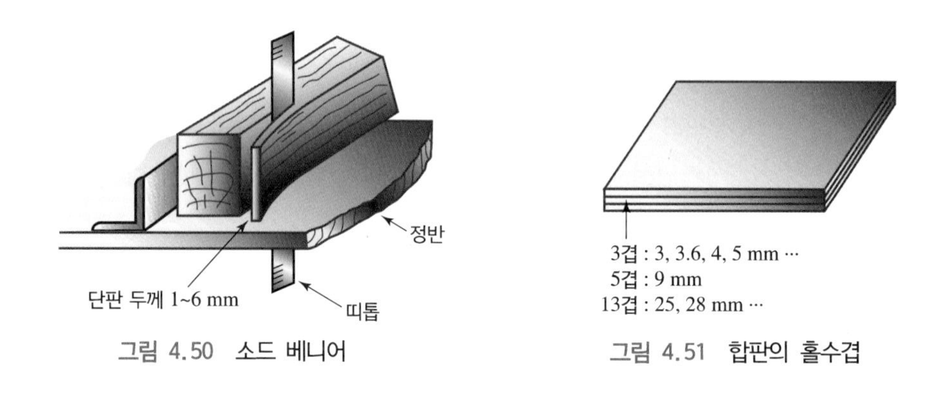

그림 4.50　소드 베니어

그림 4.51　합판의 홀수겹

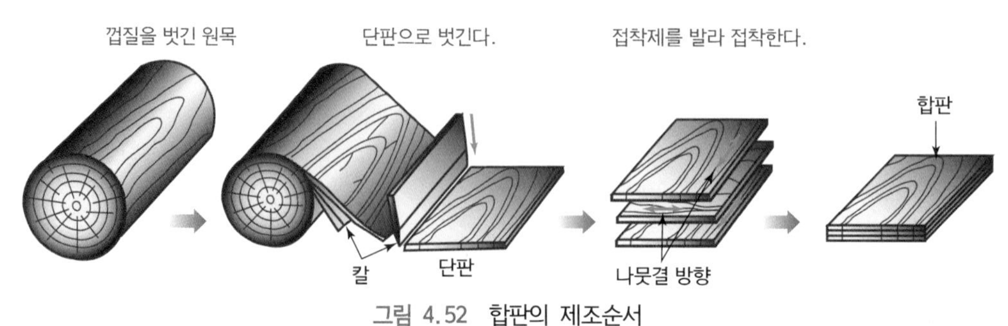

그림 4.52　합판의 제조순서

(a) 태고 합판
(Phenolic Film Faced Plywoo)
양면에 필름을 접착하고 열에 달구어서 생산된 합판을 말한다.

(b) O.S.B. 합판
(Oriented Strand Board)
원목의 칩을 합포하여 만든 합판을 말한다.

(c) 코아 합판
(Block Board)
양면에 베니어를 속에는 목판을 접합 생산된 합판을 말한다.

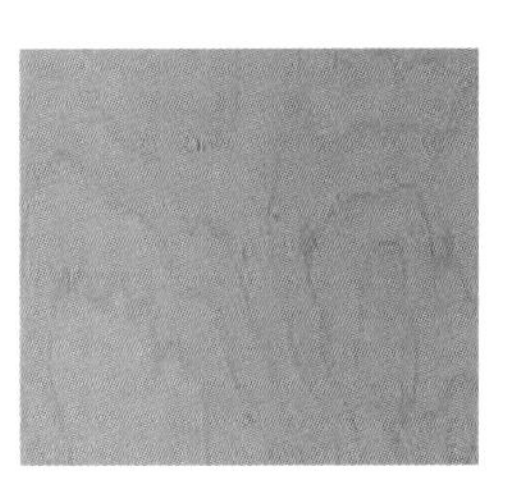

(d) 자작나무합판

그림 4.53 기타 합판

주로 내장용으로 천장, 칸막이벽, 내벽의 바탕으로 쓰이는 일이 많고, 가설재료로는 거푸집재로 사용되며 창호재료서는 플래시도어의 표판 등에 쓰인다.

합판은 표면에 아무것도 붙이지 않고 칠하지 않는 합판인 보통합판과 보통합판의 표면에 오버레이, 프린트, 도장 등의 가공을 한 합판인 특수합판이 있다.

보통합판은 1급, 2급, 3급으로 구분되고 특수합판에는 화장합판이 있으며, 이는 다시 무늬목화장합판(미장용으로 표면에 괴목 등의 얇은 단판을 붙인 합판), 멜라민화장합판(표면에 종이 또는 섬유질 재료를 멜라민 수지와 결합하여 입힌 합판), 폴리에스텔화장합판(폴리에스텔수지를 쓴 것으로 표면에 오버레이 가공한 합판), 도장합판(표면을 투명하게 도장하거나 또는 채색하여 불투명하게 도장 가공한 합판), 방화합판, 방부합판 등이 있다.

합판의 치수로는 보통합판의 두께 3 mm, 4 mm, 6 mm, 9 mm, 12 mm, 15 mm, 18 mm 등 여러 가지가 있고, 9 mm, 12 mm, 18 mm 합판을 가장 많이 사용한다. 크기는 90 cm×180 cm, 120 cm×240 cm 등이 있으나 120 cm×240 cm 사이즈를 가장 많이 사용한다.

5.2 섬유판(Fiber board, Fiberboard)

식물 섬유질(볏짚 · 톱밥 · 목펄프 · 파지 · 파목 등)을 주원료로 하여 이를 섬유화 · 펄프화하여 합성수지와 접착제를 섞어 판상으로 만든 것으로서, 화이버보드 또는 텍스 등으로 불린다.

섬유판을 성형할 때 압축공정을 거친 경질 또는 반경질섬유판과 압축공정을 거치지 않은, 즉 압축하지 않은 연질섬유판으로 대별된다.

(1) 연질섬유판(Soft Fiber Insulation Board)

식물 섬유를 주원료로 하여 주로 건물의 내장 및 흡음 · 단열 · 보온을 목적으로 성형한 비중 0.4 미만의 보드이다.

(2) 경질섬유판(Hard Fiber Board)

목재 펄프만을 압축하여 만든 것으로 비중이 0.8 이상이고 강도, 경도가 비교적 크며, 구멍뚫기, 본뜨기, 구부림 등의 2차가공도 용이하여 수장판으로 사용한다.

(3) 반경질섬유판(Semigard Fiber Board)

식물 섬유를 주원료로 하여 압축성형한 비중 0.4~0.8 정도의 보드로 유공흡음판, 수장판으로 사용하며, 보통 하드텍스라고도 한다. 내수성이 적고 팽창이 크며, 재질이 약할 뿐만 아니라 습도에 의한 신축이 큰 결점이 있으나 저렴하기 때문에 많이 사용한다.

5.3 파티클 보드(Particle Board)

목재를 작은 조각(부스러기)으로 하여 충분히 건조시킨 후 합성수지 접착제와 같은 유기질의 접착제를 첨가하여 열압 제판한 보드를 말한 것으로서

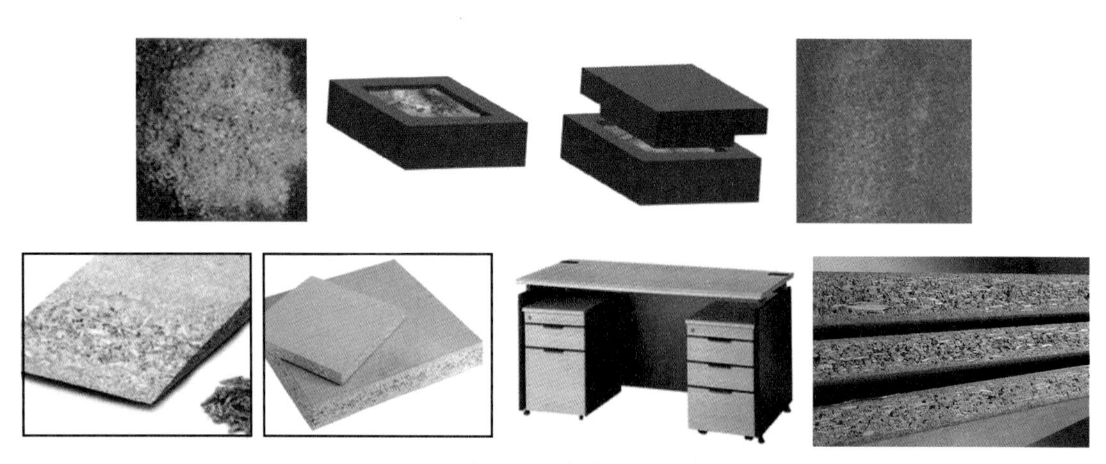

그림 4.54 파티클 보드

그림 4.55 파티클 제조공정

칩보드(Chip-Board : 제재목의 죽더기 등을 잘게 깎은 부스러기를 원료로 하여 접착제를 혼입하여 가압성형한 판)라고도 한다.

파티클 보드는 일반적으로 후판(厚板)에 중점을 두는 것이 다르며 용도도 서로 다르다. 파티클 보드는 온도에 의한 변화가 적고 변형도 적으며 음 및 열의 차단성이 우수할 뿐만 아니라 강도가 크므로 내력적으로 사용하는 데 적당하며, 상판 · 간막이 · 가구 등에 이용되고 있다.

5.4 바닥판재

마루판은 무늬가 아름다운 참나무 · 나왕 · 미송 · 티크 등을 이용하여 인공

건조한 판재로 만든 것이다. 바닥판은 재료의 함수율·비중·옹이 등의 결점 유무에 따라 그 강도에 차이가 난다. 실용도에 따라 마루에 가해지는 하중이 다르므로 재질·두께·장선간격 등을 결정해야 한다.

(1) 플로어링 보드(Flooring Board)

굳고 무늬가 아름다운 참나무·미송·나왕·삼나무·떡갈나무·밤나무·아비통 등을 이용하여 만든 판재를 표면은 곱게 대패질하여 마감하고, 양측면을 제혀쪽매로 하여 접합에 편리하게 한 것을 플로어링 보드라 하며, 이를 플로어링이라고도 한다. 플로어링 보드는 두께 9 mm, 나비 60 mm, 길이 600 mm 정도가 가장 많이 쓰인다.

(2) 플로어링 블록(Flooring Block)

플로어링 길이를 그 나비의 정수배로 하여 3장 또는 5장씩 붙여서 길이와 나비가 같게 4면을 제혀쪽매로 하여 만든 정사각형의 블록으로서 쪽매널블록이라고도 한다.

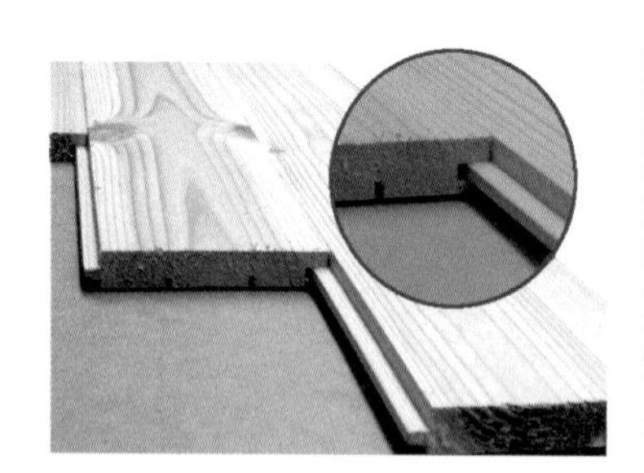

(a) 플로어링 보드

(b) 플로어링 블록

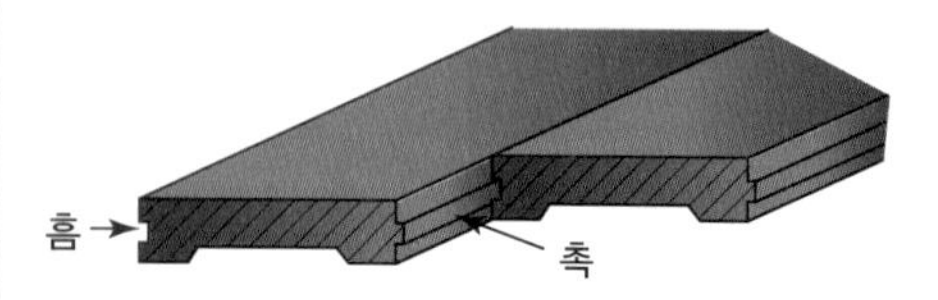

(c) 쪽매널

(d) 파키트리 보드

(e) 파키트리 패널

(f) 파키트리 블록

그림 4.56 바닥판재

(3) 쪽매널(Wood Mosaic, Wooden Mosaic, Parquetry)

쪽매널은 작고 고운 널을 무늬모양을 내서 잘라 맞추어 마루널 위 또는 콘크리트 모르타르 바닥에 세로, 가로 또는 빗방향으로 붙여 깐 것이다. 쪽매널을 쪽매판 또는 쪽매널 붙이기라고도 한다.

(4) 파키트리 보드(Parquetry Board)

견목재판을 두께 9~15 mm, 나비 60 mm, 길이는 나비의 3~5배로 한 것으로, 제혀쪽매로 하고 표면은 상대패로 마감한 판재이다.

(5) 파키트리 패널(Parquetry Panel)

두께 15 mm의 파키트보드를 4매씩 조합하여 24 cm 각판으로 접착제나 파정으로 붙이는 우수한 마루판재이다. 이 판은 목재무늬를 이용하여 의장적으로 아름답고 건조 변형이 작으며 마모성도 작다. 목조 마루를 위에 이중판으로 깔든지 콘크리트 슬래브 위에 아스팔트·피치 등으로 방습처리한 후 접착 시공할 수 있다.

(6) 파키트리 블록(Parquetry Block)

파키트리 보드를 3~5매 조합하여 18 cm 각이나 30 cm 각판으로 만들어 방습처리한 것으로서, 철물과 모르타르를 사용하여 콘크리트 마루에 깔도록 되어 있다.

5.5 벽 및 천장재

(1) 코펜하겐 리브판(Copehagen Rib Board)

두께 50 mm, 나비 100 mm 정도의 긴 판에다 표면을 리브로 가공한 것으

(a) 코펜하겐 리브판

(b) 코르크판

그림 4.57 벽 및 천장재

로 집회장·강당·영화관·극장 등의 천장 EH는 내벽에 붙여 음향 조절 효과를 내기도 하고 장식효과도 있게 한다.

코펜하겐 리브를 목재루버라고도 하며 리브재 옆에 생기는 빈틈과 뒷면 띠장 부분의 공기층이 고음을 처리하게 되어 음향 효과가 좋다.

(2) 코르크판

코르크나무 수피의 탄력성 있는 부분을 원료로 하여 그 분말로 가열, 성형, 접착하여 판형으로 만든 것으로서, 표면은 평형하고 약간 굳어지나 유공판이므로 탄성·단열성·흡음성 등이 있어 음악감상실·방송실 등의 천장, 안벽의 흡음판으로 많이 사용한다.

5.6 집성재

두께 1.5 cm~5 cm의 널(Board)을 우수한 접착제로 각판재(Laminations)들을 섬유 평행방향으로 겹쳐 붙여서 만든 목재로서, 목구조의 보·기둥·아치·트러스 등의 구조재료로는 물론 계단·디딤판·노출된 서까래 등 장식용으로도 쓰이며, 최근에는 경골구조로서 완곡재를 만들어 큰스팬 구조에도 쓰인다.

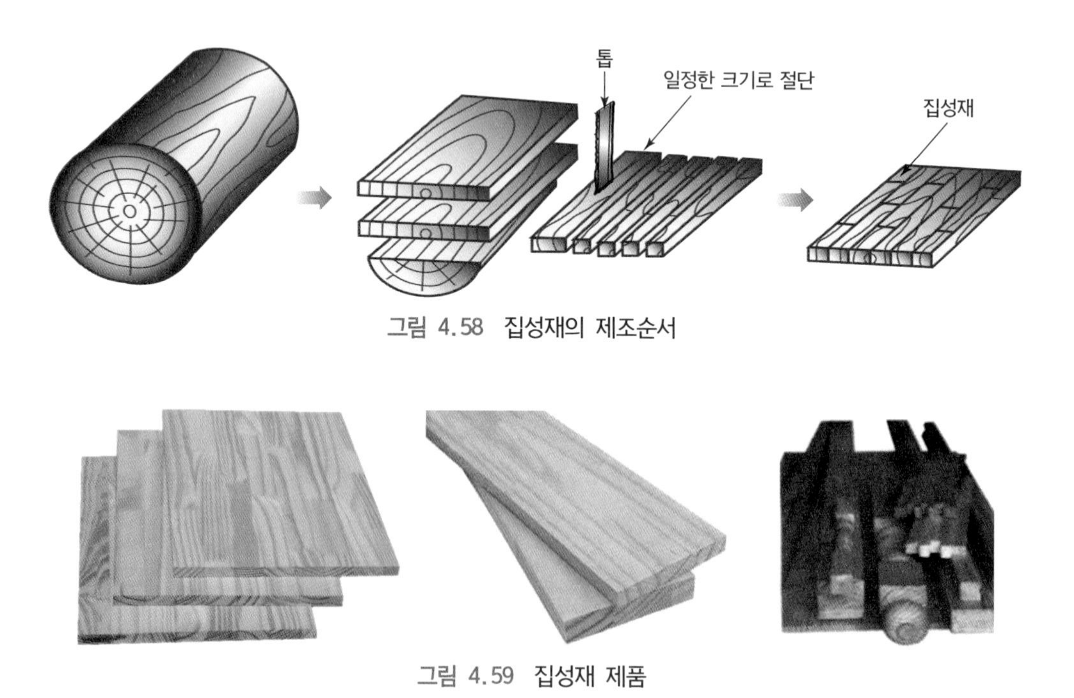

그림 4.58 집성재의 제조순서

그림 4.59 집성재 제품

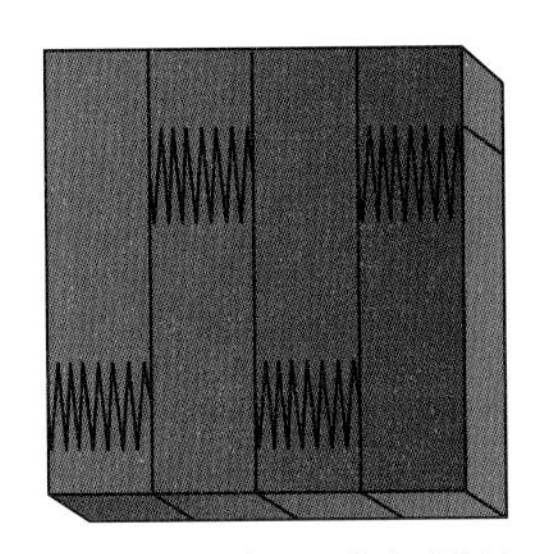

(a) 핑거조인트 – 탑핑거방식
톱니형태의 접합부가 상판에 드러나고 가격이 저렴하다.

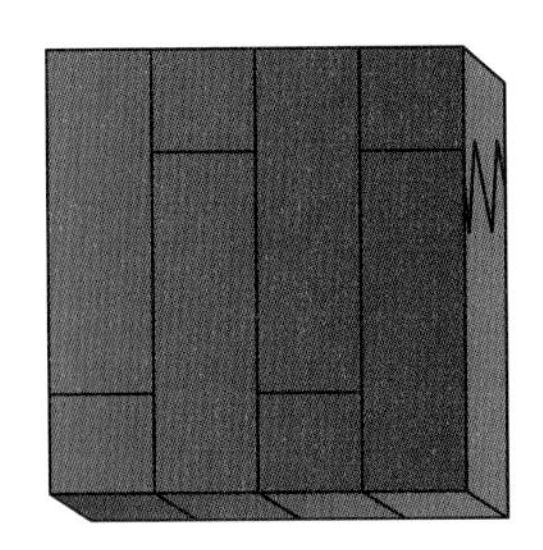

(b) 핑거조인트 – 사이드핑거방식
톱니형태의 접합부가 측면에서만 보이고 위에서 볼때는 솔리드 방식과 별차이가 없어 중간 정도의 가격대를 형성한다.

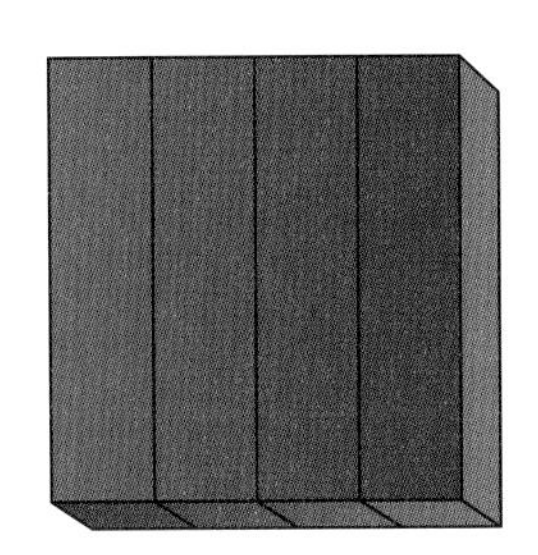

(c) 에지글루드패널 – 솔리드방식
길게 자른 원목 판재를 측면접합하여 여러장 붙여 놓은 방식으로 결합부분이 잘 보이지 않아 가격이 비싸다.

그림 4.60 집성재의 조인트 방식

그림 4.61 집성재

집성목재의 특징으로는 다음과 같다.

- 접합에 의해 필요한 치수 및 형상을 가진 인공목재의 제조가 가능하다.
- 가급적 균질한 조직을 가진 인공목재의 제조가 가능하다.
- 소재의 강도 및 탄성을 충분히 활용한 인공목재의 제조가 가능하다.
- 구조재·마감재·화장재를 겸용한 인공목재의 제조가 가능하다.
- 방부성·방충성·방화성이 높은 인공목재의 제조가 가능하다.
- 집성재의 내부에 있어서 건조도가 균일하며 건조균열 및 변형 등을 피할 수 있다.

5.7 인조 목재 및 개량 목재

(1) 인조 목재

톱밥, 대팻밥, 나무 부스러기 등을 원료로 사용하며, 이것을 적당히 처리한 다음에 고열, 고압으로 원료가 가지고 있는 리그닌(lignin) 단백질을 이용하여 목재 섬유를 고착시켜 만든 견고한 판이다.

그림 4.62 인조 목재

그림 4.63 개량 목재

(2) 개량 목재

사용 목적에 맞는 성질을 갖도록 천연 나무에 물리적, 화학적 처리를 한 목재이다. 합판, 방부목재, 방화목재 등이 있다.

5.8 MDF

그림 4.64 MDF

MDF는 Medium Density Fiber의 약자로 중간 정도의 밀도를 가진 섬유판이란 뜻이다. 원목을 갈아서 가루로 만들어 접착제인 아교를 섞어 뭉쳐 평평하게 압축시켜 만든 합판이다.

MDF는 원목에 비해서 가격이 1/3 정도로 저렴하지만 튼튼하며 자유롭게 이용될 수 있어서 최근 가장 보편화된 제품이다. 단점은 직사광선을 많이 받으면 MDF 자체가 뒤틀리는 문제가 있고 습기에도 민감하므로 직사광선을 피하고 습기가 없는 곳에 보관하여야 한다.

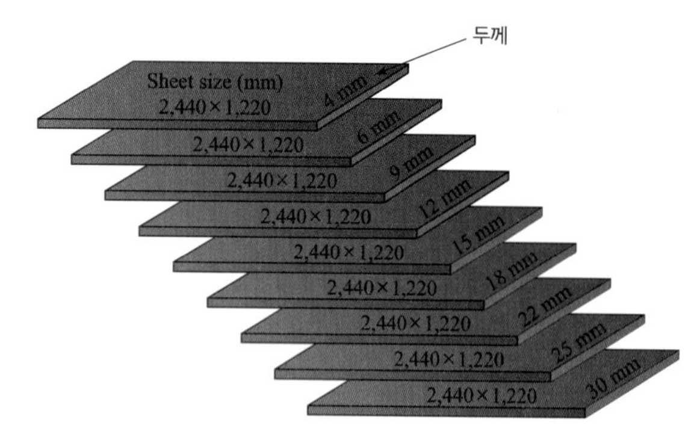

- 3 mm : 곡면 제작, 가구등의 뒷판
- 6 mm : 가정용 옷장의 합판, 사무용 책상의 측판, 주방용 싱크대 측판, 조립식 장난감
- 9 mm : 인테리어 몰딩용, 벽체용, 창문틀, 가구 전면
- 12 mm : 장롱문짝, 스피커 BOX, 신발장, 씽크대 문짝
- 15 mm : 장롱문짝, 주니어장, 피아노측 상판, 마루판, 오디오 케이스
- 18 mm : 침대머리판, 가구문짝, 식탁, 피아노 정면판
- 20 mm : 가구천판, 몰딩재, 침대머리판, 식탁
- 22 mm : 탁자, 식탁상판, 당구대 지지판
- 25 mm : 침대측, 머리판, 식탁, 탁자
- 30 mm : 장롱머리판, 당구대 받침판

(계속)

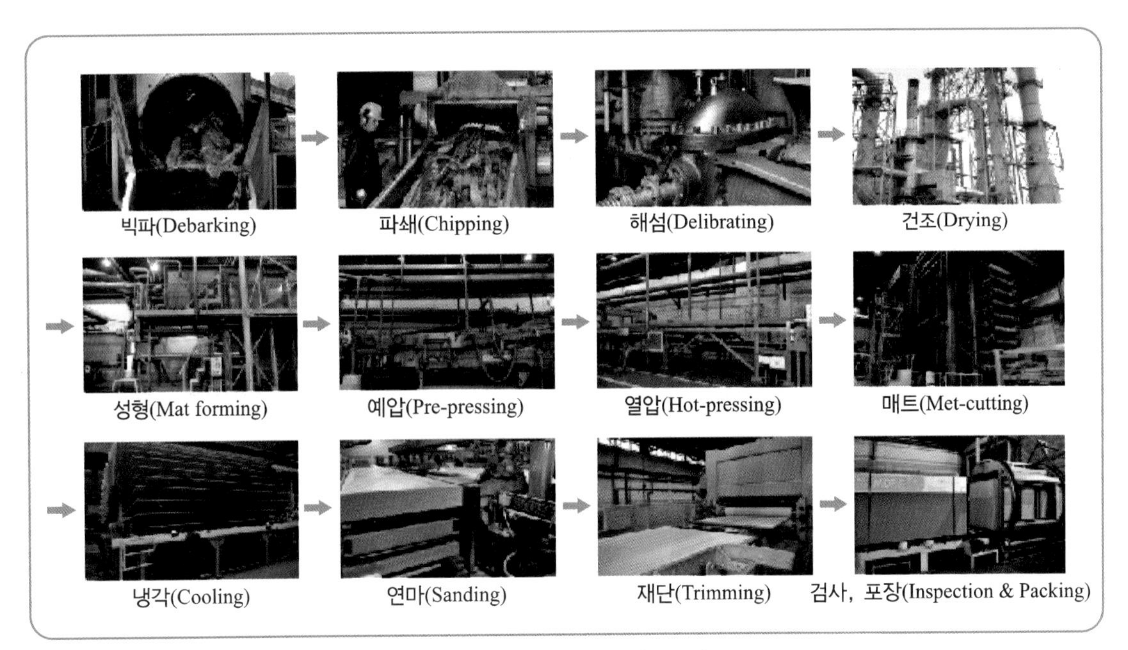

그림 4.65 MDF의 제조공정

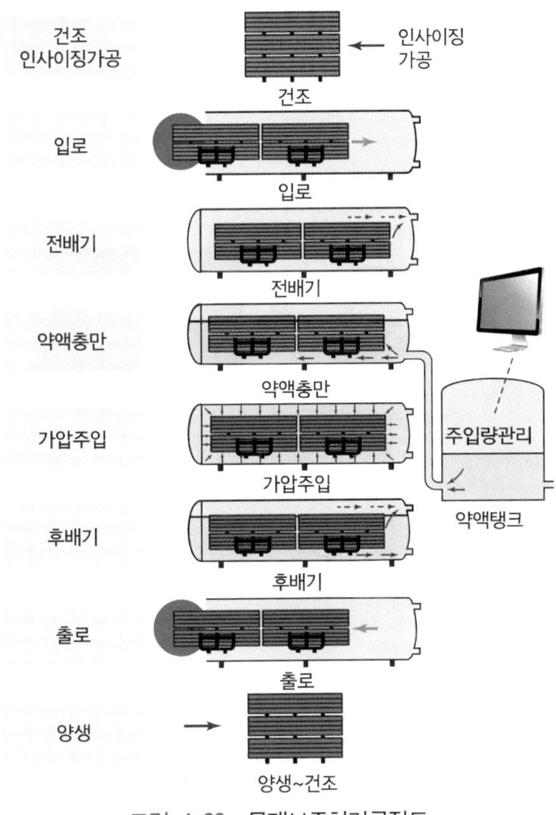

그림 4.66 목재보존처리공정도

5.9 방부목

목재가 곰팡이와 수분으로부터 부패하는 것을 보호하기 위해서 방부제로 가압 처리한 목재를 방부목이라 한다. 외부 습기에 노출된 곳에 사용하며, 수명은 30년 정도로 관리하기에 따라 그 이상도 사용할 수 있다.

5.10 무늬목

원목을 채취하여 아주 얇게 절삭하여 미리 가공된 MDF 또는 PB(파티클 보드; Particle Board)와 같은 판에 붙이는 재료로 원목과 PVC 시트지의 중간 정도이다.

그림 4.67 방부목

그림 4.68 무늬목

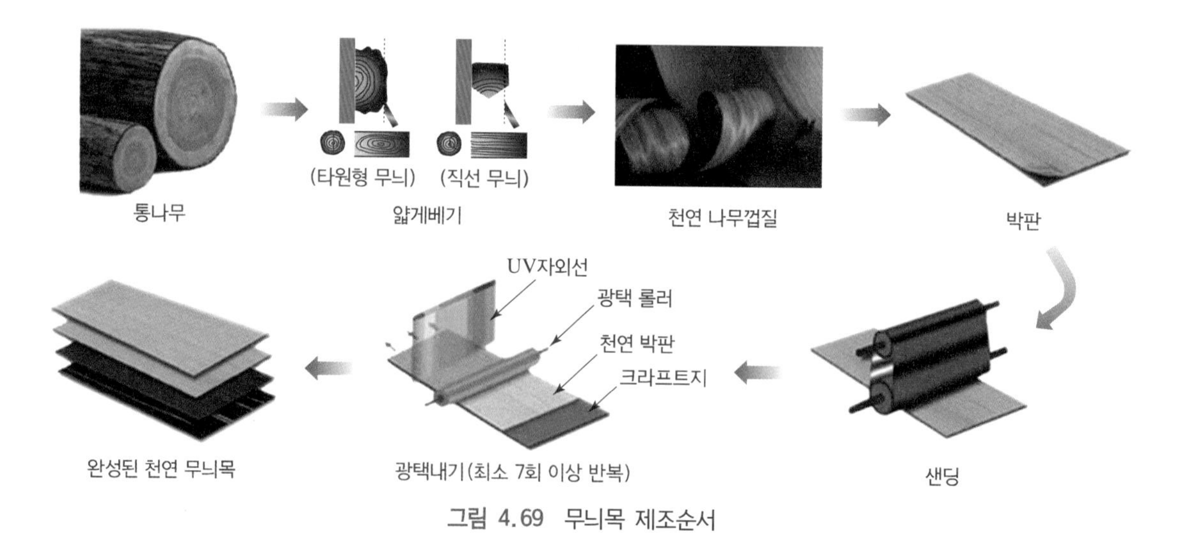

그림 4.69 무늬목 제조순서

II 석재

석재란 건축재료로 사용하는 가공한 암석 또는 천연의 암을 총칭한다.

인간이 돌을 이용한 역사는 석기시대부터이다. 석재로서 거석기념물, 돌무덤 등의 이용에서부터 시작한 인간은 암석을 채석, 가공하여 석재로 만들었으며, 시대와 권력이 결부되어 석재문화는 발전하였다.

석재는 벽돌과 같이 가장 오랜된 건축재료로써 고대로부터 건축의 구조 및 의장재료로서 주로 사용되다. 서양에서는 이집트의 피라미드, 그리스 파르테논, 로마 및 터키의 유적에 사용되었고, 동양에서는 앙코르와트, 탑, 석굴암 등에 사용되었다. 이는 석재가 자연의 힘에 의해 생성된 자연성과 내구성이 높은 재료로서 영구적인 건물에 가장 적합한 재료임을 알 수 있다. 역사적으로 한국의 구조재는 목재가 주종을 이루고 석재는 주춧돌, 징두리, 디딤돌, 돌담, 석축에 이용되었으며, 현대에는 철골, 철근콘크리트 구조의 발달 및 인조석재의 개발로 구조재료로서의 사용은 격감되었으나 근래에는 석재의 미, 영구성, 적응성, 경제성 등에 의해 중후한 느낌의 의장재료(내·외장재료)로 광범위하게 사용되고 있다.

지질학적 기원에 따라 화성암, 퇴적암(또는 수성암)·, 변성암으로 구분되고, 형태, 색체, 질감, 성질이 달라지는데 우리나라에는 양질의 화강암이 생산된다.

석재의 일반적 특징은 다음과 같다.

- 압축강도가 크고 불연성이며, 내구성, 내화학성, 내마모성이 우수하다.
- 같은 종류의 석재라도 산지나 조직에 따라 다양한 외관과 색조를 나타내고 종류도 다양하다.
- 외관이 장중하고 석질이 치밀한 것을 갈면 미려한 광택이 나는 장점이 있다.
- 인장강도는 압축강도에 비해 매우 작으므로, 장대재(壯大材)를 얻기 어려워 가구재로는 적합하지 않다.
- 석재는 가공성이 좋지 않고 화열에 닿으면 화강암 등은 균열이 발생하여 파괴되고, 석회암과 대리석은 분해가 일어나 강도가 소멸되는 단점도 있다.

그림 4.70 건축용 석재

또한, 건축용 석재의 중요 요구조건으로는 강도, 경도, 가공 및 시공성, 내구성, 미려한 색조와 질감, 채석의 난이성 등을 들 수 있다.

1. 석재의 분류

건축용 석재는 암석의 생성과정에 따른 성인(成因), 산출상태, 화학성분, 조직구조, 강도, 용도, 형상 등에 따라 분류한다.

1.1 성인에 의한 분류 – 가장 일반적인 분류방법

만들어진 원인에 따라 화성암, 수성암, 변성암으로 분류된다.

여기서 건축용으로 쓰이는 석재는 화성암 중의 화강암, 수성암 중의 사암, 변성암 중의 대리석이 대표적이다.

(1) 화성암(火成巖)

화성암은 600~1,300℃의 뜨거운 온도에서 용융 혹은 부분 용융된 암석물질인 마그마가 식어 굳어진(고결작용) 암석이다. 고결심도에 따라 화산암, 반심성암, 심성암으로 구분한다.

표 4.9 암석의 성인에 의한 분류

<table>
<tr><th colspan="2">성인에 의한 분류</th><th colspan="2">암질에 의한 종별</th><th>건축용 석재종별</th></tr>
<tr><td rowspan="2">화성암
(火成巖)</td><td>심성암</td><td colspan="2">화강암
섬록암</td><td>화강암(Granite)</td></tr>
<tr><td>화산암</td><td>안산암</td><td>휘석안산암
각섬안산암
운모안산암
석영안산암</td><td>안산암(Andesite)</td></tr>
<tr><td rowspan="5">수성암
(水成巖)</td><td rowspan="3">쇄설암</td><td colspan="2">이판암
점판암</td><td>점판암(Clay stone)</td></tr>
<tr><td colspan="2">사암
역암</td><td>사암(Sand stone)</td></tr>
<tr><td>응회암</td><td>응회암
사질응회암
청역질응회암</td><td>응회암(Tuff)</td></tr>
<tr><td>유기암</td><td colspan="2">석회암</td><td>석회석(Lime stone)</td></tr>
<tr><td>침적암</td><td colspan="2">석고</td><td></td></tr>
<tr><td rowspan="2">변성암
(變成巖)</td><td>수성암계</td><td colspan="2">대리석</td><td>대리석(Marble)</td></tr>
<tr><td>화성암계</td><td colspan="2">사문석</td><td>사문석</td></tr>
</table>

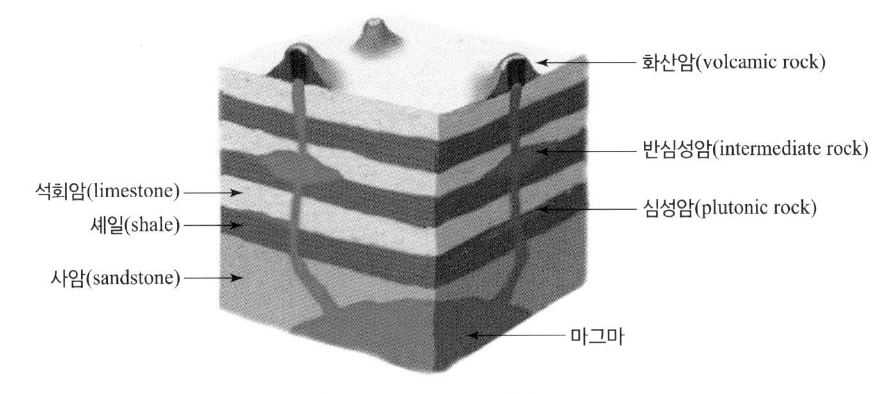

그림 4.71 화성암의 생성

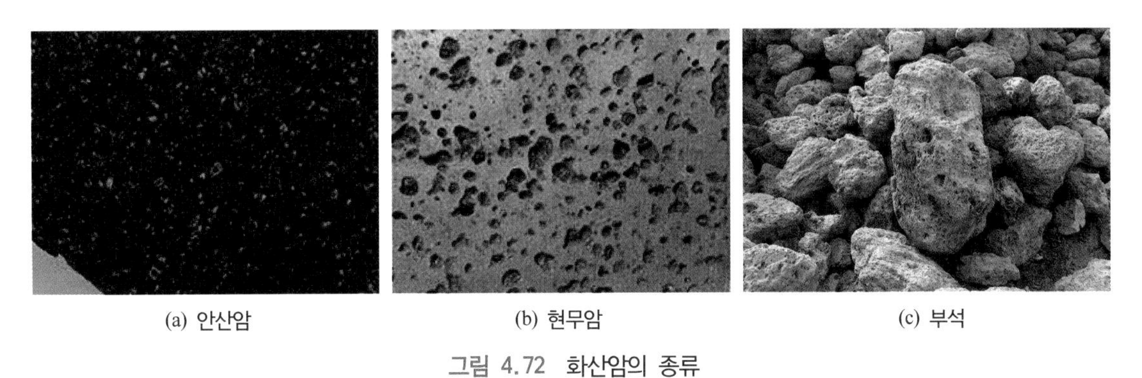

(a) 안산암 (b) 현무암 (c) 부석

그림 4.72 화산암의 종류

화산암은 지구 표면에 마그마가 유출되어 갑자기 굳어진 것으로, 결정이 작거나 비결정질이어서 경석과 같이 공극이 많고 물에 뜨는 것이 있다. 불에 대해서는 비교적 강하나 자연 절리가 많아 대재를 얻기 힘들고 또한 갈아도 광택이 잘 나지 않는다. 반면 비중이 작고 강도도 작다. 대표적인 화산암은 안산암, 현무암, 부석 등이 있다.

(a) 화강암 (b) 섬록암 (c) 반려암

그림 4.73 심성암의 종류

표 4.10 화성암의 분류

화학 성분에 의한 분류 / 조직에 의한 분류 (성분: Sio_2 함량, 색 / 조직: 냉각속도)		염기성암	중성암	산성암
Sio_2 함량		적음 ←	52% ― 66%	→ 많음
색		어두운 색 ←	중간	→ 밝은 색
화산암	유리질 조직 (반상 조직)	현무암	안산암	유문암
반심성암	반상 조직	휘록암	반암(섬록반암)	석영반암
심성암	완정질 조직 (입상 조직)	반려함	섬록암	화강암
조염 광물의 함량 무색광물 유색광물		(Ca 많음) 휘석 감람석	사장석 각섬석	정작석(K) 석영(Si) (Na 많음) 흑운모

심성암은 마그마가 땅속 깊은 곳에서 천천히 식어 굳어진 것일수록 결정 입자가 큰데 이는 압축강도가 크고, 조직이 치밀하며 무겁다. 갈면 광택이 나므로 벽 장식재로 많이 이용된다. 대표적인 심성암은 화강암, 섬록암 등이 있다. 이 중에서 화강암이 조경분야에서 많이 사용된다.

(2) 퇴적암(수성암)

화성암의 풍화물, 유기물, 기타 광물질이 땅속에 퇴적되어 지열과 지압의 영향을 받아 응고된 것이다.

퇴적암은 성인에 따라 무기질물이 쌓여 생긴 것(쇄설암), 조개와 같은 유기물이 쌓여 생긴 것(유기암), 염류가 침전되어 생긴 것(침적암)으로 분류한다.

층상(層狀)으로 되어 있는 것은 퇴적암으로 성층암 또는 수성암이라고도 불린다.

그림 4.74 퇴적암의 생성

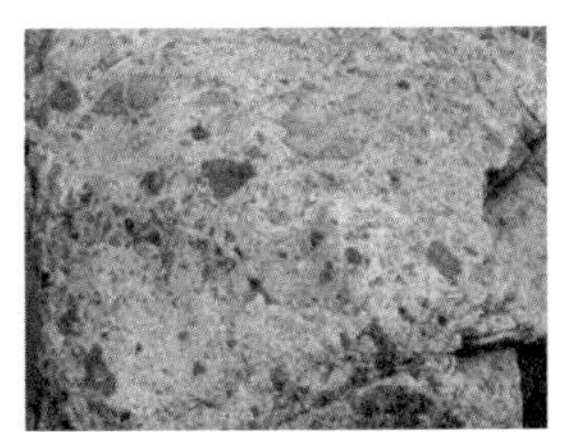
(a) 응회암

(b) 역암

(c) 사암

(d) 석회암

그림 4.75 대표적인 퇴적암

퇴적암 가운데에는 응회암과 같이 그 조직 및 성분이 화성암과 닮은 것도 있으나, 화성암과 다른 점은 퇴적층상을 하고 있는 점과 화석을 포함하고 있는 경우가 많은 것이다.

퇴적암은 일반적으로 연질이며, 강도가 약하고 풍화, 동해, 변색의 우려가 있으나, 석회암을 제외하고는 비교적 화열에 강하다. 대표적인 퇴적암은 응회암, 역암(자갈), 사암(砂岩; 모래), 석회암(석회물질, 조개껍데기 등) 등이 있다.

(3) 변성암

변성암은 열, 압력, 역학적 응력의 변화와 화학성분이 가감(加減)과 같은 주변 조건의 변화에 상응하여 기존의 암석인 화성암, 퇴적암 또는 다른 변성암이 변질되어 형성된 암석이다. 변성암의 가장 두드러진 특징인 광물들이 평면을 따라 배열되어 있다는 것이다.

견고하고 내구성이 강하며, 비교적 무겁고 가격이 비싸다.

대표적인 변성암은 대리석, 사문암, 석면, 편암, 활석 등이 여기에 속한다.

그림 4.76 변성암의 생성

(a) 대리암

(b) 사문암

(c) 편암

(d) 활석

그림 4.77 대표적인 퇴적암

1.2 강도에 의한 분류

석재를 강도에 의해 분류하면 표 4.11과 같다.

표 4.11 암석의 압축강도에 의한 분류

종 류	압축강도 MPa(=N/mm^2)	참고값		석재 예
		흡수율(%)	겉보기비중(g/cm^3)	
경 석	50 이상	5 미만	약 2.7~2.5	화강암, 안산암, 대리석
준경석	50 미만~10 이상	5 이상~15 미만	약 2.5~2	경질사암, 연질 안산암
연 석	10 미만	15 이상	약 2 미만	연질 사암, 응회암

1.3 형상에 의한 분류

(1) 잡석(雜石), 호박돌

잡석은 지름 20 cm 정도의 부정형한 막생긴 돌이다. 호박돌(둥근돌 또는 둥근잡석)은 개울에서 생긴 지름 20~30 cm 정도의 둥글넓적한 돌로서 기초 잡석다짐 또는 바닥 콘크리트 지정 등에 쓰인다.

(2) 간사(間砂), 견치석(犬齒石)

간사는 한 면에 대략 20~30 cm 정도인 네모진 막생긴 돌로 간단한 돌쌓기에 쓰인다. 견치석은 채석장에서 네모 뿔형으로 만들어 흙막이·방축 등의 석축에 쓰인다. 견치석을 간지석(間知石)이라고도 한다.

(3) 각석(角石)

각석을 장대석(長臺石) 또는 장석(長石)이라고도 하며 단면 30~60 cm 각,

길이 60～150 cm가 주로 쓰이고 40 cm 각 이상, 길이 150 cm를 넘는 장대물은 고가이다.

(4) 사괴석

한식건물의 벽체 · 돌담(바람석, 火防단)을 쌓는데 쓰이는 15～25 cm 각

(a) 잡석
기초잡석다짐

(b) 호박돌
부정형의 하천에서 생긴 둥글고 넓적한 돌

(c) 간사
네모지게 생긴 돌로써 돌쌓기에 이용

그림 4.78 십진-석재의 의한 분류

(a) 견치석
네모뿔 형태로 흙막이, 석축 등에 사용

(b) 각석
장대석, 장석이라고도 한다.

(c) 사괴석
면이 원칙적으로 거의 사각형에 가까운 것

(d) 판석(현무암 판석)
나비가 두께의 3배 이상으로 바닥깔기, 붙임돌에 사용

(e) 구들장
구들 놓는데 사용

그림 4.79 석재의 형상에 의한 분류

의 돌이다. 네덩어리를 한짐에 질만한 돌이라는 뜻에서 유래한 말로서 사괴석(四塊石)이라고도 한다. 사괴석의 2배 정도 큰 것을 이괴석(二塊石)이라 한다.

(5) 판석(板石), 구들장(溫突石)

판돌은 두께 15~20 cm, 나비 30~60 cm, 길이 60~90cm 정도의 돌로서 바닥깔기 또는 붙임돌에 쓰인다. 구들장은 두께 6 cm 내외, 크기는 40×20 cm 정도의 얇은 돌로서 구들을 놓는 데 쓰인다.

(a) 사괴석(포장)

(b) 사괴석(한식건물의 벽체)

(c) 공사장면

그림 4.80 석괴석의 이용

그림 4.81 구들장의 이용

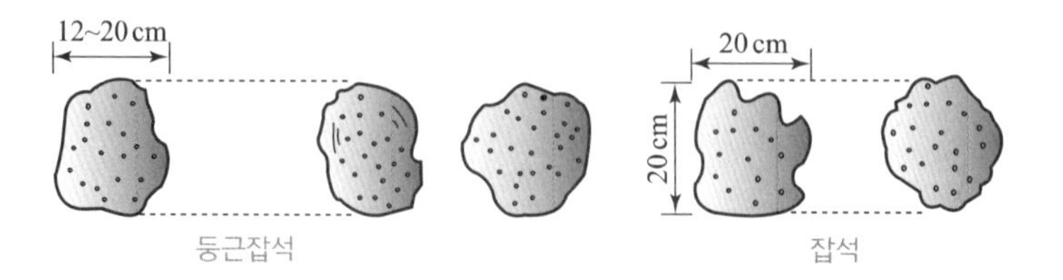

(계속)

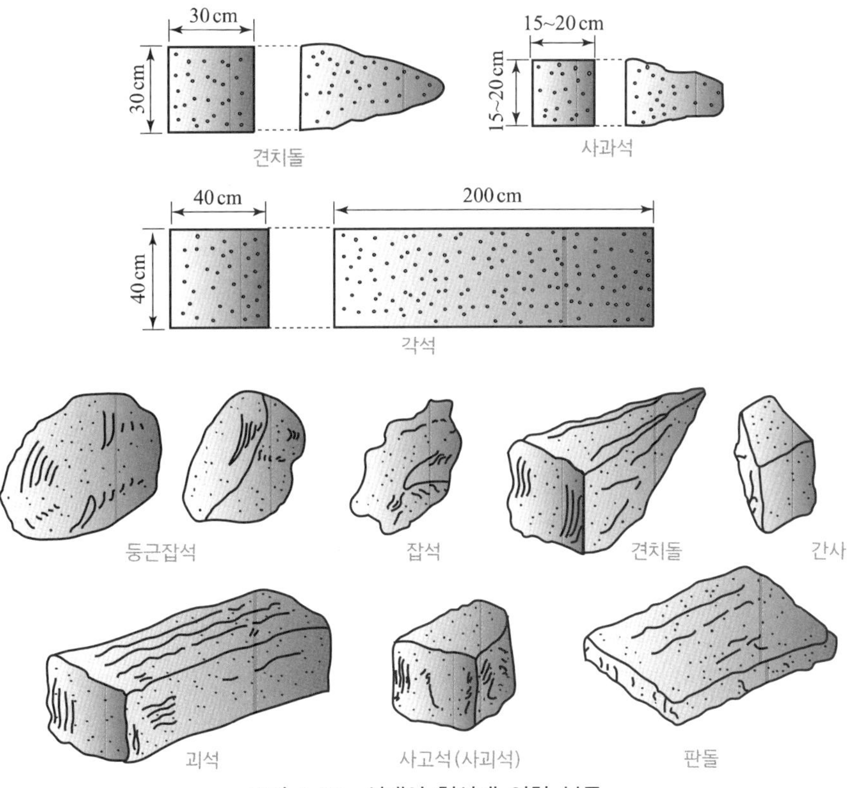

그림 4.82 석재의 형상에 의한 분류

1.4 용도에 의한 분류

- 구조용 화강석, 안산암
- 마감장식용 – 외장 : 화강석, 점판암
  – 내장 : 대리석, 사문석
- 포장용 화강석, 점판암, 화산암, 안산암

2. 석재의 조직

2.1 조암광물

조암광물은 암석을 구성하고 있는 광물을 말한다. 모든 암석은 석영, 장석, 운모, 휘석, 각섬석, 방해석 등의 광물로 구성된다. 따라서 그 구성광물에 따라 암석의 성질이 결정된다.

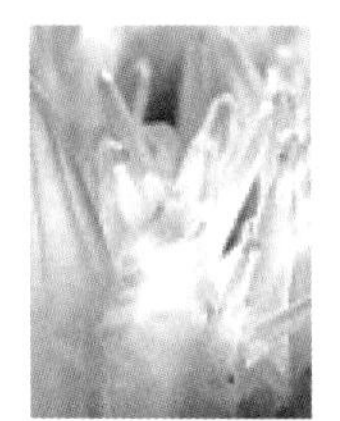
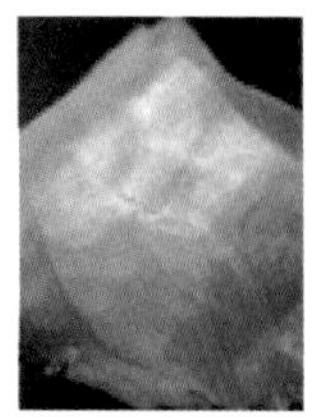

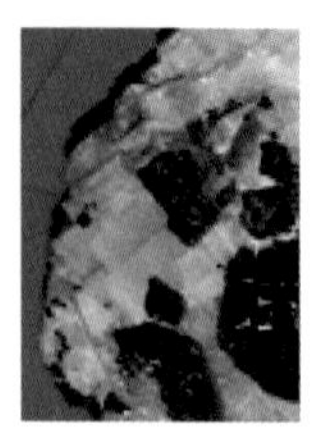

(a) 석영	(b) 장석	(c) 흑운모	(d) 각섬석	(e) 휘석	(f) 감람석
• 육각기둥, 끝부분은 육각뿔 • 무색, 백색, 회색, 황색, 자색, 녹색, 청색 등	• 두꺼운 판 • 흰색, 분홍색, 짙은 갈색, 회색 등	• 육각형의 얇은 판 • 흑색, 녹흑색, 진한 갈색, 녹갈색 등	• 마름모 기둥, 가는 기둥 • 암갈색, 흑색, 녹흑색 등	• 사각 기둥, 짧은 기둥 • 흰색, 녹색, 연한 갈색, 회록색 등	• 짧은 기둥 • 황갈색, 황색, 올리브색 등

그림 4.83 조암광물의 특징

2.2 절리(節理: Joint)

암석 특유의 천연적으로 갈라진 금을 말하며 규칙적인 것과 불규칙적인 것이 있다. 모든 암석에 있으나 특히 화성암이 심하고, 형태상으로 화강암과 같은 불규칙다면괴상절리(不規則多面傀狀節理), 퇴적암은 판상절리(板狀節理), 현무암과 같은 반심성화산암은 주상절리(柱狀節理), 구상절리(球狀節理)가 있다.

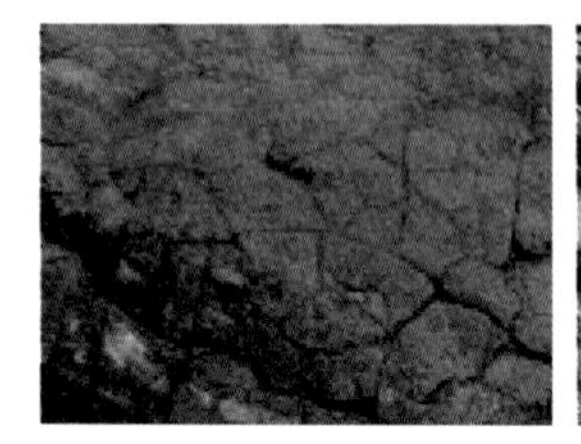
(a) 불규칙다면괴상절리

(b) 판상절리

(c) 주상절리

(d) 구상절리

그림 4.84 여러가지 절리

2.3 층리(層離: Bedding Stratification)

퇴적암 및 변성암에 나타내는 평행의 절리를 특히 층리라 한다. 이것은 층이 퇴적할 때 계절의 변화, 생물의 번식상태의 변화 등이 원인이다. 따라서 퇴적할 당시의 지표면과 방향이 거의 평행하다.

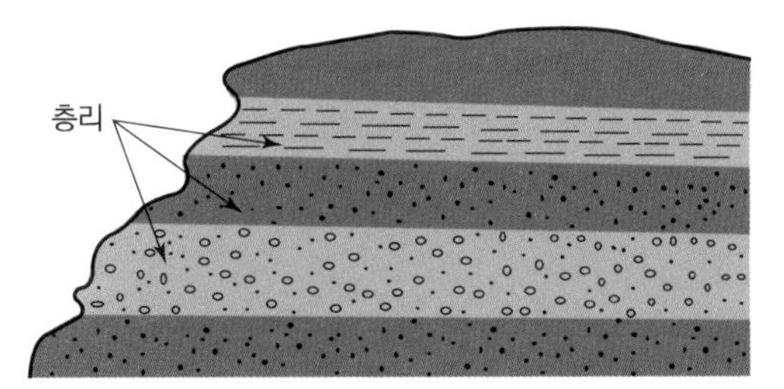

그림 4.85 층리

2.4 편리(片理: Schistosity)

변성암에 생기는 절리로서 지하 깊은 곳에서 암석이 큰 압력을 받으면 광물이 옆으로 퍼지면서 압력이 수직인 방향으로 평행한 줄무늬가 새기는데, 그 방향이 불규칙하고 엽편상(葉片狀)의 암석이 얇은 판자 또는 편도(篇挑) 모양으로 갈라지는 성질을 말한다.

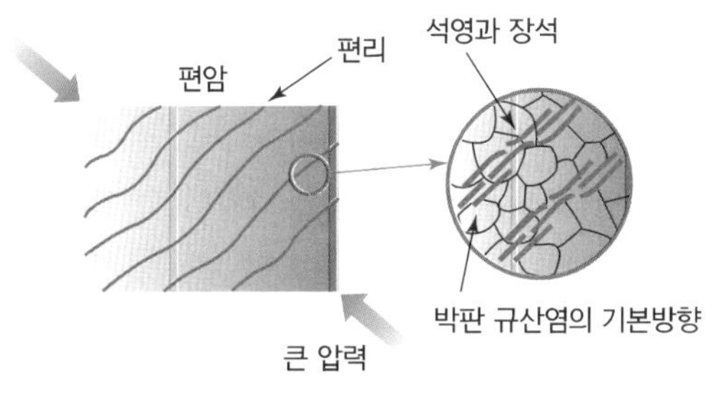

그림 4.86 편리

2.5 석리(石理: texture)

암석을 구성하고 있는 조암광물의 집합상태에 따라 생기는 모양으로 암석 조직상의 갈라진 금이다. 돌결이라고도 한다. 화성암의 석리를 결정질(決定質)과 비결정질(非結晶質)로 나누는데, 이것은 암장이 천천히 냉각되면 화강

그림 4.87 석리

암과 같은 완정질(完晶質)의 암석이 되고 급히 냉각시키면 흑요석과 같은 유리질이 되며, 결정질과 유리질이 섞인 안산암과 같은 반정질(半晶質)의 것이 된다.

2.6 석목(石目: rift)

석목은 암석이 가장 쪼개지기 쉬운 면을 말하는 데 절리보다 불분명하지만 절리와 비슷하며 방향이 대체로 일치되어 있다. 석목이 비교적 분명한 것은 화강암이다. 석목은 주성분인 장석의 벽개면에 상당하는 방향에 나타난다. 운모는 함유량이 적어서 석목에는 영향이 적다.

3. 석재의 성질

3.1 물리적 성질 : 중량, 비중 및 흡수율

- 중량　석재의 중량은 운반, 가공, 강도 등을 판단하는데 중요한 요소이고, 조성광물과 조직의 조밀 등에 관계된다.
- 비중　석재의 비중은 조암광물(造巖鑛物)의 성질, 함유비율, 공극의 정도 등에 따라 다르다. 석재의 강도는 비중에 비례하므로 비중의 대소로 강도나 내구성의 정도를 추정 가능하다. 일반적으로 석재의 비중은 겉보기비중을 말하고, 보통 2.5~3.0(평균 2.65)으로 암석의 종류에 따라 약간 다르다. 화산암이나 경량토는 비중이 작으므로 옥상녹화 및 인공지반 녹화에 사용된다.

겉보기 비중은 다음 식으로 구하고 시험체의 크기에 따라 변하므로 주의를 하여야 하며, 보통 시험체의 치수는 10 cm×10 cm×20 cm로 규정하고 있다.

$$\text{겉보기 비중} = \frac{W_1}{W_3 - W_2}$$

여기서, W_1 : 110℃로 건조하여 냉각시킨 중량
W_2 : 수중에서 완전히 흡수된 상태의 중량
W_3 : 표면건조 포화상태의 중량

표 4.12 각종 석재의 압축강도, 흡수율 및 비중

석재명	압축강도(kg/cm²)	흡수율(%)	비 중	비 고
화강암	1,450~1,700	0.33~0.5	2.62~2.69	• 강도가 크면 비중이 크고 흡수율은 낮으며 흡수율이 클수록 강도와 비중은 작다. • 강도가 크면 내구성, 내마모성이 우수하다.
대리석	1,000~1,800	0.09~0.12	2.7~2.72	
석회암	90~370	13.5~18.2	2~2.4	
사 암	360	13.2	2.5	

- 흡수율　석재의 흡수율은 풍화, 파괴, 내구성에 큰 관계가 있다. 흡수된 양은 석재 분자간의 공극에 침입하므로 그 공극 파악이 가능하다. 흡수율이 크다는 것은 다공성이라는 것을 나타내며 대체로 동해나 풍화를 받기 쉽다.

흡수율 시험에서 사용되는 시험체는 비중시험의 시험체와 같은 크기의 것이 쓰인다.

$$\text{흡수율}(\%) = \frac{W_3 - W_1}{W_1} \times 100$$

여기서, W_1 : 110℃로 건조하여 냉각시킨 중량

W_3 : 표면건조 포화상태의 중량

3.2 역학적 성질 : 강도

석재의 강도 중에서 압축강도가 가장 크고 인장, 휨 및 전단강도는 압축강도에 비하여 매우 작다(석재의 인장 강도는 압축 강도의 1/10~1/20에 불과하다). 따라서, 석재의 강도라 하면 보통 압축강도를 말한다. 석재를 구조용으로 사용할 경우 압축력을 받는 부분에 사용해야 한다.

석재의 압축강도는 중량이 클수록, 공극률이 작을수록, 구성입자가 작을수록 크고, 결정도와 그 결합도와 그 결합상태가 좋을수록 크다. 또한, 함수율의 영향을 받으며 함수율이 높을수록 강도가 저하한다.

표 4.13 각종 석재의 역학적 성질

종 류	압축강도	인장강도	휨강도
화강석	1,500~1,940	37~50	104~132
대리석	1,180~2,140	39~87	34~90

3.3 내화성

일반적으로 석재는 500℃가 넘으면 열의 불균일한 분포로 인한 국부적 열응력발생과 조암광물의 팽창계수 차이로 변색 또는 균열이 발생하며, 어느 일정 온도를 넘으면 붕괴에 이른다. 안산암, 사암, 응회암 등은 화열에는 변색할 뿐 대체로 강하여 900~1,200℃까지는 충분히 견딘다. 화강암은 500~550℃를 넘어서면 석영분이 팽창하여 금이 가고 변색하며 강도저하가 심하고, 700℃에 이르면 붕괴한다. 대리석과 사문암도 화강암과 같이 내화성이 약하다. 석재의 내화강도는 그림 4.88과 같다.

3.4 내구성

석재의 내구성은 기온의 변동에 의한 동결융해 및 빗물 중의 탄산가스, 아황산, 황산암모니아, 염화암모니아, 석탄산과 대기 중의 각종 화학성분에 따른 물리적, 화학적 요인의 영향을 많이 받는다.

일반적으로 조립사암은 50년, 석회석은 40년, 대리석은 100년, 화강석은 200년 정도의 내구연한을 갖고 있다. 석재의 내구성을 저해하는 요인에는 화학적 작용, 물리적 작용, 기계적 작용 등 세 가지가 있으며, 이들이 상호 관련하고 있다.

석재는 온도에 따라 결정광물의 신축이 같지 않기 때문에 내부응력 및 함유수분의 동결에 의한 팽창력과 같은 물리적 작용으로 붕괴된다. 기계적 작용은 바람 등에 의한 미립자의 흡착으로 발생하는 마모와 계단석 등과 같이 석면마찰에 의한 마모 등이 있다.

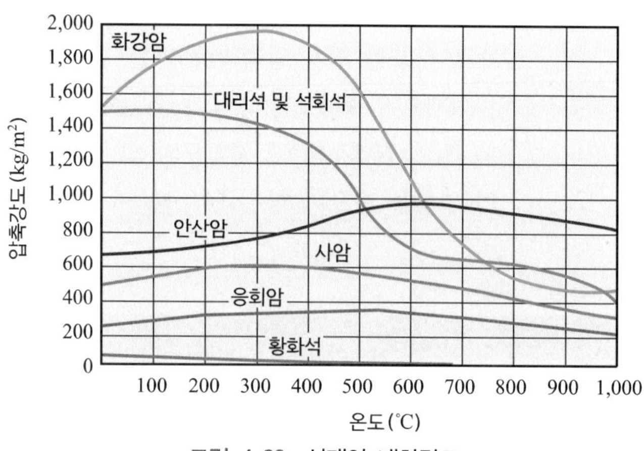

그림 4.88 석재의 내화강도

표 4.14 각종 석재의 내구연한

석 재	내구년한	석 재	내구년한
화강암	75~200	석회암	20~40
대리석	60~100	사암조립	5~15
석영암	75~200	사암제립	20~50
백운석	30~500	사암경질	100~200

일반적으로 내구성은 재질 측면에서 조암광물의 결정이 미세할수록, 흡수율이 적을수록, 가공 측면에서 돌다듬기에 따라 눈에 보이지 않는 작은 균열이 생기지 않게 석면마감을 평활하게 한 것일수록, 사용조건 측면에서 우수에 노출되지 않을수록, 건조상태에 사용하는 것일수록, 온도차가 적은 것일수록, 미립자의 흡착이나 마모외력이 적을수록 증가한다.

4. 석재의 채석과 가공

4.1 채석

그림 4.89 채석

석재를 천연암반 상태에서 사용할 수 있도록 채굴하여 운반하는 과정을 채석이라 한다.

채석법은 석질의 경연(硬軟), 절리(節理) 및 석목(石目)에 따라 다르다.

화강암, 안산암과 같은 경석류에는 석목에 따라 구멍을 뚫고 폭약을 채워 폭파하는 발파법, 발파에서 얻은 대재에 석목에 따라 작은 구멍을 일렬로 뚫고 구멍에 철제 쐐기를 박아 쪼개는 부리 쪼개기, 응회암, 대리석과 같은 수성암 또는 연석의 둘레에 홈을 파서 석재를 쪼개는 구절, 비교적 연석인 암석에 톱날의 3~6 mm의 강철선을 꼬아 만든 전동톱을 물과 모래를 주입시키면서 암석을 절단하는 톱쪼갬, 이 밖에 바드릴(Quarry Bar Dirll), 화염분사식 절단기에 의한 쪼개기가 있다.

채석의 순서는 채취할 양의 결정, 발파구획의 설정, 발파, 양중작업, 규격화의 순으로 작업이 이루어진다.

4.2 가공

(1) 혹두기

쇠메로 쳐서 요철이 없게 대강 다듬는 정도의 돌표면 마무리로서 거친 정도에 따라 큰 혹두기, 중 혹두기, 작은 혹두기가 있다.

(2) 정다듬

혹두기 면을 정으로 평활하게 하는 돌표면 마무리로서 거친 정다듬, 중 정다듬, 고운 정다듬, 줄 정다듬 등이 있다.

(3) 도드락다듬

도드락망치로 석재표면을 다듬어 표면이 평활하게 하는 것이다. 다듬은 능률적이지만 자국이 나므로 물갈기 등에는 쓰지 않는 것이 좋다. 건축물에는 주로 치장재로 쓰이고 다듬는 정도에 따라 거친, 중, 고운 도드락다듬으로 나눌 수 있다.

(4) 잔다듬

연질의 석재를 다듬어 쓰는 방법으로 양날 망치로 정다듬한 면을 일정 방향으로 찍어 다듬는 돌 표면 마무리이다. 이것도 다듬는 정도에 따라 거친, 중, 고운 잔다듬으로 나눌 수 있다.

(5) 물갈기

화강암, 대리석 등의 잔다듬한 면을 금강사, 카보런덤, 모래 등을 뿌리고 물을 주면서 연마기로 간다. 광택을 낼 때는 산화석을 펠트에 발라 연마하며, 정도에 따라 거친갈기, 중갈기, 본갈기, 광내기로 나누어진다. 표면을 마감하는 가공기계에는 플레이너(Plainer), 서어페이서(Surfacer), 그라인더(Grinder)가 있다.

(6) 버너구이

주로 화성암 계열의 표면처리에 이용되는 화염처리는 분사되는 고열 불꽃에 의하여 독특한 가공 면을 형성한다. 가공속도가 대단히 빨라 대형 공사의 마감에 많이 채택된다.

고열로 인한 돌입자의 변형으로 강도에 영향을 미치는 등의 문제점이 발생할 수 있으나 순도가 높은 연료를 사용하고 열을 받는 즉시 냉각수를 공급하여 표면을 냉각시켜 주기 때문에 암석의 특징에는 영향을 미치지 않는다.

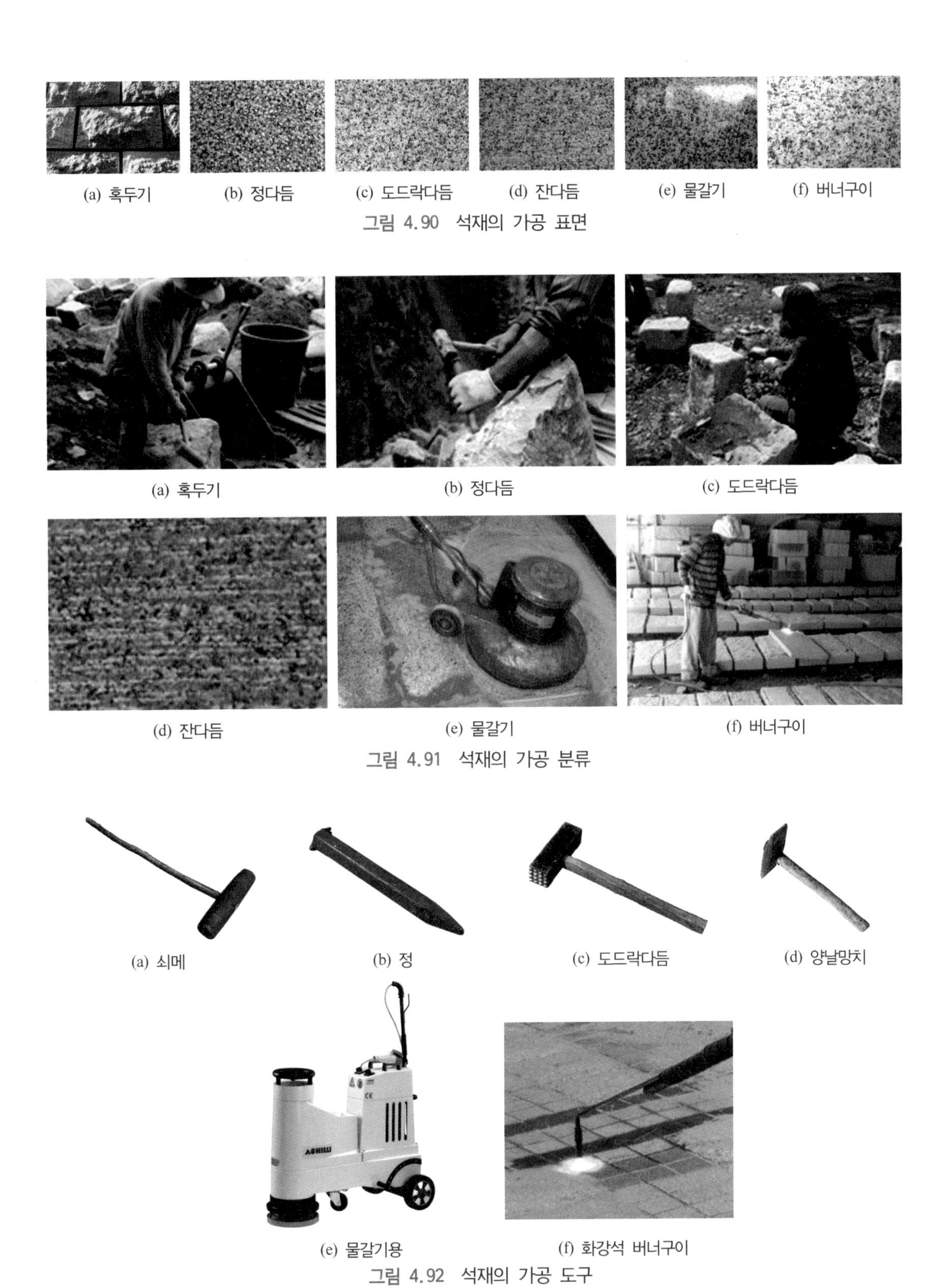

(a) 혹두기 (b) 정다듬 (c) 도드락다듬 (d) 잔다듬 (e) 물갈기 (f) 버너구이

그림 4.90 석재의 가공 표면

(a) 혹두기 (b) 정다듬 (c) 도드락다듬

(d) 잔다듬 (e) 물갈기 (f) 버너구이

그림 4.91 석재의 가공 분류

(a) 쇠메 (b) 정 (c) 도드락다듬 (d) 양날망치

(e) 물갈기용 (f) 화강석 버너구이

그림 4.92 석재의 가공 도구

Tip

석재의 호칭

산지 또는 고유명칭 → 암석의 종류 → 물리적 성질에 따른 종류 → 모양에 따른 종류 → 등급·치수(두께×나비×길이) 또는 치수구분(필요 없는 호칭은 삭제 가능)
- 예 : 포천석·화강암·경석·판석·일등품·10×50×90

5. 석재의 이용

5.1 여러 가지의 석재

(1) 화강암(花崗巖)

우리나라에 가장 많이 분포하며 쑥돌이라고 불리는 화강암은 심성암에 속하고, 주성분은 석영 30%, 장석 65%, 운도 3%, 각섬석, 휘석 등 기타 광물로 형성되어 있다. 결정 크기에 따라 외관과 강도가 다르며 대립(大粒), 중립(中粒), 소립(小粒) 화강암으로 구분된다.

화강암의 색조는 주로 장석에 의해 좌우되며 석영의 색에는 영향을 받지 않는다. 주성분인 석영, 장석, 운모의 함유율에서 생기는 색상에 따라 흑색, 백색, 분홍색의 반점무늬가 있고 이들은 장식 석재로서 가치가 있다. 화강암이 흑운모, 각섬석, 휘석 등을 포함하면 흑색을 나타내고 산화철을 포함하면 홍색으로 된다.

화강암의 특징은 질이 단단하고 내구성 및 강도가 크고 외관이 수려하며, 절리의 거리가 비교적 커서 대재를 얻을 수 있으나, 함유광물의 열팽창계수가 다르므로 내화성이 약하다. 석영이 많은 것은 강하여 가공이 어렵고 장석의 함유율이 높은 것은 가공이 용이하며 운모가 많은 것은 분쇄되기 쉽다.

용도로는 외장, 내장, 구조재, 도로포장재, 조경시설물, 콘크리트 골재 등에 쓰인다.

표 4.15 산지에 따른 화강석의 색상

회백색 계열	포천, 일동, 신북, 거창,
담홍색 계열	상주, 문경, 황등, 철원, 괴산, 진안, 황등, 익산
검정색 계열	마천, 여수, 고흥(섬록암)

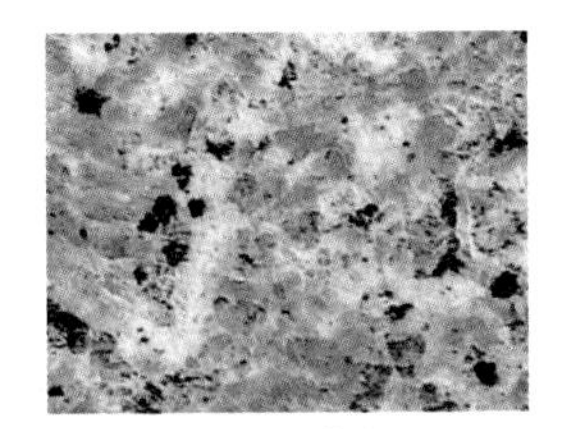

(a) 문경석
포천석 다음으로 저렴함. 붉은기가 돈다. 내장재

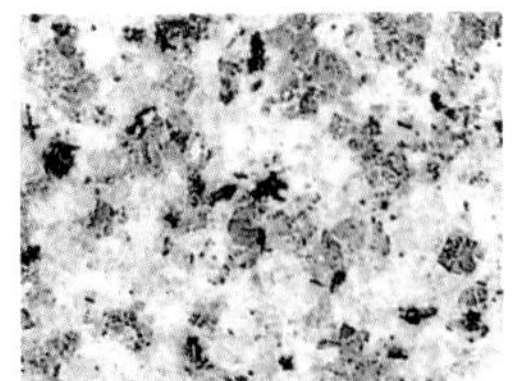

(b) 포천석
거창석 다음으로 저렴함. 약간의 붉은기가 돈다. 문경석과 거창석의 중간 정도의 색. 내외장재

(c) 거창석
가장 저렴함. 검은 무늬가 더 많다. 외장재

(d) 마천석
걸레받이용으로 많이 사용된다.

그림 4.93 가장 많이 사용되는 국내 화강암

그리스, 이탈리아, 캐나다, 일본 등지의 것이 우수하고, 국내의 경기석, 황등석 등도 우수하다. 가장 흔히 사용되는 석재로는 문경석, 포천석, 거창석, 마천석을 들 수 있다.

① 화강석의 종류(국내)

- 경기도 포천석, 가평석, 일동석(포천군), 강화석, 신북석(포천군), 양주석, 김포석, 여주석

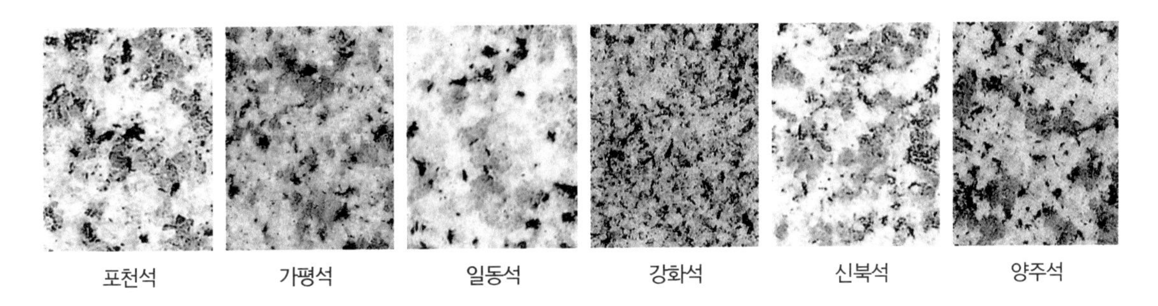

- 강원도 동초석(고성군), 동해석(양양군), 춘천석, 원주석, 후동석(춘천), 철원석

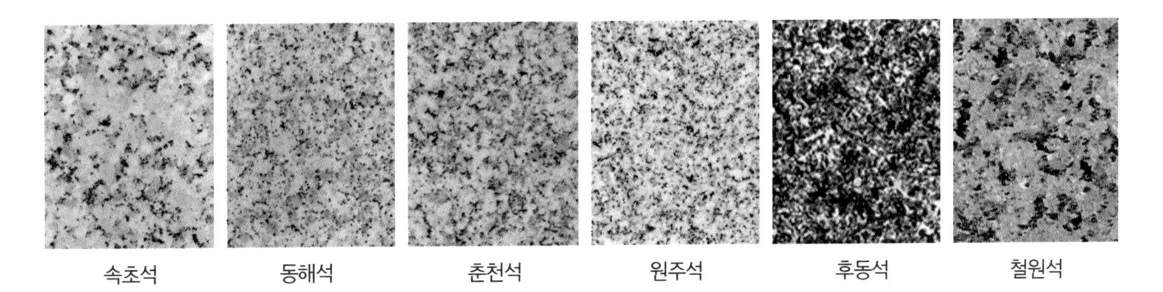

- **충청도** 아산석, 제천석, 온양석, 괴산석, 천안석, 음성석, 충주석, 도고석

아산석 제천석 온양석 괴산석 천안석 음성석

- **경상도** 거창석, 상주석, 문경석, 마천석(함양군), 안동석, 영주석, 무풍석(김천군)

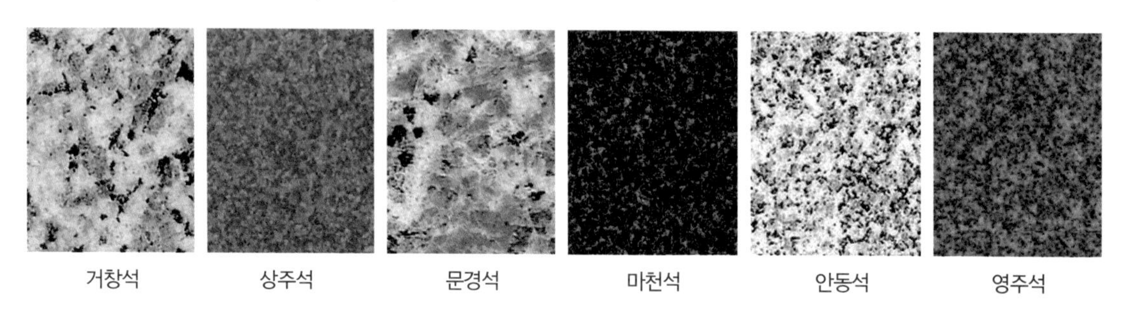

거창석 상주석 문경석 마천석 안동석 영주석

- **전라도** 익산석, 황등석(익산군), 담양석, 고흥석, 화순석, 함열석, 여수석, 남원석

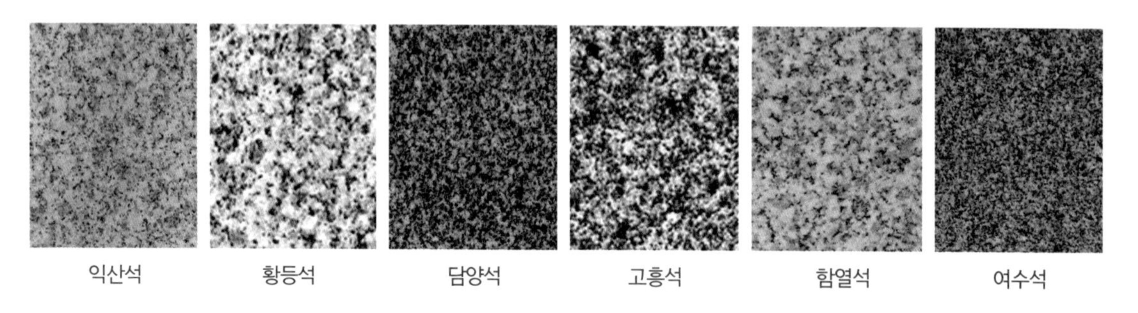

익산석 황등석 담양석 고흥석 함열석 여수석

② 화강석의 종류(수입)

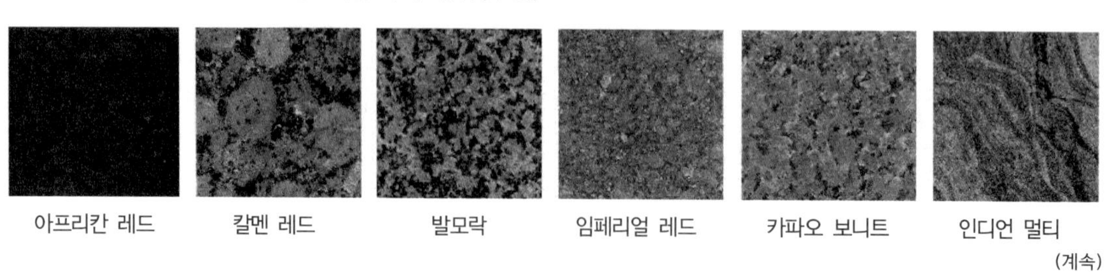

아프리칸 레드 칼멘 레드 발모락 임페리얼 레드 카파오 보니트 인디언 멀티

(계속)

(2) 섬록암(閃錄岩)

섬록암은 약 2/3가 사장석, 1/3은 각섬석이나 흑운모 같은 짙은 색을 갖는 광물로 구성된 중립 또는 조립질로서 규산이 50% 전후의 중심심성암이다. 현정질의 등입자구조로서 화강암에 비해 암색이 보통이고 연마하면 광택이 난다. 유색광물에 의하여 휘석섬록암, 운모섬록암, 석영섬록암으로 나눈다.

(3) 화산암(火山巖)

화산에서 분출된 암장이 급속히 냉각되어 가스가 방출하면서 응고된 다공질의 유리질로서 부석(浮石)이라고 불린다. 보통 회백색이나 담호색을 띠고 비중이 0.7~0.8로 경량이어서 경량 콘크리트 골재로 매우 우수하다. 내화성이 크고 내산성이며 열전도율이 작아 단열재로 우수하다. 화산암의 일종인 현무암으로 만든 제주도 돌담이 유명하다. 검붉은색의 화산암은 경량토, 포

그림 4.94 섬록암

그림 4.95 화산암

장용, 벽체용으로 사용된다. 최근에는 인도네시아 등에서 수입한 화산암을 사용한다.

(4) 안산암(安山巖)

안산암은 대부분 세립질, 반정질 암석으로서 치밀한 것으로부터 조잡한 것까지 그 종류가 다양하고, 사장성, 휘석, 각섬석, 흑운모 등을 주성분으로 한다. 유색광물의 종류에 따라 휘석 안산암, 각섬석 안산암, 석영 안산암, 운모 안산암 등으로 분류되고 흑색, 갈색, 회색, 쥐색, 녹색, 연한색 등 다양한 색조를 띈다.

강도, 경도, 비중이 크고, 내화력도 우수하여 구조용 석재로 널리 쓰이지만, 조직 및 색조가 균일하지 않고 석리(石理)가 있기 때문에 채석 및 가공이 용이하지만 대재(大材)를 얻기 곤란하다.

우리나라보다는 일본에 많은 분포를 보이는데, 특히 휘석 안산암 계통 등은 콘크리트용 골재로 이용할 경우에는 알칼리 골재 반응을 일으킬 수 있으므로 주의해야 한다.

(5) 현무암(玄武巖)

현무암은 염기성의 화산암으로 주성분은 사장석 및 휘석이지만 종종 감람석, 각섬석, 운도 등을 포함하고 있다. 유리질 및 완장반상구조(完晶班狀構造)로서 아름다운 주상(柱狀節理)을 가진 점이 특징이다. 색조는 암록색 또는 흑색이며 정현무암, 감람현무암, 각섬운모, 현무암 등으로 구별된다.

내화성이 좋으나 가공이 어려우므로 부순돌로 많이 사용되고 근래에는 암면의 원료로서 중요성이 증대된다.

그림 4.96 안산암

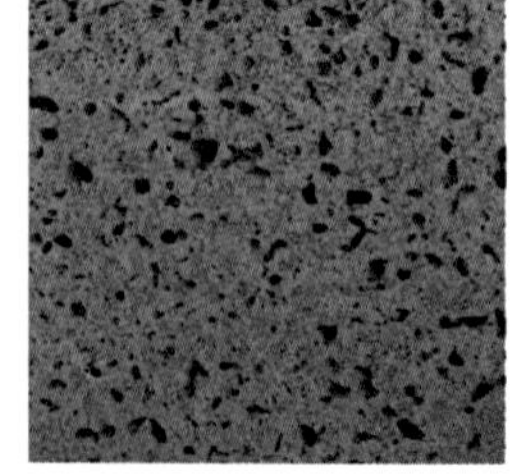

그림 4.97 현무암

(6) 사암(砂岩)

사암은 연석 또는 순연석에 속하고 암석의 붕괴에 의하여 생긴 모래가 수중에 침전, 퇴적되어 점토나 탄소물질 등의 고결재에 의하여 경화된 암석이다.

사질에 따라 석영질사암, 화강암질사암, 운모질사암 등으로 구분되고, 고결재의 종류에 따라 규질, 석회질, 점토질, 철질사암 등으로 구분된다.

함유광물의 성분에 따라 암석의 질, 내구성, 강도에 현저한 차이가 있으며, 일반적으로 규산질 사암이 가장 강하고 내구성이 크나 가공이 곤란하다. 철질사암은 철분의 산화정도에 따라 흑색, 황갈색, 적색을 띠고 풍화되기 쉽다. 석회질사암은 연하고 가공성이 좋으나 흡수율이 크고, 풍화되기 쉬우며, 점토질사암도 비슷하다. 사암 중 단단한 것은 구조용재에 적합하나 대체로 외관이 좋지 못하여 연약한 것은 실내 장식재로 사용된다.

(7) 점판암(粘板岩)

점판암은 진흙이 침전하여 압력을 받아 응결한 것을 이판암(泥板岩)이라

그림 4.98 사암

(a) 베이지

(b) 민트

(c) 레드

그림 4.99 사암의 색상

그림 4.100 이판암

그림 4.101 점판암 슬레이트

하고, 이것이 더 큰 압력을 받아 생긴 것이 점판암이다. 청회색 또는 흑색으로 흡수율이 작고 대기 중에서 변색, 변질하지 않는다.

석질이 치밀하고 평행 박리면이 발달하여 얇은 박판(薄板)으로 채취할 수 있으므로 슬레이트로서 지붕, 벽체, 바닥 포장용 등에 쓰이며 숫돌, 비석 등으로 이용된다.

(8) 응회암(凝灰巖)

화산회 또는 화산사 등이 퇴적되어 응고된 것과 암석의 부스러기가 섞여 고결된 것이다.

두꺼운 층으로 이루어져 있기 때문에 양이 풍부하고 채취가 용이하다. 조직의 조밀에 따라 응회암, 사질응회암, 각역질응회암으로 구분되며 회색 또는 담록색이다.

일반적으로 암질은 연하고 다공질로서 흡수율이 크기 때문에 동해를 받기 쉬우나, 내화성이 우수하고 강도는 크지 않으므로 건축용으로는 부적당하나 중량이 가볍고, 가공성이 좋으므로 경량골재, 인공토양재, 바닥포장용 등 토목용 석재로 널리 이용된다.

그림 4.102 응회암

그림 4.103 응회암 블록

그림 4.104 석회암

(9) 석회암(石灰巖)

석회석은 화성암 중에 포함되어 있는 석회분이나 동식물의 잔해 중에 포함된 석회분이 물에 녹아 바다 속에 침전되어 퇴적, 응고한 것이다. 주성분은 탄선석회($CaCO_3$)로서 백색 또는 회백색이다. 석질은 치밀하고 강도가 크나 내화성이 적고 화학적으로 산에는 약하다. 용도는 도로표장이나 석회, 시멘트의 원료로 이용된다.

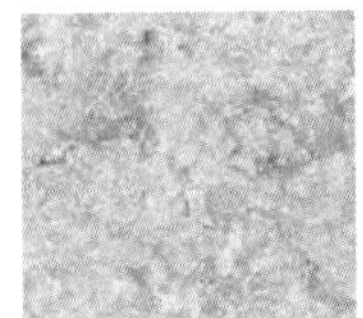
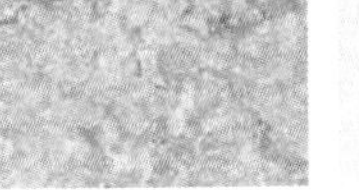

(a) 예루살렘 골드

(b) 크리마 벨로

(c) 모카크림

(d) 크레모나

(e) 빌라몬테

(f) 아주얼 그레이

그림 4.105 수입 석회암

(10) 대리석(大理石)

석회석이 변화되어 결정화한 것으로 대표적인 변성암이다. 주성분은 탄산석회로 이 밖에 탄소질, 산화철, 휘석, 각섬석, 녹니석 등을 함유한 것이다.

순수한 것은 흰색이고, 함유성분에 따라 회색, 검정, 보라, 빨강, 노랑, 분홍, 초록 등 다양하고 갈면 아름다운 광택이 난다. 강도는 매우 높지만 내화성이 낮고 풍화되기 쉬우며, 산에 약하기 때문에 비가 많이 오는 지역의 실외용으로는 적합하지 않으나, 석질이 치밀하고 견고할뿐 아니라 외관이 미려하기 때문에 실내장식재 또는 조각재로 최고급 재료이다. 지중해 연안지방, 영국, 북미 등지에서 양질의 것이 생산된다.

(a) 크리마마필

(b) 로얄 베이지

(c) 보티치노

(d) 스배보

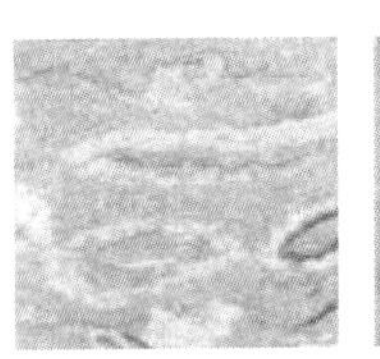

(e) 그라지오 벨라

(f) 설피전트 리기나

(g) 설피전트 FG

(h) 오로라(핑크)

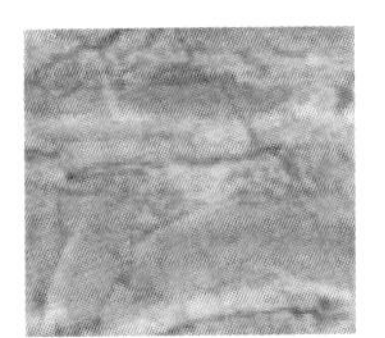

(i) 시노 오로라

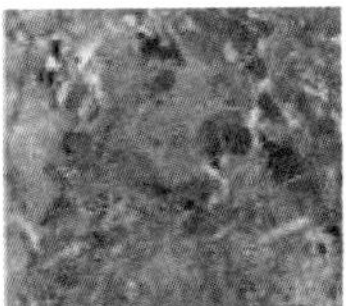

(j) 브레시아

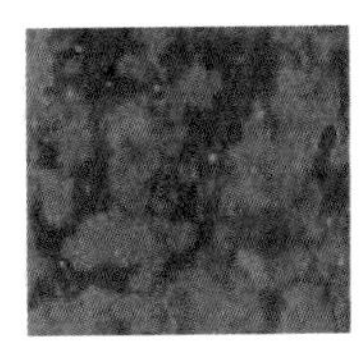

(k) 토소 베로나

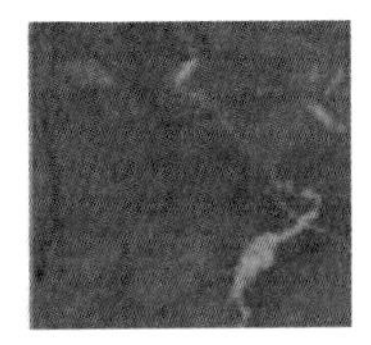

(l) 토소 알리간테

(계속)

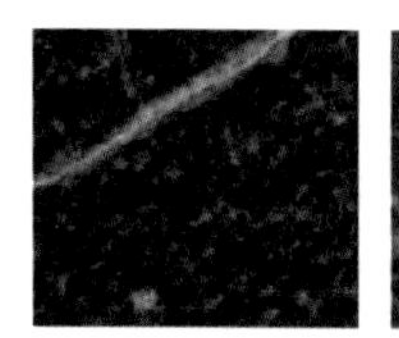 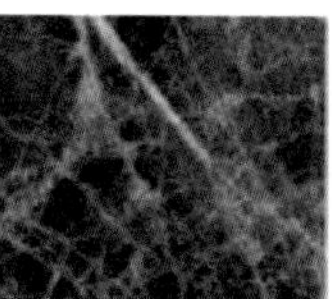 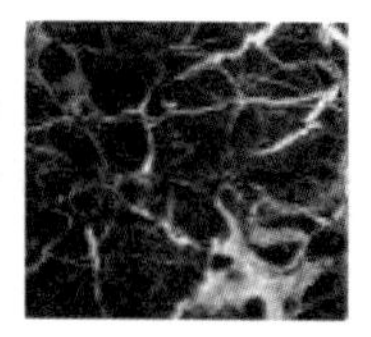 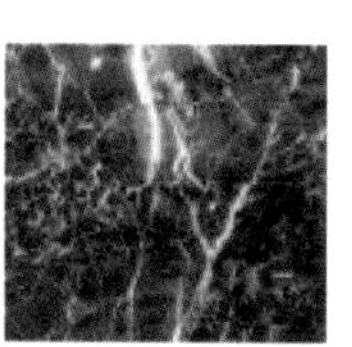

(m) 그린마블 (n) 엠페라도 (o) 골든 브라운 (p) 살로메

그림 4.106 수입 대리석

(11) 트래버틴(Travertin)

대리석의 일종으로 탄산석회($CaCO_3$)를 포함한 물에 침전, 생성된 것이다. 다공질이며 황갈색의 반문이 있고 갈면 광택이 나서 우아한 실내장식에 쓰인다. 이탈리아산이 가장 우수하다.

(12) 사문암(蛇紋巖)

사문암은 감람석이 변질된 것인데 섬록암이 변질된 것도 있다.

색조는 암녹색 바탕에 흑백색의 아름다운 곡선 무늬가 있고, 경질이나 풍화성이 있어 외벽보다는 실내장식용으로서 대리석 대용으로 이용되기도 한다.

 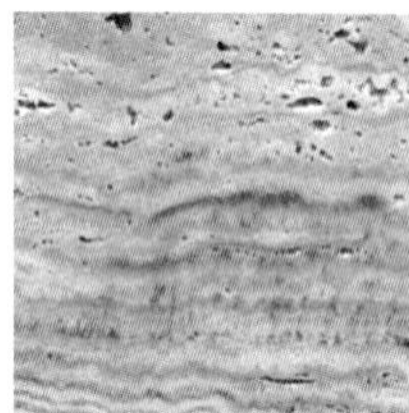 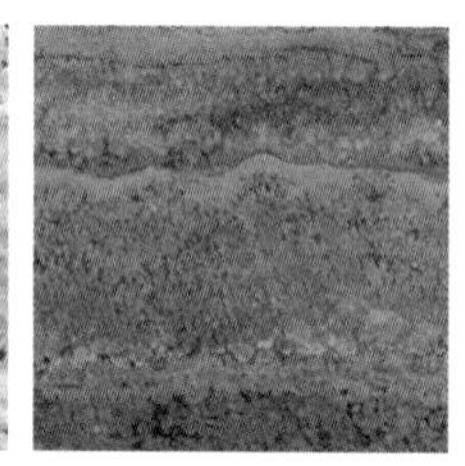  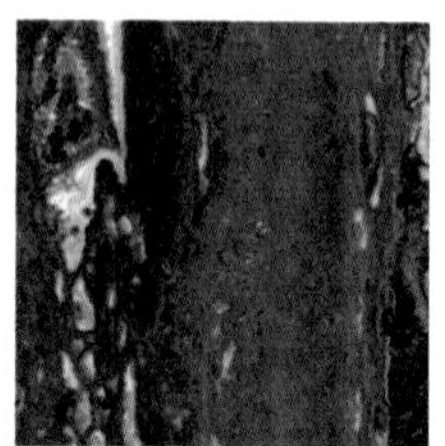

(a) 화이트 트래버틴 (b) 베이지 트래버틴 (c) 엘로우 트래버틴 (d) 골든 트래버틴 (e) 레드 트래버틴

그림 4.107 수입 트래버틴

그림 4.108 감람석

그림 4.109 섬록암

그림 4.110 사문암

(13) 석면(石綿)

석면은 사문암(蛇紋巖) 또는 감석암이 열과 압력을 받아 변질하여 섬유모양의 결정질이 된 것으로서, 유일한 천연결정섬유이다. 석면은 산과 염기에 대한 내구성이 있고 1,200~1,300℃ 정도의 보통화재에는 안전하므로 장섬유(長纖維)는 석면포로서 단열재 및 백킹(Backing) 등에 쓰이고, 단섬유(短纖維)는 석면시멘트관, 석면판, 마루마감재료의 충전재로 사용된다.

캐나다, 미국, 러시아, 남아프리카 등지에서 생산된다. 1970년대 이후 석면섬유가 인체에 유해한 것으로 보고되어 있다.

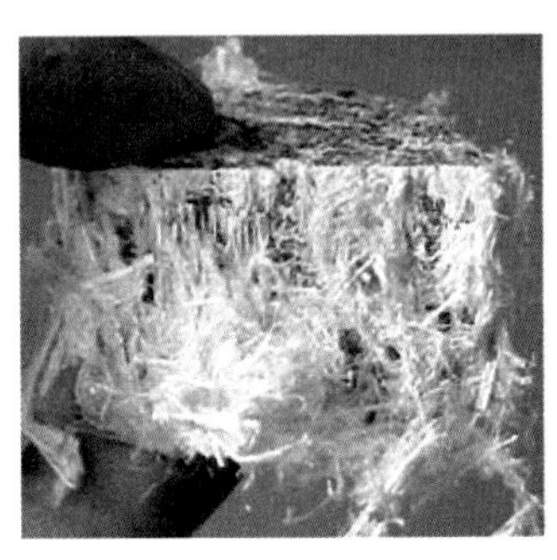

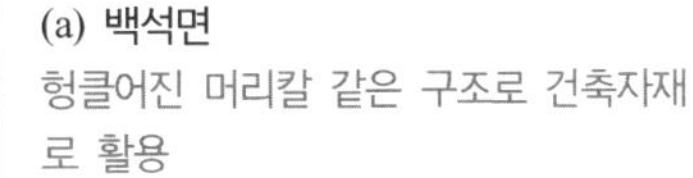

(a) 백석면
헝클어진 머리칼 같은 구조로 건축자재로 활용

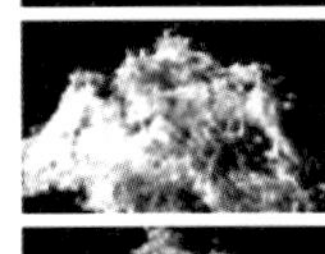

(b) 살석면
과거 보온재로 많이 사용되었으나 현재는 생산 중단

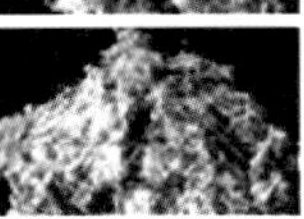

(c) 청석면
산에 강하며 철분 함유량이 많아 푸른빛을 띰

그림 4.111 석면의 종류

5.2 석재 제품

(1) 암면(岩綿)

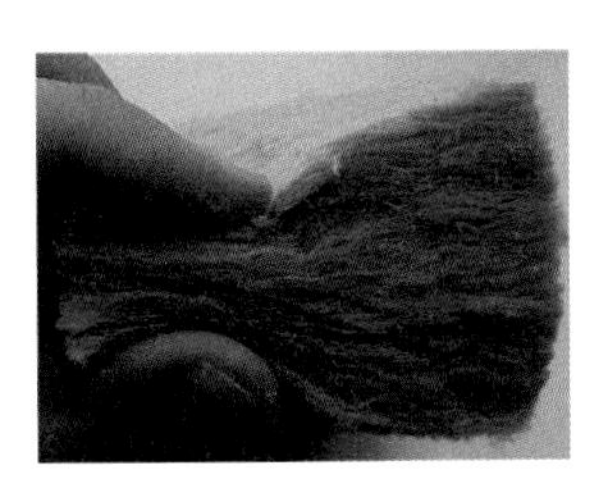

그림 4.112 암면

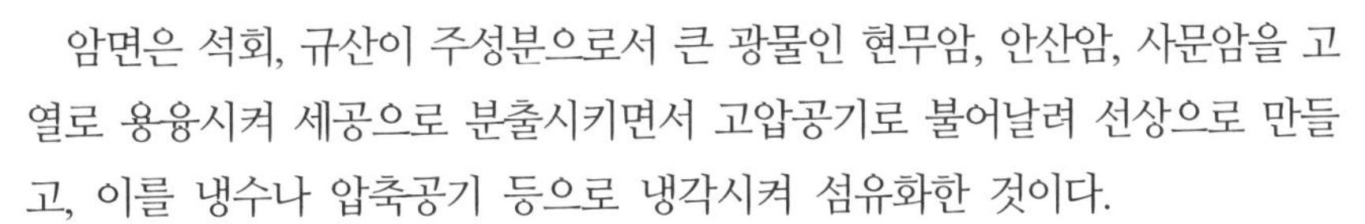

암면은 석회, 규산이 주성분으로서 큰 광물인 현무암, 안산암, 사문암을 고열로 용융시켜 세공으로 분출시키면서 고압공기로 불어날려 선상으로 만들고, 이를 냉수나 압축공기 등으로 냉각시켜 섬유화한 것이다.

단열, 보온, 흡음 등에 우수하고 내화성도 있어서 절연재로 널리 쓰인다. 석면에 비하여 성능은 약간 떨어지나 값이 싸므로 흔히 쓰인다.

열전도율은 0.043 kcal/mh℃, 내열도 600℃이다. 제품으로는 암면펠트, 암면판, 보온통, 암면흡음관 등이 있다.

- **암면 펠트(felt)** 암면을 층상으로 만들고 한쪽에 종이를 붙인 것으로 두께 10~50 mm이다. 더크(Duck) 등에 감아 보온 단열재로도 쓰고, 라스(Rath)붙임 펠트로서 암면양면에서 메탈라스(Metal Rath)를 붙인 두께 25~75 mm의 단열재도 있다.

그림 4.113 암면 펠트

그림 4.114 암면판

그림 4.115 보온통(암면카바)

그림 4.116 암면흡음판

- **암면판**(岩綿板) 암면을 불연성의 접착제로서 판 모양으로 굳힌 것이다. 또한 석면을 30% 이상 배합한 것으로서 강도가 비교적 크다. 두께 5~30 mm이고 크기는 100×100 cm이다.
- **보온통**(保溫筒) 스폰지 모양으로 만들어진 통상으로 된 것이고 아스팔트 유제로서 처리하여 그라프트지에 붙였거나 루우핑 페이터로 방수처리한 것이다. 두께 20~50 mm, 길이 91 cm이다.
- **암면흡음판**(岩綿吸音板) 암면판의 한쪽에 많은 구멍을 뚫어 소리의 흡수를 좋게 한다.

(2) 질석(蛭石)

질석은 흑운모를 800~1,000℃로 가열 팽창시켜 체적이 5~6배로 된 다공질 경석이다. 가볍고 단열성이 뛰어나며 아름다운 금은색을 띤 것이 특징이다.

그림 4.117 질석(건축용)

중량은 0.4 kg/l, 비중은 0.2~0.4, 흡수율은 24시간 후 90~110%, 흡습률은 습도 75%일 때 1% 이하, 공극률 53~64%, 융점 1,300℃, 입자크기 10 mm 이하, 열전도율 0.05 kcal/mhr℃이다. 질석제품은 콘크리트 블럭류, 모르타르·콘크리트판, 벽돌 등이 있다.

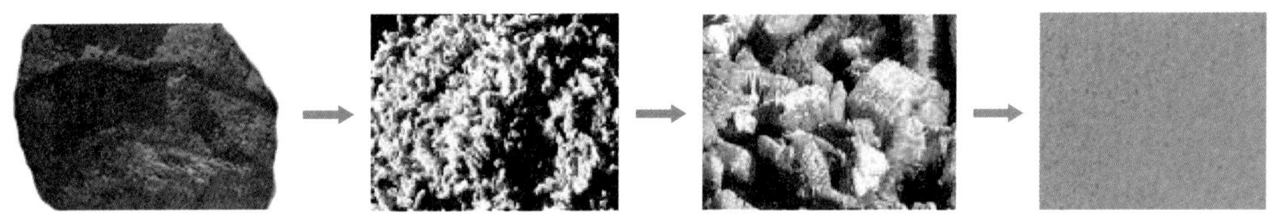
그림 4.118 질석의 제조

(3) 펄라이트(Perlite)

펄라이트는 화산용암의 일종인 진주석, 흑요석, 송지석 등을 분쇄하여 입상으로 된 것을 약 1,000℃의 고열로 가열, 팽창시킨 경량골재이다.

제법 및 용도는 질석과 유사하여 입자크기 5~20 mm, 중량 0.1 kg/l 이하이다.

(4) 고압벽돌

모래에 약 5%의 생석회를 섞어 고압으로 압축하면 고강도의 벽돌이 된다. 400 kg/cm^{2}의 강도가 가능하고, 우리나라 것은 약 200 kg/cm^2 정도의 것이 현재 생산되는 것이다.

그림 4.119 펄라이트

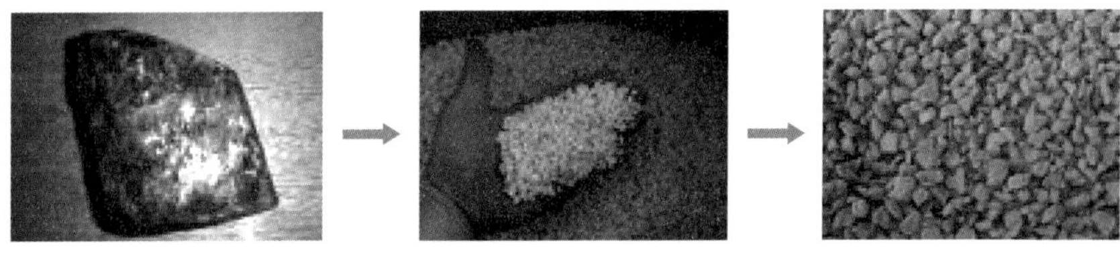
그림 4.120 펄라이트 제조

그림 4.121 흑요석(좌) 및 진주석(우)

(5) 인조석

대리석, 사문암, 화강암 등의 쇄석을 종석(種石)으로 하여 백색 포틀랜드 시멘트에 안료를 섞어 바이브레이터로 다진 후 천연석재에 유사하게 성형시킨 것을 인조석이라 한다. 인조석은 종석의 종류에 따라 테라초(terrazzo)와 의석(擬石)으로 나눌 수 있으며, 결합재로는 시멘트 대신에 합성수지를 사용한 것도 만들고 있다.

- **테라초** 테라초란 대리석의 쇄석을 종석으로 하여 시멘트를 사용, 콘크리트판의 한쪽면에 부어 넣은 후 가공, 연마하여 대리석과 같이 미려한 광택을 갖도록 마감한 것을 총칭한다. 종석의 크기는 12 mm체를 통과하여 5 mm체에는 통과량이 1/2 정도 범위가 적당하다.
- **의석** 의석이란 종석을 대리석 이외의 암석으로 하여 테라초에 준하여 제작한 것을 말하며, 일종의 모조석이라고 볼 수 있다.
- **수지계 인조석** 수지계 인조석은 최근 결합재로 시멘트를 사용하지 않고 폴리에스테르수지나 에폭시수지 등을 액상으로 하여 테라초나 의석을 제조하게 된 것이다. 열경화성이기 때문에 경화가 급속하고, 높은 압축강도가 단기에 얻어지는 이외에 균열이 적고, 수밀성이 양호하고, 방수성, 내마모성, 내산성 등의 장점이 있으므로 금후 내열성이나 내화성에 대한 불안이 제거되면 상당히 발전할 가능성이 있다.

그림 4.122 테라초

그림 4.123 의석

(a) 금강돌
STACKED STONE(SS-100)

(b) 금강돌점퍼
STACKED STONE & JUMPER(SJ-100)

(c) 충주돌 II
JOON ROCK II(JR-100)

(d) 북한강돌 I
RIVER ROOK I(RR-100)

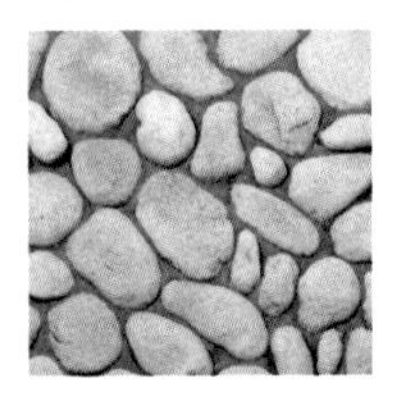

(e) 북한강돌 II
RIVER ROOK II(RR-100)

(f) 산성돌 I
COBBLE STONE I(CS-100)

(g) 궁전돌 I
CASTLE STONE I(ECS-101)

(h) 고산돌 I
DRIFT STONE I(DS-100)

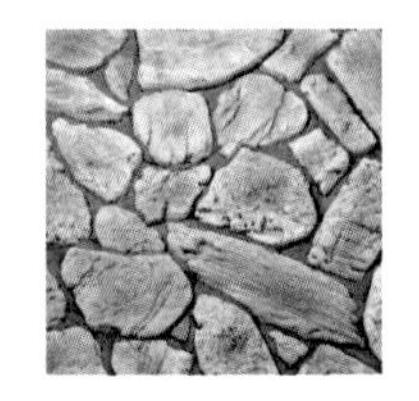

(i) 고산돌 II
DRIT STONE II(DS-101)

그림 4.124 모조석의 사례

그림 4.125 인조석의 활용

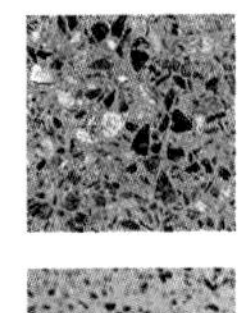
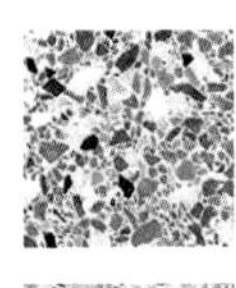
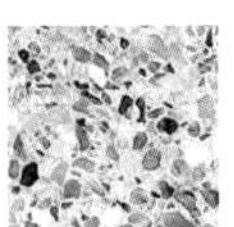
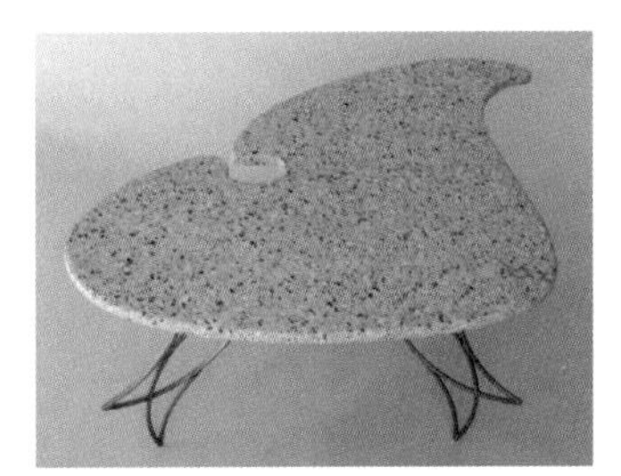

그림 4.126 수지계 인조석

III 점토

점토란 화강암, 석영 등의 각종 암석이 오랜 세월동안 풍화, 분해되어 세립 또는 분말로 된 것으로, 물을 함유하여 습윤하게 되면 가소성(可塑性)이 생기고, 고열로 소성하면 경화되는 성질이 있다. 점토는 암석의 여러 광물의 풍화 합성물로 풍화 정도에 따라 각각 화학 조성과 입도가 변화한다.

우리나라의 경우 점토의 이용은 오래 전부터 흙벽돌을 건축물의 구조체로 많이 이용하였으나, 최근에는 점토를 구워 만든 벽돌, 테라코타의 구조용과 타일의 장식용재 등으로 많이 이용되고 있다.

건축용 점토 제품은 용도에 따라 반죽 또는 성형하여 소성한 것으로 벽돌, 타일, 테라코타 등이 있다. 일반적인 점토 제품의 특징으로는 내화성 또는 불연성이 강하고, 상당한 강도와 내수성이 있으며, 어떤 것은 아름다운 빛깔과 광택을 가지고 있기 때문에 구조재, 내화재 외에 지붕재, 설비재, 마감재 등 장식재로도 이용되고 있다.

Tip

가소성

임의의 모양으로 마음대로 성형할 수 있는 성질을 말하며, 점토 제품의 성형에 있어 가장 중요한 성질이다.

1. 점토의 종류과 성질

1.1 점토의 종류

점토를 구성하고 있는 점토광물은 잔류(殘留) 점토와 침적(沈積) 점토로 구분한다.

잔류 점토는 암석의 풍화, 분해된 것이 그 장소에 그대로 침적된 1차 점토이며, 침적 점토는 우수나 풍력으로 이동되어 다른 장소에 침적된 2차 점토로서 비교적 양질의 점토이지만 유기물이 포함되어 있다.

(1) 잔류 점토(1차 점토)

원래의 암석이 놓여 있던 자리에 자연 상태와 마찬가지로 쌓여 있는 경우로 비교적 순수한 점토로 되어 있으나, 완전히 분해되지 않은 석영, 운모 등의 거친 입자가 섞여있는 경우가 많아 대체로 가소성이 부족하다.

(2) 침식 점토(2차 점토)

바람이나 물에 의해 다른 곳으로 운반, 퇴적되기도 한다. 잔류 점토는 순순한 양질의 점토가 얻어지는 경우도 있으나, 대개는 유기물질 등의 불순물이 섞여 있는 경우가 많다. 거친 입자들이 상대적으로 적기 때문에 가소성이 크다.

1.2 점토의 일반적 성질

점토의 주성분은 실리카(SiO_2 : 50~70%), 알루미나(Al_2O_3 : 15~35%)이고 그밖에 Fe_2O_3, CaO, K_2O, Na_2O 등이 포함되어 있다.

알루미나가 많은 점토는 가소성이 좋고 Fe_2O_3와 기타 부성분이 많은 것은 건조 수축과 소성변형이 크므로 고급 제품의 원료로서는 부적당하다.

(1) 비중

점토의 비중은 불순 점토일수록 작고, 알루미나분이 많을수록 크다. 일반적으로 2.5~2.6의 범위이나 알루미나(Al_2O_3)가 많은 점토는 3.0에 이른다.

(2) 입도

입도는 보통 0.1 μm 정도의 미립자가 많지만, 모래알 정도의 조립을 포함하는 것도 있다.

(3) 가소성(可塑性)

양질의 점토는 습윤상태에서 현저한 가소성을 나타내며, 점토 입자가 미세할수록 가소성이 좋아진다. 가소성이 너무 큰 경우에는 모래 또는 샤모테(Schamotte : 구운 점토분말) 등의 제점제(除粘濟)를 첨가하여 조절한다.

(4) 강도

점토 강도의 시멘트는 건조 점토분과 시멘트 시험용 표준 모래를 1 : 3의 비율로 배합하여 제작하고, 110℃에서 완전히 건조시킨 후 시험한다. 미립 점토의 인장강도는 3～10 kg/cm^2, 모래가 포함된 것은 1～2 kg/cm^{2}이며, 압축강도는 인장강도의 약 5배이다.

(5) 건조와 수축

점토의 함수율은 모래가 포함되지 않는 것은 30～100%, 모래가 포함된 것은 10～40%의 범위이다. 점토가 건조하면 함유된 수분의 일부가 방출되어 수축하게 되며, 수축률은 길이 방향으로 5～15% 정도이다.

2. 점토 제품의 분류 및 제조법

2.1 점토 제품의 분류

(1) 토기

최저급 점토(전답토)를 사용하여 유약을 입히지 않고 비교적 낮은 온도에서 초벌로 구워낸 것으로, 붉은색 화분이나 붉은벽돌 등이 이에 속한다.

(2) 도기

보통 위생도기를 말한다. 점토를 완전소결(유리질화)시킨 온도가 아니라 1,100도 정도의 중화도에서 소성하여, 점토가 흡수성이 있다. 보통 10% 정도의 흡수성을 갖고 있으면 도기라 한다. 그러나 도기는 저온유약을 사용하여 표면에 유약을 입혀 유리질화시켜 물을 흡수 못하게 만든다. 도기를 깨뜨리

표 4.16 점토 제품의 분류

구 분	소성온도		흡수율(%)	시유여부	제품	특징
	예비소성	본소성				
토기	500~800	500~800	20 이상	시유 무유	벽돌 기와	유색 불투명, 흡수성 크다. 탁음
도기	1,000~1,300	1,200~1,300	10 이상	시유 무유	타일 테라코타 위생도기	백색, 유색 불투명, 흡수성 약간 크다. 탁음
석기	600~1,000	1,300~1,400	1~3 3~10	시유 무유	벽돌 타일 테라코타	유색 불투명, 흡수성 작다. 청음
자기	900~1,000	1,300~1,400	0~1 미만	시유	타일 위생도기 그릇	백색, 유색 투명, 흡수성 아주 작다. 금속성

면 쨍하고 깨지지 않고, 퍽하고 깨지는데 이것은 점토가 완전히 유리질화되지 않았다는 의미이다.

(3) 석기

저급 점토에 순도가 높은 고급 점토를 섞어서 성형한 후 유약을 입혀 고온에서 구운 것으로, 독 항아리 뚝배기와 같은 옹기가 여기에 속한다.

(4) 자기

양질의 도토 또는 장석분을 원료로 하여 고온에서 구운 것으로 흡수성이 없고 투광성이 생기며 두들기면 금속음이 난다.

2.2 점토의 제조법

점토 제품의 제조법은 원료의 성질, 제품의 종류에 따라 일정하지는 않으나 일반적으로 다음 순서로 제조된다.

- 원토 처리 → 원료 배합 → 반죽 → 성형 → 건조 → (소성) → 시유 → 소성 → 냉각 → 검사 및 선별

(1) 원료 배합

석질의 원료는 분쇄기로 적당한 크기로 분쇄한 후 여기에 점토류를 혼입하여 다시 미분쇄한다. 용융점을 낮추기 위해서는 산화철, 산화마그네슘 등을 넣어 주며 그 밖에 착색 재료 등을 혼합하는 방법으로 원료를 배합한다.

(2) 반죽 및 숙성

조합된 점토를 가수혼련(加水混練)하여 수분이나 경도(硬度)를 균질하게 하고, 필요한 점성을 부여한다. 반죽한 점토는 넓게 펼쳐서 수분을 입자 사이에 널리 퍼지게 하고, 기포를 분산시킨다.

(3) 성형

점토에 함유되는 수분의 다소에 의해 건식, 반건식, 습식 등의 구분이 있다. 제품에 맞는 형상과 치수로 된 나무틀 또는 철재틀에 넣어 찍어 만들며, 수동식과 기계식이 있다.

(4) 건조

습식 성형법으로 만든 제품은 약 18% 정도의 수분을 함유하고 있어, 이 상태에서 시유하여 소성시키면 급격한 수축으로 인해 균열이 발생한다. 또, 건식 성형법으로 만든 제품도 약 5~10%의 수분을 함유하고 있으므로, 이 상태에서 급격히 소성시키면 여러 결함이 생기므로 건조 과정을 거치게 된다. 건조기는 주로 터널식을 이용하는데, 최근에는 넓은 면적이 없는 수직 건조기도 많이 쓰이고 있다.

(5) 소성

고온으로 가열하면 그 성분의 일부 또는 대부분이 용해되어 비중, 용적, 색조 등의 변화가 생겼다가, 냉각되면 상호 밀착되어 강도가 현저히 증가되는 작용이다. 점토는 여러 종류의 광물이 집합되어 있어서 용융점이 일정하지 않으므로, 각 제품에 적합한 소성온도로 가열할 필요가 있다. 소성온도의 측정에는 세제르 콘(seger cone)을 사용한다. 세제르 콘은 특수한 점토원료를 조합하여 만든 삼각추로서 600~2,000℃ 사이를 59종으로 나누어 번호(SK-No)로 표시한 것이다. 소성요(燒成窯) 내에 제품과 함께 삼각추를 3개씩

넣고 가열 소성한 후 추 중에서 끝이 완전히 녹아 구부리져 밑판에 닿은 것의 SK 번호의 온도를 그 제품의 소성온도로 한다.

(6) 시유

점토 제품은 건조 전 또는 건조 후에 유약을 바르는데 이 공정을 시유(施釉)라 한다. 유약(釉藥)은 제품 표면에 유착되어 있는 얇은 유리질로서 제품의 미관을 향상시키고, 오염을 방지하며, 기계적 강도를 증진시킨다.

미리 원료 배합에 의해 그것 자체로 유약이 되도록 한 유장(釉漿)에는 균일한 색을 가지게 하는 것과 온도차에 의하여 미묘한 변화를 보이는 것이 있다. 최근에는 빌딩 외벽에 사용되는 제품에 광채를 발하도록 러스터유를 사용한다. 이것에는 여러 가지 방법이 있으나 염화주석과 석회석의 혼합물을 700℃ 정도로 녹여 제품 표면에 증착시켜 만든다.

3. 점토 제품

3.1 점토벽돌

점토벽돌은 불순물이 많은 저급점토에 제점제로서 모래를 가하거나 색조 조절은 위해 석회를 가하거나 하여 소성 제품화한다.

벽돌색이 적색 또는 적갈색을 띠는 것은 원료점토에 포함되어 있는 산화철에서 기인한다.

소성은 등요(登窯), 호프만요(Hoffmann kiln)가 사용되며, 치수는 표준형이 190×90×57 mm이며, 흡수율과 압축강도의 기준은 표 4.17과 같다.

표 4.17 보통 벽돌의 품질

품질 \ 종류	1종		2종		3종	
	24시간	3시간	24시간	3시간	24시간	3시간
흡수율(%)	10 이하	13 이하	13 이하	16 이하	15 이하	18 이하
압축강도(kg/cm^2)	210 이상		160 이상		110 이상	

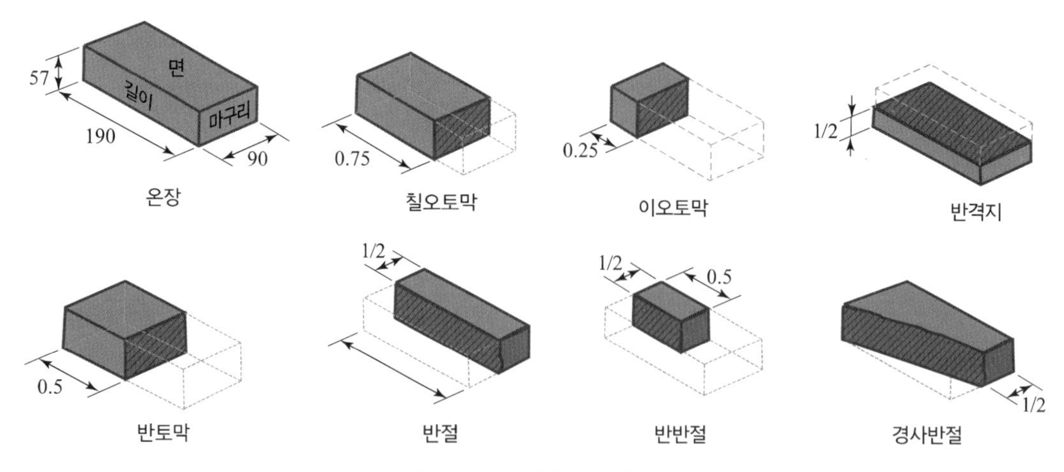

그림 4.127 벽돌 크기별 명칭

(1) 이형벽돌

이형벽돌은 형상, 치수가 규격에서 정한 바와 다른 벽돌로서 특수한 구조체에 사용될 목적으로 제조된다. 아치벽돌, 원형벽체를 쌓는데 쓰이는 원형벽돌 등이 있다.

(2) 경량벽돌

경량벽돌이란 저급점토, 목탄가루, 톱밥 등으로 혼합, 성형한 후 소성한 것으로, 점토벽돌보다 가벼운 벽돌을 말한다. 구멍벽돌과 다공벽돌이 있으며, 단열과 방음성이 우수하다.

① 구멍벽돌(Hollow Brick)

살 두께가 매우 얇고 벽돌 속이 비어 있는 구조로 구멍수에 따라 1공형, 2공형, 3공형, 4공형 등이 있으며, 중공벽돌 또는 속빈벽돌이라고도 한다.

② 다공벽돌(Porous Brick)

점토에 톱밥, 겨, 탄가루 등을 30~50% 정도 혼합, 소성한 것으로, 내부의 무수히 많은 미세 구멍으로 인해 비중은 1.2~1.5 정도로 가볍다. 절단, 못치기 등의 가공이 우수하며, 방음, 흡음성이 좋으나 강도가 약해 구조용으로는 사용이 불가능하다.

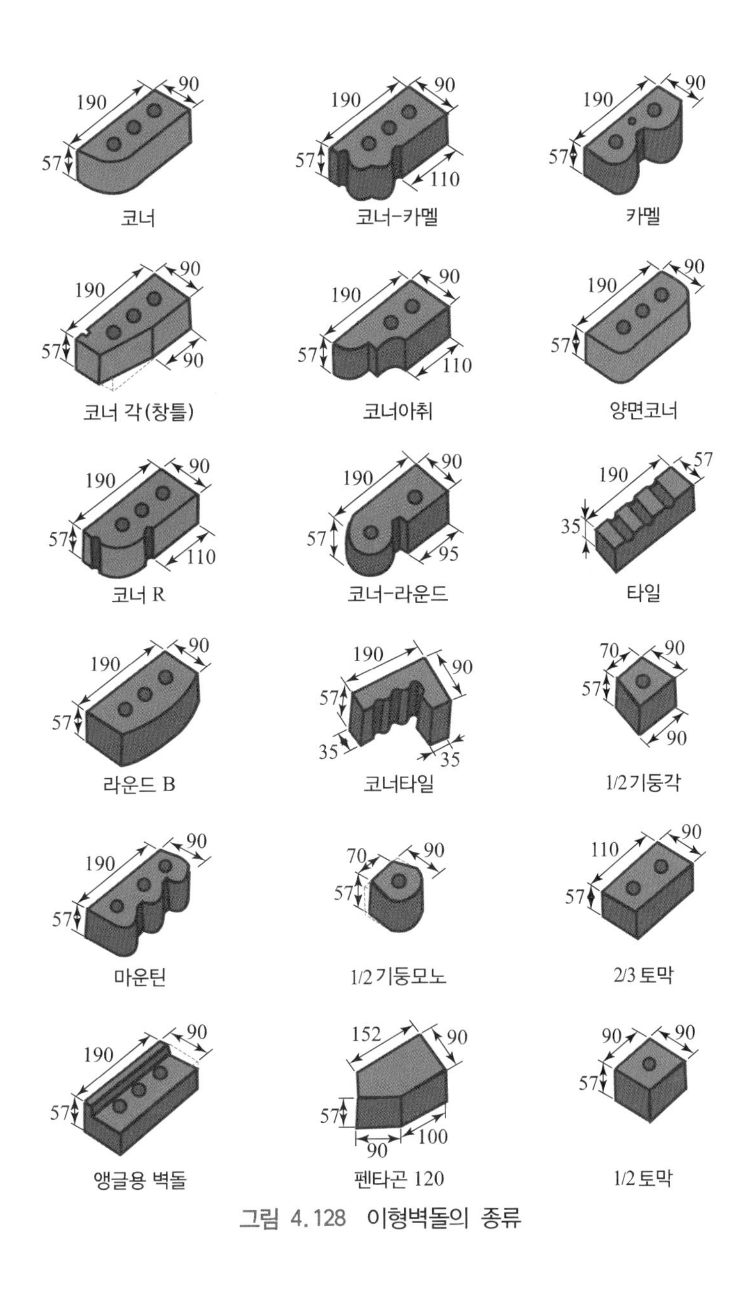

그림 4.128 이형벽돌의 종류

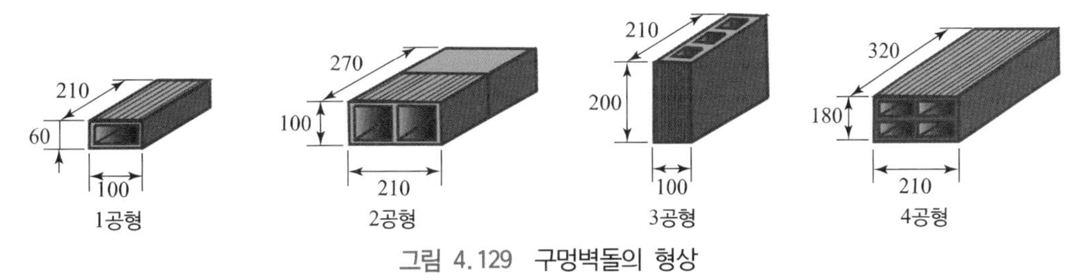

그림 4.129 구멍벽돌의 형상

그림 4.130 포도벽돌

그림 4.131 오지벽돌

(3) 포도벽돌

도로나 바닥에 까는 두꺼운 벽돌로서 식염유로 시유하여 소성한 벽돌이다. 경질이며 흡수성이 적고 도로, 복도, 창고, 공장 등의 바닥면에 깔아 쓴다.

(4) 오지벽돌

오지벽돌은 벽돌에 오짓물(유약)을 칠해 소성한 벽돌로서, 건물의 내외장 또는 장식물의 치장에 쓰인다.

(5) 내화벽돌

내화점토를 원료로 하여 소성한 벽돌로서 내화도는 1,500~2,000℃의 범위이다. 기본치수는 230×114×65 mm이며, 기타 가로형 230×114×(65~59) mm, 세로형 230×114×(65~55) mm, 쐐기형 230×114×(105~65) mm 등이 있다. 내화벽돌의 종류에 따라 내화 모르타르도 그와 동질한 것을 반드시 사용하여야 한다.

보통은 샤모트, 규석분말에 점성이 강한 내화점토를 혼입한 모르타르를 사용하는데, 이는 내화도가 벽돌과 동등하여 저온보다는 고온에서 경화가 잘 이루어지기 때문이다.

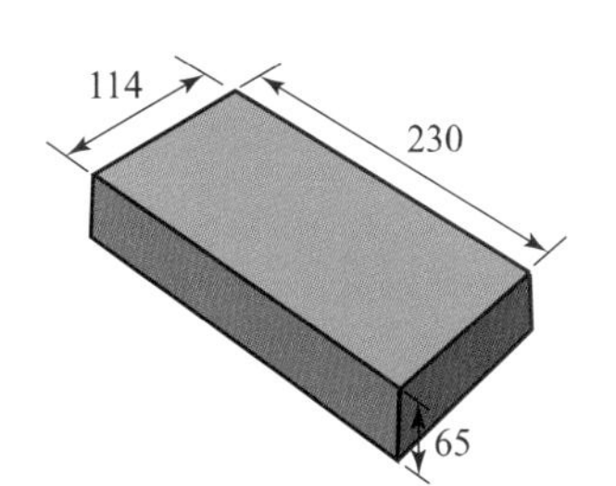

그림 4.132 내화벽돌(기본형)

그림 4.133 내화벽돌 시공사례

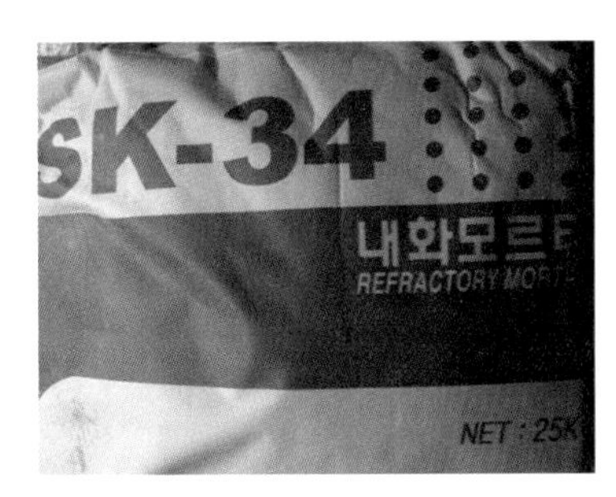

그림 4.134 내화 모르타르

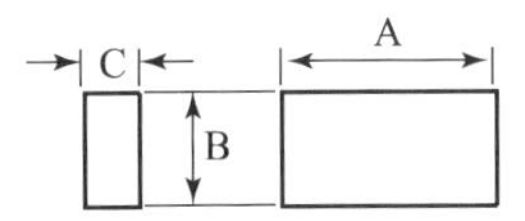

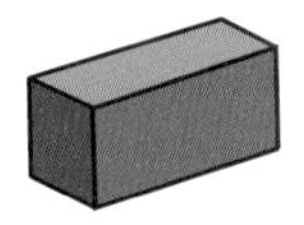

Mark	A	B	C
Dimension	230	114	65

(a) 기본형

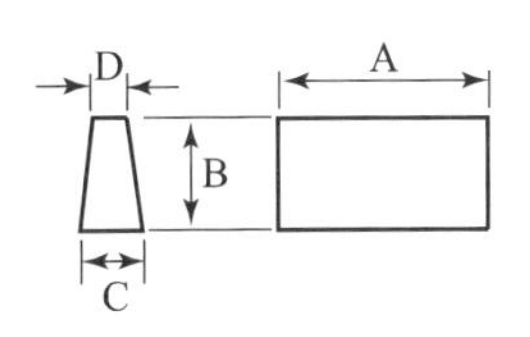

K.S Mark	A	B	C	D
Y1	230	114	65	59
Y2	230	114	65	50
Y3	230	114	65	32

(c) 가로형

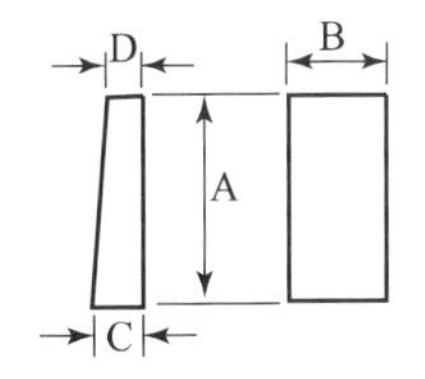

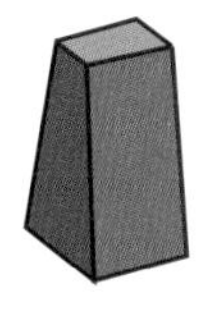

K.S Mark	A	B	C	D
T1	230	114	65	55
T2	230	114	65	45
T3	230	114	65	35

(c) 세로형

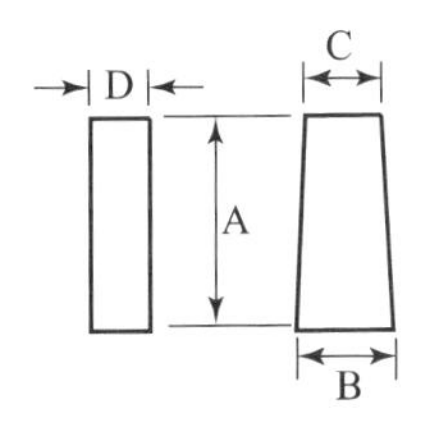

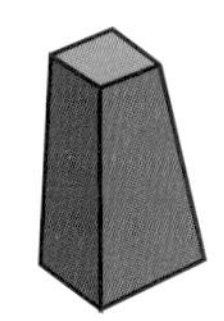

K.S Mark	A	B	C	D
B1	230	114	105	65
B2	230	114	85	65
B3	230	114	65	65

(d) 쐐기형

그림 4.135 오지벽돌

표 4.18 내화벽돌의 품질

종 류	비 중	S.K	압축강도(N/mm^2)		급열급냉저항
			20℃	1,300℃	
샤모트 벽돌	2.7	27～35	12～32	7～36	아주 강함
규석 벽돌	2.8	33～36	15～35	6～16	적열 이하는 약함

(계속)

종 류	비 중	S.K	압축강도(N/mm²)		급열급냉저항
			20℃	1,300℃	
탄소 벽돌	3.0	42	11~33	100	아주 강함
고토 벽돌	3.6	35~42	26~45	7~12	약함
크롬 벽돌	4.0	31~42	26~80	0.6~22	약함
보크사이트 벽돌	4.0	36~39	7~10	6~74	약함

3.2 점토기와

점토기와는 건축용 세라믹 재료 중에서도 오랜 역사를 지닌 것으로 독특한 아름다움과 내구성을 지닌 우수한 지붕재료의 하나이다. 한국에도 인도,

(a) 한식형(한식기와)

(b) S형(양식기와) 암기와와 숫기와가 붙어 있는 양식 기와

(c) U형(양식기와) S형 기와의 바닥부분과 골부분을 분리한 형태

(a) 평판형

그림 4.136 모양에 의한 구분

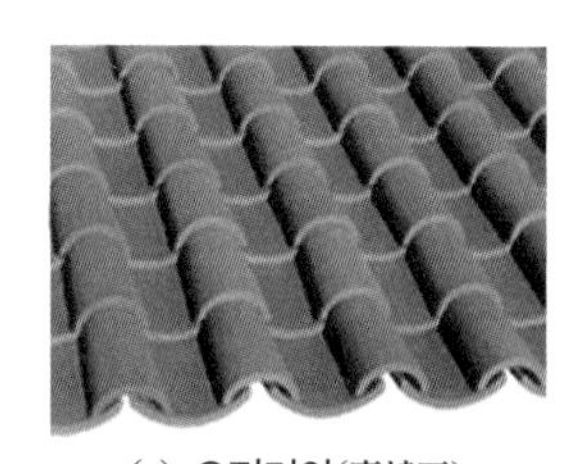

(a) 오지기와(素燒瓦) 저급점토에 약간의 모래를 넣어 900℃ 정도로 소성한 것으로 표면에 오지물(식용유)을 처리한 것

(b) 그을림기와(燻燒瓦) 성형 후 건조시킨 제품을 가마에 넣고 장작 또는 솔가지로 연기를 피워 그을린 것으로 방수성도 있고 강도도 좋다.

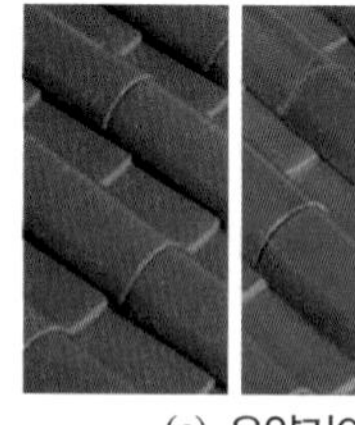

(c) 유약기와(施釉瓦) 오지기와에 유약을 칠하여 재소성한 제품으로 여러 가지 색으로 착색할 수 있으며, 방수성이 높고 광택이 크다.

(a) 무유기와 기와의 표면에 도장 및 안료 처리한 것이다.

그림 4.137 제조 방법에 의한 구분

표 4.19 점토기와의 품질

휨 파괴 하중(N)			흡수율(%)	
한식기와	S형 기와	평판형 기와	그을림 기와	오지기와, 유약기와, 무유기와
2,800 이상	2,000 이상	2,000 이상	9 이하	12 이하

(비고) 한식형 암키와와 S형, 평판형은 바닥 기와를 기준으로 한다.

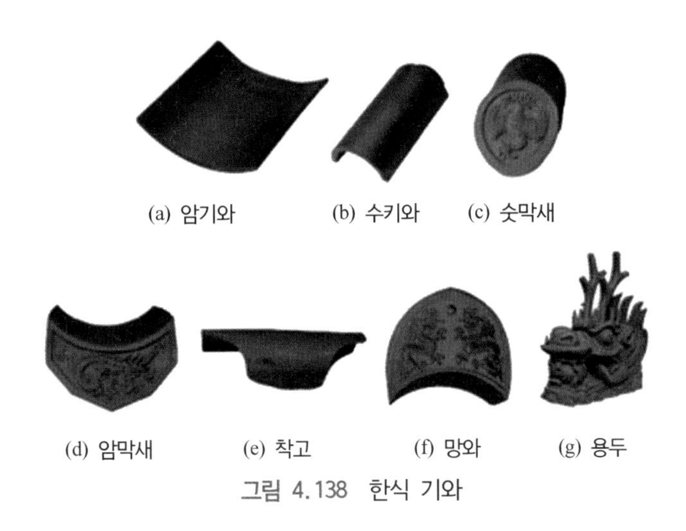

(a) 암기와 (b) 수키와 (c) 숫막새

(d) 암막새 (e) 착고 (f) 망와 (g) 용두

그림 4.138 한식 기와

중국을 거쳐 기와가 전파되었으며, 백제 때 한국은 일본에 기와 제조기술을 전파하였다. KS F 3510에 규정되어 있는 점토기와의 모양과 제조방법에 따라 그림 4.136과 4.137과 같이 구분한다.

휨 파괴 강도 및 흡수율은 KS F 3510 점토 기와에 규정되어 있다.

3.3 타일

그림 4.139 타일

타일은 점토와 고령토를 주원료로 하여 바닥, 벽 등의 표면을 피복하기 위하여 만든 평판상의 점토질 소성 제품이다.

타일은 내구성이 크고 흡수율이 작으며 경량, 내화, 형상과 색조의 아름다움 등이 우수한 특성이 있다. 조적조와 철근콘크리트조의 내외벽 및 바닥에 사용되고, 목조에서도 건식공법이 개발되어 외장에도 적용할 수 있다. 타일의 대형화, 표면의 감촉, 색조 등의 개발이 급진전되어 다양한 건축적 표현을 충족시킬 수 있으며, 특별주문으로 제작하는 경우도 있다. 타일은 그 용도나 크기 혹은 재료의 질(소지질), 유약의 유무 등 여러 기준에 따라 다양하게 분류하고 있다.

(1) 호칭명에 의한 분류

호칭명	내 용
내장타일	• 건물 내부에 사용하는 타일로 욕실이나 화장실에 붙어 있는 대부분의 타일이 이에 속한다. • 성분은 점토, 고령토, 납석, 토석, 석회석 등이다. • 타일두께는 3~10 mm이다. • 장점 : 유약처리로 타일 표면이 아름답고 청결하다. • 단점 : 흡수율이 높으므로 가수팽창이 일어날 가능성이 높고 동해에 약하다. 줄눈폭이 좁고 시공이 어렵다. • 타일의 치수는 200*200, 200*250, 200*300, 250*400 등이 많이 사용된다.
외장타일	• 건물 외부에 사용하는 타일로 점토, 고령토, 납석, 토석, 석회석의 혼합장석, 규석, 백운석, 활석 등을 사용한다. • 접착력을 높이기 위해 타일 뒷면에 요철을 만든다. • 유약이 없는 외장타일은 천연점토의 산화철 안료를 이용하고 다른 안료를 부분적으로 바른다. • 장점 : 내장타일만큼 아름다움이나 색조의 안정을 필요로 하지 않으므로 저가의 것을 이용한다. 내장 타일보다 강하고 흡수율이 낮다. • 단점 : 동해에 약하다.
바닥타일	• 내, 외부의 바닥에 사용하며 성분은 외장타일과 거의 동일하다. • 타일의 두께가 두껍고 미끄럼방지를 위해 유약을 사용하지 않는 무유타일이 많다. • 최고 25 mm×25 mm까지의 타일이 유닛화하여 출품되며 두께는 4~8 m/m이다. 정사각형, 정사각형과 직사각형의 혼합형, 직사각형, 원형 및 타원형이 있으며 모두 자기질이다. • 장점 : 바닥에 사용되며 시공이 용이하다. • 단점 : 강도가 낮다. • 타일의 치수는 200*200, 300*300, 400*400, 450*450, 500*500 등이 많이 사용된다.
모자이크 타일	자기질 타일 중 5.5 cm 이하의 것을 말한다.

그림 4.140 벽타일

그림 4.141 바닥타일

그림 4.142 모자이크 타일

(2) 소지질(素地質)에 의한 분류

원료를 일정 비율로 조합하는 방법과 소성온도의 조절에 따른 분류이다.

표 4.20 소지(원재료)질에 의한 타일호칭

도기질 타일	1,000~1,150도씨의 온도에서 구워낸 타일. 자기질 타일에 비하여 두껍고 강도가 약하며 가볍다. 흡수율이 높아 주로 내장타일로 쓰인다.
석기질 타일	도기질과 자기질의 중간. 표면에 여러 가지 모양을 넣어 미끄러지지 않게 만들며 보도용으로 많이 사용된다.
자기질 타일	1,250~1,300도씨의 고온에서 구워 낸 타일. 도기질 타일에 비하여 얇고 강도가 강하며 무겁다. 흡수율이 낮아 주로 바닥타일과 외장타일로 쓰인다.

표 4.21 타일의 품질

구 분	내 용		적용 타일
	소시 성질	흡수율(%)	
도기질	비용화성(非熔化性)	10.0 이상	내장타일
석기질	대부분 용화성	1.0~3.0	내장타일, 외장타일, 바닥타일, 클링커타일
	반용화성	3.0~10.0	
자기질	불침투성	0	내장타일, 외장타일, 바가타일, 모자이크타일
	용화성	1.0 미만	

(3) 유약의 유무에 의한 분류 타일

표 4.22 소지(원재료)질에 의한 타일호칭

시유(施釉) 타일	유광, 물감을 한 번 더 덧입힌 것으로 타일의 바탕과 속이 다른 색을 띠는 타일
무유(無釉) 타일	무광, 점토를 배합 시에 색을 첨가한 것으로 타일의 색이 바탕과 속이 같은 타일

(4) (1)과 (2)의 결합에 의한 분류

타일의 호칭명과 소지질을 결합시켜 표 4.23과 같이 구분하기도 한다.

표 4.23 호칭명과 소지질의 결합에 따른 타일의 분류

호칭명	내장타일	외장타일	바닥타일	모자이크타일
소지질	자기질, 석기질, 도기질	자기질, 석기질	자기질, 석기질	자기질

(5) 타일의 호칭 방법

타일은 소지질, 유약의 유무, 호칭명의 순으로 나타낸다.

예를 나타내면, ① 도기질 시유 내장 타일

② 자기질 시유 바닥 타일

③ 자기질 시유 모자이크 타일

Tip

유니트 타일(구성 타일)이란 타일의 표현 혹은 뒷면에 첨지를 붙이거나 다른 방법으로 여러 개의 타일을 1조로 가지런히 연결한 것을 말한다. 이전에는 유니트화된 것을 모두 모자이크 타일이라 불러 왔지만, 현재는 하나의 도편(陶片)이 5 cm 각(角) 이하인 것으로 모자이크 타일로 구분한다.

타일은 형상에 따라 정방형, 장방형, 6각형, 8각형이 있으며, 특수한 타일도 있다. 특수형 타일은 가늘고 길게 된 보오더 타일(boarder tile), 둥근 모 타일, 블록 타일(면이 볼록한 것), 모서리용 타일, 면접이 타일, 논슬립 타일 등이 있다.

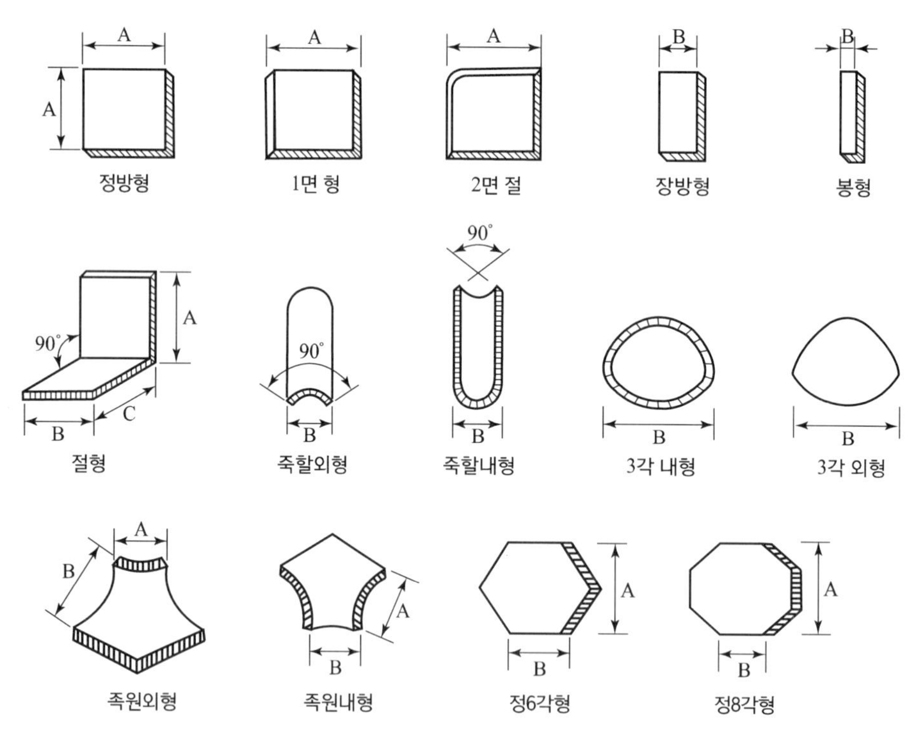

그림 4.143 타일의 형상에 대한 종류

(6) 기타 타일

① 폴리싱 타일

자기질의 무유타일을 연마하여 대리석 효과를 내어 만든 타일이다. 코팅의 유무에 따라서는 방오폴리싱(오염방지)과 일반 폴리싱으로 나뉜다.

② 석재 타일

돌 성분을 혼합하여 만든 자기질 타일이다. 성분으로 인해 표면이 거칠며 일반 자기질 타일보다 강하다. 주로 외부용으로 쓰인다.

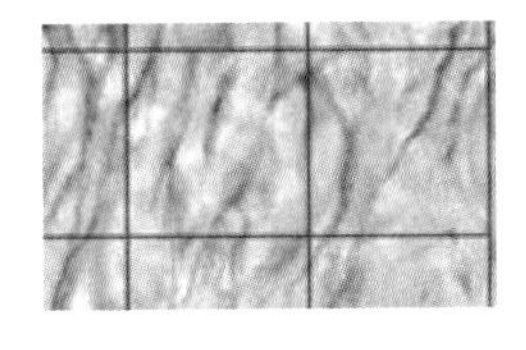

③ 대리석 타일

천연석을 절단하여 만든 타일이며, 고가격대, 낮은 강도 등의 문제 때문에 선호도가 낮다.

④ 복합 타일

대리석을 얇게 절단하여 세라믹 타일 위에 붙인 타일로 접합 타일이라고도 한다(복합판, 접합판). 시공 후 천연 대리석과 육안으로 구분이 안되며, 천연 대리석보다 강도가 높아 판매시장이 조금씩 늘어가는 추세이다.

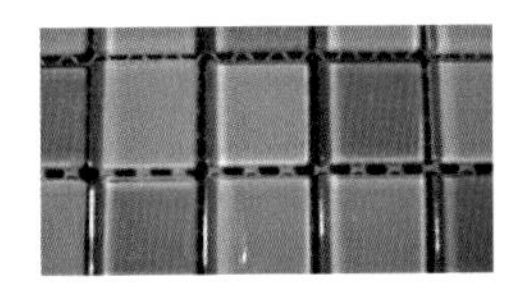

⑤ 유리 타일

유리로 만든 타일, 개인소비자들도 직접 시공이 가능한 제품으로 잘 알려져 있다.

⑥ 파벽돌

사전적인 의미로는 부서진 벽돌을 의미하지만, 타일의 한 종류로 벽돌을 시공한 효과를 내기 위해 잘려진 벽돌 또는 인조로 만들어진 벽돌타일이다.

3.4 테라코타(Terra Cotta)

테라코타란 굽은 흙을 의미하여, 고대 이집트 시대부터 이미 사용되어 온 공동의 대형 점토 제품을 말한다. 재질은 도기, 건축용 벽돌과 유사하나, 1차 소성한 후 시유하여 재소성하는 점이 다르다. 입체 장식적 요소가 많고 치수가 대형이므로 건물 설계에 맞추어 주문 생산만 한다. 구조용과 장식용이 있으나, 주로 장식용으로 사용되며 난간벽, 돌림대, 창대, 주두 등에 사용된다. 공동이므로 석재보다 경량이고, 거의 흡수성이 없으며, 색조가 자유로운 장점이 있다.

그림 4.144 테라코타

3.5 토관 및 도관

토관은 토기질의 저급 점토를 원료로 하여 건조 소성시킨 제품으로, 주로 환기통, 연통 등에 사용된다. 도관은 도기질을 사용하여 토관보다는 소성온도가 더 높고 식염유약을 칠한 것으로 흡수율이 낮다. 상수관, 배수관, 배선관의 용도로 사용된다.

그림 4.145 토관(연통)

3.6 위생도기

도자기질은 대소변기, 세면기, 욕조, 싱크대 및 이와 유사한 용도로 사용하는 도구 및 배수 도구 등을 포함한다. 위생도구는 위생, 내구성, 미적인 관점에서 흡수성이 적은 것이 요구되며, 금속, 돌, 인조석, 플라스틱 등의 재료로도 제작되지만 부식, 마모, 청소의 관점에서 도자기질이 가장 우수하고 널리 사용되고 있다. 위생도기는 철분이 적은 장석점토를 주원료로 사용하며, 제품의 성능은 다음과 같은 조건이 필요하다.

- 잉크침투도　잉크시험에 의해 잉크 침투도가 3 mm 이하일 것
- 내 급냉성　급냉시험에 의한 소지 및 유약의 어느 것에도 균열이 생기지 않을 것
- 내 관입성　관입시험에 의해 관입이 생기지 않을 것

그림 4.146　위생도기

IV 시멘트

시멘트(cement)란 일반적으로 접착제, 결합제 등을 의미하지만, 콘크리트 주재료로서의 시멘트는 일반적으로 물과 반응하여 굳어지는 성질을 가진 수경성(水硬性) 시멘트를 말한다. 그중에서도 오늘날 흔히 시멘트로 불리는 것은 포틀랜드 시멘트이다.

포틀랜드 시멘트는 주성분인 석회, 실리카, 알루미나 및 산화철을 함유한 원료를 적당한 비율로 충분히 혼합하여, 그 일부가 용융하여 소결된 클링커(clinker)에 적당량의 석고를 가하여 분말로 한 것이다.

인류는 수천 년 전부터 시멘트를 사용하여 왔다. 피라미드에 사용된 시멘트는 석회와 석고를 혼합한 것이고, 로마시대에는 석회와 화산재를 혼합한 것이다. 이들 시멘트들은 기경성(氣硬性) 시멘트로서 18세기경까지 사용되었다. 수경성(水硬性) 시멘트가 나온 것은 1756~1759년 영국의 에디스톤 등대를 건설할 때 기사(技士) J.스미턴이 점토질(粘土質)을 가지는 석회석을 구워서 얻은 시멘트가 수경성을 가진다는 것을 발견한데서 비롯되며, 시멘트 연구의 기초를 이루었다. 그 후 1796년 영국의 J.파커는 같은 방법으로 로만 시멘트를 만들었으며, 1818년에는 프랑스 J.비카가 석회석과 점토를 혼합 소성하여 천연 시멘트를 만들었다. 1824년에는 영국의 벽돌공 J.애스프딘(Aspdin, Joseph)이 오늘날의 것과 거의 같은 시멘트를 발명하여 특허를 얻었다. 그는 석회석과 점토를 혼합한 원료를 구워서 시멘트를 만들었는데, 겉모양·빛깔 등이 포틀랜드섬의 천연석과 비슷하다고 하여 포틀랜드 시멘트라 명명하였다. 그 후 포틀랜드 시멘트에 대한 많은 연구가 이루어져 우수한 성질이 인정되고 세계 여러 나라로 급속히 보급되어 오늘날 시멘트의 주종을 이루었다. 한편 다양한 특성의 시멘트와 특수용도에 쓰이는 시멘트도 개발되고 있다.

1. 시멘트의 제조법

포틀랜드 시멘트의 제조는 원료 공정, 소성 공정, 마무리 공정의 3공정으로 대별할 수 있다.

1.1 원료 공정

원료 공정은 석회석, 점토, 규석, 산화철 원료 등을 건조한 후 적당량의 비율로 배합, 원료밀로 미분쇄하고 혼합사일로 중에서 균일하게 혼합될 때까지의 공정이다.

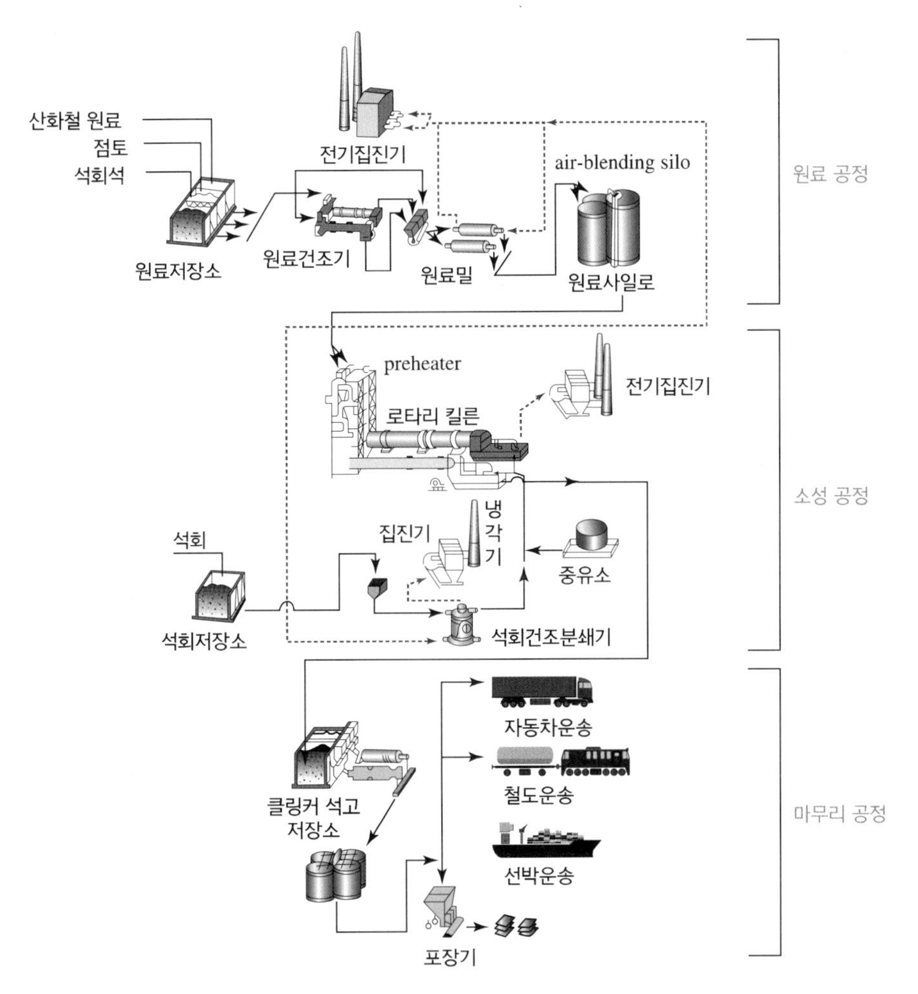

그림 4.147 시멘트의 제조공법

혼합 과정에서 물의 사용량 다소에 따라 건식, 습식, 반습식의 3가지 방법이 있다.

- 건식법 원료를 건조시킨 후 소성하여 제조하는 것으로서 열효율이 좋아서 가장 많이 사용한다.
- 반건식법 미분쇄된 원료에 10~12%의 물을 가해 소성하여 제조하는 방법이다.
- 습식법 물을 가한 슬러리(slurry) 상태의 원료를 소성하여 제조하는 방법으로서, 열손실이 많기 때문에 거의 사용되지 않는다.

1.2 소성 공정

소성 공정은 원료배합물을 프리히터를 통하여 로타리 킬른으로 공급하고, 충분히 소성한 후 냉각하여 시멘트 클링커로 할 때까지의 공정이다.

1.3 마무리 공정

마무리 공정은 클링커에 적당량의 석고를 가하여 제품밀로 미분쇄하여 제품으로 하는 공정이다.

냉각기에서 나온 시멘트 클링커는 분쇄 공정에서 석고를 3~5% 첨가하여 미분쇄되고, 입경 3~30 μm 미립자의 포틀랜드 시멘트로 된다. 만들어진 시멘트는 일단 사일로에 저장되고 검사한 후 출하된다. 공장에서 출하되는 시멘트의 대부분은 비포장 상태로 선박, 화차, 탱크로리 등으로 운반되고 일부는 지대포장으로 출하된다.

2. 시멘트의 성분 및 반응

2.1 화학성분

시멘트를 구성하는 3대 주성분은 석회석 원료에서 만들어진 산화칼슘(CaO)과 점토 원료에서 만들어진 실리카(SiO_2), 알루미나(Al_2O_3)이고, 그 밖에 소량의 산화철(Fe_2O_3), 산화마그네슘(MgO), 무수황산(SO_3) 등이 포함되어 있다.

표 4.24 포틀랜드 시멘트의 화학성분(%)

화학성분 / 시멘트의 종류	CaO	SiO_2	Al_2O_3	Fe_2O_3	MgO	SO_3
보통 포틀랜드 시멘트	63.0~64.7	21.4~22.6	4.6~5.7	2.5~3.3	0.8~2.7	1.7~2.4
성분량 순서	1	2	3	4	5	6

2.2 화합물 조성

포틀랜드 시멘트 클링커의 구성화합물은 규산 3석회(C_3S, $3CaO \cdot SiO_2$), 규산 2석회(C_2S, $2CaO \cdot SiO_2$), 알루민산 3석회(C_3A, $3CaO \cdot Al_2O_3$) 및 알루민산철 4석회(C4AF, $4CaO \cdot Al_2O_3 \cdot Fe_2O_3$)이다. $3CaO \cdot SiO_2$를 주로 하고 약간의 $Al_2O_3 \cdot MgO$ 등을 고용한 고용체를 알라이트(alite), $2CaO \cdot SiO_2$ 중 β형의 것을 주로 한 고용체를 벨라이트(belite)라 한다.

- 규산 3석회(C_3S_2) 수화열이 C_2S에 비해 비교적 크며 조기강도가 크다.
- 규산 2석회(C_2S) 수화열이 작아서 강도발현은 늦지만 장기강도 발현성과 화학저항성이 우수하다.
- 알루민산 3석회(C_3A) 수화속도가 매우 빠르고 발열량과 수축이 크다.
- 알루민산철 4석회(C_4AF) 수화열이 적고 수축도 적으며 강도증진에는 큰 효과가 없으나 화학저항성이 양호하다.

표 4.25 클링커 화합물 특성 비교

중요 화합물	특 성					화합물의 함유 비율(%)			
	조기 강도	장기 강도	수화열	화학 저항성	건조 수축	보통	중용열	조강	내황 산염
C_3S	대	중	중	중	중	48~55	41~49	59~69	55~65
C_2S	소	대	소	대	소	26~27	29~37	7~17	15~23
C_4AF	소	소	소	대	소	8~10	3~6	8~9	1~3
C_3A	대	소	대	소	대	7~11	12~14	7~9	12~15

Tip

- 클링커 : 시멘트의 원료를 소성로에서 소성하여 제조한 것으로서 여기에 석고를 첨가하여 미분쇄하면 시멘트가 제조된다.
- 포틀랜드 시멘트 중 클링커 화합물 성분량의 크기 : $C_3S > C_2S > C_3A > C_4AF$

Tip

클링커의 조성광물

- 알라이트(Alite) : C_3S가 주성분이며 강도와 발열량이 커서 보통 및 조강 포틀랜드 시멘트에 많이 포함되어 있다.
- 벨라이트(Belite) : C_2S가 주성분이며 수화속도가 느리고 장기강도 증진에 효과가 있으며 중용열 포틀랜드 시멘트에 많이 포함되어 있다.
- 알루미네이트(Aluminate) : C_3A가 주성분이며 수화속도가 빠르다.
- 훼라이트(Ferrite) : C_4AF가 주성분이다.

2.3 수화반응

수화반응은 시멘트 입자가 물과 만나면서 시멘트 입자 주위에 수화물이 생성되고 시멘트 입자는 이 수화물로 둘러싸이게 되고, 이 수화물이 서로 결합하면서 시멘트 입자 사이가 수화물로 채워져서 굳는 것이다.

수화반응에서 시멘트가 시간이 지나면서 유동성이 없어지고 굳는 것을 응결이라 하며, 이후에 강도 발현과정은 경화라고 한다.

2.4 수화열

수화반응이 일어나면서 열이 발생하게 되는데, 이를 수화열이라고 한다. 물시멘트비, 수화온도, 분말도와 같은 요인에 영향을 받으며, 응결, 경화의 촉진에 도움이 되는 경우도 있다. 수화열은 한중(寒中) 콘크리트에서는 내부온도를 상승시켜 좋지만 수화열이 축적되기 쉬운 매스콘크리트에서는 열응력에 의한 균열이 발생하는 경우도 많으므로 주의를 요한다.

포틀랜드 시멘트(portland cement)의 재령이 28일일 때 수화열은 보통 포틀랜드 시멘트 75~95(cal/g), 중용열 포틀랜드 시멘트 65~80(cal/g), 조강 포틀랜드 시멘트 80~100(cal/g) 댐과 같이 대규모의 매스 콘크리트(mass concrete) 공사에서는 발열량을 낮추기 위해 중용열 또는 중용열 포틀랜드 시멘트를 사용한다.

3. 시멘트의 성질

3.1 비중

시멘트의 비중은 3.0~3.2 정도(일반적으로 3.15)이며, 르 샤틀리에(Le Chatelier)의 비중병으로 측정된다. 비중은 소성온도나 성분에 의하여 다르며, 동일 시멘트인 경우에 풍화한 것일수록 작아진다. 이러한 것으로부터 시멘트의 품질판정에도 사용된다. 또한 시멘트의 단위용적중량은 일반적으로 1,500 kg/m^{3}이다.

3.2 분말도

시멘트의 분말도(fineness)는 단위중량에 대한 표면적, 즉 비표면적에 의하여 표시한다. 일반적으로 비표면적이 큰 시멘트일수록 수화반응이 촉진되어 응결 및 강도의 증진이 크다. 그러나 비표면적이 너무 크면 풍화하기 쉽고, 수화열에 의한 축열량이 커지므로 반드시 좋은 것은 아니다. 분말도는 블레인법 또는 표준체법에 의해 측정한다. 블레인법은 브레인(blaine) 공기 투과 장치를 사용해서 구한 비표면적으로 한다. 비표면적(比表面積)이란 1 g의 시멘트가 가지고 있는 전체 입자의 총 표면적(cm^2)을 말하며, cm^2/g로 나타낸다.

블레인 공기 투과 장치에 의한 시멘트의 분말도 시험 방법은 KS L 5106에 규정되어 있다. KS에서는 포틀랜드 시멘트의 분말도를 조강 포틀랜드 시멘트 3,300 cm^2/g 이상, 그 밖의 시멘트 2,800 cm^2/g 이상으로 각각 규정하고 있다.

또한 각종 시멘트 물성의 예를 표 4.26에 나타내었다.

표 4.26 각종 시멘트의 물리적 성질

종별 \ 항목		비중	비표면적 (cm^2/g)	응결(시-분)		압축강도(kg/cm^2)			
				초결	종결	1일	3일	7일	28일
포틀랜드 시멘트	보통(1종)	3.17	3,250	2~34	3~35	–	140	238	400
	조강(3종)	3.13	4,340	2~41	3~51	122	244	340	444
	초조강(3종)	3.12	5,720	1~54	3~08	210	341	404	466
	중용열(2종)	3.21	3,180	3~24	4~43	–	106	170	339
혼합 시멘트	고로 B종	3.05	3,790	3~19	4~38	–	110	177	370
	실리카 A종	3.10	4,080	2~08	3~10	–	141	234	366
	플라이 애쉬 B종	2.96	3,470	2~59	4~07	–	118	194	337

3.3 응결 및 경화

시멘트에 물을 가하여 혼합하면 시멘트는 수화반응을 일으켜 서서히 유동성을 상실하며, 곧이어 경화하며 강도가 발생된다. 이와 같은 일련의 수화과정 중에서 일반적으로 액체 상태로부터 고체 상태로 변해가는 물리적 현상을 응결이라 하며, 콘크리트의 시공시간에 중요한 영향을 미친다. 수화반응의 진행과 동시에 토버모라이트겔(수화물)이 많아지고 강도를 증가시키는 현상을 경화라 한다.

KS규격에 의하면 시멘트의 초결은 60분 이후, 종결은 10시간 이내로 규정되어 있는데, 실제로 초결은 4시간, 종결은 6.5시간 정도이다. 응결시간 측정은 비카트침에 의한 시험법과 길모어침에 의한 시험법이 있다. 또한 응결시간은 신선한 시멘트로서 분말도가 미세한 것일수록, 수량이 작고 온도가 높을수록 짧아진다. 또, 석고는 시멘트의 급속한 응결의 지연제로서 작용하는데, 최근에는 이러한 이점을 살려 초속경시멘트 등에도 응용되고 있다.

3.4 안정성

안정성이란 시멘트가 경화될 때 용적이 팽창하는 정도를 말하는데, 시멘트 클링커 중에 유리석회, 산화마그네슘(MgO), 무수황산(SO_3) 등이 많이 함유되어 있으면 시멘트가 팽창하여 균열이나 뒤틀림이 일어나는 원인이 될 수 있다. 시멘트의 안정성 측정은 오토클레이브 팽창도 시험방법으로 행한다.

3.5 강도

시멘트의 강도는 콘크리트의 강도와 매우 큰 관계가 있으므로 시멘트의 여러 가지 성질 중에서 가장 중요하다.

시멘트 강도는 KS L 5105에 규정된 시험방법에 의하여 시멘트모르타르 강도로부터 추정된다. 그 때문에 시멘트 강도는 물시멘트비, 골재혼합비, 골재의 성질과 입도, 시험체의 형상과 크기, 양생방법과 재령, 시험방법 등에 의해 변한다. 시멘트의 강도는 콘크리트의 강도에 영향을 주는 중요한 성질이므로 시멘트 결합재로서의 성능을 알기 위해 강도시험을 행한다.

시멘트의 강도를 알기 위해 행하는 실험은 시멘트와 주문진 표준사와의 질량비를 1 : 2.45로 하고 혼합수량은 모르타르 플로우 시험에 의한 플로우가 110±5가 될 만한 양(포틀랜드 시멘트의 경우는 사용 시멘트 무게의 48.5%)으로 만든 모르타르로 행한다.

사용되는 몰드는 5.08×5.08×5.08 cm 크기의 3개로서 시험체 1개당 1층에 32회씩 2층으로 다져서 성형을 한 후, 습기함이나 습기실에서 20~24시간 보관한 후 탈형하여 20±3℃의 수중에서 양생한다. 소정의 재령에 압축강도시

표 4.27 포틀랜드 시멘트의 압축강도(KS L 5201, MPa(N/mm^2))

시멘트의 종류	재령			
	1일	3일	7일	28일
보통 포틀랜드 시멘트	–	12.5 이상	22.5 이상	42.5 이상
중용열 포틀랜드 시멘트	–	7.5 이상	15.0 이상	32.5 이상
조강 포틀랜드 시멘트	10.0 이상	20.0 이상	32.5 이상	47.5 이상
저열 포틀랜드 시멘트	–	–	7.5 이상	22.5 이상
내황산염 포틀랜드 시멘트	–	10.0 이상	20.0 이상	40.0 이상

험을 실시하여 평균값으로 시멘트의 압축강도를 구한다.

또한, 재령이 커질수록 강도는 상승하지만 일반적으로 초기강도가 큰 경우는 장기강도가 늘어나지 않고, 초기강도가 작은 것일수록 장기강도가 크게 되는 경향이 있다.

4. 시멘트의 종류

시멘트는 주로 포틀랜드 시멘트(Portland cement)와 혼합 시멘트가 사용되며, 그중에서 보통 포틀랜드 시멘트가 가장 많이 사용된다. 한국산업표준(KS)에 품질이 규정되어 있는 시멘트의 종류는 다음 그림과 같다.

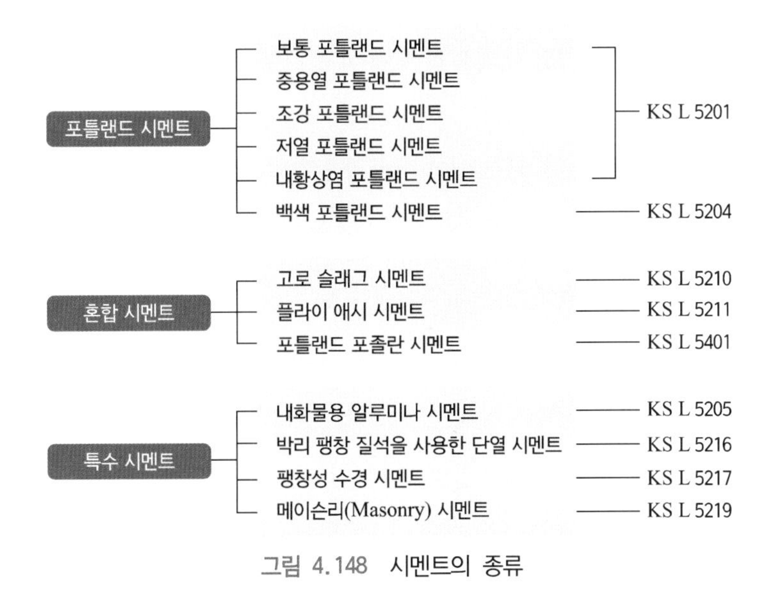

그림 4.148 시멘트의 종류

4.1 포틀랜드 시멘트

(1) 보통 포틀랜드 시멘트(Normal portland cement)

일반적으로 시멘트라고 하면 보통 포틀랜드 시멘트를 말한다. 원료를 얻기 쉽고 제조 공정도 간단하며 성질도 좋으므로 가장 많이 사용된다.

(2) 중용열 포틀랜드 시멘트(Moderate-heat portland cement)

수화열이 적게 되도록 만든 것으로, 건조 수축이 작고 장기 강도가 크다. 댐 콘크리트, 서중(暑中) 콘크리트, 포장 콘크리트 등에 사용된다.

(3) 조강 포틀랜드 시멘트(High-early-strength portland cement)

분말도를 높게 한 시멘트로 조기 강도가 크며 재령 7일에서 보통 포틀랜드 시멘트의 28일 강도를 낸다. 조기에 강도를 필요로 하는 공사나 긴급 공사 등에 사용하고, 수화열이 많아 한중콘크리트에도 사용된다.

(4) 저열 포틀랜드 시멘트(Low-heat portland cement)

중용열 포틀랜드 시멘트보다 수화열이 적게 나오도록 화학조성 중 규산 3석회와 알루미산 3석회의 양을 아주 적게 한 시멘트이다. 이 시멘트는 중용열 포틀랜드 시멘트보다 5~10%의 수화열이 적다. 댐 등의 두꺼운 콘크리트 공사나 지하구조물의 콘크리트 등에 사용한다.

(5) 내황산염 포틀랜드 시멘트(Sulphate-resisting portland cement)

시멘트 중 알루민산 3석회(C_3A)와 같은 경우에는 황산염에 대한 저항성이 약하므로, 이것의 함유량을 적게 하고 저항성이 큰 알루민산철 4석회(C_4AF)의 양을 크게 한 것이다.

해수나 광천수 등 황산염을 포함한 물이나 흙에 접하는 콘크리트에 이용되지만 대부분 수출되고 있다.

Tip

황산염

해수 중에 많으며 시멘트 수화물과 반응하여 팽창성 물질을 생성시켜 콘크리트의 균열 박리, 붕괴를 일으켜 열화시키는 화학물질

(6) 백색 포틀랜드 시멘트(White portland cement)

보통 포틀랜드 시멘트가 회색을 나타내는 것은 산화철을 함유하고 있기 때문이며, 원료인 점토 중의 산화철을 제거하거나 또는 이에 대용하는 원료(백색점토)를 사용하면 백색 포틀랜드 시멘트가 제조된다. 주로 장식용으로 쓰인다.

백색 포틀랜드 시멘트는 보통 포틀랜드 시멘트보다 비중이 좀 작아 3.05~3.10 정도이고, 백색 시멘트의 강도는 보통 포틀랜드 시멘트에 비해 작다.

4.2 혼합 시멘트

혼합 시멘트는 포틀랜드 시멘트의 성질을 개선하기 위하여 만든 것이다.

(1) 고로 슬래그 시멘트(Portland blast-furnace slag cement)

포틀랜드 시멘트 클링커(clinker)에 고로 슬래그(slag)를 넣어 만든 것으로, 포틀랜드 시멘트에 비하여 수화열이 적고 장기 강도가 크며, 수밀성 및 내화학성이 커서 주로 댐, 하천, 항만 등의 구조물에 사용된다.

(2) 플라이 애쉬 시멘트(Portland fly-ash cement)

포틀랜드 시멘트 클링커에 플라이 애시(fly ash)를 혼합하여 만든 것으로, 수화열이 적고 장기 강도가 크다. 또, 해수에 대한 저항성이 커서 댐 및 방파제 공사 등에 사용된다.

(3) 포틀랜드 포졸란 시멘트(Portland pozzolan cement)

포틀랜드 시멘트 클링커에 포졸란(pozzolan) 분말을 혼합하여 만든 것이다. 수화열이 적고 장기 강도가 크며, 황산염에 대한 저항성이 커서 주로 해수, 하수, 공장 폐수 등에 접하는 콘크리트에 알맞다.

4.3 특수 시멘트

제조방법 및 화학조성 등이 매우 다른 특수한 목적에 사용되는 시멘트를 특수 시멘트라 한다.

(1) 알루미나 시멘트(Alumina Cement)

보크사이트(Bauxite; 알루미늄원광을 말함)에 거의 같은 양의 석회석을 혼합하여 전기로 또는 반사로에서 용융·냉각하여 미분쇄하는 용융방법 또는 회전로에서 소성하는 제조방법인 소성방법에 의하여 만든 시멘트이다.

포틀랜드 시멘트의 주성분이 실리카(SiO_2)인데 반하여, 알루미나 시멘트는 주성분이 알루미나(Al_2O_3)이다.

알루미나 시멘트는 초조강성이고 산, 염류, 해수 등에 대한 화학적 침식에 대한 저항성이 크다. 또한 내화성이 우수하므로 내화물용으로 사용되고, 발열량이 크기 때문에 긴급공사, 해안공사, 한중공사의 시공에 적합하다.

(2) 팽창 시멘트(Expansion Cement)

콘크리트의 큰 결점 중의 하나인 수축성을 개선하기 위하여 수화시에 계획적으로 팽창성을 갖도록 한 시멘트이다.

팽창 시멘트를 사용한 콘크리트의 응결·블리딩(Bleeding)·워커빌리티(Workability)는 보통 콘크리트와 비슷하고 수축률은 보통 콘크리트에 비해 20~30% 정도 낮다.

(3) 초속경 시멘트

초속경 시멘트는 주수 후 2~3시간만에 압축강도 100 kg/cm^{2}에 이르므로 'One Hour Cement'라고 부른다. 응결시간이 짧아서 경화시 발열이 크고 2~3시간 만에 강도를 발현한다. 재령 1일 이후의 강도는 초조강 포틀랜드 시멘트와 거의 동일하다. 긴급공사, 동기공사, 시멘트 2차 제품 및 그라우트용으로 사용한다.

(4) 마그네시아 시멘트(Magnesia Cement)

소성한 산화마그네시아(MgO)에 염화마그네시아($MgCl_2$)의 수용액을 가하여 만든 백·담황색의 고급 시멘트이다. 단시간에 응결하고 경화 후에는 견고하며, 반투명의 광택을 가진다. 착색이 용이하고 경화가 빠르므로 외장용의 미장재료로 사용된다.

5. 시멘트의 저장

시멘트의 풍화란 시멘트가 습기를 흡수하여 경미한 수화반응을 일으켜 생성된 수산화칼슘과 공기 중의 탄산가스가 작용하여 탄산칼슘을 생성하는 작용을 말한다. 풍화된 시멘트 입자의 표면은 반응에 의해 생긴 수화물의 피막으로 덮여 있다. 이 때문에 시멘트페이스트의 수화반응이 저해되고 경화체의 강도가 저하한다.

그러므로 시멘트는 수화 작용과 풍화 작용이 일어나지 않도록 다음 사항에 주의하여 저장하여야 한다.

- 시멘트는 방습적인 구조로 된 사일(silo) 또는 창고에 저장한다.
- 포대 시멘트는 지상 30 cm 이상 되는 마루 위(통풍이 잘되지 않는 곳)에 보관한다.
- 포대의 올려 쌓기는 13포대 이하로 하고 장기간 저장할 때는 7포대 이상 올려 쌓지 말아야 한다.
- 조금이라도 굳은 시멘트는 사용하지 않는 것을 원칙으로 하고 검사나 반출이 편리하도록 배치하여 저장한다.

V 콘크리트

콘크리트(Concrete)는 시멘트 · 골재(잔골재, 굵은골재) · 물 및 필요에 따라 혼화재료를 혼합한 것 또는 그 경화물이다. 콘크리트에 골재를 사용하지 않는 것, 즉 시멘트와 물을 혼합한 것을 시멘트풀(Cement Paste)이라 하고, 콘크리트에 굵은 골재를 사용하지 않은 것, 즉 시멘트풀에 잔골재를 혼합한 것을 모르타르(Mortar)라고 한다. 모르타르는 넓은 의미에서 말하면 콘크리트의 일종이다.

콘크리트는 굳지 않은 상태에서는 작업에 적합한 워커빌러티를 가져야 하고, 굳은 상태에서는 설계시 의도한 강도, 내구성, 수밀성 및 강재 보호성능을 가지고 균질하여야 한다.

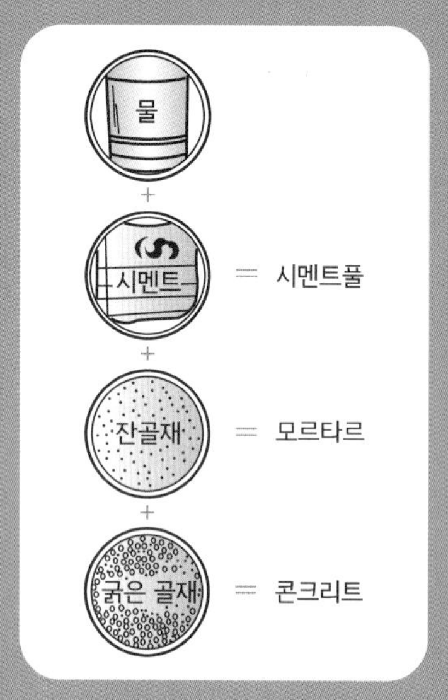

그림 4.149 **콘크리트의 구성**

이와 같은 사항을 만족시키기 위해서는 재료, 배합을 적절히 선정해야 하고, 혼합, 운반, 타설, 다짐, 양생 등의 시공 전반에 걸쳐 철저한 관리가 필요하다. 콘크리트는 방사능을 통과시키지 않고 막는 특징을 지니고 있기 때문에 원자력발전소에서 원자로를 만들거나 원자력 관련 사고가 발생되었을 때 투하하여 방사능 유출을 막는 용도로도 사용된다.

균질의 양호한 콘크리트란 필요한 강도, 내구성 및 경제성의 3가지 조건을 동시에 만족시키는 콘크리트를 말한다.

건축재료로서 콘크리트의 특징을 들면 표 4.28과 같다.

표 4.28 콘크리트의 장단점

장 점	단 점
• 크기나 모양에 제한을 받지 않고 부재나 구조물을 만들기가 용이하다. • 압축강도가 다른 재료에 비해 비교적 크고, 필요로 하는 임의의 강도를 자유롭게 얻을 수 있다. • 내화성, 차음성, 내구성, 내진성 등이 양호하다. • 성분상 강알칼리성이 있어 철강재의 방청상 유효하다. • 시공 시에 특별한 숙련을 요구하지 않는다. • 비교적 값이 싸고 유지비가 거의 들지 않는 등 다른 재료에 비해 경제적이다. • 역학적인 결점은 다른 재료를 사용하여 보충 또는 개선가능이 가능하다.	• 자중이 비교적 크다. • 압축강도에 비해 인장강도와 휨강도가 작다. • 건조수축성이 있어 균열이 생기기 쉽다. • 재생이 어렵고 개수나 철거 시 파괴가 곤란하다. • 경화하는데 시간이 걸리기 때문에 시공일수가 길다. • 제조공정에 있어서 여러 가지 불안전한 조건과 요인이 있어 품질 관리면에서 불확실성이 많고 신뢰도가 결여되어 있다.

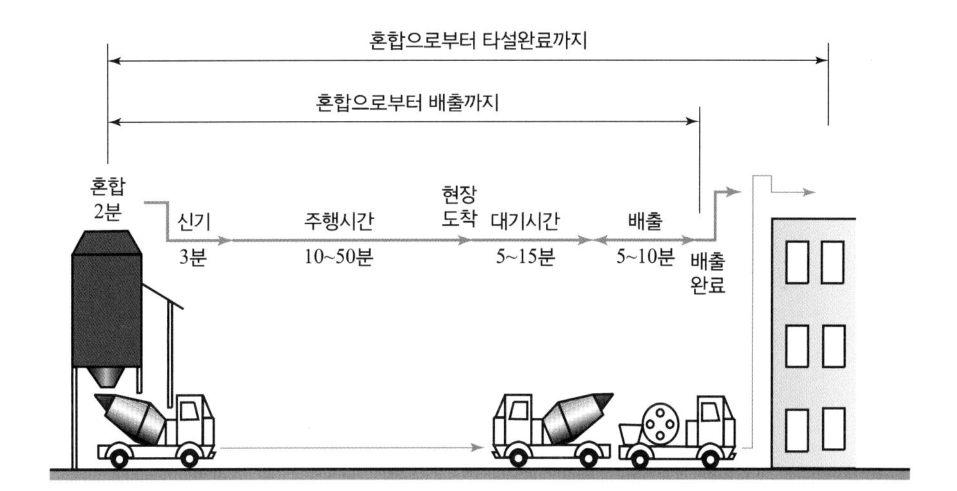

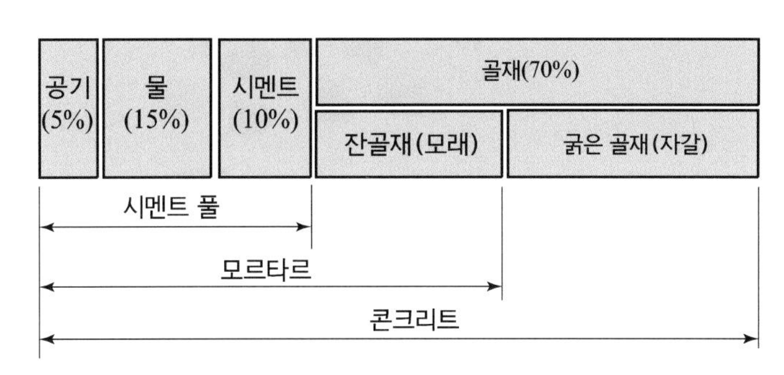

그림 4.150 콘크리트 구성

1. 골재

골재란 모르타르 또는 콘크리트를 만들기 위하여 시멘트 및 물과 혼합하는 강모래, 부순 모래, 자갈, 부순 자갈, 부순 돌, 바닷모래, 고로 슬래그 잔골재, 고로 슬래그 굵은 골재, 그 밖의 이와 비슷한 재료를 말한다. 골재는 부피를 늘려주는 증량재, 기상 변화 등에 안정한 성질을 주는 안정재, 마멸 등 침식 작용에 저항성을 주는 내구재의 역할을 한다.

1.1 골재의 분류

골재는 일반적으로 골재의 크기에 따라 잔골재와 굵은 골재로 나뉘며, 콘크리트 표준 시방서에서는 각각 다음과 같이 정의하고 있다.

(1) 잔골재

- 10 mm 체(호칭치수)를 전부 통과하고 5 mm 체(호칭치수)를 중량비로 85% 이상 통과하며 0.08 mm 체에 거의 다 남는 골재
- 5 mm 체를 중량비로 85% 이상 통과하고 0.08 mm 체에 다 남는 골재를 말한다.

(2) 굵은 골재

- 5 mm 체에 중량비로 85% 이상 남는 골재
- 5 mm 체에 다 남는 골재를 말한다.

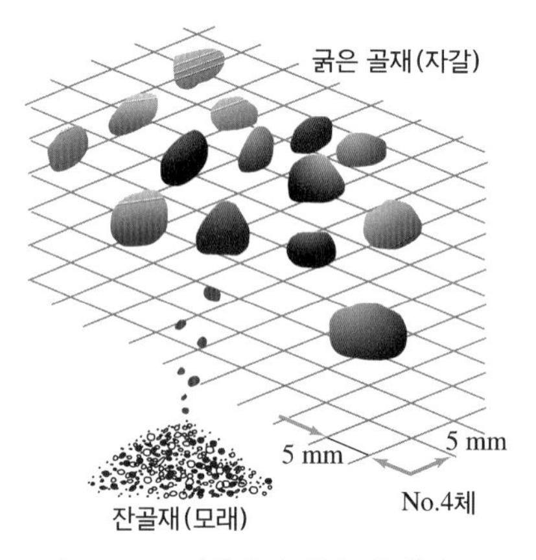

그림 4.151 잔골재와 굵은 골재의 구분

Tip

형성 원인에 의한 분류

- 천연골재 : 강(강모래, 강자갈), 바다(바닷모래, 바닷자갈), 육지(육지모래, 육지자갈), 산(산모래, 산자갈)에서 천연적으로 생성되는 골재
- 인공골재 : 쇄석(부순모래, 부순자갈), 팽창골재(팽창점토, 펄라이트, 버미큘레이트) 등 인공적으로 가공 및 제조한 골재
- 산업부산물 및 폐기물 이용 골재 : 고로슬래그 골재, 동 슬래그 골재 및 재생골재 등으로 부산물 및 폐기물을 가공하여 제조한 골재

비중에 의한 분류

- 경량골재 : 비중이 2.5 이하인 골재
- 보통골재 : 비중이 2.5~2.65 정도인 일반 골재
- 중량골재 : 비중이 2.7 이상인 골재

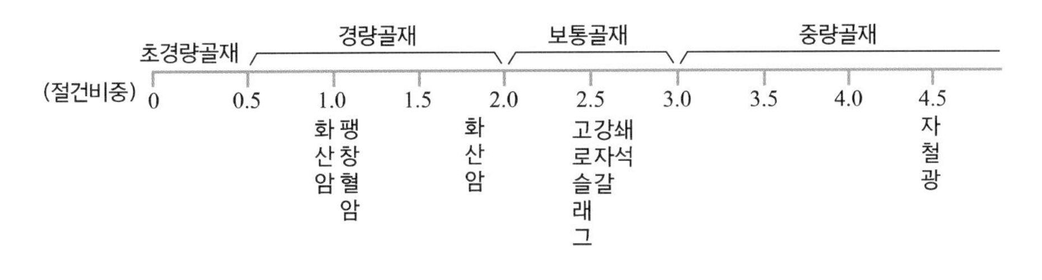

1.2 골재의 성질

콘크리트 중 골재가 차지하는 용적은 70~80%를 차지하고 그 종류와 품질에 따라 콘크리트의 역학적 성질이나 내구성에 관계되는 등 콘크리트 성질에 지대한 영향을 미치므로, 골재는 콘크리트가 필요로 하는 비중과 강도, 내구성 및 내화성을 가져야 한다. 또한 골재는 구상에 가까운 형상으로 좋은 입형과 입도가 필요하며, 편평한 형태의 나쁜 골재이거나 유해물질을 함유해서는 안 된다.

최근의 골재는 이미 천연골재의 고갈로 인하여 바닷모래와 바다자갈, 쇄석과 쇄사가 주로 사용되고 있고, 인공경량 골재와 부산자원인 고로 슬래그 등이 사용되기도 한다.

골재의 일반적 성질은 다음과 같다.

(1) 밀도

골재의 밀도는 일반적으로 표면 건조 포화 상태의 밀도를 말한다. 밀도가

큰 골재는 빈틈이 적고 흡수량이 적어서 내구성이 크고 강도도 크다.

잔골재의 밀도는 보통 0.0025～0.00265 g/mm^3 정도이고, 굵은 골재의 밀도는 0.00255～0.0027 g/cm 정도이다. 절대 건조 밀도를 0.0025 g/mm^3 이상으로 KS에서 규정하고 있다.

(2) 함수량

골재는 저장 상태에 따라 함수량이 달라진다. 콘크리트의 배합 설계는 골재의 표면 건조 포화 상태를 기준으로 하고 있으므로 콘크리트의 시방 배합을 현장 배합으로 고칠 때에는 골재의 함수량에 따라 콘크리트의 혼합 수량을 보정하여야 한다. 골재의 함수 상태는 그림 4.153과 같이 네 가지 종류가 있다.

- 절대 건조 상태　절건 상태라고도 하며 골재알 속의 빈틈에 있는 물이 전부 제거된 상태이다. 로건조 상태라고도 하며 건조로(oven)에서 100～110℃의 온도로 일정한 중량이 될 때까지 완전히 건조시킨 상태이다.

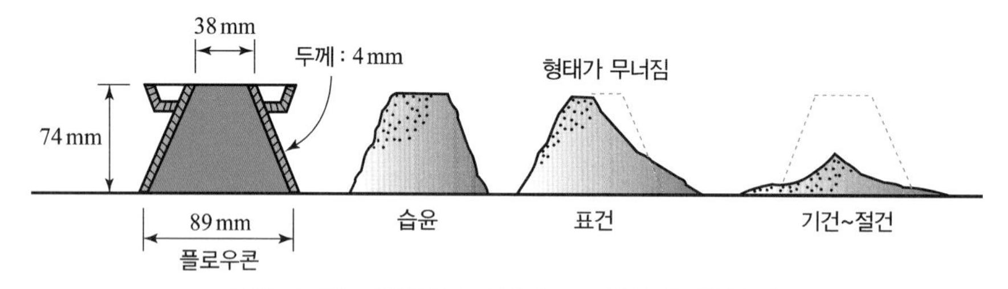

그림 4.152　잔골재의 표면건조 포화상태 제작방법

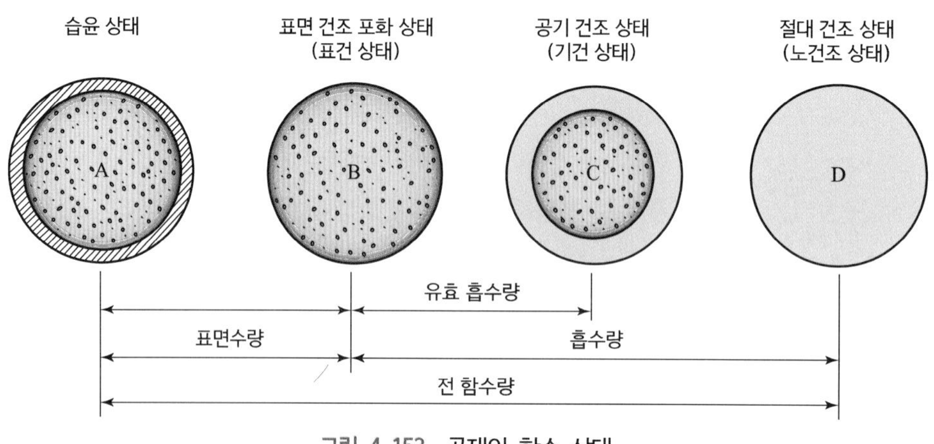

그림 4.153　골재의 함수 상태

- 공기 중 건조 상태　기건 상태라고도 하며 공기 중에서 자연 건조시킨 것으로 골재알 속의 빈틈 일부가 물로 차 있는 상태이다.
- 표면 건조 포화 상태　표건 상태라고도 하며 골재알의 표면수는 없고 골재알 속의 빈틈이 물로 차 있는 이상적인 상태이다.
- 습윤 상태　골재알 속의 빈틈이 물로 차 있고 골재알의 표면에 표면수가 있는 상태이다.

(3) 입도

골재의 굵고 잔 알이 섞여 있는 정도를 입도(粒度)라고 한다. 입도가 알맞은 골재는 빈틈이 적어서 단위 용적 질량이 커지고, 콘크리트를 만들 때 시멘트 풀의 양을 줄일 수 있다. 골재의 입도를 표시하는 방법에는 입도 곡선과 조립률(粗粒率)이 있다.

- 입도 곡선　골재의 입도는 체가름 시험을 하여 각 체에 남는 골재의 질량비(%)를 구하여 이것을 그림과 같은 체가름 곡선으로 나타낸다. 골재의 입도곡선으로 점선의 부분을 표준 입도 곡선이라 하고 잔골재나 굵은 골재가 표준 입도 곡선 내에 들어가야 하며, 이것은 골재의 크고 작은 알맹이가 이상적으로 섞이는 것을 의미한다.

굵은 골재 및 잔골재의 체가름 시험에는 KS A 5101-1에 규정되어 있는 표준체를 사용하여야 하며, 체눈의 크기는 다음과 같다.

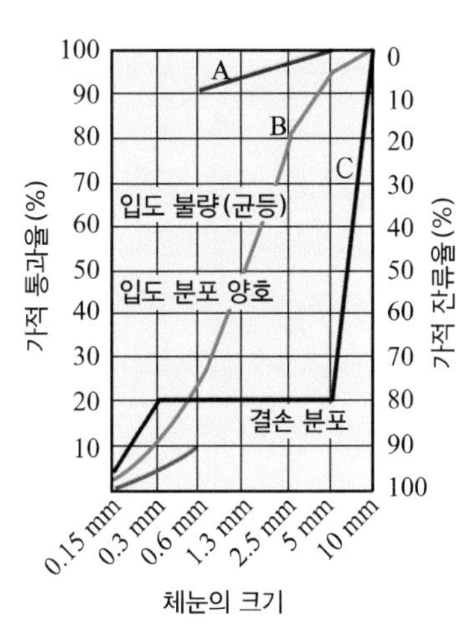

그림 4.154 체가름 곡선

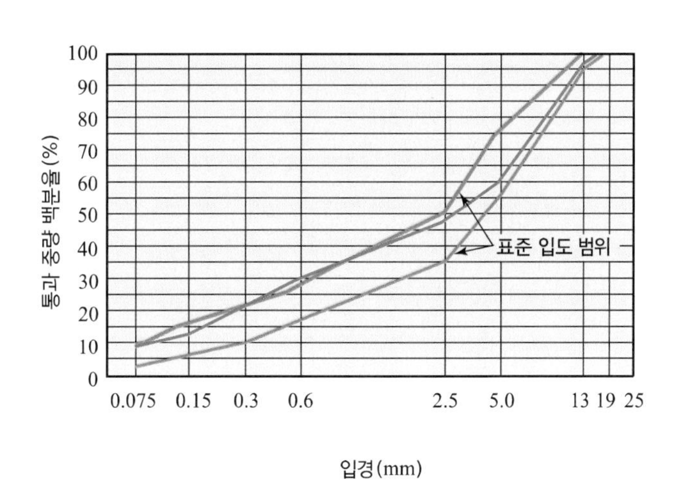

그림 4.155 골재의 입도곡선

표 4.29 잔골재 체가름 시험 방법(KS A 5101-1)

호칭 치수(mm)	0.08	0.15	0.3	0.6	1.2	1.7	2.5	5
체눈의 크기(mm)	74 μm	150 μm	300 μm	600 μm	1.18	1.70	2.36	4.75

표 4.30 굵은 골재 체가름 시험 방법(KS A 5101-1)

호칭 치수(mm)	10	13	15	20	25	30	40	50	65	75	90	100
체눈의 크기(mm)	9.5	13.2	16.0	19.0	26.5	31.5	37.5	53.0	63.0	75.0	90.0	106

표 4.31 잔골재의 표준 입도

체의 호칭 치수(mm)	체를 통과한 것의 질량 백분율(%)	
	천열 잔골재	부순 모래
10	100	100
5	95~100	90~100
2.5	80~100	80~100
1.2	50~85	50~90
0.6	25~60	25~65
0.3	10~30	10~35
0.15	2~10	2~15

표 4.32 굵은 골재의 표준 입도

골재 번호	체의 호칭 계수(mm) / 체의 크기(mm)	체를 통과하는 것의 질량 백분율(%)												
		100	90	75	65	50	40	25	20	13	10	5	2.5	1.
1	90~40	100	90~100		25~60		0~15		0~5					
2	65~40			100	90~100	35~70	0~15		0~5					
3	50~25				100	9~100	35~70	0~15		0~5				
357	50~5				100	95~100		35~70		10~30		0~5		
4	40~20					100	90~100	20~55	0~15		0~5			
467	40~5					100	95~100		35~70		10~30	0~5		
57	25~5						100	95~100		25~60		0~10	0~5	
67	20~5							100	90~100		20~55	0~10	0~5	
7	13~5								100	90~100	40~70	0~15	0~5	
8	10~2.5									100	85~100	10~30	0~10	0~

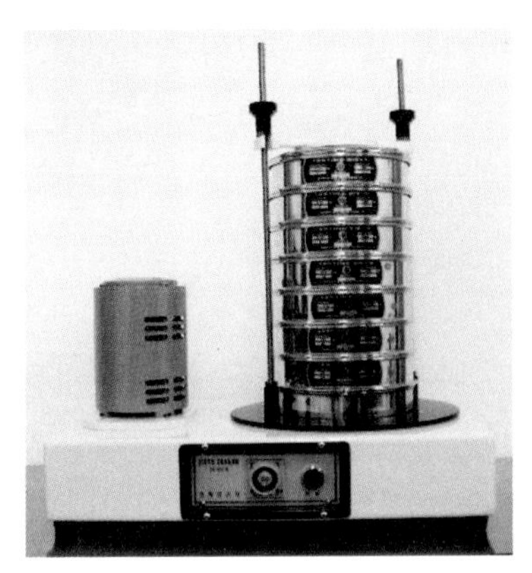

그림 4.156 잔골재 체가름 시험기

그림 4.157 굵은 골재 체가름 시험기

- 조립률 골재의 입도를 수치적으로 나타내는 방법의 하나로 조립률(fineness modulus, FM)이 있다. 골재의 조립률은 75 mm, 40 mm, 20 mm, 10 mm, 5 mm, 2.5 mm, 1.2 mm, 0.6 mm, 0.3 mm, 0.15 mm의 10개의 체를 1조로 하여 체가름 시험을 하였을 때, 각 체에 남는 양 누계의 합을 100으로 나눈 값으로 정의한다. 골재의 조립률은 알의 지름이 클수록 크며, 일반적으로 잔골재에서는 2.3~3.1, 굵은 골재에서는 6~8 정도가 좋다.

(4) 굵은 골재의 최대 치수

굵은 골재의 최대 치수란 질량으로 90% 이상을 통과시키는 체 중에서 최소 치수의 체눈을 체의 호칭 치수로 나타낸 굵은 골재의 치수를 말한다. 골재의 최대 치수가 크면 시멘트 풀의 양이 적어져 경제적이나 재료 분리가 일어나기 쉽고 시공하기 어렵다.

(5) 단위 용적 질량

골재의 단위 용적 질량이란 기건 상태의 골재 1 m^3의 질량을 말한다. 골재의 단위 용적 질량은 골재의 빈틈률 계산, 콘크리트 배합에서 골재를 부피로 나타낼 때 사용된다. 골재의 단위 용적 질량은 잔골재는 1,350~1,850 kg/m^3, 굵은 골재는 1,450~1,700 kg/m^3 정도이다. 골재의 단위 용적 질량은 시험 용기 속의 시료 질량을 용기의 부피로 나누어 구한다.

(6) 공극률

골재의 단위 용적 중 골재 사이의 빈틈 비율을 공극률이라고 한다. 골재의 공극률이 작으면 시멘트 풀의 양이 적게 들고, 콘크리트의 강도, 수밀성, 내구성이 커진다. 일반적으로 공극률은 잔골재는 30~40%, 굵은 골재 35~40% 정도이고, 잔골재와 굵은 골재가 섞인 경우에는 25% 이하가 된다.

(7) 내구성

심한 기상 작용을 받는 콘크리트에는 내구성이 큰 골재를 사용하여야 한다. 골재의 내구성을 알기 위해서는 안정성 시험을 한다. 안정성 시험은 황산나트륨 용액에 대한 골재의 저항성을 측정하는 것으로, 시험했을 때 골재의 손실 질량비는 잔골재는 10% 이하, 굵은 골재는 12% 이하로 하고 있다.

(8) 마모 저항

도로 포장 콘크리트, 댐 콘크리트에 사용하는 골재는 닳음에 대한 저항성이 커야 한다. 골재의 마모 시험은 로스앤젤레스 마모 시험기로 하며, KS F 2508에 규정되어 있다.

(9) 유해물

골재 속에 실트(silt), 점토(clay), 연한 석편과 부식토와 같은 유기물 등이 들어 있으면 콘크리트의 강도와 내구성이 나빠지며, 염화물이 들어 있으면 철근을 녹슬게 하여 철근 콘크리트에 나쁜 영향을 준다.

잔골재 및 굵은 골재의 유해물 함유량의 한도는 표 4.33과 같다.

표 4.33 잔골재의 유해물 함유량의 한도(질량백분율, 콘크리트 표준 시방서)

종 류	최대치(%)
점토 덩어리	1.0
0.08 mm체 통과량 • 콘크리트의 표면이 마모작용을 받는 경우 • 기타의 경우	 3.0 5.0
석탄, 갈탄 등으로 밀도 0.002 g/mm^{3}의 액체에 뜨는 것 • 콘크리트의 외관이 중요한 경우 • 기타의 경우	 0.5 1.0
염화물(NaCl 환산량)	0.04

표 4.34 굵은 골재의 유해물 함유량의 한도(질량백분율, 콘크리트 표준 시방서)

종 류	최대치(%)
점토덩어리	0.25
연한 석편	5.0
0.05 mm체 통과량	1.0
석탄, 갈탄 등으로 밀도 0.002 g/mm^{3}의 액체에 뜨는 것 • 콘크리트의 외관이 중요한 경우 • 기타의 경우	 0.5 1.0

2. 혼화 재료

혼화 재료란 시멘트, 골재, 물 이외의 재료로서 콘크리트 등에 특별한 성질을 주기 위해 타설하기 전에 필요에 따라 더 넣는 재료를 말한다. 혼화 재료에는 혼화재와 혼화제로 분리할 수 있다.

혼화제는 혼화 재료 중 사용량이 비교적 적어서 그 자체의 부피가 콘크리트 등의 비비기 용적에 계산되지 않는 것으로, 콘크리트 속의 시멘트 중량에 대해 5% 이하, 보통은 1% 이하라는 극히 적은 양을 사용한다.

혼화재는 혼화 재료 중 사용량이 비교적 많아서 그 자체의 부피가 콘크리트 등의 비비기 용적에 계산되는 것으로, 시멘트 중량의 5% 이상, 경우에 따라서는 50% 이상 다량을 쓰며, 콘크리트를 반죽할 때나 시멘트에 미리 섞어서 사용한다.

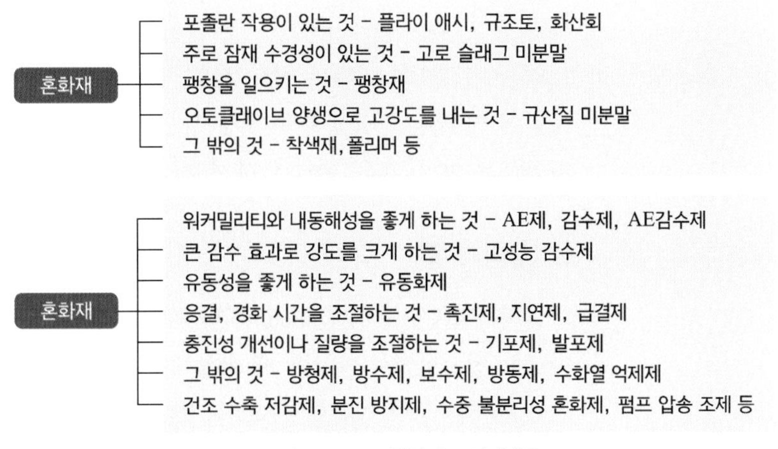

그림 4.158 혼화재료의 분류

2.1 혼화재

고강도용으로 사용될 수 있는 혼합 재료로서는 플라이 애쉬, 실리카 흄 그리고 슬래그 등이 있는데, 경비절감의 효과가 있는 플라이 애쉬가 주로 선진국에서 이용되고 있으며, 최근에는 실리카 흄(Silica Fume)도 강도 및 내구성 목적으로 사용이 급증하고 있는 추세에 있다. 이러한 혼합 재료는 다른 것과 마찬가지로 높은 분말도, 높은 포졸란성, 양입성, 안정성, 균질성 등이 구비되어야 한다.

Tip

포졸란(pozzolan)

혼화재의 일종으로서 그 자체에는 수경성이 없으나 콘크리트 중의 물에 용해되어 있는 수산화칼슘과 상온에서 천천히 화합하여 물에 녹지 않는 화합물을 만들 수 있는 실리카질 물질을 함유하고 있는 미분말 상태의 재료이다.

(1) 플라이 애쉬

플라이 애쉬는 석탄을 연소시킬 때 발생하는 포졸란 재료로서 이들은 사용되는 석탄의 종류(생성지, 산지, 지층 등)에 따라 다르다.

미국의 ASTM은 Type F(Low Clacium)와 Type C(High Calcium)로 구분되고 있는데 이는 석탄원료가 무연탄이냐 유연탄이냐에 따른 특성으로 보여진다. 국내에서도 근래에 유연탄이 사용되므로 이에 따른 구분이 요구되고 있다.

사용방법은 콘크리트의 워커빌리티만 개선하고 초기강도의 저하를 억제해야 할 경우는 플라이 애쉬의 치환율을 10% 이하로 하는 것이 좋다. 콘크리트의 초기강도의 저하는 어느 정도 허용하고 초기의 수화열의 감소, 장기강도의 증진 혹은 건조수축의 저감 등을 목적으로 하는 경우는 플라이 애쉬의 치환율을 20% 혹은 30%로 해서 사용하는 것이 좋다.

(2) 실리카 흄

실리카 흄은 실리콘(Silicon)이나 페로실리콘(Ferrocilicon) 등의 규소합금을 아크식 전기로에서 제조할 때 배출되는 가스를 집진함으로써 얻어지는 순도 높은 미세한 구형 입자로서 SiO_2를 90% 이상 함유하고 있으며, 일반 시멘트에 비해 분말도가 50~60배 크고, 직경은 각 1/100 정도로서 0.1~1.0 μm이다.

실리카 흄의 주성분은 비정질실리카로 초미분이기 위해 수화활성이 크고 시멘트의 수화에 따라 생성되는 수산화칼슘을 포함한 용액에 실리카 흄이 빨리 용해하고 입자 표면에 실리카질의 겔층을 석출한다. 실리카 흄은 시멘트 입자 사이에 분산되어 고성능감수제와의 병용에 따라 보다 치밀하게 되어 고강도 및 투수성이 작은 콘크리트가 된다. 실리카 흄은 초미분이기 때문에 콘크리트의 단위수량을 현저하게 증대시키지만 고성능감수제를 사용함에 따라 단위수량을 감소시킬 수 있다. 실리카 흄 콘크리트의 그 밖의 특징으로는 수화 초기의 발열 저감, 포졸란 반응에 따른 알칼리 저감, 실리카 흄 치환율이 큰 경우 중성화 깊이의 증대 등이 있다.

(3) 고로 슬래그

용광로 속의 용융상태인 고온 슬래그를 물, 공기 등으로 냉각하여 입상화한 것이다. 냉각처리방법에 따라 제품의 결정상태 및 품질이 달라지며, 크게 서냉슬래그, 급냉슬래그 등으로 분류가 된다.

용광로에서 철을 제조할 때 남는 비금속성으로 주성분은 규산염, 석회질, 규산반토이며 분말도(Fineness)는 350～650 m^2/kg이고 시멘트 대체량은 20～50% 정도이다.

콘크리트의 초기강도발현은 완만하지만 슬래그의 잠재수경성 때문에 장기강도발현은 보통 포틀랜드 시멘트보다 크게 나타난다. 슬래그를 함유하고 있어 산류나 해수, 하수 등의 화학적 침식에 대한 저항성이 크고 내화학저항성을 필요로 하는 곳에서의 적용효과가 크다. 슬래그수화에 의한 포졸란반응으로 공극충전효과 및 알칼리 골재 반응 억제효과가 크다. 수화반응에 따른 발열량이 보통 포틀랜드 시멘트에 비해 작기 때문에 매스콘크리트 등에 활용할 수 있다. 콘크리트의 초기 강도가 낮고 건조수축에 의한 영향을 받는 경향이 있어 초기양생, 한중보온에 유의해야 하고 일반적으로 건조수축이 크다.

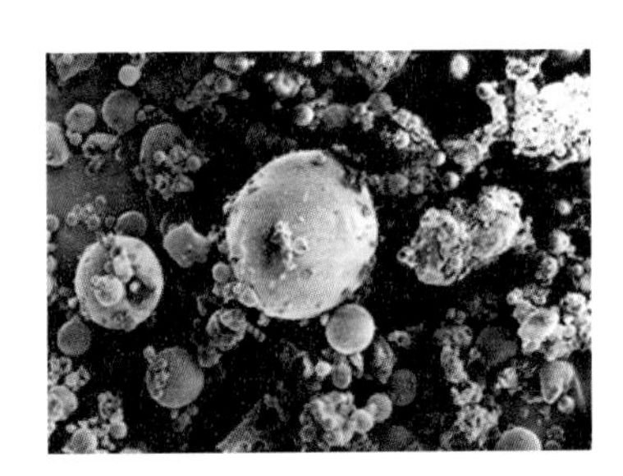
그림 4.159 플라이 애쉬

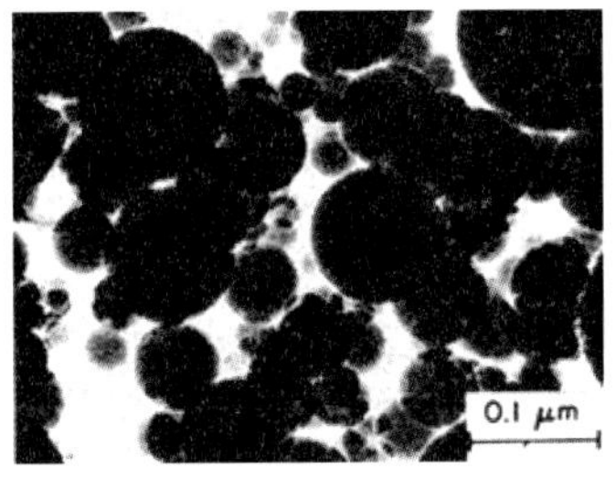

그림 4.160 실리카 흄

그림 4.161 고로 슬래그

(4) 팽창재

콘크리트는 건조하면 수축하는 성질과 이로 인한 균열 발생을 보완·개선하기 위하여 콘크리트 속에 다량의 거품을 넣거나 기포를 발생시키거나 또는 콘크리트를 부풀게 하기 위해 팽창재를 첨가한다.

팽창재에는 산화조제를 혼합한 철분계, 석고를 주성분으로 하는 석고계, 칼슘설포알미늄산염(Calcium Sulfo-Aluminate, CSA : 생석회와 석고 및 알루미나를 조합 소성한 광물임)계 팽창재가 있다. 이런 종류의 것을 포틀랜드 시멘트에 혼합하여 팽창 시멘트로 사용한다.

2.2 혼화제

(1) AE제(Air-Entraining Agent; 공기연행제)

콘크리트 내부에 미세한 독립된 기포를 발생시켜 콘크리트의 작업성 및 동결융해 저항성능을 향상시키기 위해 사용되는 화학혼화제이다. 보통 AE공기량을 3~6%로 하고 있다.

연행공기는 콘크리트 내부에서 볼베어링과 같은 역할로 워커빌리티를 개선하여 단위수량을 감소시켜 블리딩 등의 재료분리를 작게 한다. 적당량의 연행공기포는 콘크리트 중의 자유수가 동결될 때 수압의 흡수, 완화와 자유수의 이동을 가능하게 하므로 동결융해에 대한 저항성을 현저하게 개선시킨다. 연행공기포의 생성은 단위시멘트량, 잔골재의 입도, 플라이 애쉬의 사용 등에 따라 영향을 받으며, 공기량 1%의 증가에 대해 플레인 콘크리트와 동일 물시멘트비의 경우 4~6%의 압축강도가 저하한다.

(2) 감수제

감수제(減水劑)는 시멘트의 입자를 분산시켜 콘크리트의 단위 수량을 감소시키는 혼화제로, 시멘트 분산제라고도 한다. 또, 감수제에 AE 공기도 함께 생기도록 한 것을 AE 감수제라 하고, AE 감수제보다 더 감수 능력을 크게 한 것을 고성능 AE 감수제라고 한다.

(3) 유동화제

물-결합재비를 매우 작게 하므로 고강도용 감수제라고 하며, 또 단위 수량이 일정한 경우 유동성이 커지므로 유동화제라고도 한다.

(4) 응결 경화 시간 조절제

시멘트의 수화반응에 영향을 끼쳐 모르타르나 콘크리트의 응결시간이나 초기 수화 속도를 촉진, 지연시킬 목적으로 사용하는 것으로 촉진제, 급결제, 지연제 등이 있다.

(5) 촉진제

시멘트의 수화 작용을 촉진시키기 위한 것으로, 일반적으로 염화칼슘($CaCl_2$)을 사용한다. 촉진제는 응결이 빠르므로 숏크리트(shotcrete)나 긴급 공사에 사용되며, 발열량이 많아 한중 콘크리트에 알맞다.

(6) 급결제

시멘트의 응결을 빠르게 하기 위한 것으로, 숏크리트, 그라우트(grout)에 의한 지수 공법 등에 사용한다.

(7) 지연제

시멘트의 응결 시간을 늦추기 위하여 사용한다. 이것은 서중 콘크리트나 레디믹스트 콘크리트(ready-mixed concrete)에서 운반 거리가 멀 경우 또는 콘크리트를 연속적으로 칠 때 콜드 조인트(cold joint)가 생기지 않도록 할 경우 등에 사용한다.

(8) 방수제

모르타르나 콘크리트를 방수적으로 하기 위하여 사용하는 혼화제이다. 방수제를 콘크리트 속에 넣어 혼합하면 시멘트 수화를 촉진시켜 단시일 내 치밀한 구조로 만들거나 시멘트 수화 중 녹아 나올 수 있는 성분을 고정시켜 빈틈을 메우거나 미세한 물질을 넣어 주어 공간을 채워주거나, 물을 밀어내는 물질을 혼합해 주거나, 수밀성이 높은 막을 형성해 주는 방법 등이 있다.

방수제의 종류는 무기질계와 유기질계가 있는데, 무기질계 방수제는 염화칼슘계, 규산소자(물유리)계, 규산질(실리카)분말계, 침투성도포제계 등이 있고, 유기질계 방수제는 지방산계, 파라핀 에멀젼계, 아스팔트 에멀젼계, 수지 에멀젼계, 고무 라텍스계, 수용성 폴리머계가 이용되고 있다.

(9) 기포제

콘크리트 속에 기포를 일으켜 부재의 경량화, 방음, 단열 등의 특성을 가진 콘크리트를 만들기 위하여 사용한다. 기포제는 콘크리트 혼화제 중의 AE제와 동일한 것으로 계면활성작용에 의해 물리적으로 기포를 도입하는 것이다. 일반 콘크리트에서는 도입하는 공기량이 4~5% 정도이지만 기포제를 이용하는 경우 통상 20~25%, 최고 85%까지 되는 것도 있다. 시판되고 있는 기포제는 합성 계면 활성제계, 수지 비누계, 단백질계, 사포닌, 고분자 수지계가 있다.

(10) 발포제

알루미늄 또는 아연 가루를 넣어 콘크리트 속에 아주 작은 기포(수소가스 및 각종 가스)를 발생시키는 것으로, 프리팩트 콘크리트(prepacked concrete)용 그라우트, 프리스트레스트 콘크리트(PSC)용 그라우트 등에 사용된다.

(11) 착색제

모르타르나 콘크리트를 착색하기 위하여 사용되는 혼화제이다. 백색 포틀랜드 시멘트에 안료 또는 금속 산화물 가루를 혼합하여 사용하거나 색깔이 있는 모래, 종석 등을 같이 사용할 때도 있다.

3. 물

혼합수는 상수도물을 사용하고 있는 경우에는 상수도물을 사용하고 있다는 것을 나타내는 자료, 예를 들면 지불한 수도요금 전표 등을 통해 확인하면 된다. 지하수, 공업용수 및 천연수를 사용할 때는 철근 콘크리트 용수의 수질시험방법 및 레디믹스 콘크리트 등에 규정된 품질항목에 적합한 것이 필요하다. 혼합수의 품질은 시멘트 응결 시간의 차이가 기준 모르타르에 비해서 초결 30분 이내, 종결 60분 이내인 것, 또 모르타르 압축강도의 변화가 재령 7일 및 28일로 90% 이상인 것을 확인한다. 회수물은 상등수와 슬러지물이 있고, 상등수는 통상의 콘크리트에 그대로 사용할 수 있지만, 슬러지물을 사용할 경우에 슬러지의 고형분이 3% 이내인 것이 필요하다. 그래서 콘크리트의 배합은 보통 혼합수를 사용한 경우와 동일한 콘크리트 성능을 갖도록 단위수량과 시멘트량을 증가시키고, 잔골재율은 작게 하는 것이 필요하다. 특히, 고강도 콘크리트의 경우는 상등수라 할지라도 회수물은 사용하지 않는다.

물은 기름, 산, 유기불순물, 혼탁물 등 콘크리트나 강재의 품질에 나쁜 영향을 미치는 물질의 유해량을 함유해서는 안 되며, 해수를 혼합수로 사용해서는 안 된다. 해수는 강재를 부식시킬 염려가 있으므로 철근 콘크리트, 프리스트레스트 콘크리트 및 철골 철근 콘크리트에서는 혼합수로서 해수를 사용해서는 안 된다. 해암 근처의 우물에는 해수가 섞여있는 경우가 많으므로 주의해야 한다.

물속에 함유되어 있는 염소이온의 양이 3,000 ppm 정도를 넘으면 철근이 녹슬 염려가 많다. pH값이 낮은 산성의 물도 철근 등을 부식시키는 일이 있으므로 기존의 경험 또는 적절한 시험의 결과를 바탕으로 사용성의 가부를 결정해야 한다.

수돗물 이외의 물의 경우 시험항목은 표 4.35와 같다.

표 4.35 배합수의 기준

항 목	품 질
• 현탁물질의 양	• 2 g/l 이하
• 용해성 증발 잔유물의 양	• 1 g/l 이하
• 염소 이온량	• 200 ppm 이하
• 시멘트 응결시간의 차	• 초결은 30분 이내, 종결은 60분 이내
• 모르타르의 압축강도의 비	• 재령 7일 및 재령 28일에서 90% 이상

Tip

- 미국에서는 배합수의 질이 문제될 경우에는 ASTM C 109에 따라 모르타르 cubic 시험을 실시하여, 재령 7, 28일 강도가 깨끗한 물을 배합수로 사용한 경우의 최소 90% 이상이 되도록 요구하고 있다.
- 일본의 JIS A 5308(1989)에서는 수돗물은 특히 시험을 하지 않아도 쓸 수 있으며 수돗물 이외의 물은 표에 표시하는 기준에 적합하여야 한다.

4. 콘크리트의 배합

콘크리트를 만들기 위한 각 재료인 시멘트, 골재, 물 및 혼화재료의 비율 또는 사용량을 결정하는 것을 콘크리트의 배합이라고 하며, 콘크리트의 요구성능인 소요의 강도, 시공성, 균일성, 내구성, 수밀성, 균열저항성, 철근 또는 강재를 보호하는 성능 등을 얻을 수 있어야 한다. 이러한 조건을 만족하는 혼합비율은 많이 있으므로 가장 경제적인 것을 선택하여야 한다.

Tip

- 내구성(durability) : 시간의 경과에 따른 구조물의 성능 저하에 대한 저항성
- 수밀성(watertightness) : 투수성이나 투습성이 적은 성질
- 균열저항성(crack resistance) : 콘크리트에 요구되는 균열 발생에 대한 저항성

콘크리트의 효과적인 배합설계를 위하여 콘크리트가 구비하여야 할 성질은 다음과 같다.

- **소요강도를 얻을 수 있을 것** 콘크리트 구조물에서 압축강도는 상당히 중요시 되는데 KS F 2403의 규정에 따라 공시체를 제작·양생하여 KS F 2405의 강도 시험방법에 따라 압축강도를 구하여 검토한다.
- **적당한 워커빌리티를 가질 것** 워커빌리티는 콘크리트를 타설할 때 거푸집에 부어 넣기 작업이 쉬운지 어려운지에 대한 시공성의 척도로 굳지 않은 콘크리트의 가장 중요한 성질이다. 콘크리트에 필요한 워커빌리티는 슬럼프 실험에 의하여 결정되며 슬럼프는 콘크리트의 재료분리, 균열 등 품질에도 직접적인 영향을 미치므로 주의하여야 한다.
- **균일성을 유지하도록 할 것** 콘크리트의 균일성은 배합 재료의 품질, 계량오차, 워커빌리티, 타설 방법 등에 의하여 영향을 받으며, 이러한 것이 불량하면 재료분리, 곰보, 균열 등이 발생하기 쉽다. 또한 내구성이나 강도 발현에도 영향을 미치므로 콘크리트는 균일성을 가져야 한다.
- **내구성이 있을 것** 내구성(durability)이란 시간의 경과에 따른 구조물의 성능 저하에 대한 저항성을 의미한다. 콘크리트의 중성화에 의한 철근의 녹 발생, 알칼리 골재 반응, 동결 융해 작용에 의한 동해, 마멸, 염화물 이온 침투에 대한 충분한 내구성을 가지도록 콘크리트는 구비되어야 한다.
- **수밀성 등 기타 수요자가 요구하는 성능을 만족시킬 것** 콘크리트는 본질적으로 기공을 가지고 있기 때문에 흡수 및 투수가 가능하다. 수리 구조물뿐만 아니라 일반 구조물에 있어서도 수밀성이 요구된다. 기타 성능으로는 한중 또는 서중 콘크리트의 경우는 콘크리트의 온도가 일정 범위를 넘지 않아야 하며, 경량 콘크리트나 중량 콘크리트의 경우는 콘크리트의 중량이 수요자가 요구하는 성능을 고루 갖추어야 한다. 그 외 수요자가

특별히 요구하는 경우에는 그 성능을 고루 구비하여야만 한다.

- 가장 경제적일 것　콘크리트의 성질은 재료, 시공, 강도, 내구성 및 기타의 경제적 제약이 없으면 그 요구를 어느 정도 만족시키는 것은 가능하나, 실제는 상기의 조건을 만족시키는 범위에서 가장 경제적인 배합이 요구된다. 그러나 경제적이라 할지라도 단순히 시공시의 경제성뿐만 아니라 건물의 유지, 관리 측면도 고려하여 총괄적으로 판단해야 한다.

4.1 배합의 종류

콘크리트 1 m^3를 만드는 데 필요한 재료의 양(kg)을 단위량(kg/ m^3)이라고 하며, 콘크리트의 각 재료량은 단위 시멘트량, 단위 수량, 단위 잔골재량, 단위 굵은 골재량 등으로 나타낸다. 배합에는 시방 배합과 현장 배합이 있으며, 배합은 각 재료의 비율을 질량비로 나타낸다.

(1) 시방 배합(Specified Mixture)

시방서 또는 책임 감리원이 지시한 배합이다. 이때 골재가 표면 건조 포화상태이고 잔골재는 5 mm체를 전부 통과하고, 굵은 골재는 5 mm체에 다 남는 것을 시방 배합으로 한다.

(2) 현장 배합(Field Mixture)

실제 현장에서 사용하는 골재의 함수 상태와 잔골재 속의 5 mm체에 남는 굵은 골재량, 굵은 골재 속의 5 mm체를 통과하는 잔골재량 및 혼화제를 희석시킨 희석수량 등을 고려하여 시방 배합을 수정한 것이다.

(3) 중량 배합

콘크리트 1 m^3 제조시 각 재료량을 중량(kgf)으로 나타내는 배합이다. 실험실 배합 및 레미콘 배합은 중량 배합이 원칙이다. 현재 주로 많이 사용한다.

(4) 용적 배합

콘크리트 1 m^3 제조시 각 재료량을 절대용적(l)으로 나타내는 배합이다. 시멘트 : 잔골재 : 굵은 골재의 배율을 1 : 2 : 4, 1 : 3 : 6 등으로 표시한 배합이다.

4.2 시험 배합의 설계

콘크리트의 배합을 결정하는 방법에는 계산에 의한 방법, 배합표에 의한 방법, 시험배합에 의한 방법 등이 있다. 일반적으로 가장 합리적이고 실용적인 방법이 시험 배합에 의한 것이다. 일반 콘크리트의 시험 배합은 다음과 같은 순서로 정한다.

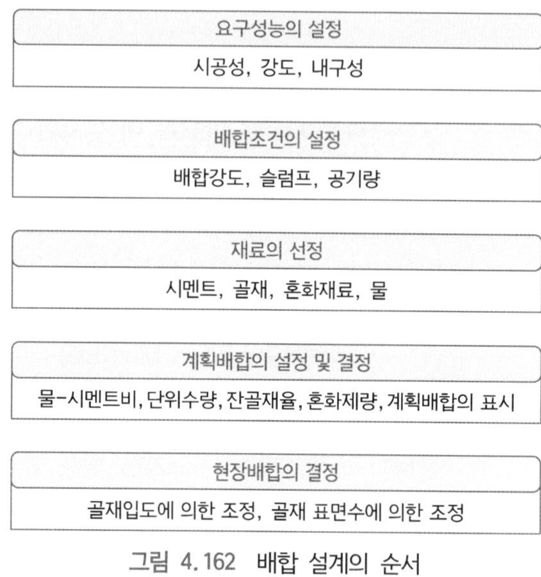

그림 4.162 배합 설계의 순서

(1) 배합 강도의 결정

구조물에 사용된 콘크리트의 압축강도가 설계기준압축강도보다 작아지지 않도록 현장 콘크리트의 품질변동을 고려하여 콘크리트의 배합강도(f_{cr})를 설계기준압축강도(f_{ck})보다 충분히 크게 정하여야 한다.

Tip

- 배합강도(required average concrete strength) : 콘크리트의 배합을 정하는 경우에 목표로 하는 강도
- 설계기준압축강도(specified compressive strength) : 구조설계에서 기준으로 하는 콘크리트의 압축강도

배합강도는 설계기준압축강도 35 MPa 이하의 경우, 35 MPa 초과의 경우 각 두 식에 의한 값 중 큰 값으로 정하여야 한다.

표 4.36 시험 횟수가 29회 이하일 때 표준편차의 보정계수

시험 횟수	표준편차의 보정계수
15	1.16
20	1.08
25	1.03
30 이상	1.00

위 표에 명시되지 않은 시험 횟수는 직선 보간한다.

표 4.37 압축강도의 시험 횟수가 14회 이하이거나 기록이 없는 경우의 배합강도

설계기준압축강도 f_{ck}(MPa)	배합강도 f_{cr}(MPa)
21 미만	$f_{ck}+7$
21 이상 35 이하	$f_{ck}+8.5$
35 초과	$f_{ck}+10$

$f_{ck} \leq 35\text{MPa}$인 경우

$$f_{cr} = f_{ck} + 1.34s \ \ (\text{MPa})$$

$$f_{cr} = (f_{ck} - 3.5) + 2.33s \ \ (\text{MPa})$$

$f_{ck} > 35\text{MPa}$

$$f_{cr} = f_{ck} + 1.34s \ \ (\text{MPa})$$

$$f_{cr} = 0.9f_{ck} + 2.33s \ \ (\text{MPa})$$

여기서, s : 압축강도의 표준편차(MPa)

콘크리트 압축강도의 표준편차는 실제 사용한 콘크리트의 30회 이상의 시험 실적으로부터 결정하는 것을 원칙으로 한다. 그러나 압축강도의 시험 횟수가 29회 이하이고 15회 이상인 경우는 그것으로 계산한 표준편차에 보정계수를 곱한 값을 표준편차로 사용할 수 있다.

콘크리트 압축강도의 표준편차를 알지 못할 때, 또는 압축강도의 시험 횟수가 14회 이하인 경우 콘크리트의 배합강도는 표 4.37과 같이 정할 수 있다.

(2) 물-결합재비의 결정

물-결합재비는 소요의 강도, 내구성, 수밀성 및 균열저항성 등을 고려하여 정하여야 한다. 콘크리트의 압축강도를 기준으로 물-결합재비를 정하는 경우 그 값은 다음과 같이 정하여야 한다.

- 압축강도와 물-결합재비와의 관계는 시험에 의하여 정하는 것을 원칙으로 한다. 이때 공시체는 재령 28일을 표준으로 한다.
- 배합에 사용할 물-결합재비는 기준 재령의 결합재-물비와 압축강도와의 관계식에서 배합강도에 해당하는 결합재-물비값의 역수로 한다.

콘크리트의 내동해성을 기준으로 하여 물-결합재비를 정할 경우 그 값은 아래의 값을 초과하지 않도록 하여야 한다.

표 4.38 특수노출상태에 대한 요구사항

노출상태	보통 골재 콘크리트 최대 물-결합재비[1]	보통 골재 콘크리트와 경량 골재 콘크리트의 최소 설계기준 압축강도 f_{ck}(MPa)
물에 노출되었을 때 낮은 투수성이 요구되는 콘크리트	0.50	27
습한 상태에서 동결융해 또는 제빙화학제에 노출된 콘크리트	0.45	30
제빙화학제, 염, 소금물, 바닷물에 노출되거나 이런 종류들이 살포된 콘크리트의 철근부식 방지	0.40	35

1) 표 4.38과 표 4.39를 동시에 고려하여야 할 때에는 두 표의 값에서 보다 엄격한 기준을 따라야 한다.

콘크리트의 황산염에 대한 내구성을 기준으로 하여 물-결합재비를 정할 경우 그 값은 아래의 값을 초과하지 않도록 하여야 한다.

표 4.39 황산염을 포함한 용액에 노출된 콘크리트에 대한 요구사항

황산염 노출 정도	토양 내의 수용성 황산염 (SO_4)의 질량비(%)	물 속의 황산염 (SO_4) (ppm)	(혼합)시멘트의 종류	최대-물 결합재비	최소 설계기준 압축강도 f_{ck}(MPa)
				보통 골재 콘크리트[1]	보통 골재 또는 경량 골재 콘크리트
무시	0.0~0.1	0~150	-	-	-
보통[2]	0.1~0.2	150~1,500	보통 포틀랜드 시멘트(1종)+포졸란[3] 플라이 애쉬 시멘트(KS L 5211) 중용열 포틀랜드 시멘트(2종)(KD L 5201) 고로 슬래그 시멘트(KS L 5210)	0.5	27
심함	0.2~2.0	1,500~10,000	내황산염 포틀랜드 시멘트(5종)(KS L 5210)	0.45	30
매우 심함	2.0 초과	10,000 초과	내황산염 포틀랜드 시멘트(5종) (KS L 5210)+포졸란[4]	0.45	30

1) 동결융해 또는 매입물질의 침식에 대한 보호 또는 낮은 침투성을 위해서는 보다 낮은 물-결합재비나 높은 강도가 요구된다.
2) 바닷물
3) 1종 시멘트가 포함된 콘크리트에 사용될 때 황산염에 대한 저항을 개선시킨 실적이 있거나 실험에 의해 증명된 포졸란
4) 5종 시멘트가 포함된 콘크리트에 사용될 때 황산염에 대한 저항을 개선시킨 실적이 있거나 또는 실험에 의해 증명된 포졸란

표 4.40 내구성으로 정하여진 공기연행 콘크리트의 최대 물-결합재비(%)

환경구분 \ 시공 조건	일반 현장 시공의 경우	공장 제품 또는 재료의 선정 및 시공에서 공장 제품과 동등 이상의 품질이 보증될 때
해중	50	50
재상 대기중[1]	45	50
물보라 지역, 간만대 지역[2]	40	45

1) 해상 대기중이란 물보라의 위쪽에서 항상 해풍을 받으며 파도의 물보라를 가끔 받는 열악한 환경을 말함
2) 물보라 지역과 간만대 지역은 조석의 간만, 파랑의 물보라에 의한 건습의 반복작용의 받는 내구성면에서 가장 열악한 환경이기 때문에 콘크리트 속의 강재 부식, 동해, 화학적 침식 등의 손산을 받을 가능성이 큼
3) 실적, 연구성과 등의 의하여 확증이 있을 때는 물-결합재비를 위 값에 5% 정도 더한 값으로 할 수 있음

제빙화학제가 사용되는 콘크리트의 물-결합재비는 45% 이하로 한다.

콘크리트의 수밀성을 기준으로 물-결합재비를 정할 경우 그 값은 50% 이하로 한다.

해양구조물에 쓰이는 콘크리트의 물-결합재비를 정할 경우에는 표 4.40에 따라야 한다.

콘크리트의 탄산화 저항성을 고려하여 물-결합재비를 정할 경우 55% 이하로 한다.

(3) 굵은 골재의 최대 치수 선정

굵은 골재의 공칭 최대 치수는 다음 값을 초과하지 않아야 한다. 그러나 이러한 제한은 콘크리트를 공극 없이 칠 수 있는 다짐 방법을 사용할 경우에는 책임기술자의 판단에 따라 적용하지 않을 수 있다.

- 거푸집 양 측면 사이의 최소 거리의 1/5
- 슬래브 두께의 1/3
- 개별 철근, 다발철근, 긴장재 또는 덕트 사이 최소 순간격의 3/4

굵은 골재의 최대 치수는 표 4.41의 값을 표준으로 한다.

표 4.41 굵은 골재의 최대 치수

구조물의 종류	굵은 골재의 최대치수(mm)
일반적인 경우	20 또는 25
단면이 큰 경우	40
무근 콘크리트	40부재 최소 치수의 1/4을 초과해서는 안 됨

(4) 슬럼프 및 슬럼프 플로의 선정

콘크리트의 슬럼프는 운반, 타설, 다지기 등의 작업에 알맞은 범위 내에서 될 수 있는 한 적은 값으로 정하여야 한다.

콘크리트를 타설할 때의 슬럼프값은 표 4.42를 표준으로 한다.

콘크리트의 슬럼프 시험은 KS F 2402에 따르고 슬럼프 플로의 시험은 KS F 2594에 따른다. 된반죽의 콘크리트는 슬럼프 시험 대신에 KS F 2427, KS F 2428과 KS F 2452의 규정에 따라 시험할 수 있다.

(5) 공기연행 콘크리트의 공기량의 선정

공기연행제, 공기연행감수제 또는 고성능 공기연행감수제를 사용한 콘크리트의 공기량은 굵은 골재 최대 치수와 내동해성을 고려하여 표 4.43과 같이 정하며, 운반 후 공기량은 이 값에서 ±1.5% 이내이어야 한다.

표 4.42 슬럼프의 표준값(mm)

종 류		슬럼프 값
철근 콘크리트	일반적인 경우	80~150
	단면이 큰 경우	60~120
무근 콘크리트	일반적인 경우	50~150
	단면이 큰 경우	50~100

1) 여기에서 제시된 슬럼프값은 구조물의 종류에 따라 슬럼프의 범위를 나타낸 것으로 실제로 각종 공사에서 슬럼프값을 정하고자 할 경우에는 구조물의 종류나 부재의 형상, 치수 및 배근상태에 따라 알맞은 값으로 정하되, 충진성이 좋고 충분히 다질 수 있는 범위에서 되도록 작은 값으로 정하여야 한다.
2) 콘크리트의 운반시간이 길 경우 또는 기온이 높을 경우에는 슬럼프가 크게 저하하므로 운반 중의 슬럼프 저하를 고려한 슬럼프값에 대하여 배합을 정하여야 한다.

표 4.43 공기연행 콘크리트 공기량의 표준값

굵은 골재의 최대치수(mm)	공기량(%)	
	심한 노출	보통 노출
10	7.5	6.0
15	7.0	5.5
20	6.0	5.0
25	6.0	4.5
40	5.5	4.5

1) 동절기에 수분과 지속적인 접촉이 이루어져 결빙이 되거나 제빙화학제를 사용하는 경우
2) 간혹 수분과 접촉하여 결빙이 되면서 제빙화학제를 사용하지 않는 경우

공기연행 콘크리트의 공기량은 같은 단위 공기연행제량을 사용하는 경우라도 여러 조건에 따라 상당히 변화하므로 공기연행 콘크리트 시공에서는 반드시 KS F 2409 또는 KS F 2421에 따라 공기량 시험을 실시하여야 한다.

(6) 단위 수량의 선정

단위 수량은 작업이 가능한 범위 내에서 될 수 있는 대로 적게 되도록 시험을 통해 정하여야 한다. 단위 수량은 굵은 골재의 최대 치수, 골재의 입도와 입형, 혼화 재료의 종류, 콘크리트의 공기량 등에 따라 다르므로 실제의 시공에 사용되는 재료를 사용하여 시험을 실시한 다음 정하여야 한다.

(7) 잔골재율

일반 콘크리트에서 잔골재와 굵은 골재의 비는 일반적으로 잔골재율로 정한다.

잔골재율은 소요의 워커빌리티를 얻을 수 있는 범위 내에서 단위 수량이 최소가 되도록 시험에 의해 정하여야 한다.

잔골재율은 사용하는 잔골재의 입도, 콘크리트의 공기량, 단위 시멘트량, 혼화 재료의 종류 등에 따라 다르므로 시험에 의해 정하여야 한다.

공사 중에 잔골재의 입도가 변하여 조립률이 ±0.20 이상 차이가 있을 경우에는 워커빌리티가 변화하므로 배합을 수정할 필요가 있다. 이때 잔골재율에 대해서도 그 적합 여부를 시험에 의해 확인해 놓을 필요가 있다.

콘크리트 펌프시공의 경우에는 펌프의 성능, 배관, 압송거리 등에 따라 적절한 잔골재율을 결정하여야 한다.

유동화 콘크리트의 경우, 유동화 후 콘크리트의 워커빌리티를 고려하여 잔골재율을 결정할 필요가 있다.

고성능 공기연행감수제를 사용한 콘크리트의 경우로서 물-결합재비 및 슬럼프가 같으면, 일반적인 공기연행감수제를 사용한 콘크리트와 비교하여 잔골재율을 1~2퍼센트 정도 크게 하는 것이 좋다.

(8) 단위 시멘트량의 산정

단위 시멘트량은 원칙적으로 단위 수량과 물-결합재비로부터 정하여야 한다.

단위 시멘트량은 소요의 강도, 내구성, 수밀성, 균열저항성, 강재를 보호하는 성능 등을 갖는 콘크리트가 얻어지도록 시험에 의하여 정하여야 한다.

단위 시멘트량의 하한값 혹은 상한값이 규정되어 있는 경우에는 이들의 조건이 충족되도록 한다.

(9) 혼화 재료의 단위량 산정

공기연행제, 공기연행감수제 및 고성능 공기연행감수제 등의 단위량은 소요의 슬럼프 및 공기량을 얻을 수 있도록 시험에 의해 정하여야 한다.

이외의 혼화 재료의 단위량은 시험 결과나 기존의 경험 등을 바탕으로 효과를 얻을 수 있도록 정하여야 한다.

제빙화학제에 노출된 콘크리트에 있어서 플라이 애쉬, 고로 슬래그 미분말 또는 실리카 흄을 시멘트 재료의 일부로 치환하여 사용하는 경우 이들 혼화재의 사용량은 표 4.44의 값을 초과하지 않도록 한다.

표 4.44 제빙화학제에 노출된 콘크리트 최대 혼화재 비율

혼화재의 종류	시멘트와 혼화제 전체에 대한 혼화제의 질량 백분율(%)
KS L 5405에 따르는 플라이 애쉬 또는 기타 포졸란	25
KS F 2563에 따르는 고로슬래그 미분말	50
실리카 흄	10
플라이 애쉬 또는 기타 포졸란, 고로슬래그 미분말 및 실리카 흄의 합	50[1)]
플라이 애쉬 또는 기타 포졸란과 실리카 흄의 합	35[2)]

1) 플라이 애쉬 또는 기타 포졸란의 합은 25% 이하, 실리카 흄은 10% 이하여야 한다.

(10) 단위 골재량의 산정

표 4.45 배합의 표시방법

굵은 골재의 최대치수 (mm)	슬럼프 범위 (mm)	공기량 범위 (mm)	물-결합재비[1)] (W/B) (%)	잔골재율 (S/a) (%)	단위 질량(kg/m^2)					
					물	시멘트	잔골재	굵은 골재	혼화재료	
									혼화재[2)]	혼화제[3)]

1) 포졸란 반응성 및 잠재수경을 갖는 혼화재를 사용하지 않는 경우에는 물-시멘트비가 된다.
2) 같은 종류의 재료를 여러 가지 사용할 경우에는 각각의 난을 나누어 표시한다. 이때 사용량에 대하여는 mg/m^3 또는 g/m^3로 표시하며, 희석시키거나 녹이거나 하지 않은 것으로 나타낸다.

4.3 현장 배합

현장 배합(mix proportion at job site, mix proportion in field)은 시방 배합의 콘크리트가 얻어지도록 현장에서 재료의 상태 및 계량방법에 따라 정한 배합이다.

시방 배합에서 모든 골재는 표면 건조 포화 상태이고, 잔골재는 5 mm체를 모두 통과하고 굵은 골재는 5 mm체에 전부 남은 것을 사용하였다.

그러나 현장 골재의 조건은 이와는 다르므로 현장의 골재 상태에 따라 보정을 해야 한다.

(1) 입도에 대한 보정

현장 골재에서 잔골재 속에 들어있는 굵은 골재량(5 mm체에 남는 양)과 그리고 굵은 골재 속에 들어 있는 잔골재량(5 mm체 통과량)에 따라 입도를 보정한다.

(2) 표면수에 대한 보정

현장 골재의 함수 상태에 따라 콘크리트의 함수량이 달라지고 골재량도 달라진다. 따라서 골재의 함수 상태에 따라 시방 배합의 물의 양과 골재량을 보정하여야 한다.

5. 콘크리트의 성질

콘크리트의 성질은 굳지 않은 콘크리트와 굳은 콘크리트로 나뉜다. 굳지 않은 콘크리트는 비벼서 칠 때 알맞은 작업성을 가져야 하고, 굳은 후에는 필요한 강도, 내구성, 수밀성을 가져야 한다.

5.1 굳지 않은 콘크리트의 성질

굳지 않은 콘크리트(fresh concrete)는 비빔 직후로부터 응결과정을 거쳐 소정의 강도를 나타낼 때까지의 콘크리트를 말한다.

굳지 않은 콘크리트가 구비해야 할 조건은 다음과 같다.

- 거푸집 구석구석까지 또는 철근 사이에 충분히 잘 채워질 수 있도록 묽은 반죽으로서 운반, 다지기 및 마무리하기가 용이할 것
- 시공시 및 그 전후에 있어서 재료 분리가 적을 것
- 거푸집에 부어 넣은 후 많은 블리딩이 생기지 않는 조성을 가져야 하며, 균열 등이 발생하지 않을 것

굳지 않은 콘크리트의 성질로서는 반죽질기(Consistency), 워커빌리티(Workability), 플라스티시티(Plasticity), 피니셔빌리티(Finishability), 유동성(Mobility), 점성(Viscosity), 다짐성(Compactibility), 펌퍼빌리티(Pumpability) 등이 있다.

Tip

- 반죽질기(Consistency) : 주로 수량(水量)의 다소에 따른 유동성의 정도
- 워커빌리티(Workability) : 재료 분리를 일으키는 일 없이 운반, 타설, 다지기, 마무리 등의 작업이 용이하게 될 수 있는 정도를 나타내는 굳지 않은 콘크리트의 성질
- 플라스티시티(Plasticity) : 거푸집에 쉽게 다져 넣을 수 있고, 거푸집을 제거하면 천천히 형상이 변하기는 하지만 허물어지거나 재료가 분리하는 일이 없는 굳지 않은 콘크리트의 성질
- 피니셔빌리티(Finichability) : 굵은 골재의 최대치수, 잔골재율, 잔골재의 입도, 반죽질기 등에 따르는 마무리하기 쉬운 정도
- 유동성(Fluidity) : 중력이나 외력에 의해 유동하기 쉬운 정도를 나타내는 굳지 않은 콘크리트의 성질
- 점성(Viscosity) : 콘크리트의 점착력 상태(수중불분리제 사용시) - 콘크리트 내 마찰저항이 일어나는 성질
- 다짐성(Compactibility) : 다짐이 용이한 성질
- 펌퍼빌리티(Pumpability) : 펌프에 의한 운반을 실시하는 경우 콘크리트의 압송성

(1) 반죽질기(Consistency)

콘크리트의 워커빌리티를 나타내는 하나의 지표로 보통 슬럼프시험에 의한 슬럼프값으로 표시한다. 반죽질기에 영향을 미치는 요인으로는 단위 수량, 콘크리트의 온도, 잔골재율, 공기연행량이 있다.

- 단위 수량이 많을수록 반죽질기는 커진다.
- 콘크리트의 온도가 높을수록 반죽질기는 작아진다.
- 단위 수량과 단위 시멘트량을 일정하게 한 경우에 잔골재율을 증가시키면 슬럼프값은 작아진다.
- AE제를 사용하여 공기를 연행시키면 공기량에 거의 비례하여 슬럼프값이 커진다.

(2) 워커빌리티(Workability)

굳지 않은 콘크리트의 품질을 판정하는 필수조건으로 정성적으로 표시하며 그 판정에는 충분한 경험을 요한다. 작업에 적합한 워커빌리티는 시공방법, 구조물의 종류 등에 따라서 달라지므로 동일한 콘크리트라 하더라도 워커빌리티의 양부는 달라진다.

워커빌리티에 영향을 주는 요인으로는 시멘트의 양, 시멘트의 품질, 단위수량, 잔골재 및 굵은 골재의 입도와 입형, 배합, 혼화재료, 비빔 등을 들 수 있다.

- 시멘트의 양　일반적으로 시멘트 양이 많을수록 워커블콘크리트가 된다. 따라서 일반적으로 부배합(시멘트가 많은 배합)의 경우가 빈배합의 경우보다 워커빌리티가 좋다고 할 수 있다.
- 시멘트의 품질　혼합 시멘트는 일반적으로 보통 포틀랜드 시멘트에 비해 워커빌리티가 좋으며, 비표면적 2,800 cm^2/g 이하인 시멘트이다. 시멘트의 종류, 분말도, 풍화의 정도에 따라 워커빌리티가 달라진다. 분말도가 높을수록 워커빌리티가 좋아진다. 풍화된 시멘트를 사용할 경우, 슬럼프가 증가하게 되며 재료 분리 등이 발생할 수 있다.
- 혼화재 및 혼화제　플라이 애쉬, 고로 슬래그 미분말 등의 혼화재와 AE제, 감수제, AE 감수제 등의 혼화제를 사용하면 워커빌리티가 좋아진다.
- 단위 수량　워커빌리티에 가장 영향을 끼치는 것이 사용 수량이다. 단위수량을 증가시키면 재료분리를 일으키기가 쉽고 워커빌리티가 좋아진다고 볼 수 없다. 반대로 단위 수량이 너무 적으면 모르타르의 유동성이 작아져서 콘크리트가 된 비빔이 되어 타설 작업이 매우 어렵게 된다.
- 잔골재의 입도와 입형　잔골재의 입도는 워커빌리티에 큰 영향을 준다. 특히 0.3 mm 이하의 세립분은 플라스티시티에 현저한 영향을 미친다. 입도분포는 연속입도가 중간에서 끊어진 불연속입도보다 워커빌리티가 좋다. 입형이 둥글둥글한 자연모래(강모래)의 워커빌리티가 좋다.
- 굵은 골재의 입도와 입형　굵은 골재의 입도도 잔골재의 경우와 같이 워커빌리티에 큰 영향을 미친다. 일반적으로 모가 진 깬자갈을 사용하면 워커빌리티가 나빠지고, 둥글둥글한 강자갈이 워커빌리티가 가장 좋다. 굵은 골재의 최대치수는 단면 · 배근 · 다짐조건 등을 고려한 후 될 수 있는 대로 큰 것을 택하는 것이 경제적이다.

워커빌리티의 측정은 일반적으로 반죽질기를 측정하여 그 결과에 따라 워커빌리티의 정도를 판단한다.

워커빌리티의 측정방법으로는 슬럼프시험방법, 다짐계수시험, 비비(Vee-Bee) 시험, 구관입시험, 흐름시험, 리몰딩(Remolding)시험이 있다.

① 슬럼프시험

한국산업규격(KS F 2402)에서 정하고 있는 포틀랜드 시멘트, 콘크리트의 슬럼프시험방법에 따른다. 슬럼프시험에 사용되는 장치는 수밀성 평판(보통 철판), 시험통(Slump Test Cone), 다짐막대, 측정계기가 있다.

슬럼프 시험방법 및 순서는 아래와 같다.

- 수밀성 평판을 수평으로 설치하고 시험통을 평판 중앙에 밀착시킨다.
- 비빈 콘크리트를 시험통(슬럼프콘) 안에 용적으로 1/3씩 3층으로 나누어 부어 넣는다.
- 다짐막대(길이 50 cm, 지름 16 정도의 철봉)로 그 층의 깊이만큼(1층은 다짐막대가 평판에 닿지 않도록 하고, 2, 3층은 전층에 닿지 않을 정도) 각각 25회씩 균등하게 다진다.
- 위의 방법으로 하여 콘크리트 윗면이 수평이 되도록 고른다.
- 시험통을 수직으로 가만히 들어 올려 벗기고 측정계기로 콘크리트가 미끌어 내린 높이를 측정한다.

슬럼프값은 통에 다져 넣는 높이에서 통을 벗겨 콘크리트가 무너져 내린 높이를 cm로 표시한 것이다. 콘크리트의 반죽질기는 작업에 알맞는 범위 내에서 될 수 있는 대로 슬럼프값이 작은 것이어야 한다.

표 4.46 표준 슬럼프값(단위 : cm)

장 소	진동다짐이 아닐 때	진동다짐일 때
기초·바닥판·보	15~18	5~10
기둥·벽	18~21	10~15

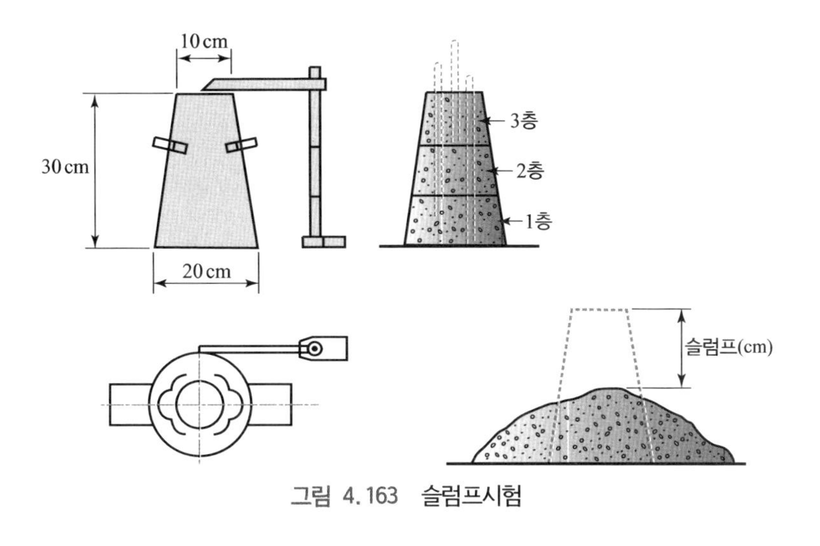

그림 4.163 슬럼프시험

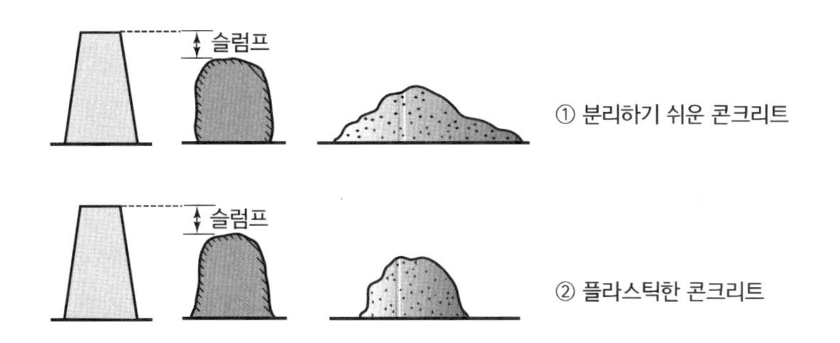

슬럼프	좋 음	나 쁨
15~18 cm	균등한 슬럼프, 충분한 끈기가 있다.	끈기가 없고 부분적으로 무너진다.
	무너져 내리지만 끈기가 있다.	무너져서 터슬터슬 허물어진다.
20~22 cm	미끈하게 넓혀지고 골재의 분리가 없다.	밑기슭은 시멘트풀이 흘러내린다.
		골재가 분리되어 위에 뜬다.

그림 4.164 슬럼프시험에 의한 콘크리트의 상태

② 다짐계수시험

다짐계수시험은 영국의 BS 1881로 규정된 시험방법으로 A용기에 콘크리트를 다져서 B용기에 낙하시킨 다음 다시 C용기에 낙하시킨다.

이때 C용기에 채워진 콘크리트의 중량(W)을 측정하여 ω/W의 값을 구하고 그 값을 다짐계수로 한다.

슬럼프시험보다 정확하고 민감하여 특히 진동다짐을 해야 하는 된 비빔의 콘크리트에 유효하다.

③ 비비시험(Vee-Bee test)

비비시험은 그림 4.166과 같이 진동대 위에 원통용기를 고정시켜 놓고 그 속에 슬럼프시험과 같은 조작으로 슬럼프시험을 실시한 후, 투명한 플라스틱 원판을 콘크리트면 위에 놓고 진동을 주어 원판의 전면에 콘크리트가 완전히 접할 때까지의 시간을 초(sec)로 측정하는 시험으로, 측정값을 VB값 또는 침하도라고 한다. 이 시험방법은 슬럼프 시험으로 측정하기 어려운 비교적 된 비빔 콘크리트에 적용하기가 좋다.

④ 구관입시험(Ball penetration test)

중력으로 인해 금속 매스(13.6 kg 반구)가 굳지 않은 포틀랜드 시멘트 콘크리트에 가라앉는 관입 깊이를 측정한다. 포장 콘크리트와 같이 평면타설 콘크리트의 반죽질기 측정으로 관입값의 1.5~2배가 슬럼프값과 비슷하다.

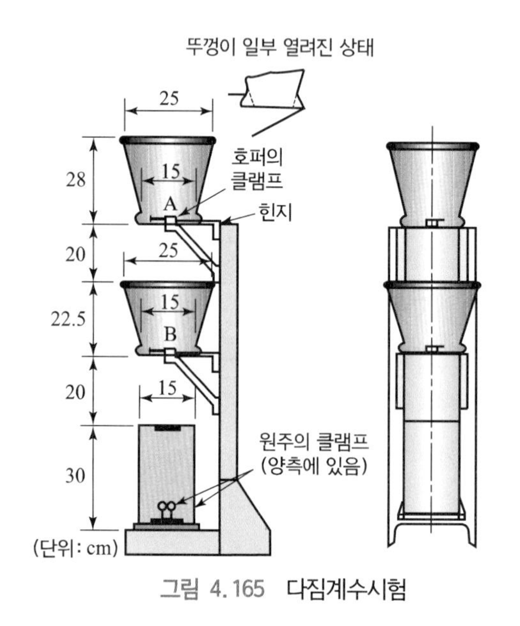

그림 4.165 다짐계수시험

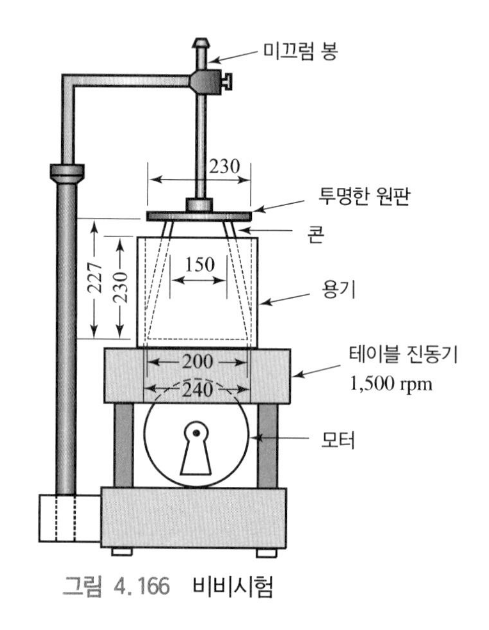

그림 4.166 비비시험

⑤ 흐름시험(Flow test)

콘크리트 흐름의 정도를 시험하는 것으로서 철근 사이를 흐르는 정도를 나타낸다.

시험실 내에서 실시되는 시험 중 플로시험은 충격을 받을 때의 콘크리트의 퍼짐을 측정함에 따라 콘크리트의 유동성과 재료분리성을 표현하는 것이다. 플로시험에서 가장 잘 측정할 수 있는 것은 재료분리성에 관한 성질로 부배합이나 점착성이 높은 콘크리트의 유동성을 측정하는데도 적절하다. ASTM C 124에 규정된 시험법으로 지름 75 cm의 플로우 테이블 위에 지름 17 cm, 밑지름 25.4 cm, 높이 12.7 cm의 콘에 콘크리트를 채우고 플로우 테이블을 15초 동안 15회 낙하시켜 콘크리트의 퍼진 지름을 측정한다. 시험방법으로는 시멘트의 흐름 시험방법과 비슷한 방법으로 슬럼프 콘에 콘크리트를 채운 후 콘을 들어 올린 다음 소정의 낙하 충격(13 mm)을 가했을 때의 넓이를 측정하는 방법이다. ASTM에서는 [(소정의 충격을 가한 후의 넓이·슬럼프 콘 하면의 직경)/슬럼프 콘 하면의 직경]으로 구한 값을 %로 나타내고 있다. 시험 시에 가해지는 충격은 분리를 촉진시키기 위한 것으로, 예를 들어 콘크리트에 점성이 없는 경우에는 골재 중의 큰 입자는 분리되어 테이블의 외단 방향으로 이동한다. 물이 많은 콘크리트의 경우에는 앞과 다른 분리 현상으로 시멘트 페이스트가 테이블의 중앙에서 흘러 내려 굵은 입자분이 남게 된다. 같은 플로의 콘크리트라도 워커빌리티가 상당히 다를 수 있기 때문에 플로시험은 워커빌리티를 측정하는 것은 아닌 것을 주의해야만 한다.

⑥ 리몰딩(Remolding)시험

플로시험과 마찬가지로 플로 테이블를 사용하는 시험으로 콘크리트 시료가 형태가 변화하는데 필요한 진동량을 측정함에 따른 워커빌리티를 추정하기 위한 시험으로 Powers에 의해 제안되었다. 이 장치는 그림 4.167과 같이 표준 슬럼프 콘을 직경 305 mm, 높이 203 mm의 원관통 안에 넣고 그 원관통은 6.3 mm 낙하하도록 하여 플로 테이블에 고정되어 있다. 원관통 내측에는 직경 210 mm, 높이 127 mm의 내벽이 있고 내벽의 아랫부분과 원관통 아래 부분의 간격은 67～76 mm까지 조절 가능하다. 시험 방법은 플로 테이블 위에 놓은 원통형 용기 중에 콘크리트를 슬럼프시킨 후 탈형하여 그 정부(頂部)에 누름판을 얹어 놓고 플로 테이블에 상하 진동을 준다. 원통 내외에서 콘크리트의 높이가 같게 될 때까지 요하는 진동횟수를 Consistency로 표시한

(a) 슬럼프시험 장치 (b) 다짐계수시험 장치 (c) 비비(Vee-Bee)시험 장치

(d) 구관입시험 장치 (e) 흐름시험 장치 (f) 리몰딩(Remolding)시험 장치

그림 4.167 워커빌리티의 측정방법

다. 이것은 실험실 내에서 실시하기는 적절한 시험이나 현장에서는 맞지 않다.

(3) 공기량

AE제, AE 감수제 등에 의하여 콘크리트 속에 생긴 공기를 AE 공기 또는 연행(連行) 공기라 하고, AE제 등을 사용하지 않는 경우에도 콘크리트 중에 존재하는 공기포를 갇힌 공기(entrapped air)라고 한다.

AE 콘크리트의 알맞은 공기량은 굵은 골재의 최대 치수에 따라 다르며, 콘크리트 부피의 4~7%를 표준으로 하고 있다. 한편, 갇힌 공기는 비교적 큰 기포로서 이 양은 0.5~2%이다.

콘크리트 속에 AE 공기량이 알맞게 들어 있으면 워커빌리티가 좋아지고 기상 작용에 대한 내구성도 커진다. 그러나 공기량이 너무 많으면 콘크리트의 강도가 작아진다. 갇힌 공기는 내구성에 대해서 전혀 효과가 없다. 보통 콘크리트의 공기량은 4.5±1.5%(3~6%) 함유하는 것을 표준으로 하고 있다.

공기량 시험방법으로는 KS F 2409 굳지 않은 콘크리트의 단위용적질량 및 공기량 시험방법(질량 방법), KS F 2421 압력법에 의한 굳지 않은 콘크리

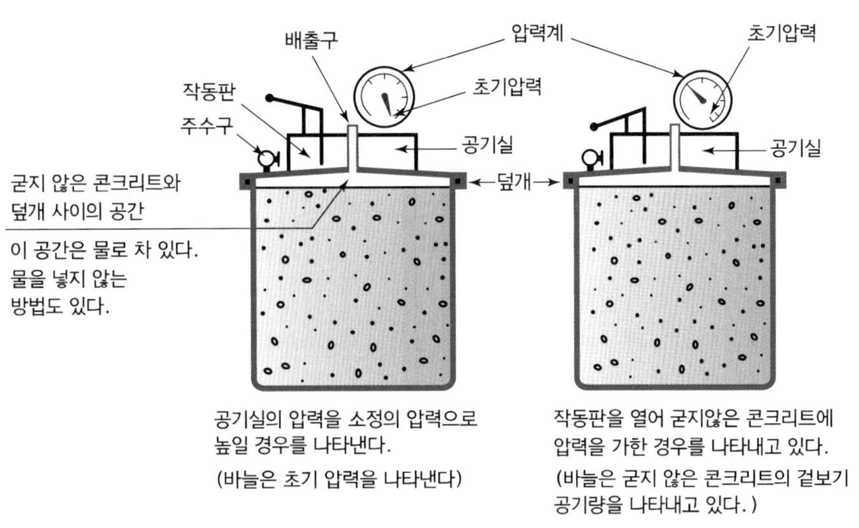

그림 4.168 공기량 시험방법

표 4.47 공기량의 허용 오차(단위 : mm)

콘크리트의 종류	공기량	공기량의 허용 오차
보통 콘크리트	4.5	±1.5
경량 콘크리트	5.5	
포장 콘크리트	4.5	
고강도 콘크리트	3.5	

트의 공기량 시험방법이 있는데, 후자가 간편하므로 실무에서 가장 많이 이용된다.

(4) 재료 분리(Segregation)

콘크리트는 비중과 입자의 크기 등이 다른 여러 종류의 재료로써 구성되므로 비비기, 운반, 다지기 등의 시공 중에 재료가 분리를 일으키기 쉬운 경향이 있다. 재료가 분리를 일으키면 콘크리트는 불균질하게 되어 강도 수밀성, 내구성 등이 저하된다.

굳지 않은 콘크리트의 재료분리를 가능한 한 적게 함으로써 경화한 콘크리트를 균등질로 만들 수 있다.

재료 분리를 시험하는 방법은 KS F 2414 콘크리트의 블리딩 시험방법에 규정되어 있다.

- 작업 중의 재료 분리 작업 중에 생기는 재료 분리의 원인으로는 굵은 골

재의 최대치수가 지나치게 큰 경우, 입자가 거친 잔골재를 사용한 경우, 단위 골재량이 너무 많은 경우, 단위 수량이 너무 많은 경우, 배합이 적절하지 않은 경우가 있다. 재료분리현상을 줄이기 위해서는 콘크리트의 플라스티시티를 증가시킨다. 잔골재율을 크게 한다. 물시멘트비를 작게 한다. 잔골재 중의 0.15～0.3 mm 정도의 세립분을 많게 한다 등이 있다.

Tip

재료 분리

굳지 않은 콘크리트, 굳지 않은 모르타르, 굳지 않은 시멘트 풀에서 고체 재료의 침강 또는 분리에 의해 혼합수의 일부가 유리되어 상승하는 현상

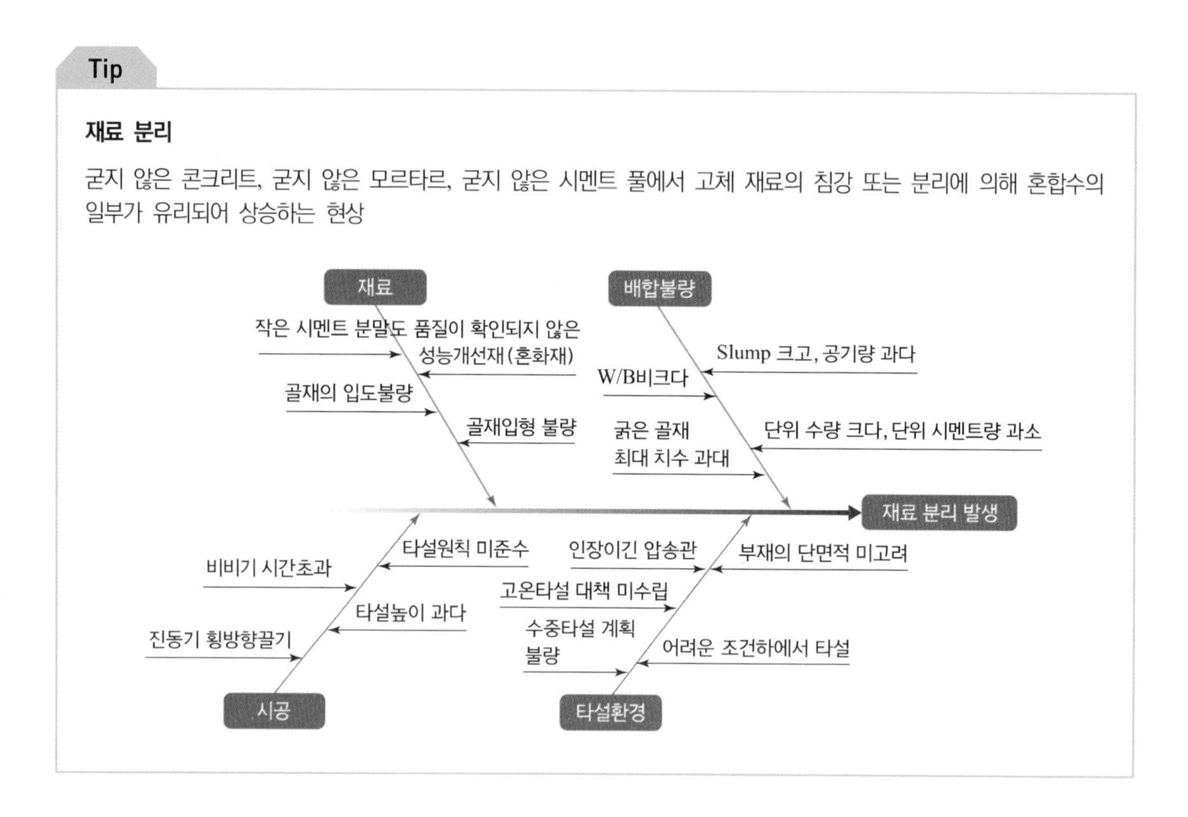

• 작업 후의 재료 분리　콘크리트를 친 뒤에 시멘트와 골재알이 가라앉으면서 물이 콘크리트 표면으로 떠오른다. 이러한 현상을 블리딩(bleeding)이라 하며, 이 현상에 의하여 콘크리트의 표면에 떠올라 가라앉는 미세한 물질을 레이턴스(laitance)라고 한다.

블리딩이 커지면 콘크리트 윗부분의 강도가 작아지고 수밀성과 내구성이 나빠진다.

레이턴스는 굳어도 강도가 거의 없으므로 콘크리트를 덧치기 할 때에는 이것을 없앤 뒤에 작업하여야 한다.

블리딩 현상을 줄이기 위해서는 분말도가 높은 시멘트, AE제나 포조란 등을 사용하고, 될 수 있는 대로 단위 수량을 적게 한다.

Tip

블리딩

- 정의 : 굳지 않은 콘크리트, 굳지 않은 모르타르, 굳지 않은 시멘트 풀에서 고체 재료의 침강 또는 분리에 의해 혼합수의 일부가 유리되어 상승하는 현상
- 영향
  - 상부의 콘크리트를 다공질로 만들어 품질을 저하시킨다.
  - 내부에 수로를 형성하여 수밀성·내구성을 저하시킨다.
  - 철근이나 큰 입자 골재의 하부부분에 수막을 만들어 시멘트 풀과의 부착을 저해시킨다.
- 블리딩 방지사항 : 단위 수량을 적게 하고 골재입도가 적당해야 하며 AE제, 분산감수제, 플라이 애쉬, 기타 적당한 혼화제를 사용한다. 보통 건축용 콘크리트의 경우 블리딩이 일어나는 시간은 40~60분 사이이며, 블리딩에 의해 부상하는 물인 부상수의 양은 0.6~1.5% 정도이다.

레이턴스

- 정의 : 블리딩에 의하여 콘크리트 표면에 떠올라 침전한 미세한 물질. 레이턴스는 강도와 접착력을 아주 저하시키므로 반드시 제거해야 한다.
  - 일반적으로 백색 또는 회백색의 미분말분이 집적한 형상을 이루고 취약하여 콘크리트 이음의 타설부분에 밀착성, 수밀성 등을 해친다.
  - 일반적으로 물시멘트비가 큰 콘크리트의 경우에 레이턴스가 많이 생기고 풍화한 시멘트나 불순물(점토 등) 및 미세립분이 많은 골재를 사용했을 때도 많이 생긴다.
  - 레이턴스는 시멘트 및 모래 속의 미립자의 혼합물로 굳어져도 강도가 거의 없을 뿐만 아니라, 콘크리트의 작업 이음 시 제거하지 않고 콘크리트를 타설하면 이 이음부가 약점의 원인이 되므로 콘크리트가 굳기 전에 또는 경화 후에 압축공기, 압력수 또는 마른 모래를 세게 뿜어 이를 제거한 후 표면이 충분히 젖은 상태로 하여 콘크리트를 타설하는 것이 좋다.

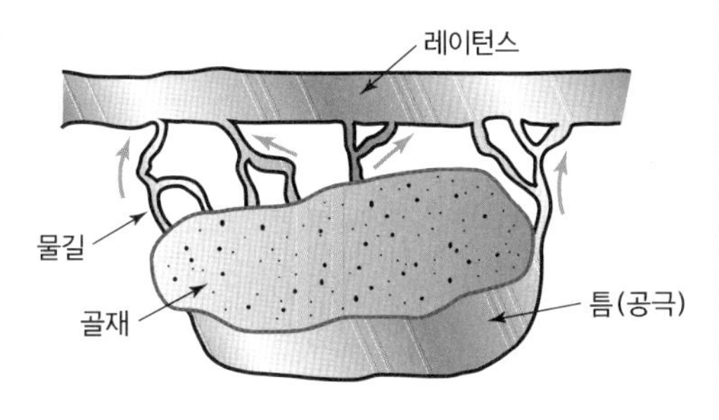

(5) 응결

그림 4.169
콘크리트 응결 측정용

콘크리트의 응결은 시멘트의 품질뿐만 아니라 콘크리트의 배합, 골재나 물에 포함된 성분, 기상 조건, 시공 조건에 의해서 영향을 받는다. 시멘트 품질의 영향으로서는 일반적으로 조강성 시멘트일수록 응결이 빠르고, 동일 시멘트에서는 슬럼프가 작을수록, 물시멘트비가 작을수록 빨라지는 경향이 있다. 골재나 물에 포함되어 있는 성분 중 바다 모래에 포함된 염분은 응결을 빨리 일으키고, 당류, 부식토 등의 유기물은 응결을 늦게 한다. 또, 기상 조건에서는 고온, 저습, 일사, 바람 등이 응력을 빨리 일으키고, 그 반대는 응결을 지연시킨다.

콘크리트의 응결시간을 측정하는 방법은 KS F 2436 관입 저항침에 의한 콘크리트 응결 시간 시험방법에 의한다.

⑥ 온도

콘크리트의 응결 경화 시에 시멘트의 수화열이 축적되면 콘크리트 내부의 온도가 상승하여 매스 콘크리트에서는 그 영향을 충분히 고려해야 한다.

5.2 굳은 콘크리트의 성질

굳은 콘크리트의 성질은 사용 재료, 배합, 양생 조건 등에 따라 달라지는데, 여러 성질 중에서 중요한 특성은 강도이다.

(1) 압축강도

콘크리트의 강도라 하면 압축강도를 말한다. 압축강도 외에는 휨·인장·전단·부착강도 등이 필요하다. 이 강도들은 대체적으로 압축강도로써 판단할 수 있기 때문에 압축강도가 콘크리트의 역학적 기능을 대표하는 것으로서 매우 중요시되고 있다.

일반 구조물에서 콘크리트의 강도는 표준양생을 한 재령 28일의 압축강도를 기준으로 한다.

콘크리트의 압축 강도(N/mm^2)는 KS F 2405 콘크리트 압축강도 시험방법에 규정되어 있다. 표준 시험체(ϕ15 cm×30 cm 또는 ϕ10 cm×20 cm)를 만들어 규정된 일수까지 양생한 뒤에 압축강도 시험기로 파괴시켜 구한 최대 하중(N)을 단면적(mm^2)으로 나누어 구한다.

콘크리트의 압축강도에 영향을 주는 요인은 아래와 같다.

- 사용 재료의 품질(시멘트, 골재, 혼합수, 혼화 재료 등)
- 배합(물시멘트비, 공기량, 단위 시멘트량 등)
- 시공방법(콘크리트의 비빔, 다짐 등)
- 양생방법, 재령, 시험방법 등

① 사용 재료의 품질의 영향

- 시멘트　콘크리트의 강도는 사용 시멘트의 품질에 따라 달라진다. 골재가 강경하고, 물시멘트비·양생·기타 관련 요인이 일정하다면 콘크리트의 압축강도는 시멘트 종류와 시멘트 강도에 좌우된다.

시멘트 강도와 콘크리트의 압축강도의 관계식

$$F_c = K(AX + B)$$

F_c : 콘크리트의 압축강도 K : 시멘트의 강도

A, B : 정수 X : 시멘트물비(W/C, 중량비)

- **골재** 천연자갈, 천연모래의 강도는 시멘트 강도보다 큰 것이 보통이므로 일반적으로 골재강도는 콘크리트에 거의 영향을 미치지 않는다. 그러나 천연경량골재나 약한 석편을 많이 포함한 경우에는 콘크리트의 강도가 저하된다. 콘크리트의 강도가 높아질수록 골재의 영향이 매우 커진다. 골재의 표면은 매끄러운 것보다 거친 편이 표면적이 커서 시멘트풀의 부착력을 좋게 하므로 콘크리트의 강도를 높여준다. 부순돌을 사용한 콘크리트는 강자갈을 사용한 것보다 배합이나 시공여건이 동일하다면 일반적으로 강도가 높다. 부순돌은 강자갈에 비하여 표면적이 크다. 물시멘트비가 일정하더라도 굵은 골재의 최대치수가 클수록 콘크리트의 강도는 작아진다.
- **혼합수** 물은 콘크리트의 다른 재료에 비하여 영향을 적게 받는 재료이나 수질은 콘크리트의 강도, 시공시의 응결시간 및 경화한 후의 콘크리트의 여러 성질에 영향을 미치는 중요한 요소이다. 콘크리트 혼합에 사용되는 물은 유해한 불순물(기름 · 산 · 염류 · 유기물 등)이 포함되지 않은 것이어야 한다.

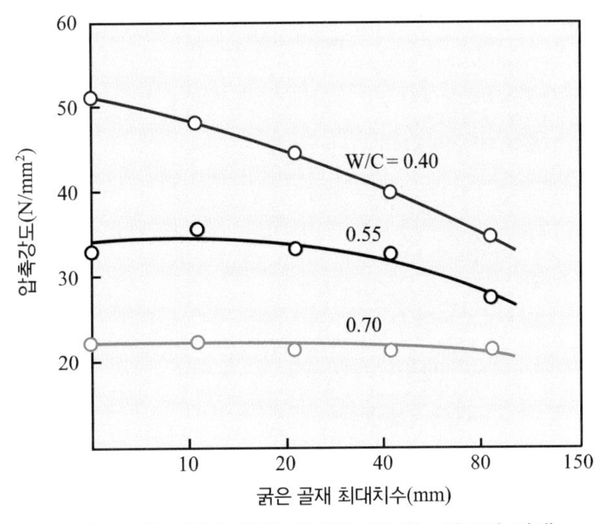

그림 4.170 굵은 골재 최대치수와 압축강도의 관계

② 배합의 영향

- 물시멘트비 콘크리트 강도에 영향을 미치는 요인 중에서 가장 중요한 것은 물시멘트비이다.

−물시멘트비설(Water Cement Ratio Theory)

콘크리트가 워커블하고 플라스틱하면 그 배합의 여하에 관계없이 물시멘트 비만으로 콘크리트의 강도가 결정된다는 것이다. 그 관계는 다음 식으로 나타낼 수 있다.

$$F_c = A/Bx$$

F_c : 콘크리트의 압축강도

A, B : 시멘트 품질 등에 의하여 결정되는 상수

X : 물시멘트비(x = W/C)

−시멘트물비설(Cement-Water Ratio Theory)

콘크리트의 강도와 시멘트물비가 직선적인 관계에 있다는 것이다.

$$F_c = A + B(\mathrm{W/C})$$

F_c : 콘크리트의 압축강도

A, B : 실험상수

W/C : 시멘트물비

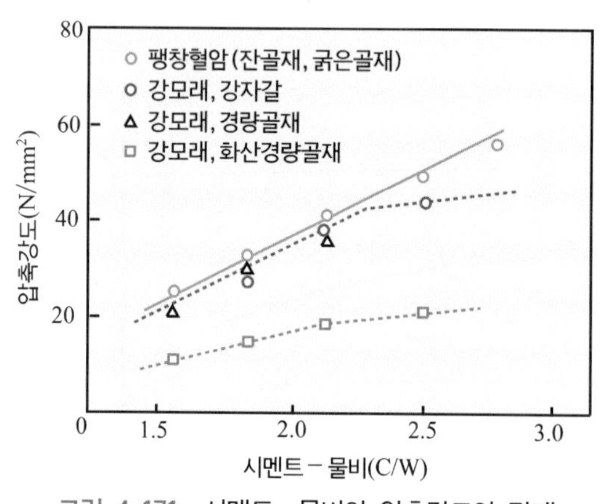

그림 4.171 시멘트−물비와 압축강도의 관계

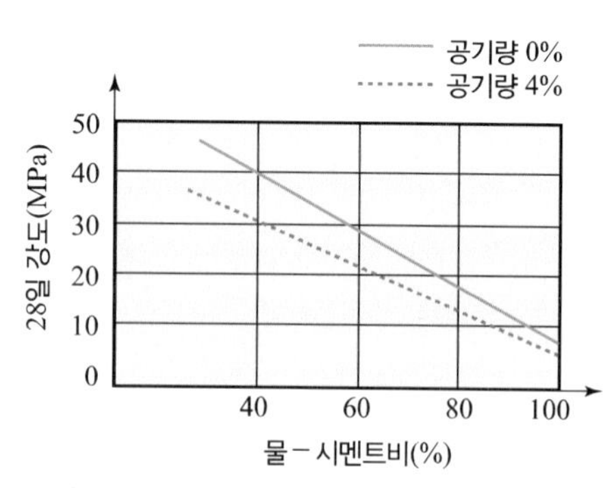

그림 4.172 물−시멘트비와 압축강도의 관계

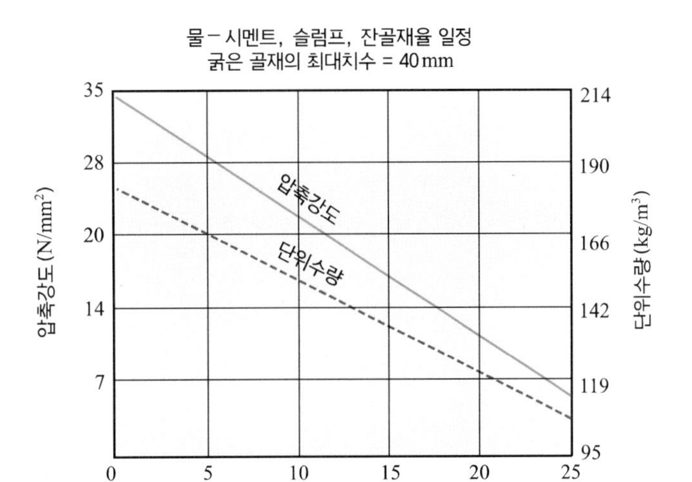

그림 4.173 콘크리트의 공기량과 압축강도, 단위 수량의 관계

– 시멘트공극비설(Cement-Void Ratio Theory)

$$F_c = A + B(C/v)$$

F_c : 콘크리트의 압축강도 A, B : 상수

C : 시멘트의 절대용적

v : 공극의 용적(단위 수량의 용적과 단위 콘크리트 중의 공기 용적의 합계)

- 공기량 물시멘트비가 일정한 콘크리트에서 공기량 1% 증가에 따라 콘크리트의 강도는 4~6% 정도 감소한다. AE콘크리트의 경우는 소요되는 워커빌리티를 얻기 위해 물시멘트비를 보통 콘크리트보다 작게 할 수 있으므로, 슬럼프와 단위 수량을 일정하게 할 경우 압축강도는 AE제를 사용하지 않은 콘크리트와 거의 비슷하다.
- 단위시멘트량

③ 시공방법의 영향

- 콘크리트의 비빔방법 비빔방법에는 손비빔, 기계비빔이 있다. 기계비빔으로 하는 것이 강도면에서 10~20% 정도 증대한다. 콘크리트의 강도는 비빔시간, 믹서회전 속도 및 물시멘트비 등에 따라 달라진다. 기계비빔에서 비빔시간의 시험을 하지 않을 경우에는 재료 전부를 투입한 후 회전 외주속도가 약 1 m로서 1분간 이상으로 하며, 그 비빔콘크리트의 색깔과

품질이 균일하게 되도록 비비고 소정의 비빔시간의 3배 이상 계속해서 비비기를 해서는 안 된다.

손비빔에 의할 때에는 건비빔을 3회 이상 한 후 자갈을 넣어 물비빔을 4회 이상하고, 그 색깔과 품질이 균일하게 되도록 비빈다. 최적 비빔시간은 각 콘크리트의 배합, 물시멘트비, 믹서의 종류, 회전속도 등에 따라 다르나, 보통 혼합물의 색깔과 품질이 균일하게 될 때까지 비비는 것이 중요하다. 특히 손비빔의 경우는 비빔시간이 3~8분 정도에서는 강도에 차이가 있다.

Tip

- 손비빔 : 인력으로 비비는 것으로 아주 작은 콘크리트공사에 한하여 이용되는 비빔방법
- 기계비빔 : 콘크리트를 믹서로서 비비는 것으로 일반 콘크리트공사에 보통 이용되는 비빔방법

- **진동다짐** 진동기를 사용하여 다짐을 할 경우 된 반죽의 콘크리트의 강도는 커지나 묽은 반죽의 콘크리트에서는 그 효과가 적다. 이것은 진동에 의하여 콘크리트 속의 기포가 적어져 밀실한 콘크리트가 되기 때문이다. 묽은 반죽, 즉 혼합수가 많은 경우에 진동시간을 길게 하면 재료가 분리되고 강도는 오히려 저하된다. 또한 응결도중에 적당한 시간(1~2시간)이 경과한 후 다시 진동을 주면 강도가 증대하는 경우도 있다.

④ 양생방법의 영향

콘크리트 강도는 양생에 따라 현저하게 달라진다. 양생이라 함은 콘크리트에 충분한 습도와 적당한 온도를 주어 유해한 응력을 가하지 않는 것을 말한다.

양생방법은 습윤양생과 보온양생방법이 있다. 습윤양생 후 공기 중에서 건조시키면 강도가 20~40% 증가한다. 이 강도 증가는 일시적이며 그대로 건조상태에 두면 증가하지 않는다. 건조상태의 공시체를 다시 습윤상태에 두면 강도가 다시 증가한다.

양생온도가 강도에 미치는 영향은 시멘트의 품질, 배합 등에 의하여 달라지나, 일반적으로 양생온도 4~40℃의 범위에서는 온도가 높을수록 재령 28일까지의 강도는 커진다. 그러나 온도가 지나치게 높으면 오히려 강도발현에 나쁜 영향을 미친다. 한편 양생온도가 −0.5~2.0℃ 이하로 되면 콘크리트 속의 수분이 동결하므로, 특히 초기재령에서 심한 동해를 받는다.

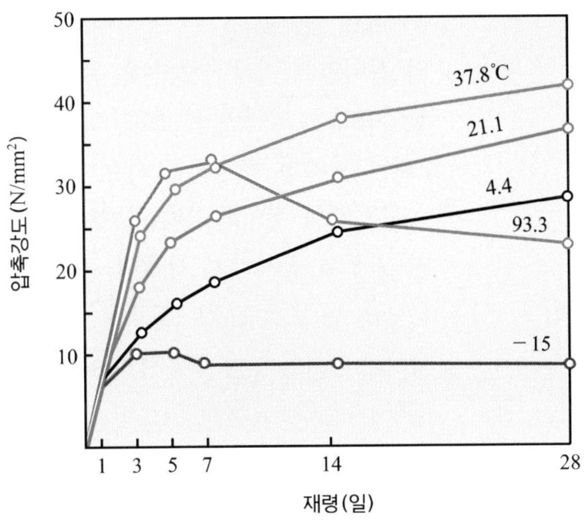

그림 4.174 재령에 따른 압축강도

Tip

- 습윤양생 : 습윤상태로 유지하여 콘크리트 중의 수분이 급격히 증발하지 않도록 하는 양생방법으로 습윤상태의 유지는 수중·습사·분무·살수 등의 방법으로 한다.
- 보온양생 : 시멘트의 수화반응을 촉진하기 위하여 증기·온수 및 전열 등으로 양생하는 방법을 말한다.

⑤ 재령의 영향

콘크리트의 강도는 일반적으로 재령, 즉 경과시간에 따라 증가하는데, 그 비율은 짧은 재령일수록 현저하며 시일이 경과할수록 증가율이 둔해진다. 강도의 증진과 재령의 관계는 시멘트의 종류, 골재의 성질, 양생상태에 따라 현저하게 다르다.

습윤양생을 하였을 때와 실험식은 다음과 같다.

$$F_c = A \log t + B$$

t : 재령(일)　　A, B : 상수

콘크리트의 강도는 보통 재령 28일을 표준으로 하지만, 경우에 따라서는 초기강도를 3일 또는 7일로부터 28일의 강도를 추정할 필요가 생기게 된다.

⑥ 시험방법의 영향

동일한 콘크리트의 시료일지라도 공시체의 모양과 크기, 재하방법, 건습의 정도 등 시험방법에 의하여 상당히 다르다.

• 공시체의 모양과 크기　공시체의 높이와 원주의 지름 또는 각주의 한 변의 길이와의 비가 작을수록, 즉 높이가 낮을수록 압축강도가 크다. 한국산업규격에 의하면 콘크리트의 압축강도시험은 공시체의 높이가 지름의 2배인 원주형 공시체를 사용하는 것을 표준으로 하고 있다.

　공시체의 높이와 원주의 지름 또는 각주의 한 변의 길이가 동일하다면 원주형 공시체가 각주형 공시체보다 큰 압축강도를 나타낸다. 직경 15 cm, 높이 30 cm의 원주형 공시체를 많이 사용한다.

• 공시체 표면의 모양　공시체 표면의 요철은 그 정도에 따라 압축강도에 영향을 준다. 요철이 있으면 강도는 저하하며, 특히 볼록할 때 그 차가 크다. 캡핑은 제대로의 강도를 측정하기 위하여 반드시 하여야 하며, 될 수 있는 대로 얇게 하는 것이 좋다. 캡핑 재료로는 황화합물로 만든 캡핑 컴파운드나 시멘트풀, 석고 등 여러 가지 재료가 사용되고 있다.

• 재하속도와 온도　콘크리트 강도시험 때의 재하속도가 빠르면 빠를수록 압축강도가 크게 나타난다. 한국산업규격에서는 재하속도, 즉 압력증가속도를 매초 0.6±0.4 MPa(=N/mm²) (ϕ15×20 cm 원주형 공시체에서는 300~500 kg/sec)로 시험하도록 규정하고 있다

　시험 때 공시체의 온도가 높을수록 압축강도는 작아진다. 한국산업규격에서 공시체의 표준양생온도는 21~25℃로 규정하고 있다. 시험 직전에 공시체를 건조시키면 일시적으로 압축강도가 커진다. 따라서 공시체는 소정의 함수조건을 잘 지킨 상태에서 강도시험을 할 필요가 있다.

(2) 각종 강도

콘크리트의 인장, 휨, 전단 등의 강도는 압축강도에 비하면 상당히 작다. 콘크리트의 강도는 압축, 인장, 휨, 전단강도 이외에도 부착강도, 지압강도, 피로강도, 크리프강도 등이 있다.

① 인장강도

콘크리트의 인장강도 시험방법에는 직접 인장 시험 방법과 쪼갬 인장 시험방법이 있다. 콘크리트의 인장강도를 예측하기 위한 직접 인장시험은 공시체를 집는 장치에서의 응력집중으로 정확하게 측정할 수 없기 때문에 15 cm×30 cm 원통공시체에 의한 쪼갬 파괴에 의해 간접적으로 인장시험으로 인장강도를 측정하고 있다. 우리나라에서도 쪼갬 인장 시험방법은 직접 인장 시험방법과 달리 특별한 장치를 필요로 하지 않고, 간단히 인장강도를 측정할 수 있

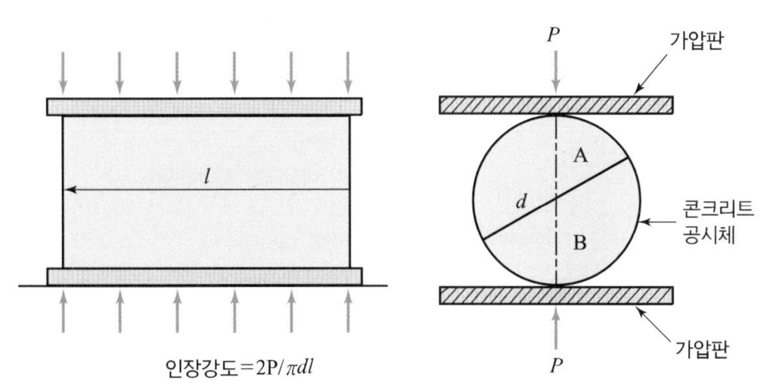

그림 4.175 쪼갬인장강도 시험

기 때문에 KS F 2423 콘크리트의 쪼갬 인장강도 시험방법에 표준인장 시험방법으로 규정하고 있다. 콘크리트의 인장시험은 원주형 공시체를 옆으로 놓고 상하방향에서 평평한 가압판으로 공시체에 충격을 가하지 않도록 똑같은 속도로 균등하게 가압한다. 하중을 가하는 속도는 인장응력의 증가율이 매초 0.06±0.04 MPa(=N/mm^2)이 되도록 조정하고, 쪼갬 파괴시의 최대하중 P로부터 다음 식을 사용하여 인장강도를 구한다.

콘크리트는 취성 재료로서 높은 인장력에 저항하지 못하기 때문에 균열, 전단 및 비틀림 등을 고려할 때 문제가 된다.

콘크리트의 인장강도는 압축강도와 비교하면 매우 작아 보통 콘크리트의 경우 그 비는 약 1/10~1/13 정도이다. 콘크리트의 건조수축 및 온도변화 등에 의한 균열발생을 경감시키기 위해서는 인장강도가 큰 것이 좋다.

② 휨강도

콘크리트의 휨강도는 압축강도의 1/5~1/8 정도이고 인장강도의 1.6~2.0배 정도이다.

휨시험의 방법은 KS F 2408 콘크리트의 휨강도 시험방법에 3등분점 재하법이 규정되어 있다.

③ 전단강도

직접 전단강도는 압축강도의 1/4~1/6로서 인장강도의 2.3~2.5배이다.

일반적으로 단면의 높이 또는 폭이 클수록, 스팬의 길이가 길수록 직접 전단강도는 작아진다. 콘크리트에 있어서는 전단응력과 휨응력이 합성된 사인장응력에 따라 모든 부재가 균열 파괴된다. 철근 콘크리트보 또는 벽에서 문제가 되는 전단균열은 이와 같은 사인장응력에 의한 것이다.

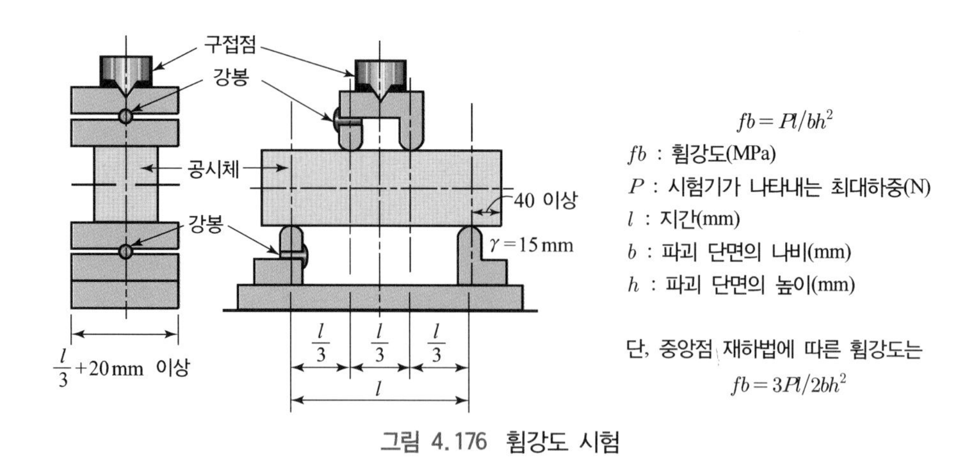

그림 4.176 휨강도 시험

④ 부착강도

부착강도는 최초 시멘트풀의 점착력에 따라 일어나고 하중의 증대에 따라 콘크리트의 경화수축에 의한 철근 표면에의 압력 및 철근 표면의 상태 등에 따른 마찰력에 의해서 발생한다.

부착강도는 철근의 종류 및 지름, 콘크리트 중의 철근의 위치 및 방향, 묻힌 길이, 콘크리트의 피복두께, 콘크리트의 품질 등에 따라 변화한다.

Tip

부착강도 시험 – 인발시험(pull-out test)

콘크리트 중에 매설한 철근에 인장력을 주어 콘크리트에 대한 철근의 미끄러지는 양을 측정하여, 인장력과 미끄러지기 시작할 때의 하중과 어느 미끄러지는 양에 대한 하중 또는 최대 하중 때의 부착응력으로서 부착성능을 평가하는 것이다.

$$\tau = P/\pi dl$$

τ : 부착강도(N/mm^2), P : 최대하중(N), l : 묻힌길이(mm), d : 철근의 지름(mm)

⑤ 지압강도

프리스트레스트 콘크리트(Prestressed Concrete)의 긴장재 정착부 등에서 부재면의 일부분에만 국부하중을 받는 경우의 콘크리트의 압축강도를 지압강도라고 한다. 지압강도는 국부하중에 의한 최대압축하중을 국부재하면적으로 나눈 값으로 구한다.

$$\sigma c' = P/A'$$

$\sigma c'$: 지압강도(N/mm^2) A' : 국부재하면적(지압면적)(mm^2)

P : 국부하중에 의한 최대 압축하중(N)

⑥ 피로강도(Fatigue Strength)

콘크리트도 다른 재료와 마찬가지로 반복하중을 받거나 또는 일정한 하중을 지속적으로 받으면 피로로 인하여 정적파괴하중보다 작은 하중으로도 파괴된다.

이때 전자를 피로 파괴라 하고, 후자를 크리프 파괴라고 한다. 실제로는 무한한 반복에 견딜 수 있는 응력의 극한값을 피로강도라 하고, 응력이 최대치와 최소치와의 차이가 어떤 한도 이하이면 무한회수하중을 되풀이하여 작용시켜도 파괴되지 않는 한계를 피로한계 또는 내구한계라고 하고, 이 피로한계 이상의 응력을 되풀이 하면 콘크리트는 파괴된다. 콘크리트가 지속적으로 하중을 받는 경우 파괴를 일으키지 않는 한계를 크리프한계라고 하는데, 이 크리프 한계는 압축하중의 70~80% 정도이다.

보통 골재를 사용한 콘크리트의 경우 107회의 반복하중에 견디는 피로강도는 표준시험방법에 따라 구한 압축강도의 50~60% 정도이다.

(3) 탄성적 성질

① 응력-변형률 곡선

강재에 외력이 작용하면 어느 한도까지는 응력(Stress)과 변형률(Strain)의 관계가 직선적이 된다(후크의 법칙; Hook's Lows).

그러나 콘크리트는 완전 탄성체가 아니므로 응력과 변형률의 관계는 강재와 달리 하중 재하의 초기 단계에서부터 곡선을 나타내며, 엄밀한 의미의 직선부분은 존재하지 않는다. 콘크리트의 응력-변형률 곡선의 형태는 콘크리트의 강도, 품질 등에 따라 다르지만 일반적으로 고강도 콘크리트 쪽의 곡선

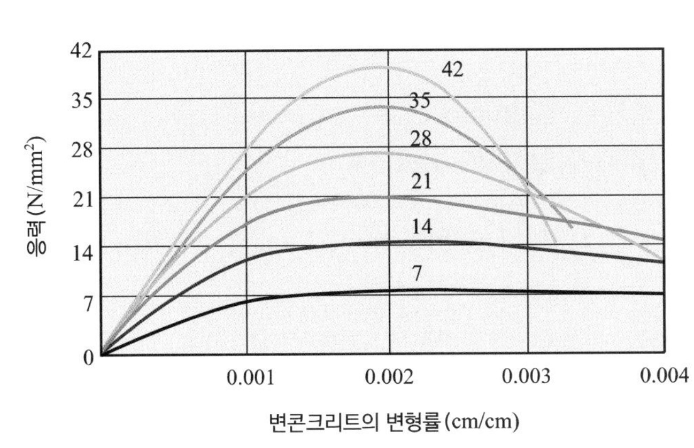

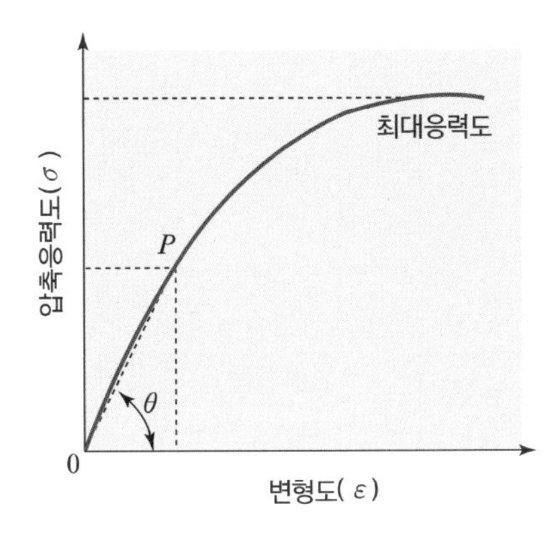

그림 4.177 응력-변형률 곡선

의 기울기가 강도가 낮은 콘크리트 쪽의 기울기보다 급하다. 따라서 보통 콘크리트가 경량 콘크리트보다 곡선 상부의 기울기가 급하다.

응력-변형률 곡선에서 비교적 작은 하중을 가하더라도 잔유 변형률이 생기는데, 이것을 소성 변형률이라 하는데, 이것은 하중을 제거하면 회복되는 변형률이다.

보통 콘크리트에서 잔류 변형률에 대한 전변형률의 비는 응력이 클수록 크고, 파괴강도의 50% 정도의 응력에서 약 10% 정도이다.

② 탄성계수(Modulus of Elaticity)

보통 구조해석시에 사용되는 콘크리트의 탄성계수 또는 영계수(Yong's Modulus)는 할선탄성계수를 사용한다. 여기서 할선탄성계수라 함은 다음 식에 의해서 정의되는 시칸트 탄성계수(Secant Modulus)를 말한다.

$$E_c = \sigma_p + \varepsilon_p$$

여기서, E_c : 시칸트 탄성계수

σ_p : 응력 변형선도상의 임의의 점 P의 응력도

ε_p : σ_p에 대응한 변형도

$\tan\theta$가 시칸트 탄성계수이다.

콘크리트의 탄성계수는 응력의 크기에 따라 다르며, 실용적으로는 압축강도의 1/3 또는 1/4에 상당하는 응력점에서의 E_c를 이용하는 경우가 많으며, 각각 E 1/3, E 1/4로 표시한다.

콘크리트의 탄성계수는 일반적으로 압축강도 및 밀도가 클수록 커진다. 이들 관계는 다음 실험식으로 표시할 수 있다.

$$E_c = W^{1.4} \times 4,270 \sqrt{F_C}$$

여기서, W : 콘크리트의 중량(t/m^3)

F_C : 콘크리트의 압축강도(kg/cm^2)

천연 골재를 사용한 콘크리트의 중량이 $W = 2.3$ t/m^{3}라 한다면 다음 식으로 구한다.

또한 인공경량골재를 사용한 콘크리트의 중량이 $W = 1.6$ t/m^{3}라 한다면 다음 식으로 구한다.

$$E_c = 15,000 \sqrt{F_C}$$

철근 콘크리트의 구조계산 시에 사용되는 탄성계수는 다음과 같다.

- 강비계산에 대해서는 $E_c = 2.0 \times 10^5 (\text{kg/cm}^2)$
- 단면계산에 대해서는 $E_c = 1.4 \times 10^5 (\text{kg/cm}^2)$

인장에서 탄성계수는 압축에서와 대략 같다고 본다.

③ 포아송비(Poisson's Ratio)

콘크리트 공시체에 단순 압축력 또는 단순 인장력을 가하면 공시체의 축방향 변형과 축과 직각방향 변형이 일어난다. 이때 축방향 변형률과 축과 직각방향 변형률과의 비를 포아송비(Poisson's Ratio)라 한다. 포아송비의 역수를 포아송수라 한다.

포아송비 $u = \varepsilon t / \varepsilon e$

포아송수 $m = 1/u$

여기서, εt : 축방향 변형률

εe : 축직각방향 변형률

포아송비는 탄성계수와 같이 사용재료 · 강도 · 응력 등에 따라 다르나 일반적으로 허용응력 부근에서는 1/5~1/7, 파괴응력 부근에서는 1/2~1/4 정도이다. 철근 콘크리트 구조계산규준에서는 계산에 쓰이는 포아송비를 보통 콘크리트, 무근 콘크리트인 경우 1/6으로 하고 있다.

(4) 체적변화

① 건조수축

콘크리트는 흡수하면 팽창하고 건조하면 수축한다. 콘크리트를 수중양생하면 $100 \sim 200 \times 10^{-6}$ 정도의 팽창을 나타내고 물로 포화된 콘크리트 공시체를 완전히 건조시키면 $700 \sim 1{,}000 \times 10^{-6}$ 정도 수축된다.

콘크리트의 건조수축에 영향을 미치는 요인은 단위 수량, 시멘트량과 품질, 골재량과 품질, 공기량, 양생방법 및 부재의 모양과 크기 등을 들 수 있다.

건조수축은 분말도가 낮은 시멘트일수록, 흡수량이 많은 골재일수록, 온도가 높을수록, 습도가 낮을수록 그리고 단면치수가 작을수록 크다.

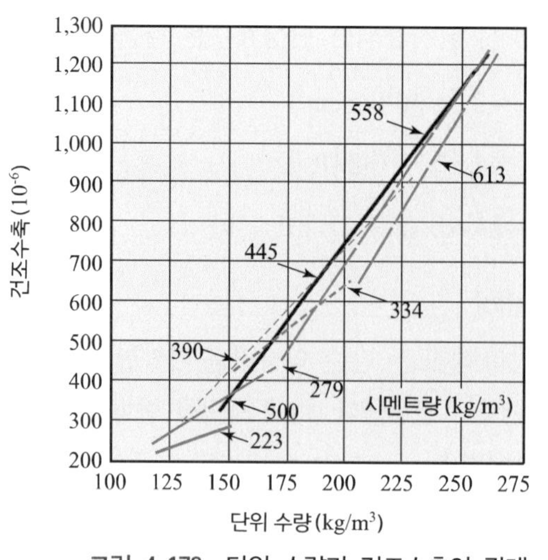

그림 4.178 단위 수량과 건조수축의 관계

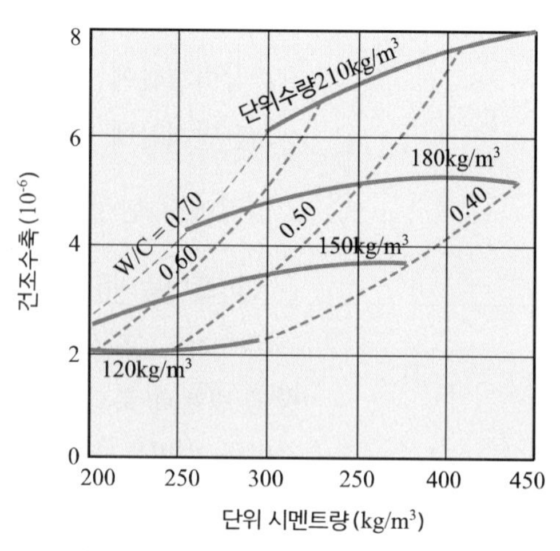

그림 4.179 단위 시멘트량과 건조수축의 관계

② 온도변화에 의한 체적변화

콘크리트의 온도변화에 의한 체적변화는 물시멘트비나 시멘트풀량 등의 영향은 비교적 적고, 사용골재의 암질에 지배되는 경우가 많다. 체적변화는 사용골재의 암질이 석영질인 경우가 최대이고, 사암, 화강암, 현무암, 석회암의 순으로 작아진다. 콘크리트의 열팽창계수는 재료·배합 등에 따라 다르나 보통 온도변화의 범위에서는 1℃에 대하여 $7\sim13\times10^{-6}$ 정도이고 경량 콘크리트는 보통 콘크리트의 70~80% 정도이다. 일반적으로 설계계산시에는 콘크리트의 열팽창계수는 1℃당 10×10^{-6}의 값을 이용한다.

(5) 내화적 성질

콘크리트는 현재 사용되고 있는 건축구조재료 중에서 내화성이 우수한 재료라고 하나, 고온을 받으면 강도 및 탄성계수가 저하하고 철근 콘크리트에서는 철근과 콘크리트와의 부착력이 저하된다.

고온을 받은 후의 콘크리트는 밀도가 낮아져 다공질로 되며, 여러 가지 원인에 의한 크고 작은 균열이 일어난다. 이 때문에 흡수성이 증대되고 중성화 속도가 빨라지며, 내구성이 떨어진다. 얇은 판상의 콘크리트가 급격히 가열되면 폭렬을 일으켜 비산한다. 현상은 콘크리트 재질이 치밀할수록, 함수율이 높을수록, 가열이 갑자기 일어날수록 일어나기 쉽다. 폭렬의 주원인은 일반적으로 콘크리트 내부에 축적된 수증기의 압력증대로 인한 것이다. 콘크리트는 110℃ 전후에서는 팽창하나 그 이상의 온도에서는 수축이 일어나 온도의 상승에 따라 계속 수축이 진행되어 260℃ 이상이면 결정수가 없어지므로 콘크리트 강도가 점점 저하된다. 보통 콘크리트에서는 300~350℃ 이상이 되면 강도가 현저하게 저하하며 500℃에서는 상온 강도의 35% 정도로 저하한다.

이때 급격히 냉각시키면 큰 균열이 발생하나 서서히 식히면 강도가 어느 정도 회복되지만, 700℃ 이상의 화열을 받은 경우 강도가 크게 저하하며 회복도 불가능하다. 콘크리트의 내화성은 배합, 물시멘트비 등에 의한 영향은 비교적 적고 사용 골재의 암질에 크게 지배된다.

(6) 수밀성

수밀성은 동결융해에 대한 내구성, 화학적인 침융작용에 대한 내구성 등과 밀접한 관계가 있다.

콘크리트의 수밀성에 영향을 미치는 요인들은 다음과 같다.

- **물시멘트비** 물시멘트비가 작을수록 수밀성은 커진다. 즉, 물시멘트비를 55% 이상으로 하면 수밀성은 현저하게 작아진다.
- **골재최대치수** 골재최대치수가 클수록 수밀성은 작아진다. 즉, 굵은 골재를 사용하면 수밀성이 작아진다.
- **양생방법** 습윤양생이 충분할수록 수밀성은 커진다. 초기 재령에서 건조상태로 방치하면 수밀성은 작아진다. 따라서 초기 양생뿐만 아니라 계속해서 습윤상태에서 양생하면 수밀성이 향상된다.
- **다짐** 다짐이 불충분할수록 수밀성은 작아진다.
- **혼화 재료** 양질의 혼화제(감수제, AE제, 유동화제 등)를 사용하거나 혼화재(플라이 애쉬, 고로슬래그, 팽창성혼화제)를 사용하면 수밀성은 현저하게 향상된다. 콘크리트의 수밀성을 지배하는 것은 위의 요인들보다 오히려 시공불량에 의하여 생긴 벌집모양의 결함부와 균열 및 불완전 이음부 등을 들 수 있다.

(7) 내구성

콘크리트 내구성은 기상작용, 화학적작용, 침식작용, 해수 및 전류의 작용 등에 대한 저항성이다.

① 기상작용에 대한 내구성

기상작용에 의한 콘크리트의 변화는 동결융해작용, 물의 침식작용, 건습 반복작용, 온도변화, 탄산가스의 작용 등을 들 수 있는데, 일반적으로 동결융해작용에 의한 것이 가장 크다. 동결융해에 대한 내구성은 골재의 품질, 콘크리트의 배합, 기포조직에 따라 다르고, 또한 기상조건, 구조물의 종류, 노출상태 등에 따라서도 상당히 달라진다. 동결융해작용에 대한 저항성을 증가시키기 위해서는 물시멘트비를 작게 하고 수밀한 콘크리트를 만들면 좋다. 콘크리트는 유공체로서 온도와 건습차가 심한 곳에서는 흡수건조와 흡수된 수분의 동결융해가 반복된다. 이 과정을 통하여 콘크리트가 풍화되면 알칼리성을 차차 상실하게 되어 중성화된다. 이렇게 중성화가 진행되어 철근 위치까지 물이나 공기가 침투하면 철근은 산화철이 되어 녹이 슬고 철근체적이 팽창하여 콘크리트가 파괴된다.

위와 같은 현상을 방지하기 위해서는 물시멘트비를 감소시키고 적당한 양의 공기량을 가진 콘크리트를 사용하여 수밀성 증대와 공기연행으로 수압에 의한 파괴력을 완화시킬 수 있다.

AE제를 사용하여 공기량을 2~6% 연행시키면 콘크리트의 동결융해에 의한 내구성이 현저하게 증대되며, 극히 작고 독립적으로 분산되어 있는 공기연행기포는 동결파괴를 일으키는 힘을 소멸시키는 역할을 한다.

내구성은 공기량의 증가와 더불어 급격하게 증대되었다가 차츰 감소된다. 공기량의 증가에 따라 압축강도와 수량은 감소한다.

② 해수 및 화학작용에 대한 내구성

해수에 의한 콘크리트의 침식은 주로 해수 중에 포함되어 있는 황산염의 작용에 의한다.

해수에 포함된 황산염은 콘크리트 중의 수산화석회와 작용하여 한층 더 가용성이 많은 물질을 생성하거나 또는 염기류에 의해 콘크리트의 경화생성물의 일부가 복염을 형성하고, 팽창하여 콘크리트를 붕괴시키는 작용을 한다. 특히 철근 콘크리트 구조물은 철근을 녹슬게 하므로 해수를 피해야 한다.

콘크리트 중의 황산 · 염산 · 질산 등의 무기산이 시멘트수화물 중의 석회 · 규산 · 알루미나 등을 융해시킴으로써 콘크리트를 심하게 침식시켜 붕괴하게 한다.

유기산은 무기산보다 침식의 정도는 약하지만 콘크리트에 거의 영향을 주지 않는다. 그러나 지방산은 콘크리트 중의 석회와 화합하여 유기산의 염류를 생성하므로 침식시킬 수 있다.

Tip

침식물질로부터 콘크리트의 내구성을 증진시키기 위해서는 수밀성 있는 콘크리트로 만들고, 콘크리트 표면에 내식성이 큰 재료로 보호피막을 만드는 것이 중요하다.

③ 손식에 대한 내구성

콘크리트 표층이 침해되어 손상되는 것을 말한다.

손식에는 흐르는 물속의 모래 등에 의한 마모, 교통에 의한 마모, 공동현상에 의한 손식 등이 있다. 여기서 공동현상이란 고속으로 흐르는 물에 노출된 수공구조물의 표면에 요철이나 굴곡이 있는 경우 물의 흐름이 도약하여 콘크리트 표면에서 이탈하며, 내부는 심한 부압으로 되어 공동부가 생기게 하는 현상이다.

손식에 대한 저항성을 높이기 위해서는 물시멘트비를 적게 하고, 강경하고 미분이 적은 골재를 사용하여 충분한 습윤 양생을 하여 고강도, 고밀도로 하는 것이 중요하다.

④ 전식에 대한 내구성

무근 콘크리트는 직류 및 교류전류에 의하여 해를 받지 않는다. 철근 콘크리트의 경우는 교류전류에는 해를 받지 않으나, 고압직류전류에는 취약하다.

철근 콘크리트에 직류전류가 철근으로부터 콘크리트로 향하여 흐르면, 철근이 산화하여 녹이 슬고 팽창하여 콘크리트에 균열을 일으킬 수가 있다.

염화칼슘 등의 금속염류를 포함하는 콘크리트에서의 전식은 한층 가속화된다. 콘크리트 중 철근에 전류가 흐르는 경우 철근에는 영향이 없으나 철근 주위의 모르타르가 연질화하염류는 미량이라도 습윤한 콘크리트의 전기전도성을 증가시키며 콘크리트의 방청성을 감소시키기 때문에 사용해서는 안 된다.

(8) 중량

보통 콘크리트의 중량은 2.3 t/m^3 정도이고 AE제를 넣으면 2.2 t/m^3 정도가 된다. 경량 콘크리트의 중량은 약 2.0 t/m^3 이하이다. 보통 콘크리트보다 무거운 것을 중량 콘크리트라 하고, 가벼운 것을 경량 콘크리트라 한다. 콘크리트의 중량은 강도·열적 및 음향적 특성과 밀접한 관계가 있다.

(9) 크리이프

콘크리트에 하중이 작용하면 그 크기에 따라 순간적으로 변형하지만 일정한 하중이 지속적으로 작용하면 하중의 증가가 없어도 콘크리트의 변형은 시간에 따라 증가한다. 이와 같이 지속적으로 작용하는 하중에 의해서 시간에 따라 콘크리트의 변형이 증가하는 현상을 크리이프라고 한다. 콘크리트의 크리이프는 일반적으로 하중이 클수록, 시멘트량 또는 단위 수량이 많을수록, 하중작용 시의 재령이 짧을수록, 부재의 단면치수가 작을수록, 시멘트량 또는 단위 수량이 많을수록, 하중작용 시의 재령이 짧을수록, 부재의 단면치수가 작을수록, 부재의 건조정도가 높을수록 커진다. 또한 외부습도가 높을수록 작고 온도가 높을수록 크다.

$$\phi t = \varepsilon c / \varepsilon e$$

ϕt : 크리이프 계수

εc : 크리이프 변형도

εe : 탄성변형도(순간적으로 생기는 변형도)

(10) 열적성질

콘크리트의 열팽창계수, 비열, 열전도계수 및 열확산계수를 일괄하여 콘크리트의 열적성질 또는 열특성이라 한다. 콘크리트의 열적성질은 물시멘트비나 재령에 의해 그다지 영향을 받지 않고, 주로 콘크리트 체적의 70~80%를 차지하는 사용 골재의 석질, 단위 수량에 의해 지배된다.

6. 특수 콘크리트

콘크리트는 사용 재료인 시멘트 및 골재 보강재 등에 따라 여러 종류가 있다.

일반적으로 경화된 콘크리트를 의미하며, 보통 무근 콘크리트, 철근 콘크리트, 특수 콘크리트로 대별된다.

- 중량　보통 콘크리트, 경량 콘크리트, 중량 콘크리트
- 재료 보강　철강재보강(철근 콘크리트, 프리스트레스트 콘크리트, 섬유보강 콘크리트), 합성수지보강(폴리머 콘크리트, 폴리머 시멘트 콘크리트,

폴리머 합침 콘크리트), 섬유보강(유리섬유 보강 콘크리트, 강섬유 보강 콘크리트, 탄소 섬유보강 콘크리트, 아라미드 섬유보강 콘크리트, 비닐론 섬유보강 시멘트 시멘트 복합체, 폴리프로필렌 섬유보강 콘크리트, 천연 섬유보강 콘크리트)

- 생산방법 및 시공방법　레디믹스트 콘크리트, 프리캐스트 콘크리트, 프리팩트 콘크리트, 펌프 콘크리트, 수중 콘크리트, 유동화 콘크리트, 고강도 콘크리트, 해양 콘크리트, 포장 콘크리트, 매스 콘크리트, 댐콘크리트, 뿜어붙이기 콘크리트, 도포 콘크리트, 진동다짐 콘크리트, 진공 콘크리트)
- 기후상태　한중 콘크리트, 서중 콘크리트
- 수밀성　수밀 콘크리트, 방수 콘크리트
- 양생방법　상압증기양생 콘크리트, 고압증기양생 콘크리트
- 내구성　내산 콘크리트, 공기연행 콘크리트
- 기포　기포 콘크리트, 다공질 콘크리트
- 석회경화　석회경화 콘크리트, 방사선차폐 콘크리트
- 기타　톱밥 콘크리트 등

(1) 경량 콘크리트(Light Weight Concrete)

중량 경감의 목적으로 만들어진 기건비중 2.0 이하인 콘크리트의 통칭이다. 주로 경량 골재를 사용하여 경량화하거나 기포를 혼입한 콘크리트로서 구조용, 철골철근 콘크리트 피복용, 열차단용 등으로 쓰인다.

경량 골재에는 천연 경량 골재와 인공 경량 골재 및 부산물 골재가 있다. 일반적으로 천연 경량 골재는 모양이 좋지 않고 흡수율이 높기 때문에 구조용 콘크리트 골재로서 적합하지 못하여 인공 경량 골재가 구조용 콘크리트 골재로서 널리 사용되고 있다. 구조용 경량 골재는 한국산업규격에 규정된 품질에 적합한 것을 사용한다.

Tip

경량 골재(Lightweight Aggregate)

경량 골재는 천연 경량 골재와 인공 경량 골재로 구분되며, 골재 알의 내부는 다공질이고 표면은 유리질의 피막으로 덮인 구조로 되어 있으며, 잔골재는 절건밀도가 0.0018 g/mm^3 미만, 굵은 골재는 절건밀도가 0.0015 g/mm^3 미만인 것이다.

표 4.48 경량 콘크리트의 장단점

구 분	내 용
장점	• 자중이 적어 건물 중량을 경감할 수 있다. • 콘크리트의 운반이나 부어넣기의 노력을 절감시킬 수 있다. • 열전도율이 낮고, 내화성 및 방음효과가 크며 흡음률도 보통 콘크리트보다 크다. • 냉난방의 열손실을 방지할 수 있다.
단점	• 시공이 번거롭고 재료처리가 필요하다. • 다공질로서 강도가 작고 건조수축이 크다. • 흡수율이 크므로 동해에 대한 저항성이 약하며 지하실 등에는 부적당하다.

(2) 중량 콘크리트(Heavy Concrete, Heavy Aggregate Concrete)

중량 골재를 사용하여 특히 비중을 크게 하고 치밀하게 한 콘크리트로 차폐용 콘크리트(Shield Concrete)로 이용된다.

보통 콘크리트보다 무거운 것은 중량 콘크리트라 하고 기건단위 용적중량 2.6 t/cm^3 이상을 말한다. 이는 주로 생물체의 방호를 위해 lambda선(x선 포함) 및 중성자선을 차폐할 목적으로 만들어진 콘크리트이므로 차폐용 콘크리트라고도 한다.

중량 골재로서는 중정석 · 자철광 · 갈철광 · 동광재 · 적철광 및 사철 등이 이용된다.

중량 콘크리트 시공시 주의사항으로는 고도의 균일성을 요구하므로 시공시 거푸집은 높은 측압에도 변형되지 않는 견고한 것을 사용해야 하고, 중량 골재는 비중의 차가 커서 재료분리를 일으키기 쉬우므로 운반, 타설에 특히 주의하여야 하며, 콘크리트를 높은 장소에서 투입하면 분리할 뿐만 아니라 거푸집 또는 배관 등에 큰 충격을 주어 손상을 일으킬 우려가 있으므로, 고무판 등을 사용하여 충격을 줄이는 조치 등을 하는 것이 좋다. 그리고 타설시 진동기를 사용할 때는 과도한 진동을 주지 않도록 주의할 필요가 있다.

(3) 수밀 콘크리트(Water Tight Concrete)

콘크리트 자체를 밀도가 높고 내구적 · 방수적인 상태로 만들어 물의 침투를 방지할 수 있도록 만든 콘크리트로, 산 · 알칼리 · 해수 · 동결융해에 대한 저항력이 크고, 풍화를 방지하고 전류의 해를 받을 우려가 적다.

사용하는 골재는 굵은 골재의 최대치수를 될 수 있는 한 크게 하여 세조혼합골재의 단위 용적 중량을 크게 하여 빈틈을 적게 하고 소요품질이 얻어지는 범위 내에서 단위 시멘트량 및 단위 수량을 적게 하여 수축에 의한 균열을 적게 한다.

소요 슬럼프값은 특기시방서에서 정한 바가 없을 때에는 19 cm 이하로 하고 물시멘트비는 55% 이하로 하며, 표면활성제를 사용하여 시공성을 좋게 한다. 또한 가능한 한 된비빔으로 하여 진동다짐으로 치밀하게 다져 넣어 밀실하고 균질한 콘크리트로 만든다.

부어넣은 콘크리트의 온도는 30℃ 이하로 한다.

(4) 프리팩트 콘크리트(Prepacked Concrete)

특정한 입도를 가진 굵은 골재를 거푸집에 채워넣고 그 굵은 골재 사이의 공극에 특수한 모르타르를 적당한 압력으로 주입하여 만드는 콘크리트이다.

특수한 모르타르란 유동성이 크고 재료의 분리가 적으며 적당한 팽창성을 가진 주입모르터를 말하며, 일반적으로 시멘트와 모래 이외의 플라이 애쉬, 감수제, 팽창제 등을 혼합한 것이다.

프리팩트 콘크리트의 시공방법은 모르타르는 주입관을 통하여 적당한 압력으로 주입하고, 일반적으로 안지름 25~65 mm의 강관을 사용하고, 이를 수직방향으로 설치할 때에는 그 수평간격 2 m 이하, 수평으로 설치할 때는 그 수평간격을 2 m 이하, 상하간격을 1.5 m 이하로 설치하는 것이 표준이다.

프리팩트 콘크리트에 사용되는 굵은 골재는 보통 골재로서 그 최소치수가 15 mm 이상인 것으로 하고, 거푸집에 충전했을 때의 공극률이 가급적 작은 것을 사용한다. 프리팩트 콘크리트의 시공시 굵은 골재를 투입할 때와 모르타르를 주입할 때는 거푸집에 큰 압력이 작용하며, 또 모르타르의 누출을 방지해야 하므로 거푸집의 시공은 매우 중요하다.

프리팩트 콘크리트의 특징은 다음과 같다.

- 굵은 골재를 사용하므로 재료의 분리나 수축이 보통 콘크리트의 1/2 정도 적다.
- 기성 콘크리트나 암반 또는 철근과의 부착력이 커서 구조물의 수리 및 개조에 유리하다.
- 높은 압력으로 모르터를 주입하므로 수밀성이 크고, 염류에 대한 내구성도 크다.
- 조기강도는 작으나 장기강도는 보통 콘크리트와 별 차이가 없다.
- 시공이 비교적 쉽고 그라우트는 유동성이 크고 또 물이 잘 섞이지 않으

므로 수중시공이나 지수벽 등에 적합하다.

프리팩트 콘크리트 및 그 응용공법에 의한 효과적인 공사로는 각종 수중 콘크리트공사, 매스 콘크리트공사, 각종 콘크리트 또는 석조구조물의 보수보강, 프리팩트 말뚝공법 등이 있다.

(5) 프리스트레스트 콘크리트(Prestressed Concrete; PS Concrete)

콘크리트 속에 철근 대신 강도 높은 PC 강재에 의해 프리스트레스(하중에 의하여 일어나는 인장응력을 소정의 한도로 상쇄할 수 있도록 미리 계획적으로 콘크리트에 주는 응력)를 도입한 철근 콘크리트의 일종으로서 콘크리트의 인장응력이 생기는 부분에 미리 압축력을 주어서 콘크리트의 외면상의 인장강도를 증가시켜 휨 저항이 증대되도록 한 것이다.

PC강재료는 PC 강선, 이형 PC 강선 및 PC 강 꼰선과 PC 봉강 및 이형 PC 봉강을 사용한다.

콘크리트의 품질은 물시멘트비 65% 이하, 단위 시멘트량 270 kg/m^3 이상으로 하고, 콘크리트의 설계기준 강도는 프리텐션 방법일 때 350 g/m^3 이상, 포스트텐션 방법일 때 300 kg/m^3 이상으로 하며, 콘크리트 소요 슬럼프값은 18 cm 이하로 하는 것을 표준으로 한다.

PC강재에 인장을 주는 방법에 따라 프리텐션 방법과 포스트텐션 방법이 있다.

① 프리텐션 방법

PC강재를 인장시켜 설치하고 콘크리트를 타설하여 콘크리트 경화 후 PC 강재에 주어진 인장력을 강재와 콘크리트의 부착에 의해 콘크리트에 전달시켜 프리스트레스를 주는 방법이며, 소규모의 건축부품(벽판, 디딤판, 루버 등) 또는 T슬래브 등을 만들 때 쓰인다.

④ 포스트텐션 방법

PC 강재를 넣은 위치에 시스(Sheath)를 묻어 두고, 콘크리트를 부어 넣고 경화한 다음 이 시스에 PC강재를 집어 넣어 한쪽 끝을 정착하고, 다른 쪽을 수압·유압·잭을 써서 긴장시켜 그 반력으로 콘크리트에 강력한 압축력이 주어지면 쐐기·나사 등으로 정착시키거나 모르타르 등을 주입하여 늘어난 긴장재가 되돌아가지 않도록 정착시켜서 프리스트레스를 주는 방법으로 대규모 구조물을 만드는 데 주로 쓰이며, 큰 보, 교량 등을 만들 때 쓰인다.

(6) 펌프 콘크리트(Pump Concrete)

현장에서 부어 넣을 장소에 수평 또는 연직으로 먼 거리까지 콘크리트를 펌프로 수송하는 공법으로, 근래에는 많은 현장에서 사용되고 있으나 발전소나 건물 안과 같이 공간이 비교적 제한된 곳에 적당하다. 펌프의 압송능력에 따라 수송파이프, 토출량, 수송거리 등이 상이하다. 일반적으로 슬럼프값이 크면 펌프수송에는 편리하나 분리가 일어나기 쉽고 동일 콘크리트라도 펌프의 종류에 따라 분리의 정도가 다르므로 주의하지 않으면 안 된다.

펌프의 종류는 피스톤 펌프(유압 또는 기계적 작동), 뉴마틱 펌프(압축공기로 압출, 보통 Plezer라고 부름), 착출식 펌프(치약을 튜브에서 짜내는 것과 같은 원리)의 3종이 있다.

(7) 수중 콘크리트(Concrete in Water)

제자리콘크리트 말뚝 및 지중연속벽 등 트레미관(Tremie pipe : 철판으로 되어 그 상부에 깔대가 달리고 밑에는 철판 밑바닥을 끼우고 콘크리트를 채워서 철관을 조금 들면 바닥이 빠져버리게 되어 콘크리트가 밑으로 흐르게 하는 기구를 말함) 등을 사용하여 수중에 부어 넣는 콘크리트를 말한다. 수중콘크리트는 무근 콘크리트에 한하고 주로 구조물의 기초를 만드는 데 사용한다. 수중 콘크리트의 품질은 특히 시공이 잘되고 못됨에 따라 크게 좌우되므로 부어 넣기 및 시공기계 등에 특히 주의하여 재료분리가 될 수 있는 대로 적게 되도록 시공해야 한다.

(8) 폴리머 콘크리트

폴리머(polymer) 콘크리트란 결합재의 일부 또는 전부를 폴리머를 사용하여 만든 콘크리트를 말한다. 폴리머 콘크리트는 강도가 크고, 내수성, 내식성 및 내마모성도 크다.

콘크리트 폴리머 복합체는 폴리머 시멘트 콘크리트(PCC), 폴리머 콘크리트(PC), 폴리머 함침 콘크리트(PIC)라는 이름으로 실용화되고 있다.

① 폴리머 콘크리트(polymer concrete)

결합재로서 시멘트를 사용하지 않고 폴리에스테르 수지 또는 에폭시 수지 등 폴리머만을 골재와 결합하여 콘크리트를 제조한 것이다. 경화속도, 강도, 내구성 등 시멘트로 만든 콘크리트와는 성질이 크게 다르다. 조기에 높은 고강도를 발현하기에 단면의 축소에 따른 경량화가 가능하고, 마모성, 충력저항, 내약품성, 동결융해저항성, 내부식성 등 강도 특성과 내구성이 우수하므로 구조물 등에 다양하게 이용할 수 있다.

② 폴리머 시멘트 콘크리트(polymer cement concrete)

액체 상태의 폴리머를 시멘트, 골재와 함께 넣고 비벼서 만든 콘크리트이다. 수분은 시멘트와 작용하여 경화하고, 물을 소실한 폴리머는 골재 상호 또는 시멘트 경화체와 골재와의 접착작용을 한다. 폴리머 시멘트 콘크리트는 보통 시멘트 콘크리트와 비슷한 성질을 나타내지만, 폴리머의 종류에 따라서 방수성, 내약품성 등 특별한 성질을 개량한다.

③ 폴리머 함침 콘크리트(polymer impregnated concrete)

일반 콘크리트에 폴리머를 고온이나 고압으로 주입시키거나 담구는 방식으로 만든다. 주로 구조물 표면의 경화, 강도, 수밀성, 내약품성과 중성화에 대한 저항 및 내마모성 등의 향상을 도모할 목적으로 사용된다.

(9) 섬유보강 콘크리트

콘크리트의 압축 강도면에서는 큰 효과가 없지만, 인장강도, 휨강도, 충격강도 등을 개선시키기 위하여 콘크리트 속에 짧은 섬유를 고르게 분산시켜 만든 것을 섬유보강 콘크리트라고 한다. 이 콘크리트는 주로 도로 및 활주로의 포장, 터널 라이닝, 각종 구조물의 보수, 프리캐스트 콘크리트 제품 등에 사용되며, 제조 방법은 그림 4.180과 같다.

섬유보강 콘크리트에 사용되는 섬유는 무기계 섬유로 강섬유, 유리섬유, 탄소섬유 등이 있고, 유기계 섬유로 아라미드섬유, 비닐론섬유, 나일론섬유 등이 있다.

(10) 유동화 콘크리트

콘크리트의 유동성을 크게 하기 위하여 굳지 않은 콘크리트에 유동화제를

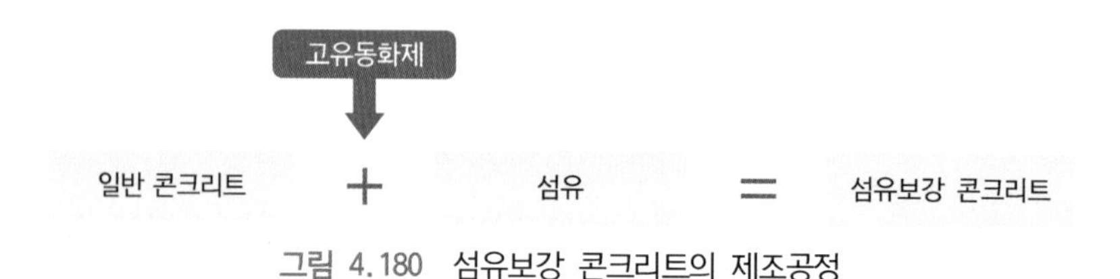

그림 4.180 섬유보강 콘크리트의 제조공정

넣은 것을 유동화 콘크리트라고 한다. 유동화 콘크리트는 칠 때 운반 시간이 길어지고, 슬럼프가 작아져 시공하기 어려운 곳에 사용한다.

(11) AE 콘크리트

콘크리트에 AE제를 사용하여 AE 공기를 가지도록 만든 것을 AE 콘크리트라고 한다. AE 콘크리트는 워커빌리티와 내구성, 수밀성 등이 좋으며, 특히 동결융해에 대한 저항성이 크다. 그러나 공기량에 비례하여 압축 강도가 작아지고, 철근과의 부착 강도가 떨어진다.

(12) 팽창 콘크리트

팽창 콘크리트는 건조 수축에 의한 균열을 막기 위하여 콘크리트에 팽창재를 넣거나 팽창 시멘트를 사용하여 만든 수축 보상 콘크리트이다. 이 콘크리트는 물탱크, 지붕 슬래브, 지하벽, 이음매 없는 콘크리트 포장 등에 사용된다.

(13) 경량 골재 콘크리트

인공 경량 골재를 사용하여 만든 단위 용적 질량 1,670 kg/m^3 이하의 콘크리트를 경량 골재 콘크리트라고 한다.

경량 골재 콘크리트는 가볍고 내화성이 크며, 열전도율이 작으나 강도와 탄성계수가 작고, 건조 수축과 팽창이 크다.

(14) 고유동 콘크리트

재료분리가 없는 상태에서 슬럼프 21 cm보다 더욱더 유동성이 큰 상태로 레미콘 공장에서 콘크리트를 제조하여 현장에서 시공시 다짐을 하지 않아도 될 정도인 콘크리트를 고유동 콘크리트라고 한다.

(15) 고성능 콘크리트

고성능 AE 감수제의 대폭적인 감수 효과를 활용하여 고유동은 물론 고강도, 고내구성까지도 발휘하는 만능적인 콘크리트이다.

7. 시멘트 및 콘크리트 제품

시멘트 및 콘크리트 제품이란 공장에서 시멘트 모르타르나 콘크리트를 소정의 치수와 형상으로 성형하고 양생하여 소요의 품질을 갖도록 제조한 것이다. 시멘트 제품은 시멘트를 주요한 결합재로 하고, 여기에 잔골재, 굵은 골재, 석면, 목모, 목편 등의 구성입자를 1종 이상 배합하여 소정의 모양으로 제조한 것이다. 콘크리트 제품은 시멘트 제품의 일종으로 콘크리트를 주요 재료로 한 것으로 비교적 두꺼운 것, 구조적인 강도가 큰 것이다.

시멘트 및 콘크리트 제품은 거의 공장에서 제조되므로 품질을 신뢰할 수 있고, 균질한 제품의 양산이 가능하며, 현장에서는 거푸집이나 동바리의 준비 및 양생기간이 필요없으므로 공기가 단축된다. 또한 시멘트 및 콘크리트 제품 자체는 내화성과 내구성이 풍부하고 두꺼운 부재의 경우는 단열성, 차음성이 우수한 재료이다. 이러한 장점이 있는 반면 제품의 형상 치수가 정수로 한정되어 있으므로 설계 시공상의 제약을 받고 또한 제품공장을 건설한 경우 광대한 부지와 대규모의 설비가 필요하므로 막대한 자금을 투자해야 하는 생산성의 문제점과 제품공장으로는 원료수송과 제품의 반출, 운반상 어려운 점 등의 단점도 있다. 그러나 콘크리트 공장 제품은 일반 콘크리트 현장타설 공사에 비하여 다음과 같은 많은 장점들을 가지고 있다.

- 현장에서 양생기간이 필요 없어 공사기간이 단축된다.
- 제조된 제품을 이용하기 때문에 공사시에 기상 작용에 대한 영향을 적게 받고, 동절기 공사에 특히 유리하다.
- 거푸집, 동바리 등의 준비가 필요없이 공사가 간단해진다.
- 기계화 공사에 유리하다.
- 품질 성능을 확인할 수 있기 때문에 품질이 안정된 구조물로 시공할 수 있다.
- 구조물을 구축하기 위한 에너지의 소비량이 적어진다.

시멘트 및 콘크리트 제품으로서 건축에 사용되는 종류는 대단히 많다. 각 제품은 한국산업규격에 재료, 제조방법, 시험, 검사 방법 등 기타가 규정되어 있다.

(1) 가압 시멘트판 기와(KS F 4029)

원료 혼합물을 잘 혼합하여 적량의 물을 가해서 반죽된 모르타르를 형틀에 채운 후, 수압기 또는 유압기로 균등하게 4.9 MPa 이상의 압력을 가하여 탈수 성형한 제품이다.

용도는 지붕용이고, 종류로는 모양, 치수, 도장유무에 따라 구별되는데, 일반적인 모양은 기본 기와(한식형, 스패니시 S형 5호)와 이형 기와(한식 개량형, 꺾음형, 평판형, 오금형, 스패니시 S형 4호, 한식 S형 6호)가 있다. 치수 및 휨 파괴 하중은 한국산업규격에 적합하고, 흡수율은 10% 이하로서 겉모양은 균일하고 사용상 해로운 비틀림, 균열, 모서리 깨짐, 잔구멍, 압축 빠짐, 도장의 벗겨짐, 도막 깨어짐, 부풂, 기포, 핀홀, 튀김, 얼룩, 흐름, 백화 등이 없도록 제작된 것이 품질이 양호한 제품이다.

표 4.49 가압 시멘트판 기와의 치수(단위 : mm)

모 양		치 수			유효치수		허용차	
		길이(A)	나비(B)	두께(C)	길이(a)	나비(b)	길이	나비 및 두께
기본 기와	한식형	360	300	15	–	–	+2 −1	+2 −1
	스패니시 S형 5호	400	350	12	330	300		
이형 기와	한식 개량형	360	360	12	330	300		
	꺾음형	425	337	12	360	303		
	평판형	364	357	12	303	303		
	오금형	315	305	11	243	250		
	스패니시 S형 4호	364	355	12	303	320		
	한식 S형 6호	350	328	12	300	270		

1) 한식 개량형 기와의 치수 측정 부위는 기와의 하단부로 한다.
2) 두께는 단면의 주요 부분의 두께를 말하며, 그 외 어느 부분의 두께나 7 mm 이상으로 한다.

표 4.50 가압 시멘트판 기와의 성능

종 류		휨 파괴 하중(N)	흡수율(%)
기본 기와	한식형	1470.0 이상	10 이하
	스패니시 S형 5호	1470.0 이상	
이형 기와	한식 개량형	1470.0 이상	
	꺾음형	1270.0 이상	
	평판형	1270.0 이상	
	오금형	1270.0 이상	
	스패니시 S형 4호	1470.0 이상	
	한식 S형 6호	1470.0 이상	

(2) 목모 보드(KS F 4720)

이 제품은 나무섬유인 목모와 시멘트를 주원료로 혼합하여 압축 성형한 판으로 건축물의 내부 및 외부에 사용하는 보드이다. 종류로는 목적에 따라 난연 목모 보드와 단열 목모 보드가 있다. 목모 보드의 치수는 폭 600 mm, 길이 600~2,400, 두께 15~100 mm의 다양한 조합으로 이루어진다. 품질로는 보드의 휨 파괴 하중과 처짐 및 열저항을 KS F 4720 목모 보드에 두께별로 따로 규정하고 있다.

이 제품의 용도는 흡음, 단열, 장식의 목적으로 주로 내벽, 천정의 마감재, 지붕의 단열재, 콘크리트거푸집 등에 사용된다.

표 4.51 목모 보드의 치수

종 류	두께(mm)	나비(mm)	길이(mm)
목모 보드	15, 20, 25, 35, 50, 75, 100	600	600, 1,200, 2,400

표 4.52 목모 보드의 품질

두께(mm)	밀도(kg/m^3)	함수율(%)	휨 파괴 하중(N)	처짐(mm)	열저항값(m^{2}K/W)
15	0.3 이상~0.6 이하	20 이하	390 이상	10 이하	0.14 이상
20			590 이상	9 이하	0.19 이상
25			780 이상	8 이하	0.24 이상
35			1,450 이상	7 이하	0.30 이상
50			2,450 이상	6 이하	0.40 이상
75			3,600 이상	5 이하	0.55 이상
100					

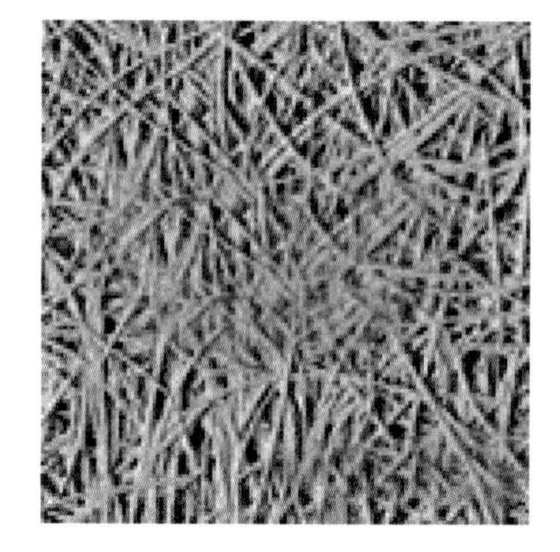

그림 4.181 목모 보드

(3) 원심력 제품

원심력 가공제품은 철제의 원통 형틀 속에 철근을 조립해 넣고 혼합된 콘크리트를 넣은 다음 형틀을 동력으로 회전시키면서 원심력에 의하여 형틀 안쪽에 콘크리트가 압착되는 원리를 이용한다.

원하는 두께가 되면 저속, 중속, 고속으로 약 10분에서 40분간 회전시킨 다음, 증기보양 혹은 고온고압양생을 하여 형틀을 떼어내고, 수중보양 후 완제품을 생산한다.

KS 규격에 규정되어 있는 원심성형 콘크리트 제품의 종류는 다음과 같다.

① 원심력 철근 콘크리트 말뚝(KS F 4301)

원심력을 이용하여 만든 철근 콘크리트 말뚝에 대하여 규정한다.

② 프리텐션 방식 원심력 PC 말뚝(KS F 4303)

원심력을 응용하여 만든 프리텐션 방식에 의한 프리스트레스트 콘크리트 말뚝에 대하여 규정한다.

③ 프리텐션 방식 원심력 PC 전주(KS F 4304)

원심력을 응용하여 만든 프리텐션 방식에 의한 프리스트레스트 콘크리트 전주에 대하여 규정한다.

④ 프리텐션 방식 원심력 고강도 콘크리트 말뚝(KS F 4306)

원심력을 응용하여 만든 콘크리트의 압축 강도가 78.5 N/mm^2(800 KGF/cm^2) 이상의 프리텐션 방식에 의한 고강도 콘크리트 말뚝에 대하여 규정한다.

그림 4.182 PC 말뚝

그림 4.183 PC 전주

그림 4.184 철근 콘크리트관(흄관)

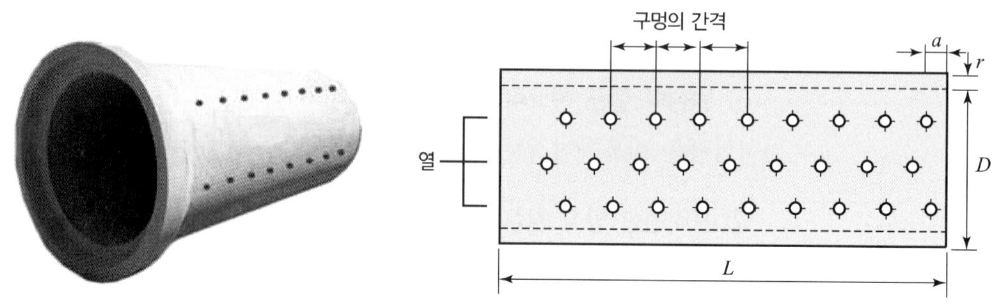

그림 4.185 유공 철근 콘크리트관

⑤ 원심력 철근 콘크리트관(KS F 4403)

통칭 흄관이라고 한다. 원통형으로 짠 철근 바구니를 강철제 형틀에 놓고 원심기 차바퀴에 태워 회전시키면서 소정량의 콘크리트를 투입하고, 원심력으로 콘크리트를 균일하게 수축하여 굳힌 관을 제조한다.

⑥ 원심력 유공 철근 콘크리트관(KS F 4409)

원심력 및 축전압 등을 응용하여 만든 지하수, 복류수의 집수 및 지하 배수용 유공 철근 콘크리트관에 대하여 규정한다.

(4) 조적재

① 속빈 콘크리트 블록(KS F 4002)

제조방법은 시멘트와 골재를 1 : 5~1 : 7의 비율로 혼합(단위 시멘트량 220 kg/m^3 이상)한 잔 자갈의 콘크리트 또는 굵은 모래의 모르타르를 형틀에 채워 넣은 다음에 진동, 가압하여 성형하고 양생한 것으로 보통 시멘트 블록이라고 한다.

블록의 종류는 모양, 치수에 따라 기본블록과 이형블록(반토막블록, 모서리용블록, 가로근용블록, 그 밖의 용도에 따라 모양이 다른 블록의 총칭)이 있고, 품질 구분에 따라 A, B, C종 블록이 있다.

이 외에 치장 콘크리트 블록(KS F 4038), 콘크리트 적층 블록(KS F 4416), 경량 기포 콘크리트 블록(ALC 블록) (KS F 2701)이 있다.

Tip

- 치장 콘크리트 블록 : 철근으로 보강할 수 있는 공동이 있고, 미리 표면에 연마, 절삭, 씻어내기, 쪼아내기, 스플릿, 슬럼프, 리브붙이 등의 치장 마무리가 되어 있는 블록을 말한다. 도장 또는 착색만에 의한 치장 블록은 포함하지 않는다.
- 콘크리트 적층 블록 : 옹벽 등에 사용되는 콘크리트 적층 블록
- 경량 기포 콘크리트 블록 : 주로 건축물에 사용하는 고온 고압 증기 양생을 한 경량 기포 콘크리트의 블록 제품이다.

그림 4.186 속 빈 콘크리트 블록(기본)

그림 4.187 치장 콘크리트 블록

그림 4.188 경량 기포 콘크리트 블록

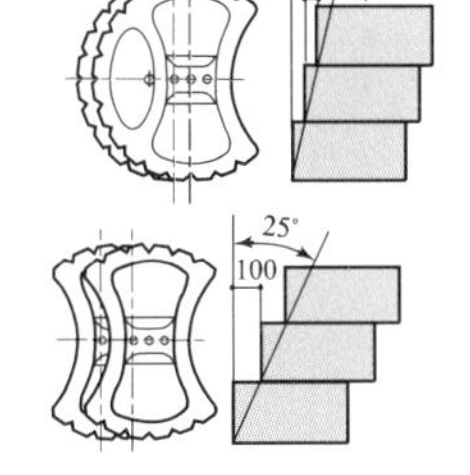

그림 4.189 콘크리트 적층 블록

표 4.53 블록의 모양, 치수 및 허용차(단위 : mm)

형 상	치 수			허용차
	길 이	높 이	두 께	
기본블록	390	190	190 150 100	±2
이형블록	가로근용 블록, 모서리용 블록과 같이 기존 블록과 동일한 크기인 것의 치수 및 허용차는 기존 블록에 준한다. 다만, 그 외의 경우 당사자 사이의 협의에 따른다.			

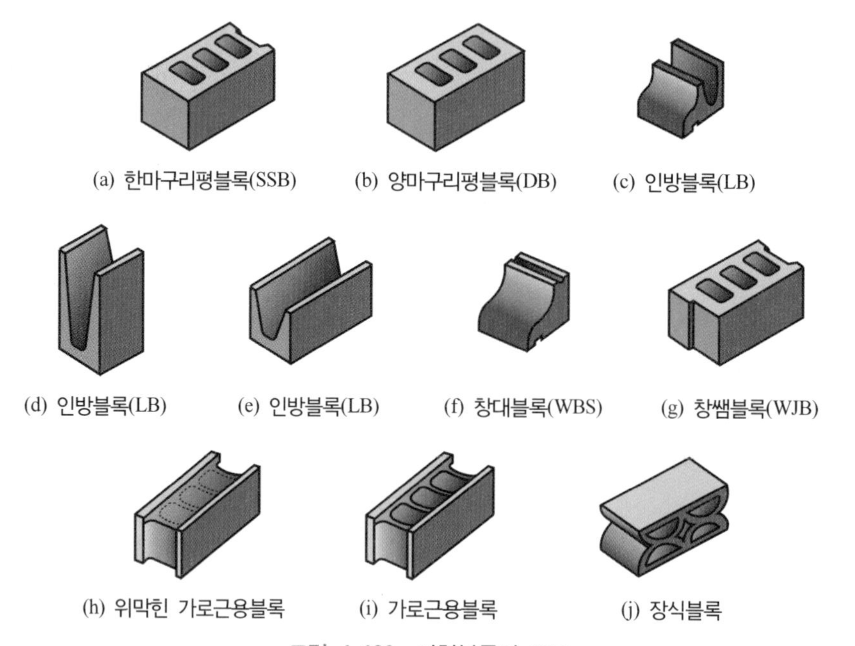

그림 4.190 이형블록의 종류

표 4.54 블록의 품질

구 분	기건비중	전 단면적에 대한 압축강도(N/mm^2)	흡수율(%)
A종 블록	1.7 미만	4 이상	-
B종 블록	1.9 미만	6 이상	-
C종 블록	-	8 이상	10 이하

② 콘크리트 벽돌(KS F 4004)

시멘트 블록과 같이 벽체 조적조에 이용되며, 제조방법은 시멘트 블록과 거의 같다.

그림 4.191 콘크리트 벽돌

표 4.55 벽돌의 모양, 치수 및 허용차(단위 : mm)

모 양	길 이	높 이	두 께	허용차
기본 벽돌	190	57 90	90	±2
이형 벽돌	홈 벽돌, 둥근 모접기 벽돌과 같이 기본 벽돌과 동일한 크기인 것의 치수 및 허용차는 기본 벽돌에 준한다. 다만 그 외의 경우는 당사자 사이의 협의에 따른다.			

표 4.56 벽돌의 품질

구 분		기건 비중	압축강도(N/mm^2)	흡수율(%)
A종 벽돌		1.7 미만	8 이상	-
B종 벽돌		1.9 미만	12 이상	-
C종 벽돌	1급	-	16 이상	7 이하
	2급	-	8 이상	10 이하

벽돌의 품질은 겉모양이 균일하고 비틀림, 해로운 균열, 흠 등이 없어야 한다. 또한 A종 벽돌과 B종 벽돌은 경량 골재를 사용한 경량 벽돌이고, 보통 골재만을 사용한 벽돌은 C종 벽돌로 표 4.56에 적합하여야 한다.

(5) 프리패브용 콘크리트 제품

저층 프리캐스트 철근 콘크리트 구조의 주택에 사용하는 건축용 부재이다. 공장의 고정시설을 가지고 필요한 부재를 철재 거푸집에 의하여 제작, 고온 다습한 증기 양생실에서 단기간에 양생하여 기성제품화한 것이다.

KS 규격에 재료, 종류, 모양, 치수 및 허용차, 제조, 겉모양 및 성능, 시험, 검사에 대해 규정하고 있다.

- 조립용 콘크리트 벽판(KS F 4722)
- 조립용 콘크리트 바닥판(KS F 4726)
- 조립용 콘크리트 지붕판(KS F 4729)
- 프리스트레스트 콘크리트 슬래브(더블 T형)(KS F 4202)
- 철근 콘크리트 조립담 구성재(KS F 4015)
- 속빈 프리스트레스트 콘크리트 패널(KS F 4034)
- 강섬유 보강 콘크리트판(KS F 4733)
- 발포 폴리스티렌 경량 콘크리트 벽판(KS F 4734)
- 압출 성형 콘크리트 패널(KS F 4735)

• 압출 성형 경량 콘크리트 패널(KS F 4736)
• 경량 기포 콘크리트 패널(ALC 패널)(KS F 4914)

Tip

- 강섬유 보강 콘크리트판 : 강섬유 보강 콘크리트를 타설하여 만든 조립용 판이다.
- 발포 폴리스티렌 경량 콘크리트 벽판 : 중앙부에 발포 폴리스티렌 비드와 시멘트 혼합물을 주원료로 사용하고(용도에 따라 발포 폴리스티렌 보온판 삽입), 표면에 섬유 보강 시멘트 보드를 양면 접합한 제품으로 건축물의 비내력 내외장 벽체로서 사용되는 패널이다.
- 압출 성형 콘크리트 패널 : 시멘트, 규산질 원료, 골재, 광물 섬유 등을 사용하여 진공 압출 성형한 제품 중 주로 건축물의 내·외벽재, 도로 방음벽에 사용된다.
- 경량 기포 콘크리트 패널 : 석회질 원료 및 규산질 원료를 주원료로 하고, 고온고압 증기 양생을 한 경량 기포 콘크리트에 의한 제품 중 주로 건축물에 사용하는 철근으로 보강한 패널이다.

(6) 그 밖의 제품

앞에서 설명한 시멘트 및 콘크리트의 건축용 제품 이외에 도로용, 교량용, 상하수도용, 전기 전주용, 흙막이용, 철도용 등과 관련하여 무수히 많은 종류가 있다.

• 포장용 콘크리트 평판(KS F 4001)　주로 도로, 광장 등의 포장에 사용
• 보차도용 콘크리트 인터로킹 블록(KS F 4419)　주로 조립에 의해 보도, 차도, 광장, 주차장 등의 포장에 사용
• 콘크리트 및 철근 콘크리트 L형(KS F 4005)　노면 배수용 측구로 사용
• 콘크리트 경계 블록(KS F 4006)　주로 보도 및 차도 또는 도로의 경계부에 사용
• 철근 콘크리트 플룸 및 벤치플룸(KS F 4010)　주로 수로용
• 하수도용 콘크리트 맨홀 블록(KS F 4012)　주로 하수도에 사용
• 철근 콘크리트 U형(KS F 4016)　주로 도로의 측구에 사용
• 철근 콘크리트 조립식 암거 블록(KS F 4020)　주로 도로의 암거 배수에 위, 아래를 조립하여 사용
• 도로용 철근 콘크리트 측구(KS F 4417)　보도 및 차도에 평행하게 설치
• 철근 콘크리트 조립 흙막이(KS F 4019)　바퀴하중의 영향이 없고, 토압이 비교적 작은 장소의 흙막이벽, 용배수로의 보호에 사용
• 콘크리트 널말뚝(KS F 4208)

- 콘크리트 전선관(KS F 4008) 지하에 매설하는 전신 전화선 및 전력 케이블 보호용
- 철근 콘크리트 근가(KS F 4023) 주로 전주 및 통신주의 앵커부에 사용
- 프리스트레스트 콘크리트 침목(KS F 4207) 프리텐셔닝 공법으로 제작하는 철도 선로용
- 철근 콘크리트 L형 옹벽(KS F 4414) 비탈면의 보호와 흙막이에 사용

VI 금속재료

금속재료란 공업에서 사용되는 금속으로 된 재료로서 크게 철금속과 비철금속으로 나눌 수 있다. 금속결합을 하고 상온에서 고체상태(예외: 수은)이며, 고체상태에서 대부분 결정(crystal: 동일 형태의 단위정[unit cell]이 3차원 공간에서 반복적으로 배열되어 있는 고체)을 이룬다. 금속재료는 자유전자에 의해 결합되는 금속결합을 하기 때문에 다음과 같은 금속 특유의 성질을 가진다. 금속재료는 수많은 자유전자 때문에 높은 열 및 전기전도성을 지니며 불투명하다. 그리고 비방향성 결합과 국부적인 전하중성이 요구되지 않기 때문에 쉽게 변형이 되고, 영구변형이 가능하다.

지구상의 100여 가지 원소 중 약 반 정도가 금속에 속하며, 대표적인 금속으로는 철 · 알루미늄 · 마그네슘 · 구리 · 니켈 · 티타늄 · 금 등이 있다. 철(Fe)은 구조용 재료의 대부분을 차지하며 자성재료로 이용된다. 알루미늄은 가볍고 내식성 · 전기전도성이 우수하며, 자동차 · 항공기 재료로 쓰인다. 마그네슘은 알루미늄보다 3분의 2 정도 가벼워 자동차 · 항공기 소재로 이용되며 부식이 잘 된다. 구리는 전기전도성이 우수하여 전기재료로 이용된다. 니켈은 내식성 · 내열성이 우수하며 항공기 소재로 이용된다.

흔히 건축에서 금속재료란 철골구조의 구조물로 많이 사용된다.

1. 금속재료의 분류 및 성질

1.1 금속재료의 분류

금속재료는 일반적으로 다음과 같이 분류한다.

표 4.57 금속재료의 분류

종 류	내 용	
철금속 재료	• 선철(용해해서 만든 철) • 합금강	– 순철(탄소 함유량 0.02% 이하) – 탄소강(탄소 함유량 0.02～2.0%) – 주철(탄소 함유량 2.0% 이상)
비철금속 재료	• 구리와 그 합금 • 마그네슘과 그 합금	• 알루미늄과 그 합금

1.2 금속재료의 성질

(1) 밀도

금속의 밀도는 알루미늄의 2.7 g/cm^3로부터 납의 11.4 g/cm^3까지 그 범위가 크다.

강의 밀도는 7.86～7.88 g/cm^3이고, 주철의 밀도는 7.1～7.3 g/cm^3이다.

(2) 열팽창계수

열팽창계수란 물체의 온도가 1 æ 상승함에 따라 물체의 길이·체적(부피) 등이 팽창하는 비율을 말하며, 기준에 따라 선팽창계수, 체적 팽창계수 등으로 나타낸다. 고체의 경우 체적 팽창계수는 선팽창계수의 약 3배이다.

금속재료의 선팽창계수는 온도에 따라 달라지며, 일반적으로 0～100℃의 범위에서 강은 $(10.5 \sim 11.0) \times 10^{-6}$/℃이고, 주철은 $(10.0 \sim 11.0) \times 10^{-6}$/℃이다.

(3) 인장강도

금속재료의 시험편에 인장하중을 주면 응력–변형률 곡선을 얻을 수 있다. 금속재료의 인장시험을 하여 항복점, 인장강도, 변형률, 단면 수축률 등을 구한다.

금속재료의 인장시험 방법은 KS B 0802에 규정되어 있다.

(4) 경도

경도는 재료의 단단한 정도를 나타내는 척도이다. 금속재료의 경도를 측정하는 방법으로는 브리넬 경도 시험방법(KS B 0805)을 많이 쓰고 있다.

2. 철강의 제조법과 가공

철강의 제조공정은 제선 → 제강 → 조괴 → 압연의 공정을 거친다.

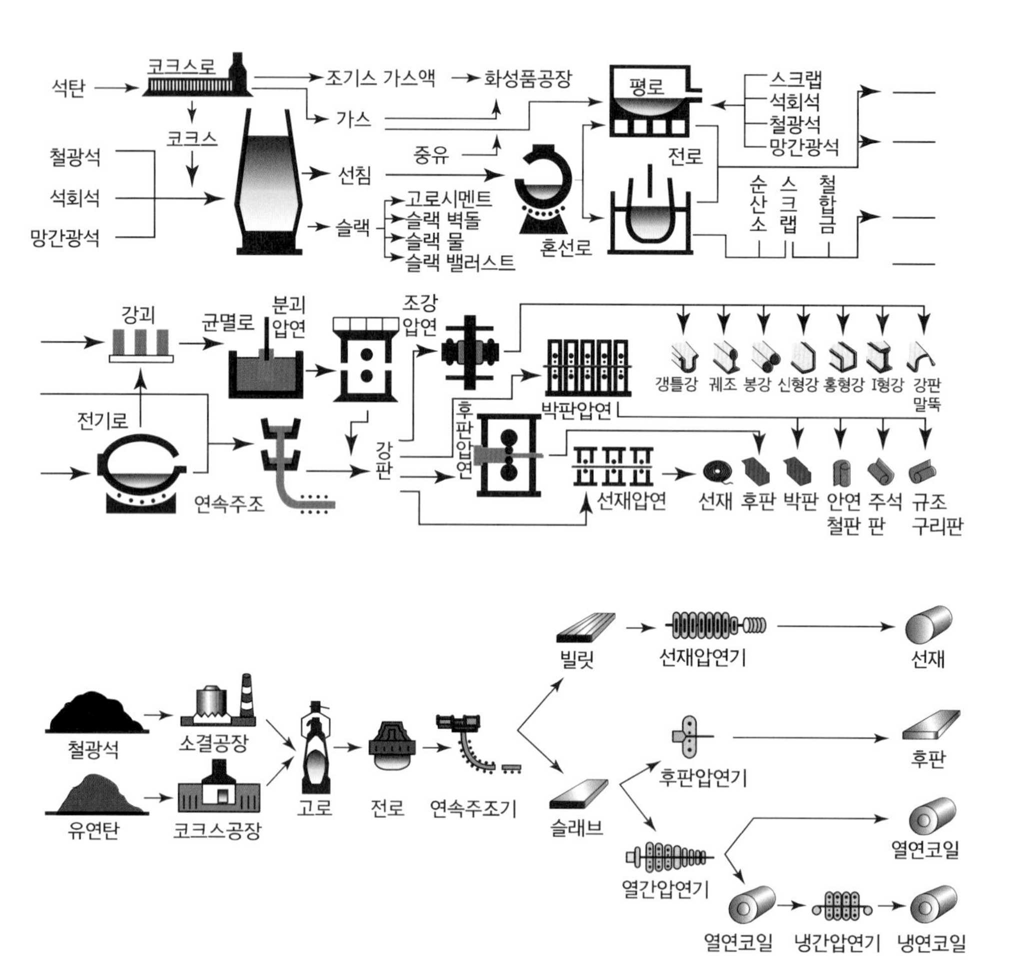

(a) 고로 방식

(계속)

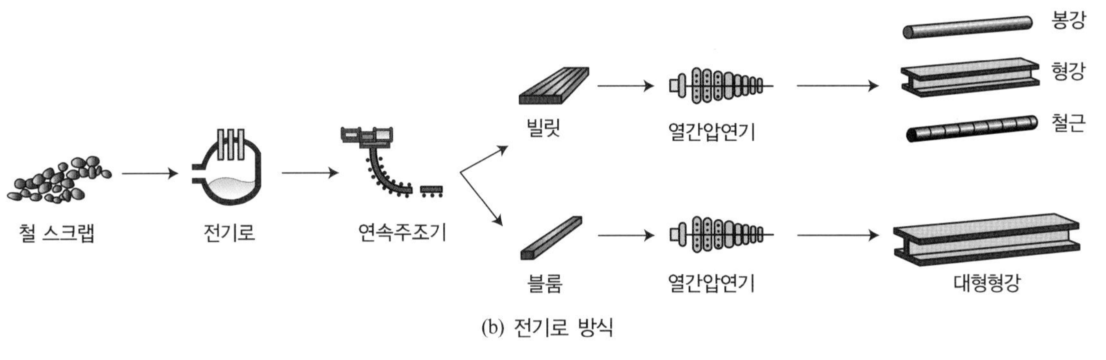

(b) 전기로 방식

그림 4.192 철강의 제조공정

2.1 제선

철광석(자철석(Fe_3O_4), 적철석(Fe_2O_3), 갈철석($2Fe_2O_3 \cdot 3H_2O$) 등)에 코크스, 석회석을 고로(용광로) 위에 넣어 700~900℃의 열풍을 불어 넣으면 코크스의 연소로 생성되는 일산화탄소(C))에 의해 철을 환원하고 탄소, 규소, 망간 등을 함유한 선철을 만드는데, 이것을 제선이라 한다. 선철은 탄소를 3.0~4.5% 함유하므로 인성과 가단성이 없어 그대로 구조재로 사용할 수 없다.

2.2 제강

선철을 산화탈탄하여 성분조정을 하고 구조용 재료로 사용가능한 성질을 가진 강으로 만드는 것을 제강이라 한다. 제강법에는 전로법, 평로제강법, 전기로법이 있다.

그림 4.193 철광석

2.3 가공

(1) 조괴

용강(전로, 평로, 전기도에서 나온 용융된 강)을 주형에 주입하여 강괴(ingot)로 만드는 과정을 조괴라 한다. 강괴는 탈산도가 높은 순으로 킬드(Killed)강괴, 세미킬드(Semi-Killed)강괴, 림드(Rimmed)강괴를 가열 압연한다.

Tip

철강의 성형법

- 단조 : 금속을 장시간 1,200℃로 가열하여 모루 위에 놓고 해머로 두들겨 넓히거나 압축시켜, 원하는 모양의 제품을 만드는 가공 방법으로, 제품의 조직이 치밀하여 큰 힘에 견딜 수 있어 기계의 중요한 부품을 만드는 데 이용된다. 냉간단조, 열간단조로 구분할 수 있다.
- 압연 : 압연공정과 같다. 롤러에 가열상태의 강을 끼워 성형해가는 방법이다. 강괴를 1,100～1,250℃에서 열간압연하고, 소요단면으로 만든다. 이러한 공정에 의해 만든 것을 열간 또는 냉간에서 압연하여 강판, 형강, 봉강 등을 만든다.
- 압출 : 단면형상이 긴 제품(봉, 관) 등의 제조법으로 특정 형태의 다이스 구멍으로 밀어내어 그 출구형상과 같은 제품을 제조하는 방법이다. 단순한 형태에는 적합하고, 복잡해질 시에 단가가 상승한다.

(2) 열처리

금속재료에 필요한 성질을 주기 위하여 가열 또는 냉각하는 조작을 열처리라 하며 그 방법에는 풀림, 담금질, 뜨임질, 불림 등이 있다.

- 풀림(Anneling) 강을 적당한 온도(800～1,000℃)로 일정한 시간 가열한 후에 노(爐) 안에서 천천히 냉각시키는 것을 풀림이라 하며, 이 과정을 거치면 신도가 증대되어 단조, 압연 등에 필요한 가공성과 적당한 기계적, 물리적 성질을 얻을 수가 있다.
- 불림(Normalizing) 강의 결정입자를 미세화하고 조직을 균일하게 하여 강력한 재료를 만들기 위해 강을 800～1,000℃의 온도로 가열한 후 대기 중에서 냉각시키는 열처리를 말한다. 강을 다소 연질로 할 필요가 있을 때는 다소 높은 온도로 가열한다.
- 담금질(Hardening 또는 Quenching) 강을 가열한 후 물 또는 기름 속에 투입하여 급냉시키는 조작으로서, 마르텐사이트라고 하는 조직을 가진 상당히 단단한 조직을 얻는다.

- 담금질의 효과는 탄소량에 따라 다르며 인장강도, 경도는 탄소량이 증가함에 따라 증가하나 신장률, 단면 수축률은 감소한다.
- 담금질에 의하여 비중은 약간 감소, 비열은 약간 증가, 전기저항과 잔류응력은 크게 증가한다.

- **뜨임질(Tempering)** 담금질을 한 강에 인성을 주고 내부 잔류응력을 없애기 위해 변태점 이하의 적당한 온도(726℃ 이하 : 제일변태점)에서 가열한 다음 냉각시키는 조작을 말한다.
  - 뜨임질을 하면 재료의 경도와 강도는 감소, 신장률·단면수축률 및 충격값이 증가하므로 메짐성이 완화된다.
  - 필요한 경도 및 인성을 얻기 위해서는 적당하게 온도를 가감하는 것이 좋다.

3. 주철과 합금강

3.1 주철(Cast Iron)

탄소량 1.7~ 6.67%까지의 것을 주철(실용화되고 있는 것은 2.5~4.5%의 범위)이라 하며, 주철은 92~96%의 철을 함유하고 나머지는 크롬, 망간, 황, 인 규소 등(주철의 5원소라 함)이다. 강보다 용융점이 낮아서 주조하기는 쉬우나 압연, 단조성이 없는 것이 결점이다.

주철은 파단면의 색깔에 따라 또는 탄소가 화합탄소(Fe_3)이냐 유리탄소(흑연)이냐에 따라 회주철과 백주철로 구분하며, 냉각속도가 느린 것일수록, 탄소량이 많고 규소가 많을수록 회주철이 되기 쉽다.

- **회주철(Gray Pig Iron)** 비중이 약 7.2, 융점은 1,200~1,250℃이며 재질은 비교적 연하고 점성이 있으며 파단면이 회색이다.

표 4.58 철금속재료의 분류

명 칭	탄소함유량	융 점	성 질
연철	0.02% 이하	1,480℃ 이상	연질이고, 가단성이 크다.
탄소강	0.02~2.0% 이상	1,450℃ 이상	가단성, 주조성, 담금질 효과가 있다.
주철	2.0% 이상	1,100~1,250℃	경질이고, 주조성이 좋고, 취성이 크다.

- 백주철(White Pig Iron) 비중이 약 7.0, 융점이 약 1,100℃이며, 수축률이 커서(2% 내외) 주조가 곤란하고, 파단면이 백색이며 매우 단단하고 취성을 가지고 있으며 인장강도는 큰 편이다(가단주철을 만드는데 주로 쓰인다).

주철의 분류는 기계적 성질에 의해 다음과 같이 분류한다.

(1) 보통주철

특수한 원소를 포함하지 않은 회주철을 말한다.

(2) 특수주철(합금주철)

주철에 특수한 원소(Ni, Cr, Cu, Al, Ti, Mo 등)를 함유시킨 것이다.

(3) 가단주철(可鍛鑄鐵, malleable cast iron)

주철 가운데 흑연화가 작은 백주철을 풀림(700～100시간)하여 가단성(단조 등의 가공이 가능하도록 한)을 준 주철이다.

강보다 주조하기 쉬운 주철을 이용해서 강에 가까운 기계적 성질을 부여하기 위해서 개발된 것이다.

(4) 구상흑연주철

주철의 흑연이 판상이 아닌 구상으로 된 주철로 강도 및 연성을 가진다.

(5) 칠드주철

표면은 단단한 백주철, 내부는 회주철의 조직으로 만든 주철로 보통주철보다 Si의 양을 적게 하고 Mn을 첨가한다.

(6) 주강

강의 성질과 거의 같으면서 주조할 수 있는 철을 말하며, 탄소량이 0.1～0.5%의 용해강을 주형에 주입하여 제작하는 주물로서 저탄소주철이라고 할 수 있다. 특성은 규소(Si) 및 망간(Mn)의 양이 특히 많고 주조성이 있는 것이 특징이다. 성질은 탄소강과 비슷하지만 인성은 떨어진다. 화학조성에 의해서 보통주강(탄소강주강)과 특수주강(저합금강주강 및 고합금강주강)으로 구분

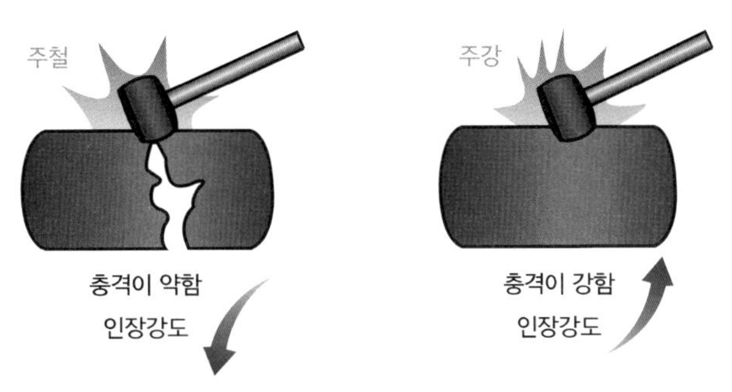

그림 4.194 주철과 주강의 비교

하며, 고합금주강은 다시 스테인리스주강, 내열강주강, 고망간주강 등으로 분류한다.

3.2 합금강(특수강)

탄소강에 특수한 성질을 주기 위하여 니켈(Ni), 크롬(Cr), 망간(Mn), 몰리브덴(Mo), 텅스텐(W) 등의 다른 원소를 한 가지 이상 혼합한 것을 합금강 또는 특수강이라 한다. 합금강은 탄소강에 비하여 인장강도와 경도, 내마멸성이 크며, 질량을 줄일 수 있어 재료가 절약된다. 합금강에는 고강도인 구조용 합금강과 내식성, 내후성, 그 밖의 특수한 목적을 가진 특수용 합금강이 있다.

(1) 탄소강

탄소를 함유한 Fe(철)-C(탄소) 합금을 탄소강이라 하며 일명 강(鋼)이라고도 한다. 탄소강의 성분은 탄소 0.04~1.7%, 망간(Mn) 0.3~0.9%, 규소(Si) 0.01~0.4%, 인(P) 또는 황(S) 0.01~0.05%로 탄소강은 탄소함유량에 따라 저탄소강(C함유량 0.3% 이하), 중탄소강(C함유량 0.3~0.6% 이상)으로 구분한다.

탄소강은 탄소함유량이 많을수록 강도가 커지며, 또 열처리를 하면 성질이 크게 달라진다.

(2) 구조용 합금강

탄소강의 기본 성분에 Ni, Cr, Mo, W, Mn, Si, Ti, V, Co 등의 금속 원소를 첨가하여 탄소강보다 강인성을 높인 것으로 기계구조용에 많이 쓰인다.

- 니켈강　C 0.21～0.4%에 Ni 1.0～4.5%를 첨가시킨 것으로 강인성, 내마모성, 내식성이 매우 크다.
- 크롬강　C 0.28～0.48%에 Cr 0.8～1.2%를 첨가시킨 것으로 경도와 내마모성이 크다.
- 니켈·크롬강　C 0.25～0.4%에 Ni 1.0～5%, Cr 0.5～2.0%를 첨가시킨 것으로 담금질 후 뜨임한 것은 탄소강에 비해 내마모성, 내식성, 내열성 등이 좋다.

(3) 특수용 합금강

① 스테인리스강(Stainless Steel)

크롬, 니켈 등을 함유하며 탄소량이 적고 내식성이 우수한 특수강으로, 일반적으로 전기저항이 크고 열전도율은 낮으며, 경도에 비해 가공성도 좋다. 성분에 의해서 크롬계 스테인리스강과 크롬·니켈계 스테인리스강이 있다.

- 13크롬 스테인리스강(C: 0.09%, Cr: 13%)　약간 검은 빛을 내며 스테인리스강 중 내식성이 가장 떨어지고 용접성은 좋지 않으나 가공성이 좋고 자성이 있다(담금질 열처리로 경화함).
- 18크롬 스테인리스강(C: 0.08%, Cr: 18%)　내산성이 불충분하며 자성이 있고 용접성이 좋다(담금질하여도 경화하지 않음).
- 18－8 스테인리스강(C: 0.08%, Cr: 18%, Ni: 8%)　크롬계 스테인리스강보다는 은백색을 내며, 내식성·내열성이 우수하고, 가공성·용접성이 좋다. 고온시에도 강도가 크며, 자성화하지 않는다(담금질하여도 경화하지 않음).
- 18－10 스테인리스강(C: 0.08%, Cr: 18%, Ni: 10%)　18－8 스테인리스강보다 인장강도가 떨어진다.
- 18－12 스테인리스강(C: 0.08%, Cr: 18%, Ni: 12%, Mo: 2.25%)　내식성, 내산성이 가장 우수하다.

② 함동강

구리 0.2～0.3% 포함하는 연강으로 내식성이 강하고 강도도 크다. 스테인리스강보다 값이 싸다. 널말뚝으로 사용된다.

4. 비철금속

4.1 구리와 구리 합금

(1) 구리

구리는 황동광($Cu_2S \cdot Fe_2S_3$, $CuFeS_2$) 또는 휘동광(Cu_2S)을 용광로를 통하여 조동을 만들고, 이 조동을 반사로나 전기분해에 의해 정련하여 반사로에 의해서는 98.5% 이상, 전기분해에 의한 전기동은 99.97% 이상의 것을 얻는다. 물리적 성질로는 비중 8.9, 비열 0.0917 cal/g℃, 열전도율 0.923 cal/cm · sec · ℃, 융점 1,083℃, 비등점 2,595℃, 용해잠열은 49 cal/g이다. 열 및 전도율은 공업용 금속 중 가장 크다(열 및 전기의 양도체이다). 상온에서 전성, 연성이 풍부하여 가공이 용이하다. 고온에서는 취약하다. 주조하기 어렵고 주조된 것은 조직이 거칠고 압연재보다 불량하다.

화학적 성질로는 건조공기 중에서는 산화가 잘 안되나 습기 중에서는 CO_2의 작용에 의하여 녹청색의 염기성 탄산동을 발생시켜 유독하다. 적열 시에도 산화가 용이하고 흑색의 Cu_2O를 발생시킨다. 암모니아, 기타 알칼리에 약하다. 따라서 화장실 둘레부분이나 해양건축에서는 동의 내구성은 약간 떨어진다. 초산, 진한 황산에는 녹기 쉬우나 염산에는 강하다. 대기 중이나 흙 중에서는 철보다 내식성이 있다. 용도는 지붕잇기 동판, 동기와, 홈통, 철사, 못, 동관, 전기공사용 재료, 장식재료 등에 사용된다.

(2) 구리 합금(Alloyed Copper)

① 황동

동과 아연(10~45% 정도 함유)으로 된 합금을 말하며 일명 놋쇠라고도 한다. 아연의 함유량이 30% 전후의 것을 7.3 황동, 40% 전후의 것을 6.4 황동, 50% 정도의 것을 백황동이라 한다. 황동은 동보다 단단하고 주조가 잘되며,

그림 4.195 구리

그림 4.196 황동

그림 4.197 청동

압연·인발 등의 가공이 용이하다.

내식성이 크고 외관이 아름답다(산, 알칼리 및 암모니아에는 침식되기 쉬우므로 주의하여야 한다). 창문의 레일, 정첩, 장식철물 및 나사, 볼트, 너트 등에 사용된다.

② 청동

동과 주석(Sn)을 주성분으로 하는 합금으로, 아연(Zn), 납(Pb), 철(Fe) 등을 소량 함유하는 경우도 있다(공업용에 많이 사용하는 것은 주석의 함유량이 15% 이하의 것이다). 황동보다 내식성이 크고 주조하기가 쉽다. 주석의 함유량에 따라 색깔이 변화한다. 주석 5%까지는 동적색, 주석량이 증가함에 따라 황색, 주석 15%의 합금은 등황색, 주석량이 더욱 증가하면 백색, 25%의 주석을 함유하면 창백황색이 된다. 표면이 특유의 아름다운 색깔을 지니고 있어 건축물의 장식부품, 미술공예재료 등에 사용된다.

- 포금(gun metal)　동에 주석 10% 정도를 포함한 것으로 강도와 경도가 크다. 대포용 포신 주로 밸브나 기어 플랜지 피스톤 스핀들 등에 쓰인다.

③ 기타 동합금

- 인청동　1% 이하의 인(P)을 포함한 청동으로 탄성과 내마멸성이 크다. 스프링, 베어링, 기어 등에 널리 사용된다.

그림 4.198 포금

그림 4.199 인청동(PBC)

그림 4.200 알루미늄청동(ALBC)

- 알루미늄청동　동에 알루미늄(Al) 5～12% 정도를 가하여 만든 합금으로 황금색으로 색깔이 변하지 않는다. 황동이나 청동에 비하여 기계적 성질, 내식성, 내열성, 내마멸성 등이 우수하여 화학 기계 공업, 선박, 항공기, 차량 부품 등의 재료로 사용된다.

4.2 알루미늄과 알루미늄 합금

(1) 알루미늄(Al)

그림 4.201　알루미늄

알루미늄은 원광석인 보크사이트에서 알루미나를 분리 축출하고, 이것을 용융된 빙정석 중에서 전기분해하여 제조한 은백색의 금속이다.

물리적 성질로는 비중 2.7, 융점 659℃, 비열 0.214 kcal/kg℃, 전기전도율은 동의 64% 정도이다. 경량질에 비하여 강도가 크다. 광선 및 열에 대한 반사율이 극히 크므로 열차단재로 쓰인다. 연하고 가공이 용이하며, 망간(Mn), 마그네슘(Mg) 등을 적당히 가한 것은 주조할 수도 있다. 융점이 낮아서 내화성이 적고 열팽창이 크다(철의 2배)

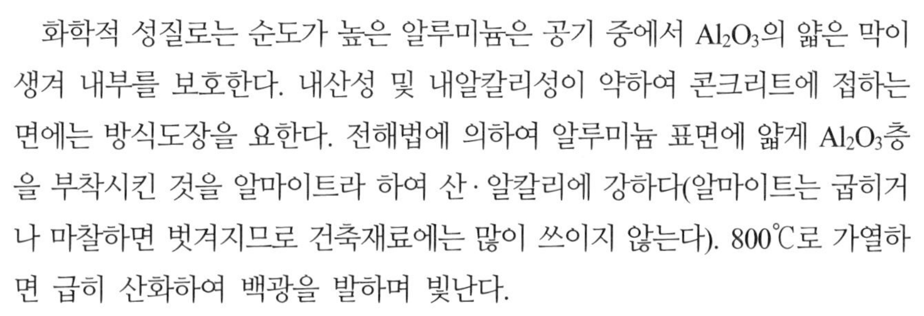

화학적 성질로는 순도가 높은 알루미늄은 공기 중에서 Al_2O_3의 얇은 막이 생겨 내부를 보호한다. 내산성 및 내알칼리성이 약하여 콘크리트에 접하는 면에는 방식도장을 요한다. 전해법에 의하여 알루미늄 표면에 얇게 Al_2O_3층을 부착시킨 것을 알마이트라 하여 산·알칼리에 강하다(알마이트는 굽히거나 마찰하면 벗겨지므로 건축재료에는 많이 쓰이지 않는다). 800℃로 가열하면 급히 산화하여 백광을 발하며 빛난다.

(2) 알루미늄 합금

- 알루미늄 합금　Al에 Mg, Mn, Si, Cu, Zn, Ni 등의 원소를 첨가하여 내식성, 내열성 및 강도를 높인 것으로 주조성을 좋게 한 합금인 주물용 합금과 단조, 압연, 압출, 인발 등의 가공성이 용이한 단련용 합금(내식성 합금, 고력합금, 내열합금)으로 분류된다.
- 두랄루민　알루미늄에 구리 4%, Mg 0.5%, Mn 0.5%를 첨가하여 제조한 알루미늄 합금이다. 보통 온도에서는 균열이 생기고 압연이 잘 되지 않는다. 430～470℃에서 용이하게 압연이 잘 되며, 한 번 가공한 것은 보통 온도나 고온에서 가는 선이나 박판으로 제조된다. 열처리를 하면 재질이 개선되며 경도 및 강도 등이 증대된다. 염분이 있는 해수에 부식성이 크다.

4.3 납과 납합금

(1) 납(Pb)

납은 방연광(PbS), 백연광($PbCO_3$), 홍연광($PbCrO_4$) 등을 용광로에서 제련하여 얻는다.

물리적 성질로는 비중 11.4, 융점 327℃, 비열 0.315 kcal/kg℃, 연질이며 연성, 전성이 크다. 인장강도는 극히 작다. X선의 차단효과가 크며 보통 콘크리트의 100배 이상이다. 화학적 성질로는 공기 중에서는 습기와 CO_2에 의하여 표면이 산화하여 $PbCO_3$ 등이 생겨 내부를 보호한다. 염산, 황산, 농질산 등에는 침해되지 않으나 묽은 질산에는 녹는다(부동태 현상). 알칼리에 약하므로 콘크리트와 접촉되는 곳은 아스팔트 등으로 보호한다. 납을 가열하면 황색의 리사지(PbO)가 되고, 다시 가열하면 광명단(Pb_3O_4)이 된다.

그림 4.202 납합금

(2) 납합금

- 땜납　납(Pb)과 주석(Zn)의 합금이다.
- 가용합금　Pb-Sn-Bi-Cd의 합금이다. 융점이 낮고 그 배합에 따라 70~300℃ 사이의 어떤 온도에도 용해될 수 있게 조절된다. 화재시 온도 상승에 의해 자연히 녹아서 살수가 시작되는 스프링쿨러에 쓰이거나 배전반 퓨즈(fuse)에도 쓰인다.

4.4 그 밖의 비철금속

- 아연(Zn)　섬아연광(ZnS)이나 능아연광($ZnCO_3$) 등의 원광석을 증류법 또는 전해법에 의해서 제조하며, 그 특성은 공기 중의 습기와 CO_2에 의하여 표면에 $ZnCO_3$, $Zn(OH)_2$의 염기성 탄산염의 피막을 만들어 내부를 보호한다. 내식성이 우수하여 건조한 공기 중에서는 거의 산화되지 않는다. 산류, 알칼리 및 해수에는 침식된다. 그 용도로는 철판의 아연도금, 함석제조용, 지붕재료 등에 쓰인다.
- 주석(Sn)　Sn_2O을 환원시켜 만들며 그 특성은 물, 산소 및 탄산가스 등의 작용은 받으나 유기산류에 거의 침식되지 않는 등 내식성이 크다. 강한 산류나 가열된 산에는 침식되고, 알칼리에도 서서히 침식된다. 순수주석은 백색의 그 속으로 납과 같은 유연성이 있으며 용융점(232℃)이 낮다.

그림 4.203 아연

그림 4.204 주석

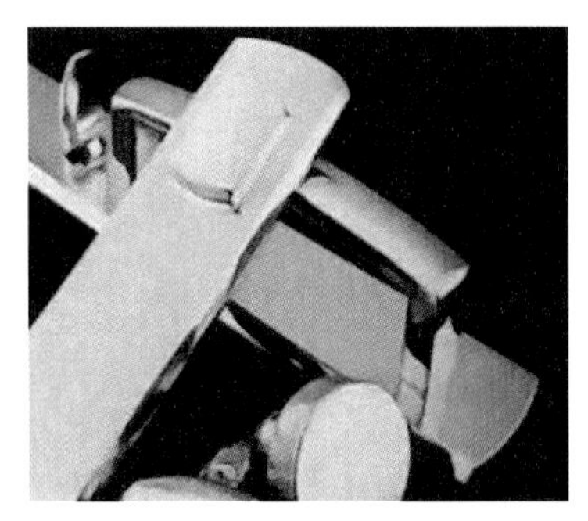

그림 4.205 양은

그 용도로는 방식피복재료(식료품, 음료수용 통조림통의 도금), 합금(청동, 땜납 등)제조용으로 사용한다.

- 양은(White Bronze) 은색으로 되어 있는 Cu-Ni-Zn-Sn의 합금이다. 색깔이 아름답고 마멸에 강하며, 내산성 및 내알칼리성이 있다. 문장식, 전기기구 등에 쓰인다.

5. 금속의 부식과 방식

5.1 금속의 부식

금속의 공기 중의 산소, 수분, 탄산가스 및 각종 산류·알칼리, 다른 금속들과 화학적 반응에 의하여 표면에서 소모되는 현상을 부식이라고 한다.

(1) 대기에 의한 부식

철 등 많은 금속은 대기 중의 습기, 산소, 탄산가스, 매연, 유독기체 등과 화학반응에 의해 부식되며, 빗물 속에 포함된 산, 알칼리, 염류 등에 의해 침식되기도 한다.

(2) 물에 의한 부식

경수에 비하여 연수가 부식성이 크며 염화물, 황화염 등이 함유되어 있는 오수는 부식작용이 매우 심하고, 오수에서 발생하는 탄산가스, 메탄가스 등은 금속의 부식을 촉진시키는 역할을 한다.

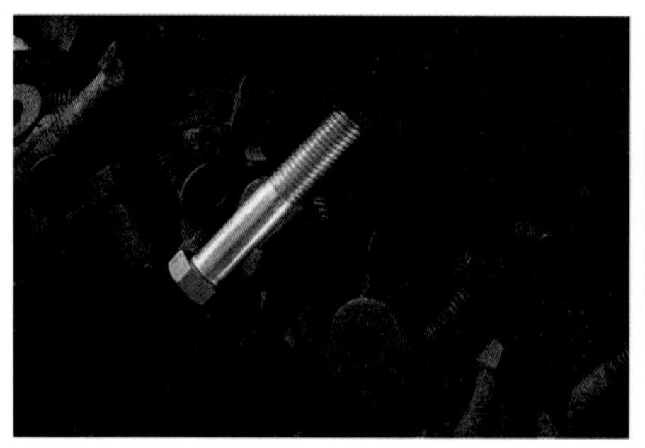

그림 4.206 금속의 부식

(3) 토양 중에서의 부식

산성토양은 대부분의 금속을 부식시키며 알칼리성이 강한 토양도 금속을 부식시키는 경향이 있다. 특히 염화물, 황화물, 질산염 등이 포함되어 있는 부식토 중에서는 더욱 부식작용이 심해진다.

(4) 전기화학적 부식

서로 다른 금속이 전해질 용액(물, 용액, 습한 흙 등의 전해액)에서 접촉하는 경우에는 이온화 경향(전용압)의 차이에 의해 전위차가 생기고 이온화 경향이 큰 것이 녹아 부식되는데, 이를 전해부식 또는 전기화학적 부식이라 한다.

- 금속의 이온화 경향을 큰 순서대로 나열하면 Mg- Al- Zn- Fe- Ni- Si- [H]- Cu- Ag- Au가 되며, 이온화 경향이 작은 금속인 Ag, Au은 전해부식을 일으키지 않는다.
- 동판과 철판이 접촉(처마나 지붕잇기 등에서)하고 있으면 습기나 빗물이 전해액의 작용을 하여 이온화 경향이 큰 금속인 철판은 단독으로 사용된 경우보다 더 빨리 부식된다.

5.2 금속의 방식법

(1) 침지법

금속을 용액에 담그어 도금하는 방법이다.

- 아연 또는 주석 도금　강판 표면을 황산 등으로 씻고 아연 또는 주석 용액에 넣어서 도금하는 방법이다.

- Parkeriging　인산철과 이산화망간의 혼합물의 묽은 용액에 철을 넣어서 98℃로서 2시간 정도 가열하면 표면에 염기성 인산철의 내식막이 생긴다.
- Bonderite　parkerging에 쓰이는 혼합물과 Fe, Zn, Cu, Mn 등의 인산염과의 혼합액에 98℃로 15분간 가열하면 피막이 생기는 데 내식성이 약하다.

(2) 건식법

금속분말과 같이 노 내에서 가열하여 녹여진 금속물을 금속면에 취부하거나 금속면에 융착시키는 방법이다.

- 건식아연도금　아연을 가열하여 가스 상으로 하여 철에 취부하는 표면합금화법인데, 내식성은 약하나 벗겨질 염려는 적다. 파이프 내부도금에 적합하다.
- Sheradizing　아연 분말을 철과 같이 밀폐된 용기 내에서 300~400℃로 가열하여 철 표면에 아연층을 만든다.
- Chromizing　크롬(Cr)과 Al_2O_3의 혼합분말을 써서 철과 같이 수소 기류중에서 1,300℃~1,400℃로 가열하여 크롬을 융착시키는 방법이다.
- Calorizing　알루미늄(Al) 분말을 써서 100℃로써 3~10시간 가열하여 0.3 mm 정도의 합금층을 만든다. 동, 놋쇠에 쓰인다.
- 메다리콩　각종의 녹여진 금속을 압착공기로 취부하는 것으로서 금속면외에도 석고, 목재, 유리, 지물에도 도금된다.

(3) 전기도금법

금속의 방식과 표면미화의 목적에도 쓰이는 방법으로 도금할 금속을 음극

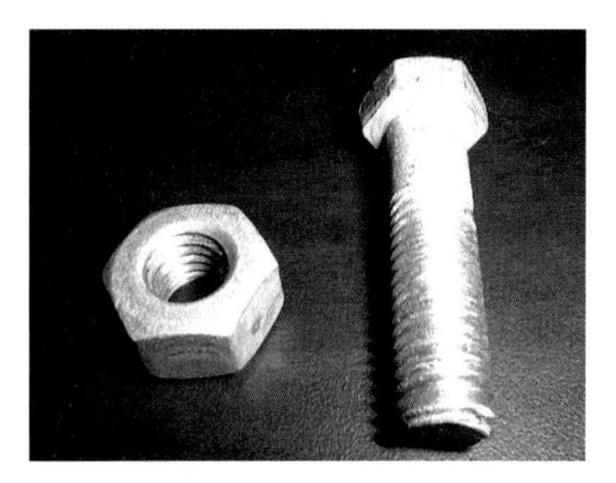

그림 4.207　금속의 방식

그림 4.208 방부도료 도포

으로 하고, 도금용 금속을 양극으로 하여 전해질 중에서 전기를 통하여 도금하는 방법이다.

- 니켈도금　$NiSO_4$ 용액을 사용하여 0.08~0.13 mm의 막을 만든다. 창호, 철물 등에 쓰이는 철, 놋쇠 등을 도금한다.
- 크롬, 니켈도금　니켈도금보다 광택이 좋고 깊이가 있다. 공기 중에서는 극히 안정하고 표면이 경하여 건구철물용, 놋쇠에 쓰인다.

(4) 방부도료

금속면을 습기, 공기, 이산화탄소와 차단하기 위한 방법으로 유성페인트, 아스팔트, 시멘트액, 콜타르 등으로 도포하거나 가열 부착시킨다.

6. 금속제품

6.1 구조용 강재

이들 강재는 보통 일반 구조용 압연강재와 용접 구조용 압연 강재 등으로 규정되어 있다.

- 일반 구조용 압연강재　강괴(ingot)를 열처리 및 기계에 의한 표면 처리를 하지 않고 압연성형한 상태로 사용할 수 있는 강재를 말한다. 압연강재는 형강, 강판, 봉강, 평강 등이 있다. 용도는 건축, 교량, 차량, 철도, 선박 및 기타 구조물에 쓰인다.
- 용접 구조용 압연강재　용접성이 우수한 강재이다.

(1) 형강 및 봉강

- 형강　특정의 단면형상을 이루고 있는 구조용 강재로서 열간압연(Hot Rolling)하여 만든다. 토목, 건축, 차량, 선박 등의 대형구조물에 쓰인다.
- 경량형강　압연기계로 냉간가공하여 성형한 것으로 판의 두께는 1.6~4.6 mm의 범위이다. 일반 구조재, 가설구조물 등에 사용된다.
- 봉강　압연에 의한 봉상의 강재로서 단면형에 따라 각강, 6각강, 8각강, 원형강, 반원형강 등이 있다.

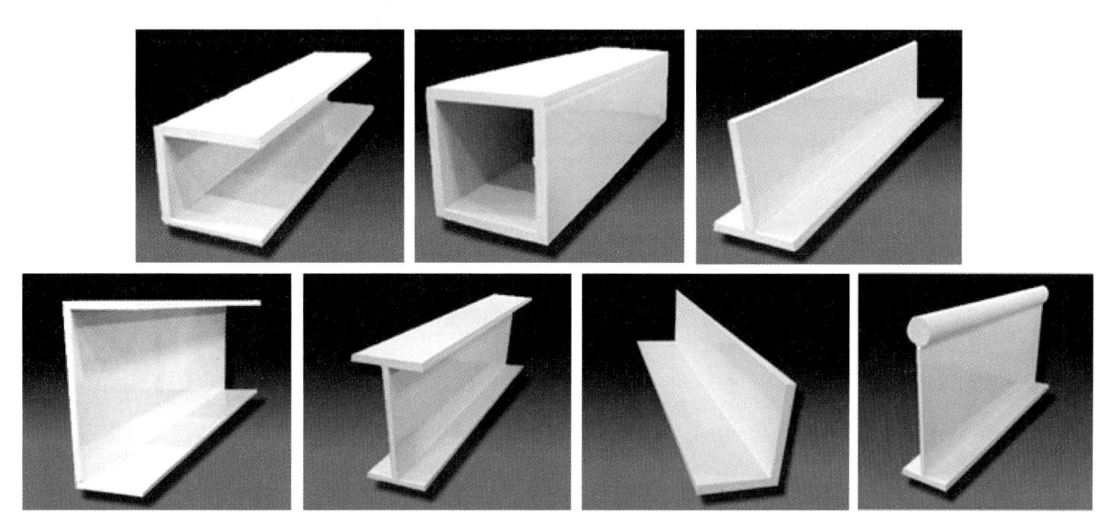

그림 4.209　형강

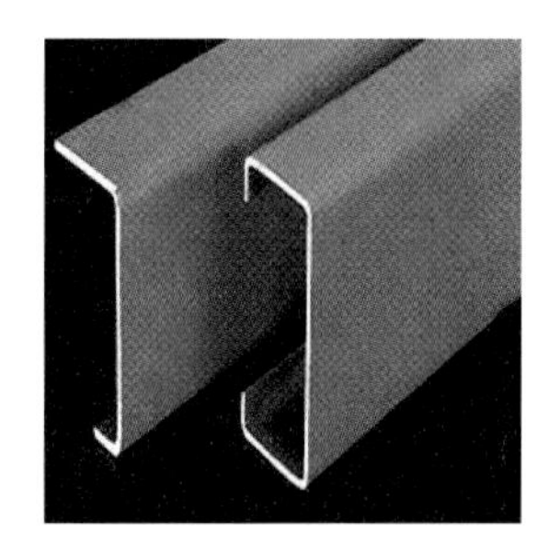

그림 4.210　경량형강

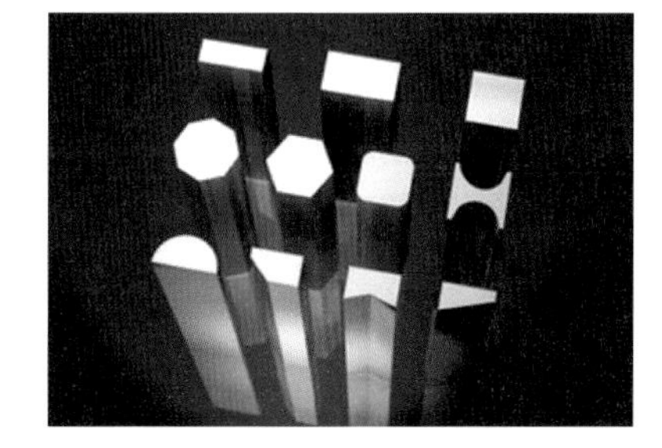

그림 4.211　봉강

(2) 철근

- 원형철근　철근을 콘크리트 속에 묻어서 콘크리트를 보강하기 위해 사용되는 강재로, 원형 철근은 돌기부분이 없는 매끈한 원형단면의 봉강을 말한다.

- **이형철근**　철근 표면에 리브, 마디 등의 돌기를 붙여서 콘크리트와의 부착력을 증대시킨 봉강이다.
- **고강도 철근**　보통 철근보다 인장력 및 강도를 크게 하기 위해 탄소강에 Ni, Mn, Si 등을 첨가하여 만든 철근으로 하이바(High Tensile Bar)라고도 한다.

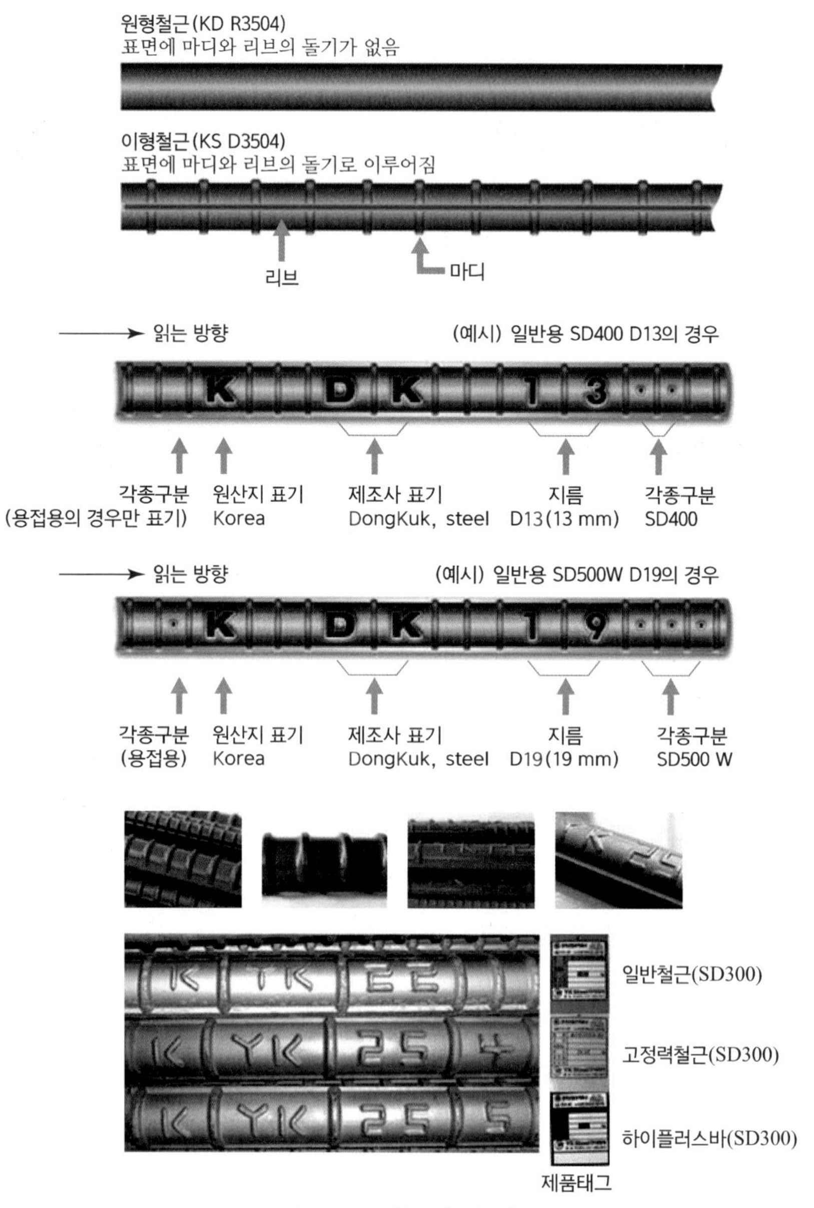

그림 4.212 철근 롤링 마크

- 원형철근 Round bar : ϕ6, 9, 12, 13, 16, 19, 22, 25, 28, 36
- 이형철근 Deformed bar : D 6, 10, 13, 16, 19, 22, 25, 29, 32, 35, 38, 41
- 고강도 이형철근 HD H/D High tention Deformers bar
- 일반철근 SD300, SD350(D 6, 10, 13, 16, 19 일반 이형철근)
- 고강도철근 SD400, SD500(HD 6, 10, 13, 16, 19 고강도 이형철근)

(3) PC 강재

- PC 강선　탄소함유량이 0.6~1.05%의 고탄소강을 반복냉간인발 가공하여 가는 줄로 만든 지름 10 mm 이하의 강선으로 피아노선이라고도 한다. PC강선은 PS콘크리트에 사용된다.
- PC-stand(7가닥고임선 PC강)　PC 강선을 7가닥 꼬아 만든 것이다.
- PC 강봉　지름 10 mm 이상의 강재를 나사조임에 의하여 팽팽하게 당겨두고 쓰는 특수강봉을 PC강봉이라 하며, 인장강도가 80~140 kg/mm^2 정도이다.

(4) 철선 및 기타 선재제품

선재는 강괴를 선 모양으로 가공하여 만든 것으로, 철선, PS 강선, 와이어로프 등이 있다.

① 철선

강괴를 적당한 치수까지 열간압연하여 만든 연강선재(지름 5~12 mm, 탄소량 0.06~0.25%)를 상온에서 인발하여 실모양을 가늘게 만든 것으로 철사라고도 한다. 철선의 종류는 보통철선, 어닐링철선(열처리철선), 아연도금철선, 못용철선 등이 있다.

그림 4.213　PC 강선

그림 4.214　PC-stand

그림 4.215　PC 강봉

② 와이어로프(Wire Rope)

- 자승(새끼줄) 강선을 소선으로 하여 7, 12, 19, 24, 30, 37, 61가닥으로 꼬아 1줄로 만든 것이다.
- 로프 자승을 6본 합하여 꼬아 만든 것으로 자승의 중심이나 로프 중심에 마섬유나 연강선을 넣는다.

③ 와이어메쉬 및 와이어라스

- 와이어메쉬(Wire Mesh) 비교적 굵은 연강철선을 정방형 또는 장방형으로 짠 다음 각 접점을 전기용접한 것으로, 콘크리트 보강용으로 많이 쓰인다.
- 와이어라스(Wire Lath) 보통철선 또는 아연도금철선으로 둥근형, 갑옷형, 마름모형 등으로 만든 철망이다. 시멘트몰탈바탕 등의 바탕에 쓰인다.

④ 용접봉

- 연강용 피복 아크용접봉 강을 열간압연한 심선용재를 신선기에 의하여 냉간선인(지름 2.6~8 mm)한 용접봉으로 연강의 용접에 사용된다.
- 연강용 가스 용접봉 산소, 아세틸렌가스 용접에 쓰이는 용접봉이다.

(5) 강판 및 강관

① 강판

강괴를 압연하여 얇고 넓게 만든 판상의 강재(철판)를 말하며 다음과 같이 분류한다.

- 두께에 의한 분류 박강판(두께 3 mm 이하의 강판), 중강판(두께 4~6 mm 미만), 후강판(두께 6 mm 이상)

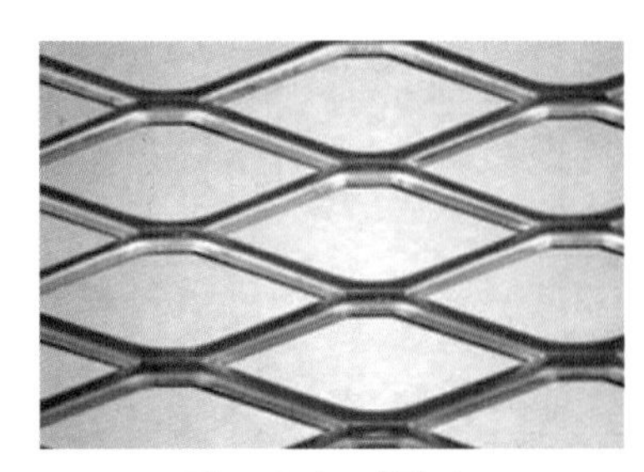

그림 4.216 메탈라스

그림 4.217 와이어메쉬

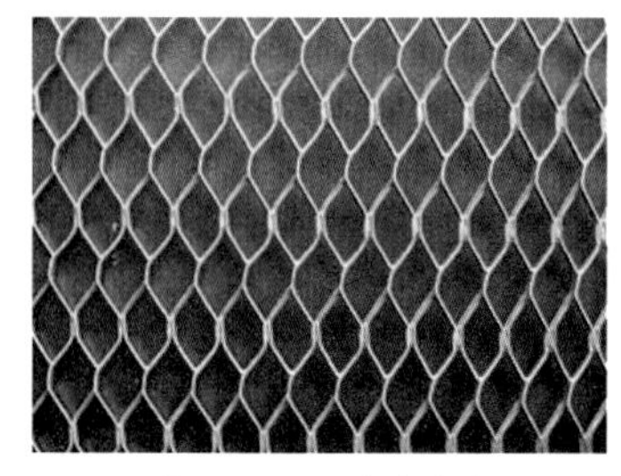

그림 4.218 와이어라스

- 제조공정에 의한 분류　열간압연강판, 냉간압연강판, 아연도강판, 스테인리스강판, 가공강판(무늬강판, 비닐피복강판, 착색아연도강판)

② 강관

강철제로 된 파이프(pipe)를 말하며 강철관이라고도 한다.

6.2 금속성형가공 제품

(1) 메탈라스 및 익스팬디드 메탈

- 메탈라스(Metal Lath)　두께 0.4~0.8 mm의 연강판에 일정한 간격으로 그물눈을 내어 늘여 철망 모양으로 만든 것으로, 천장, 벽 등의 몰탈바름 바탕용으로 쓰인다. 종류에는 편평라스, 파형라스, 봉우리라스, 라브라스 등이 있다.
- 익스팬디드 메탈(Expanded Metal)　두께 6~13 mm의 연강판을 망상으로 만든 것으로 주로 콘크리트 보강용으로 쓰인다(익스펜드디 메탈이 메탈라스와 다른 것은 원판의 두께와 용도이다).

(2) 강관 받침기둥 및 강관 비계와 강제 말뚝

① 강관 받침기둥

바닥, 보 등의 콘크리트 거푸집을 지지하는 강관제지주재로 내관, 외관, 길이조정용 나사봉 또는 나사관 등으로 구성되고 상단에 받침판(받이판), 하단에 바닥판이 있다.

② 강관비계

강철제 파이프로 된 비계를 단관비계와 강관틀비계가 있다.

- 단관비계　재래의 통나무비계와 같은 요령으로 구성된 파이프 비계이다.
- 강관틀비계　강관을 사용하여 미리 사다리꼴 또는 우물정자 모양으로 만들어 두고 현장에서 짜맞추어 쓰는 비계이다. 단관비계보다 강도가 있고 지지틀이나 이동식 비계로 이용될 수 있다.

③ 강제 말뚝

강재로서 만들어진 말뚝으로 기초공사, 흙막이 공사 등에 사용되며, 장대재를 쓰면 깊은 지층까지 도달시킬 수 있어 유리하다.

- 강관 말뚝　강관으로 된 말뚝으로 지름 15~40 cm, 길이 6 m 정도이다.
- 강제 널말뚝　토압이 크고 다량의 용수가 있는 연약한 지층을 깊이 팔 때나 기초공사에 사용되는 강철제의 널말뚝이다.
- H형강 말뚝　단면크기 30 cm 정도의 H형강(Wide Flange Steel)으로서 길이 18 m 정도인 것을 사용하며, 70 m 정도까지 이어서 박을 수 있는 말뚝이다.

(3) 금속제 거푸집 패널 및 메탈 폼

- 금속제 거푸집 패널　강제 또는 알루미늄 합금제의 면판 및 보강재로 된 콘크리트 거푸집용 패널(Pannel)이다. 패널에 사용되는 강은 인장강도가 28 kg/mm^2 이상, 항복점은 21 kg/mm^2 이상이어야 하며, 알루미늄 합금은 인장강도가 26 kg/mm^2 이상, 항복점은 18 kg/mm^2 이상인 것을 사용한다.
- 메탈폼　금속제의 콘크리트용 거푸집으로서 특히 치장 콘크리트에 많이 쓰인다.

6.3 장식용 금속제품 및 각종 철물

(1) 장식용 금속제품

- 코너비드(Corner Bead)　벽, 기둥 등 모서리 부분의 미장바름을 보호하기 위하여 묻어 붙인 것으로 모서리쇠라고도 한다. 아연도금철제를 많이 사용하며 그 외에도 황동제, 스테인리스강제, 경질염화비닐성형제 등이 있다.
- 조이너(Joiner)　천장, 벽 등에 보드(board)류를 붙이고, 그 이음새를 누르고 감추는데 쓰이는 것으로, 아연도금 철판제, 경금속제, 황동제의 얇은 판을 프레스한 제품 및 경질염화비닐 성형제, 목제인 것도 있다.
- 계단 논슬립(Non-Slip)　계단의 디딤판 끝에 대어 오르내릴 때 미끄러지지 않게 하는 철물로서 미끄럼막이라고도 한다. 황동제가 많이 쓰이며 스테인리스강, 철제 등도 있다.
- 펀칭메탈(Punching Metal)　두께가 1.2 mm 이하로 얇은 금속판에 여러 가지 모양으로 도려낸 철물로서 환기공 및 라디에이터커버 등에 쓰인다.
- 그릴(Grille)　펀칭메탈과 비슷한 것으로 청동, 황동, 화이트브론즈 등으로 주조한 것이며 창문 그릴로 많이 사용된다.

- **스팬드럴 패널(Spandrel Panel)** 스팬드럴은 수평이 되게 하기 위하여 고이는 모든 삼각형 부재 또는 계단 바깥쪽 옆판 밑에 대는 삼각형 틀이나 판을 말하는 것으로, 스팬드럴 패널은 스팬드럴 부분을 덮고 있는 패널을 말한다. 알루미늄판이나 스테인리스강판으로 만든다.

(2) 각종 철물

① 긴결철물

철사못, 볼트, 리벳 등이 있다.

- 철사못은 연강선재를 상온에서 신선한 못용 철선으로 만든 못이다. 일반용 철못은 보통 쓰이는 철제 둥근 못을 말한다. 콘크리트용 철못은 경간선재를 사용해 만든 못으로서 콘크리트에 망치로 때려 박을 수 있는 못을 말한다. 나사못은 못의 몸이 나사로 되어 틀어 박을 수 있도록 만든 못이다. 기타 아연도금철못, 동못, 황동제못 등이 있다.
- 볼트(Bolt)는 와셔와 너트를 끼워 2개 이상의 부재를 죄어 긴결하는데 쓰이는 긴결재로서, 종류에는 보통볼트, 앵커볼트, 주걱볼트, 양나사볼트 등이 있다. 고장력볼트는 접합부의 높은 강성과 강도를 얻기 위하여 사용되는 고인장강도(8 t/cm^2 이상)의 볼트로서 고인장력 볼트라고도 한다.
- 리벳(Rivet)은 강재의 접합에 사용되는 긴결재로서 리벳 머리모양에 따라 구분한다.

② 고정철물

인서트, 익스팬션볼트, 드라이핀, 스트류행거 등이 있다.

- **인서트** 콘크리트 표면 등에 어떤 구조물 등을 매달기 위하여 콘크리트를 부어 넣기 전에 미리 묻어 넣은 고정철물이다.
- **익스팬션 볼트** 콘크리트 표면 등에 다른 부재(띠장, 문틀 등)를 고정하기 위하여 묻어 두는 특수형의 볼트로서 팽창볼트라고도 한다.
- **드라이브핀** 못박기총(Drivit)을 사용하여 콘크리트나 철판 등에 순간적으로 처박히는 특수못이다.

③ 목구조용 철물

띠쇠, 꺾쇠, ㄱ자쇠, 감잡이쇠, 안장쇠, 듀벨(목재를 접합할 때 사이에 끼워서 회전에 대한 저항작용을 목적으로 한 철물) 등이 있다.

6.4 금속창호 및 창호철물

(1) 금속창호재

- 강제창호　공장에서 강재로 울거미, 살 등을 만든 창호로서 그 종류는 창에는 미서기창, 미들창, 오르내리창, 밸런스창, 여닫이창 등이 있고, 문에는 미서기문, 여닫이문, 회전문, 자재문 등이 있다.
- 알루미늄창호　알루미늄으로 만든 창호로서 강제창호보다 장점이 많다. 알루미늄창호의 종류는 창에는 미서기창, 미닫이창, 붙박이창 등이 있고, 문에는 미서기문, 여닫이문, 붙박이문 등이 있다. 알루미늄창호의 특징은 가볍고(비중이 철의 1/3 정도), 녹슬지 않아 유지관리가 쉽고 사용연한이 길다. 공작이 자유롭고 기밀성이 우수하며 여닫음이 경쾌하다. 강제창호에 비하여 내화성이 약하며 다른 금속과 접촉하면 부식되고 알칼리성에 약하다. 열에 의한 팽창, 수축이 크고(철의 2배), 강성이 적다.
- 강제셔터　두르마리(주름)로 감아올리고 내려서 개폐하는 오르내리 여닫이의 철재문으로, 개폐장치에는 수동식, 전동식, 퓨즈장치식 등이 있다.

(2) 창호철물

- 정첩　여닫이 창호를 문틀에 달 때 한쪽은 문짝에, 다른 한쪽은 문틀에 고정하여 여닫는 축이 되는 철물로서, 황동주물제가 가장 많이 쓰인다. 정첩은 형상에 따라 페스트린(Fast Pin)정첩, 볼베어링정첩, 루스핀(Loose Pin)첩, 돌쩌기정첩, 숨은정첩, 용수철정첩(자유정첩) 등이 있고, 그 외에도 여러 가지 모양의 정첩이 있다. 정첩은 표면이 흠이 없고, 축의 중심선이 바르며, 개폐가 원활하여야 한다.
- 지도리(Pivot)　회전창에 사용하는 것으로 장부가 구멍에 들어 끼어 돌게 된 철물이다.
- 돌쩌기　여닫이문의 정첩 대신 암돌쩌기와 숟돌쩌기가 서로 끼워져 돌게 된 철물이다.
- 플로어힌지(Floor Hinge, 마루정첩)　중량이 큰 문에 쓰이는 것으로 자재여닫이문을 열면 저절로 닫히게 하는 장치를 바닥에 설치하여 문장부를 끼우고 상부는 지도리를 축대로 하여 돌게 한 철물이다.
- 걸쇠　문이 열리지 않게 꽂거나 돌려서 거는 철물로 그 종류에는 빗장을 돌려 거는 도래걸쇠, 넙적하게 된 넓적걸쇠, 오르내리창을 걸어잠그는데

쓰는 크리센트, 갈고리 걸쇠 등이 있다.

- 꽂이쇠 미닫이나 미서기 창호의 안팎 여딤대에 꿰뚫어 꽂아서 문을 잠그는 걸쇠이다.
- 자물쇠 자물쇠는 작동상 본자물쇠, 헛자물쇠, 본자물쇠와 헛자물쇠의 겸용 등이 있고, 장치하는 방식에 따라 파넣기식, 편붙이기식 등이 있다.
  - 본자물쇠 : 자물대만이 있어서 열쇠로 잠그고 열게 된 자물쇠로 외부에서는 열쇠로, 내부에서는 돌려서 여는 것도 있다. 아주 잠글 필요가 있는 문에 단다.
  - 헛자물쇠 : 열쇠를 쓰지 않고 문을 잠글 수 있는 자물쇠로 문을 닫으며 잠기는 걸쇠 정도의 것이다.
  - 기타 자물쇠의 종류에는 실린더 자물쇠, 함자물쇠, 통자물쇠, 나이트랫치(Night Latch) 등이 있다.
- 도어클로저(Door Closer) 도어체크(Door Check)라고도 하며 문을 열면 자동적으로 닫히게 하는 장치로 용수철 정첩의 일종이다.
- 래버터리 힌지(Lavatory Hinge) 저절로 닫혀지나 항상 15 cm 정도 열려 있어 표시기가 없어도 비어 있는 것이 판별되고, 사용 시에는 안에서 잠그도록 되어 있으며, 공중용 변소나 전화실 출입문 등에 사용한다. 첨가하여 성능을 향상시킨다.

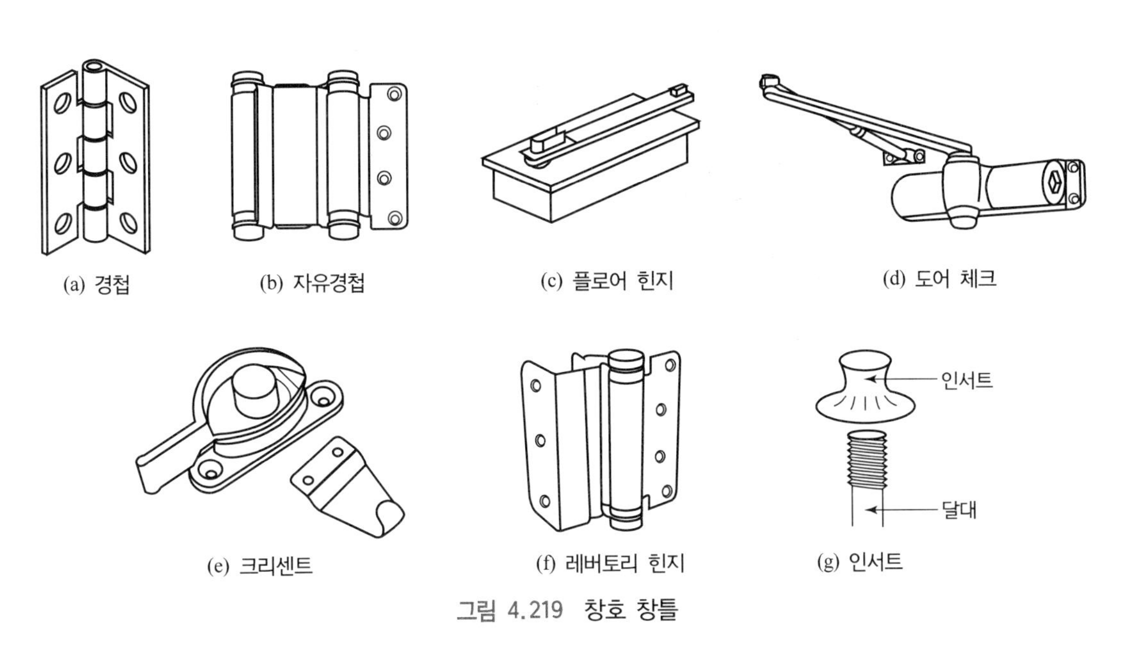

그림 4.219 창호 창틀

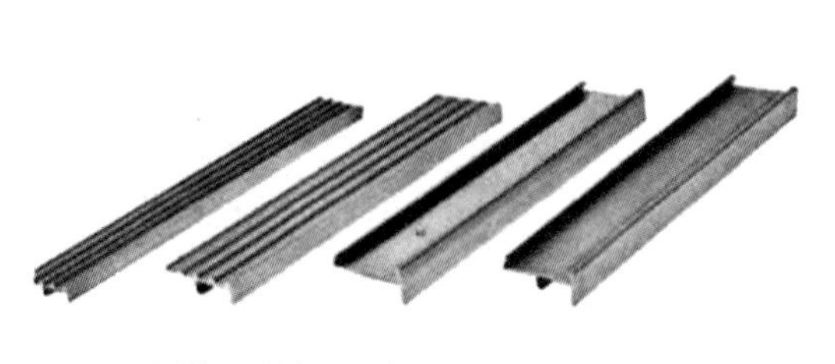

그림 4.220 논슬립(황동제)

그림 4.221 플로어 힌지

그림 4.222 도어클로저

그림 4.223 나이트 래치

VII 유리

유리는 각종 규산염류가 서로 혼합 용융되어 굳어진 것으로 단일화합물이 아니고 규사, 탄산소다, 탄산칼슘, 석회석 등 비교적 지구상에 많이 있는 원료들을 적당한 배합률로 혼합하여 가열 용융시켜 만든다. 그 조성은 원료에 따라 특성이 있고 성질과 용도도 광범위하여 각종 건축물에 적용된다.

근대적인 유리는 18세기 말에 소다석회 유리가 발명되면서 제조방법이 개량되고 대량생산하게 되었다. 유리는 광학적으로 투명하고 역학적으로 이상적인 탄성체이며, 이 두 가지의 성질은 다른 재료와 비교하여 현저한 특징을 가지는 요인이 되고 있다. 또 유리는 가시광선을 중심으로 근자외선으로부터 원적외선에 걸쳐 투명하고 그 파장 범위는 지상에서 태양복사 파장범위 0.3~2.0 m에 대략 일치한다. 즉, 가시광에 대해서 투명할 뿐만 아니라 태양광 전체에 대하여 투명하다. 유리면에 투과한 광에너지는 일부는 반사하며 반사율은 글라스의 굴절률이 높을수록 크다. 투과율이란 100%로부터 반사율과 흡수율을 뺀 잔여를 말한다. 투과율을 억제한 유리는 공조부하를 경감시키므로 건축에너지 절약에 유용하다. 또 유리는 건물 내외를 넓게 통하도록 하는 개방성이 있고, 벽면이 단순 명쾌하여 아름다운 평활감을 주므로 건축에서 많이 사용한다.

그러나 창유리는 화재시 불에 닿으면 파손되고 연소에 약점이 있으므로 판유리 중에 강재의 망을 봉입한 망입유리는 고온에서도 파편이 탈락하지 않고 연소 방지효과가 있다. 이러한 판유리의 종류는 보통률과 철망이 든 유리(망입유리), 형판유리, 색유리 등이 있다. 이것을 가공한 흐림갈기유리, 갈은유리, 결상유리, 강화유리, 기타 특수유리가 있다.

1. 유리의 성분과 원료

1.1 주성분

유리가 포함하고 있는 성분은 종류에 따라서 다르지만, 석영유리와 같은 특별한 것을 제외한 대부분의 유리는 주성분이 이산화규소(SiO_2)이며, 여기에는 석영이나 규사가 사용되는데, 두 가지 모두 거의 순수한 SiO_2로 이루어진 광물이다. 여기에 붕사·석회석·탄산나트륨 등을 가하여 녹기 쉽도록 하며, 강도나 내약품성을 높이기 위해 산화알루미늄·탄산바륨·탄산칼륨을 가하기도 하며, 굴절률을 높이기 위해 산화납 등을 가하기도 한다.

표 4.59는 보통판유리의 성분을 나타내었다.

표 4.59 보통판유리 성분

SiO_2	Fe_2O_3	Al_2O_3	CaO	MgO	BO_2	SO_3	계
72.00	1.50	0.15	8.00	4.00	14.00	0.35	100

1.2 원료

유리원료는 주원료와 부원료로 구분될 수 있다. 주원료는 유리의 주 구성성분이며 산성 원료와 염기성 원료로 나누어진다. 부원료는 유리에 특수한 성질을 부여하거나 제조상 조작을 쉽게 하기 위해 소량첨가되는 원료이다.

표 4.60 원료의 분류

원료 분류	기능별 분류	기 능	원 료
주원료	산성화 물질	기본구조	규사(SiO_2), 붕산(B_2O_3)
	염기성 산화물	기본성질변화	소다(Na_2O), 산화칼슘(CaO), 산화칼륨(K_2O), 산화알루미늄(Al_2O3), 산화아연(ZnO), 산화마그네슘(MgO), 기타금속광물
부원료	산화제	산화작용	질산나트륨($NaNO_3$), 질산칼륨(K_2NO_3), 산화바륨(BaO)
	환원제	재료분해촉진	탄소물질
	착색제	색상결정	코발트(자색), 망간(자색), 니켈(적자색), 황(황색), 우라늄(녹색), 탄소(갈색), 유황카드뮴(황색)
	융제	용융점 저하	Na_2CO_3, 초석($NaNO_3$), 형석(CaF_2), $Na_2B_4O_7$
	청정제	유리속 기포제거	황산나트륨(Na_2SO_4), 아비산(AS_2O_3), Sb_2O_3

2. 유리의 제조법과 종류

2.1 제조법

건축용 유리는 판형 유리, 유리 성형품 및 유리섬유 등으로 나뉜다. 유리성형물의 제조시 그 규모의 대소는 있으나 용융과 성형의 2단계를 거치는 공정으로 어떤 제법도 성형 후에는 반드시 냉각을 한다는 공통점을 가지고 있다.

다시 말해 원료 → 분쇄 → 배합 → 용융 → 성형 → 서냉 → 가공제품의 순서에 의하여 제품이 만들어진다.

각 원료 분말 60% 정도와 유리폐물 40%를 배합하여 만든다. 각종 원료의 파유리를 작은 규모일 때는 감와법(도가니)으로, 대규모일 때는 조요에서 녹인다. 용융은 1,400～1,550℃에서 수 시간 성형작업을 겸하면서 서서히 냉각시킨다.

(1) 판인법

녹은 유리물을 가는 틈으로 흘러내리게 하면 얇은 막으로 되며, 그것을 냉각탑 속에서 식히면 박판유리(6 mm 이하)가 된다.

- 콜번법(Colburm process)　용해 유리를 수직으로 약 63 cm 올려 수평으로 굽힌다. 여기서 길이 약 60 cm되는 서냉각실을 통과하면서 냉각되어 유리판이 된다. 두께 2～10 mm, 폭 4 m의 판유리를 만든다.
- 푸코법(Fourcoult process)　약 6 m 높이의 서냉탑에서 수직으로 끌어 올려져 냉각되면서 판유리가 된다. 도중에는 롤러에 의하여 끌어올려지면서 평활하게 된다. 두께 2～8 mm, 폭 2 m의 크기로 만든다.
- 피트버그법(Pittsburgh process)　푸코법과 비슷한 방법으로 제조되는데, 요 유리 액에 침지시키는 draw bar라고 하는 내화성 점토 block의 조작법이 좀 다르고 미국에서 많이 쓰인다.

(2) 롤러(Roller)법

두꺼운 판유리(두께 6 mm 이상의 후판 유리)나 표면에 요철이 있는 유리(무늬판 유리)제품에 이 방법을 사용한다. 일반적으로 두 가지 방법이 있다.

- 단 롤러법　수평의 철판 위에서 녹인 유리액을 흘려 롤러로 압연한다. 이 롤러에 무늬를 새겨두면 제품이 된 유리는 형판 유리가 된다. 두께

12 mm, 폭 5 m까지 된다.

- 복 롤러법　서로 반대방향으로 회전하는 몇 개의 롤러로써 만들어진다. 이 법은 Bicherour법, Ford법 등이 있고 이는 단 롤러법보다 정교한 방법이다. 또한 망입 유리도 단 롤러법과 복 롤러법으로 만들어진다.

2.2 유리의 종류

유리의 종류는 매우 다양하다. 표 4.61에 유리의 성분에 따른 종류를 나타내었고, 표 4.62는 건축용으로 많이 사용되는 유리의 종류와 그 성질 및 용도를 나타내었다.

표 4.61 성분에 의한 분류

종 류	성 분	원 료	일반성질	용 도
소다석회유리 소다유리 보통유리 크라운유리	Na_2O	탄산나트륨(소다회) 황산나트륨, 목탄, 코크스	용융되기 쉽고 내산성이 높다. 알칼리에 약하다. 풍화되기 쉽다. 팽창률 또는 강도가 높다.	건축일반용 창호유리, 병유리 등
	CaO	탄산칼륨(석회석), 소석회		
	SiO_2	무수규산(규사)		
칼륨석회율 칼륨유리, 경질유리 보헤미아유리	K_2O	탄산칼륨, 질산칼륨(질석)	잘 용융되지 않고, 내약품성이 있고 투명도가 크다.	고급용품, 이화학용품, 장식용품, 공예품, 식기 등
	CaO	석회석		
	SiO_2	무수규산(규사)		
칼륨연유리 연유리 플린트유리 크리스탈유리	PmO	산화염(연단)	소다칼리유리보다 용융되기 쉽다. 내산, 내열성이 낮고, 비중이 크고 광선의 굴절률, 분광률이 크다.	고급식기, 광학렌즈, 모조보석, 진공관 등
	K_2O	탄산칼륨		
	BaO	탄산바륨		
	SiO_2	무수규산(규사)		
붕사석회유리 (붕사크라운유리)	B_2O_3	붕산, 붕사	잘 용융되지 않고, 내산, 내열성, 팽창률, 전기절연성이 크다.	내열이화학기구, 유리섬유, 식기, 고주파용 및 전기 절연용
	CaO	석회석		
	SiO_2	무수규산(석영)		
고규산유리 (석용유리)	SiO_2	규사, 규석, 석영	내열성, 내식성, 자외투과성이 크다.	전구, 살균 등 유리면 원료 등
물유리 (규산소다유리)	Na_2SiO_3	탄산소다, 무수규산(규사)	물에 용해된다.	방화도료, 내산도료 등

표 4.62 건축용 유리의 종류와 그 성질 및 용도

건축용 유리의 종류		성 질	용 도
일반판 유리	보통판유리, 무늬유리,플로트유리, 연마판유리, 망입판유리	가시광선의 투과율이 크고 자외선 영역을 강하게 흡수한다.	채광투시용의 창문짝용
특수유리	열선흡수유리	적외선을 잘 흡수한다. 가시광선의 투과율은 보통유리보다 10~20% 낮다.	열복사의 차단 눈부심 방지, 문짝 등
	열선반사유리	유리 표면에 반사막으로 태양 에너지의 입사를 40~50%로 감소시킨다.	열복사의 차단 눈부심의 방지, 시선의 차단
열처리 유리	강화유리 강화유리문	강도의 보통유리의 3~5배 정도이며, 파괴될 때도 안전하다.	고층건물의 창 프레임문 등
이형유리	구형유리	내풍압강도가 크다.	큰 면적의 채광벽면
	파형유리		자연채광용
복합유리	복층유리 합성유리 착색강화유리	열관류율이 작다. 파괴시 파편히 날아 흩어지지 않는다. 색깔이 좋고 내수, 내약품성, 내열강도가 크다.	단열창 창구 등의 안전유리용 고층건축의 스팬드럴
장식용유리	스테인드글라스		장식용
성형유리	유리블록	투고과에 지향성을 가지게 하는 것에 뛰어나다. 단열, 차음효과가 크다.	채광, 차음이 필요한 외벽 칸막이 등
	유리벽돌	유리블록보다 성능이 떨어진다. 각종 형상이 있다.	채광·조명용의 장식벽
	프리즘유리	투과광에 지향성을 가지게 하는 것에 뛰어나다. 하중강도가 크다.	통로면
유리섬유	유리섬유판	내화, 내약품, 단열흡음성이 좋다.	불연, 단열, 흡음용의 내벽
	유리섬유직물		천장재의 및 불연만

3. 유리의 성질

3.1 비중

보통은 2.4~6.33인데 건축용은 2.5~2.6이고 중금속을 포함한 것은 비중이 크다. 영국과 미국에서는 평면 1피트 각(角)의 중량을 온스(Ounce) 단위로 표시한다. 두께 1 mm×1 ft^2은 약 8온스에 해당한다. 즉, 8온스 유리판의 두께는 약 1 mm로 보면 된다.

표 4.63 유리의 비중

유리 종류	창유리	크라운 유리	칼륨유리	연유리	tholium G
비 중	2.54	2.49	2.39	3.77	4.18

표 4.64 판유리의 휨강도

유리 종류	등분포하중		집중하중	
	두께(mm)	휨강도(kg/cm²)	두께(mm)	휨강도(kg/cm²)
투명판	3.06	510	3.02	624
뽀얀판	6.07	370	6.08	509
망입판	5.00	350	6.17	517
합 판	3.10	630	3.10	800
강화판	5.45	1,170	5.70	1,058

3.2 경도

유리는 일반적으로 상온에서는 취약(脆弱)하고 경도도 크다. 연(軟)~경(硬)서열은 연유리 → 소다석회유리 → 칼륨유리의 순으로 약 4.5~5.5의 경도 범위이다.

3.3 강도

용도상으로 휨강도 및 인장강도가 필요하다. 보통유리의 휨강도는 실험 결과 30~630 kg/cm^{2}이다. 열처리한 평판은 현저하게 성능이 증가된다. 인장강도가 필요한 것은 유리섬유이다.

3.4 열에 대한 성질

용해점은 칼륨유리가 가장 높아서 1,300℃ 정도이고 보통소다석회유리는 1,200~1,300℃이고, 열전도율도 그 조성에 따라 다르며 온도상승과 더불어 열전도율이 증대한다.

열전도율은 0~100℃에서 소다석회유리가 (1.7~1.4)×10^{-3}이다. 선팽창계수는 0~100℃에서 소다석회유리가 (8~10)×10^{-6}이다. 고온도에서는 보통 소다석회유리의 선팽창계수는 다음 표 4.65와 같다. 판유리를 500~600℃로 가열하여 급냉각하면 표면변형의 유리가 된다.

표 4.65 유리의 선팽창계수

선도(℃)	100℃	200℃	300℃	485℃	550℃
선팽창계수($\alpha \times 10$)	9.98	10.6	11.6	전위점	연화점

표 4.66 유리 및 기타 채광재료의 투과광(%)

유리의 종류	투광율	참고자료	투과율
투명창 유리(1.7~3.12 mm)	88~95	아크릴 수지판(2 mm)	92~95
흐린판 유리(1.75 mm)	70~80	미농지(0.1 mm)	37.20
결상판 유리(1.80 mm)	65~90	파라핀지(0.03 mm)	74.40
유백색 유리	60~85	신문지(0.07 mm)	20.50

표 4.67 전기저항과 습도

관계습도(%)	30%	50%	90%
표면저항(ohm.cm)	10(13~14)	10(11~12)	10(7~9)

3.5 광학적 성질

입사광의 총량=투과광량+반사광량+흡수광량이지만 직각입사인 경우는 반사광량은 0으로 생각된다. 일반적으로 광선의 입사각과 광선의 파장에 따라 빛의 투과량이 달라진다.

3.6 전기적 성질

유리는 전기의 불량도체이지만 표면의 습도가 크면 클수록 그 저항이 낮아진다.

3.7 화학적 성질

(1) 산, 알칼리에 대한 성질

약한 산에는 침식되지 않지만 염산, 황산, 질산 등에는 서서히 침식된다. 농(濃)알칼리, 즉 가성소다, 가성칼리 등에는 침식되어 유리성분 중의 규산분을 잃는다. 가장 강렬하게 작용하는 것은 불화수소인데, 이 성질을 이용하여 유리기구에 눈금이나 마아크 등을 만든다. 공기 중의 대기가 오염되어 있으면 창면에 먼지나 수분이 끼어 산, 알칼리가 저류(貯留)되고 그 부분에서 부식이 생기는 원인이 된다.

(2) 풍화작용

풍화작용은 화학적 작용만은 아니지만 풍우 등이 반복되는 충격작용과 공중의 탄산가스나 암모니아, 황하수소, 아황산가스 등에 장기간 서서히 작용되면 표면이 변색, 감모(減耗)해서 내구도를 저하시키는 주원인이다. 습한 공기나 산화되기 쉬운 미립자(금속성 등)가 유리표면에 부착되면 유리 중의 가용성 알칼리를 분해시켜 공기 중의 CO_2와 각종 화학작용을 일으켜 유리표면에 규산, 염류가 잔류해서 침식부분이 생긴다. 주성분인 규산, 석회, 알칼리분 외에도 함유된 기타 잡물, 착색제 등의 혼입량이 많을수록 풍화작용이 빠르다.

(3) 광선에 의한 화학작용

자외선, 라듐선, X-선 등은 유리를 침식해서 분해, 착색, 반점 등이 생긴다. 심한 것은 라듐선이나 X-선이데 그 복사선(輻射線)에 의해 함유금속을 변화시켜 갈색, 홍색, 담황색으로 변색시킨다. 자외선투과유리는 태양광선이나 석영수은등 등의 인공광선에 접하면 그 능률을 현저히 저하시킨다. 미국표준국의 시험에 의하면 파장 320 u에 의해 1년 후에는 최초 투과율의 50～60%로 되고 어떤 유리는 8개월 후에 15～35% 감소도 된다.

4. 유리 제품

4.1 보통판유리

보통판유리는 건축물 및 차량 등의 창유리에 사용되는 판유리로서, 맑은 판유리 및 서리 판유리의 두 종류가 있다. 맑은 판유리는 그 표면이 제조한 그대로의 평활한 면의 것이고, 서리 판유리는 맑은 판유리 표면의 한편을 샌드블라스트(Sand Blast)로 하거나 부식 등의 방법으로 광택을 지우는 가공을 한 것이다. 두께는 2 mm, 3 mm, 4 mm, 5 mm의 4종이 있다. 목재창호용으로서는 2 mm, 강재창호용은 3 mm 두께를 쓴다. 유리치수는 1인치(inch)를 기준으로 하여 1상자에 총면적이 100 ft^2, 즉 9.2903 m^2을 표준으로 하고 1장의 판유리의 평방 인치단위(in)로 총면적의 100 ft^2(14,400 in^2)를 나누어 소수점 1위 이하를 사사오입한 수를 1상자에 들어 있는 장수로 한다. 품질은 맑은 판유리에 대해 A급, B급품의 2종이 있고, B급을 많이 쓴다. 서리 판유리는 등급이 규정되어 있지 않으나 B급품에 따른다.

4.2 가공 판유리

투명 판유리를 가공하여 무늬를 넣거나 표면을 불투명하게 만든 것 등 여러 가지가 있다.

(1) 서리 판유리

표면을 거칠게 해서 불투명하게 한 것이다. 빛을 확산시켜며, 투시성이 적으므로 들여다보이는 것이 좋지 않은 장소의 채광용으로 쓰인다. 무늬를 넣어서 공예품으로 하기도 한다.

(2) 무늬유리(KS L 2005)

무늬유리는 롤아웃공법(Roll out process)으로 제조되는 유리로 한 면에 각종 무늬모양이 있는 유리로서 시선을 차단하거나 보호하기 위한 곳에 많이 사용된다. 건축의 내외장재 및 칸막이, 가구 등에 사용된다. 모양의 종류에 따라 환자, 후로라, 미스트라이트, 크로스 팬, 안개, 고도, 모란, 돌담, 다이아몬드, 모루 등의 명칭이 있다. 두께는 2.2, 3, 4, 5, 6, 8, 10, 12 mm의 8종이 규정되어 있지만, 그 외에 태양에너지 산업용 무늬유리(두께 2.8, 3.2 mm 등)의 경우 수요자와 공급자 간의 협정에 따른다. 최대크기는 1,219 mm×1,829 mm, 1,829 mm×2,134 mm 등이 있다.

최근에는 독특한 무늬와 함께 다양한 색상까지 가능하여 색무늬 유리도 생산되고 있다. 색무늬 유리는 창, 문, 실내조명구조물 덮개, 실내칸막이 등의 장소에 맞게 개성을 연출할 수 있다.

(3) 플로트 판유리 및 마판유리(KS L 2012)

주로 건축물, 차량의 창, 거울 등에 사용하는 유리이다. 제조방법에 따라 플로트 방식과 연마 방식이 있다. 두께에 따른 종류는 2, 3, 4, 5, 6, 8, 10, 12, 15, 19 mm가 있다.

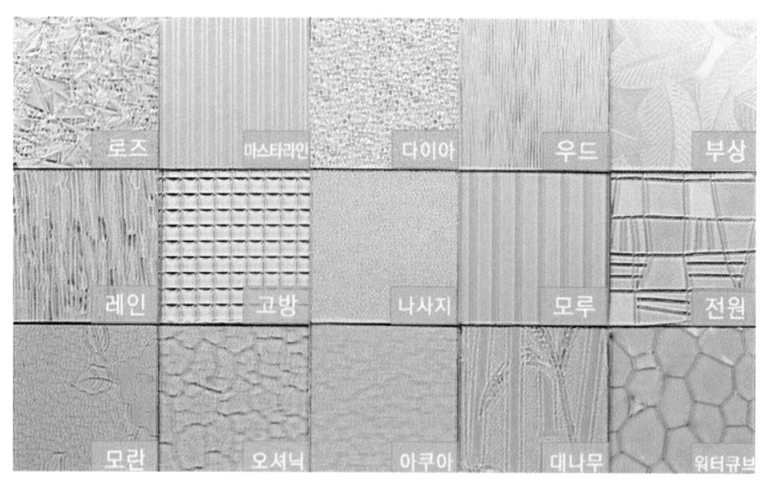

그림 4.224 무늬유리

플로트 판유리는 Float 방식에 의해 생산되는 맑은 유리로 마판유리와 같은 평활도로 거울유리, 강화유리, 접합유리, 복층유리에 사용된다.

마판유리는 연마 판유리라고도 하며 후판유리의 양면 또는 한면을 연마가공하여 평활하게 만든 판유리로서, 투시성 및 투명성이 우수한 연마 판유리라고도 하며 쇼윈도의 큰 개구부나 고급 건축물의 외부 창유리로 사용된다.

(4) 곡판유리

광낸 유리판을 전기로 내에서 연화시켜 형틀에 맞게 곡면으로 만든 것이다. 유리의 두께 5 mm 이상 반지름 300 mm 이상이어야 곡면이 가능하다. 건축물의 여러 굽은 곳에 사용되어 더욱 부드럽고 우아하게 구조미를 부여해준다. 곡유리는 빌딩의 외벽코너, 건축물의 실내·외 천장, 건축물 상이의 연결통로, 건축물의 출입구 등에 사용된다.

4.3 특수 판유리

특수한 용도에 이용하기 위하여 특수한 성질을 가지도록 가공한 판유리이다.

(1) 접합유리(KS L 2004)

그 성능으로 보아 건축에는 은행, 귀중품진열창 등에 쓴다. 두 장이나 그 이상의 판유리를 비닐, 합성수지를 중간막으로 해서 접착한 것으로 장수를 많이 겹치면 방탄유리로도 쓴다. 평면 접합유리와 곡면 접합유리가 있고, 착색막을 넣은 착색 접합유리 등이 있다. 접합유리는 보통판유리에 비하여 투광성이 약간 떨어지나 차음성, 보온성이 좋은 편이다.

(2) 강화유리(열처리유리)(KS L 2002)

판유리를 약 600℃까지 가열한 후 냉각공기로 양면을 급냉강화하는 열처리를 하여, 유리 표면에 강한 압축 응력층을 만들어 파괴 강도를 증가시키고 깨어질 때에는 작은 조각이 되도록 처리한 것이다. 투시성은 같으나 강도가 5배로 증가됨으로써 강도가 높아 파손율이 낮고 한계 이상의 충격으로 깨져도 작고 모서리가 날카롭지 않은 파편으로 부서져 위험이 없다. 또한 200℃의 온도변화에도 견디는 강한 내열성도 있다. 강화유리는 내충격 강도 및 하중강도가 보통판유리보다 3～5배 높고, 휨강도가 6배 정도이기 때문에 건축물의 창유리, 테두리없는 유리문, 에스컬레이터의 옆판, 계단난간의 옆판, 자동차, 선박 등에 사용된다. 그러나 이 유리는 강화 열처리 후에 절단, 구멍뚫기 등의 재가공이 극히 곤란하므로 정확한 치수로 가공을 하여야 하며, 특히 12 mm 유리는 절단이 불가능하므로 열처리 전에 소요 치수로 절단한다.

모양에 따른 종류는 평면 강화유리와 곡면 강화유리가 있다. 두께는 보통 4, 5, 6, 8, 10, 12, 15, 19의 8종이 있다. 국내에서 생산되고 있는 최대의 크기는 두께 5 mm인 경우 914 mm×1,219 mm, 두께 6 mm인 경우 1,219 mm ×1,524 mm, 두께 8 mm인 경우 1,219 mm×7 2,438 mm, 두께 10～15 mm인 경우 1,499 mm×2,387 mm이다.

(3) 배강도유리(KS L 2015)

강화유리는 제조방법에 따라 완전강화유리 혹은 반강화유리로 구분할 수 있는데, 일반적으로 완전강화유리를 그냥 강화유리라고 하며, 반강화유리는 배강도유리라고 한다.

배강도유리는 heat strengthened glass, 완전강화유리는 tempered glass로 구분하는데, 강화유리는 일반 유리를 연화점 이상으로 가열하였다가 유리를 원하는 형상으로 변형한 후 압축공기로 급냉처리하며, 반강화유리는 연화점 이하의 온도에서 가열하고, 찬 공기를 약하게 불어 주어 냉각하여 만든 유리로, 유리 표면에 형성된 압축응력의 크기는 강화유리보다 작다. 또한 반강화유리를 파괴해 보면 강화유리에 비해 파괴된 유리 조각의 크기가 크고, 파괴된 파편의 수는 적다. 따라서 반강화유리의 경우 유리의 변형을 원하지 않는 건축용 유리로 응용되며, 완전강화유리는 건축용 곡유리 혹은 자동차용 유리에 주로 응용된다.

(4) 복층유리(Pair-Glass)(KS L 2003)

두 장 또는 세 장의 판유리를 일정한 간격을 두고 겹치고 그 주변을 금속테로 감싸 붙여 내부의 공기를 빼고 청정한 완전건조공기를 봉입(封入)한 것으로 단열성, 차음성이 좋고 또 결로가 생기지 않는다. 건축물, 냉동·냉장 쇼케이스, 철도 차량의 창 등에 사용된다. 강화유리와 같이 제품을 절단해 쓸 수 없으므로 미리 이 점을 고려할 필요가 있다.

(5) 망 판유리 및 선 판유리(Wire Glasses)(KS L 2006)

유리 내부에 금속망 또는 금속선을 삽입하고 압착성형한 판유리로 깨져도 파편이 비산되지 않고 균열만 생겨 안전유리로 분류된다. 철, 황동, 알루미늄 등의 망(사각형, 능형, 육각형, 팔각형 등)이나 평행선이 매입되어 파손방지, 내열효과가 있으며 도난방지, 방화목적으로 사용된다.

(6) 색유리

판유리에 착색제를 넣어 만든 유리로서 투명과 불투명이 있다. 원료의 투입과정에서 금속 산화물을 배합하여 착색한 것으로 플로트 공법의 장점과 색채 감각을 조화시킨 유리이다. 광선의 일부를 조절 통과시켜 눈부심을 막아줄 뿐 아니라 복사열을 흡수하여 냉난방비를 절감시켜 주며, 가시광선을 적당히 투과시켜 아늑한 분위기 조성과 프라이버시를 보호해 준다. 색유리는 황동색, 녹색, 청색, 회색 등으로 생산된다. 주택가 빌딩의 창, 건물 로비 등의 차양효과를 요하는 곳, 기차, 자동차, 선박의 창, 테이블과 각종 유리가구, 실내 칸막이, 햇빛 조절 또는 프라이버시가 요구되는 곳에 적합하다.

얇은 것은 스테인글라스창에, 두꺼운 것(6 mm 이상)은 벽, 천장 등의 패널로 쓰기도 한다.

(7) 자외선 투과유리

보통판유리에서는 3,100~3,000 Å 이하를 투과하지 않는다. 자외선 투과유리는 보통유리의 성분 중 철분을 줄이거나 철분을 산화제이철(Fe_2O_3)의 상태에서 산화제일철(feO)로 환원시켜 자외선 투과율을 높인 유리로서 자외선을 50% 이상 90% 내외를 투과시킨다. 자외선 투과유리는 자외선의 투과율이 좋은 것으로 병원의 일광욕실(Sun room), 결핵 요양소의 창유리, 온실 등에 사용한다.

(8) 자외선 흡수유리

자외선 투과유리와는 반대로, 자외선의 화학작용을 방지할 목적으로 의류품의 진열창, 식품이나 약품의 창고 등에 쓴다. 자외선 차단 유리라고도 하며 세슘, 티탄, 크롬 등을 함유하는 것과 자외선을 흡수하는 막을 사이에 둔 겹친 유리판도 있다.

(9) 열선 흡수 판유리(KS L 2008)

단열유리라고도 하고 철, 니켈, 크롬 등이 들어 있는 유리로서 담청색을 띠고, 태양광선 중의 장파부분(열선)을 흡수한다. 서향 일광을 받는 창에 쓰이는 일이 많다.

(10) X-선 방호용 납 유리(KS L 2011)

외료용 X-선이나 원자력 관계의 방사선을 차단하기 위해 납을 사용한 유리이다. 방사선실의 작은 창에 쓴다. 산화납을 함유한 유리로 방호능력은 산화납의 함유율(60% 내외)과 판두께에 따라 정해진다. 이 능률은 이와 같은 능력이 있는 순도 99.5% 이상의 연판두께를 mm로 표시하는 값으로 나타낸다. 이것을 납당량(鉛當量)이라 해서 단위기호는 mmpb이다. 비중은 보통 유리의 2배 내외이다.

(11) 반사유리(Reflective glass)

반사유리는 플로트유리를 고진공 상태에서 표면 코팅한 것으로, 빛을 받아들이고 투과하는 단순한 기능의 유리와는 달리 빛도 쾌적하게 느낄 정도로만 받아들이고 외부 시선을 막아주는 효율적인 기능을 가진 유리이다. 즉,

실내에서는 그대로 보여 시선에 지장이 없으나 실외에서는 실내가 안보이고 거울처럼 보인다. 냉난방비를 절감시키며 태양열의 차단효과가 투명유리, 색유리보다 좋다. 가시광선의 반사율이 좋으므로 고속도로 주변이나 경사면에 시공할 때는 주위의 자동차나 건물에 영향을 주지 않도록 주의한다. 그리고 반사유리는 열선반사유리(Soloar Reflective Glass)(KS L 2014)와 난방보온유리(Low Emissivity Glass)로 구분되는데, 전자는 태양열의 일부 투과와 반사가 적절히 조절되고, 후자는 태양빛을 파장별로 흡수하고 반사하는데 단파장의 복사열은 투과시키고 난방기구에 의한 장파장의 복사열은 반사한다. 일반건축 및 고층빌딩의 창, 프라이버시를 필요로 하는 곳이나 태양열을 차단할 필요가 있는 곳에 사용한다. 두께는 6 mm의 최대규격 2,540 mm×3,658 mm와 최소규격 305 mm×914 mm 등이 생산된다.

(13) 내열유리

규산분이 많은 유리로서 성분은 석영유리에 가깝다. 파이텍스유리는 이것의 1종이다. 열팽창계수도 적고 온도변화에 견디므로 금고실, 난로 앞의 가리개, 방화용의 작은 창에 쓰인다.

(14) 샌드 브라스트 유리(Sand Blast Glass)

유리면에 오려낸 모양판을 붙이고 모래를 고압공기로 뿜어 오려낸 부분을 마모시켜 모양을 만드는 것인데, 장식용 창, 스크린 등으로 쓴다.

(15) 에칭유리(Etching Glass)

유리면에 부식액의 방호막을 붙이고 이 막을 모양에 맞게 오려내고, 그 부분을 불화수소와 불화암모니아의 혼합액 등의 유리부식액을 발라 소요 모양을 만들어 장식용으로 쓴다.

(16) 가열도장(加熱塗裝) 유리

금, 은, 백금 등을 가열 부착시키거나 수지염(樹脂鹽, 라스터액)을 가열 부착시켜 착색하여 장식용으로 한다.

(17) 스테인드글라스(Staind-Glass)

각종의 색유리, 특히 수공업으로 만든 조면의 색유리의 작은 조각을 도안에 맞추어 절단해서 조합하고 그 접합부를 H자형 단면의 연제끈으로 끼워 맞추어서 모양을 낸 것인데, 성당의 창, 상업건축의 장식용으로 쓴다.

(18) 매직유리

반사성의 금속 미분말이나 평평한 조각을 혼입하여 제조한 것으로 한편에서의 조사(照射)광선이 이 미분(微分)에 의해 반사되어 어두운 편에서는 볼 수 없지만, 반대로 밝은 편에서는 볼 수가 있다. 또 합성수지막을 사이에 넣고 겹친 유리로 만든 것을 현관문에 사용하기도 한다.

(19) 패트 드 베르(Pate de Verre)

원형틀에 유리분말을 밀어넣고 형틀과 함께 가열용융시킨 것으로, 여러 가지 조건이 채색용합된 것인데 장식용으로 쓴다.

(20) 전자 차폐유리(전자반사유리)

어느 목적을 위해 필요한 전파가 다른 목적에는 방해를 주는 일이 있다. 또한 우리 주위에는 모터, 전기불꽃, 형광등과 같이 불필요한 전자파를 발생시키는 기기가 많이 존재하고 있다. 따라서 태양광은 투과하지만 전자파는 투과하지 않는 유리의 필요성을 가진다. 그러나 아직까지는 투명성을 유지하면서 전파를 흡수하는 유리는 실용화된 것이 없다.

(21) 대전 방지유리

겨울철 건조했을 때 도어의 금속손잡이에 손을 대면 전기쇼크를 느끼는 경우가 발생하는데, 이것은 신발로 카펫 위를 거닐면 약 2,000볼트의 정전기가 인체에 대전하여 이 정전기가 금속에 방전하는 데 기인한다. 대전방지유리는 표면에 가시광에 대해 투명하여 어느 정도의 전기전도성을 갖는 투명전기전도막을 코팅한 것이다. 대전방지유리는 클린룸용, 복사기의 천판유리, 브라운관이나 액정표시등 디스플레이의 대전방지용으로 사용되고 있다.

(22) 조광(調光)유리

바깥이 밝을 때에는 유리의 투과율이 작아지고, 바깥이 어두워지면 유리의 투과율이 커져서 실내에 들어오는 빛을 자연스럽게 조절해 주며, 커텐이 필요 없는 창문유리이다. 그러나 아직까지는 빛의 조절범위나 최대치수 등에서 충분한 것이 없는 것이 현실이다.

4.4 유리의 2차 제품

(1) 유리 블록(Glass block)

사각형이나 원형의 상자형 2개 각각의 둘레를 잘 맞추어 합쳐서 고열로 용착시켜 일체로 하고, 내부에는 0.3기압 정도의 건조공기가 봉입(封入)되어 있다. 양측 표면 이외의 네 측면은 조적용 모르타르와의 접착이 좋게 되게끔 염화비닐계 도료를 발라 강사(江沙), 석분 등을 부착시킨다. 모양은 정방형, 장방형, 환(丸)형 및 곡면벽에 쓰는 이형(異形) 등이 있다.

(2) 유리 타일(Glass-tile), 모자이크 타일(Mosaic-tile)

색유리를 작은 조각으로 잘라 타일형으로 만든 것인데 벽, 천장 등을 장식한다.

(3) 프리즘유리(Prism Glass)

천장용 또는 조적벽체로도 쓰이며 시공법은 유리블록과 같이 한다.

투사광선의 방향을 변화시키거나 집중 또는 확산시킬 목적으로 프리즘의 이론을 응용하여 만든 유리 제품으로, 주로 지하실 또는 지붕 등의 채광용으로 쓰인다.

프리즘유리를 테크유리(Deck Glass), 톱라이트유리(top light glass) 또는 포도유리(pavement glass)라고도 한다. 형상은 각형, 원형, 특수형 등이 있으며, 단면 모양에 따라 지향성과 확산성으로 구분한다.

(4) 기포유리(Foam Glass)

유리를 가는 분말로 하여 카본(carbon) 발포제를 섞어 가열 발포시킨 후 서서히 냉각시켜 고체로 만든 것으로서, 거품유리 또는 폼글라스(form glass)라고도 한다. 기포유리는 단열성, 흡음성이 있어 단열재, 보온재, 방음재로 쓰인다.

(5) 유리섬유(Glass fiber)

유리로 만든 인조섬유로서 그 직경의 크기는 수 μm 정도이다. 일반의 합성섬유보다 내열성이 우수, 고온의 함진가스를 여과하는 백 필터의 bag의 재료에 사용되거나 유독가스를 수용액에 흡수하는 흡수탑의 충전재에 사용된다. 여러 종류의 벽재 가운데 들어가서 방음효과를 나타내고 방음재료로 쓰인다. 플라스틱 중에 들어가 유리섬유강화 플라스틱(FRP)으로 되고 내약품성의 송풍기 등에 사용되며, 대기오염 방지 기기의 재료로서 중요한 위치를 점하고 있다.

(6) 결정화유리(Crystallized glass)

유리세라믹스라고도 하며, 비결정구조로 된 유리를 기술적으로 결정화하여 종래에 없던 특성을 지니게 한 유리이다.

(7) 폴리보네이트레진(Polybonate resin, Lexan sheet)

유리의 대용품으로 비중 1.2로 유리의 반 정도밖에 안되며, 160℃ 정도의 온도 변화에도 영향을 받지 않으며 유리의 250배의 강도를 갖는다.

Tip

천연규사(SiO_2)

천연규사는 화강암이 풍화·분해하여 석영 알갱이만 모여서 형성된다.
천연규사로는 해안에 있는 해안규사와 지층 중에 산출되는 산규사(山硅砂)가 있는데, 해안규사 쪽이 불순물이 적다. 인공적인 힘으로 부수어서 만든 모래와는 달리 자연에서 바로 채취해온 천연규사는 강도뿐만 아니라 SiO_2 성분이 다량 함량되어 있어 일반적인 모래와는 구분이 된다. 주로 4.5.6호사로 나뉘어지며 숫자가 클수록 곱기는 고와진다(일반적인 모래라고 하는 것이 6호사 정도이다). 주로 쓰이는 곳은 건축용이나 각종 바닥재 등을 만들 때 첨가하기도 하고 골프장이나 놀이터 등에도 사용된다.
건축용으로 사용할 때는 강도가 높아 시공시나 제품을 만들 때 플러스 알파의 요인이 된다.

연화점(軟化點)

유리, 내화물, 플라스틱, 아스팔트, 타르 따위의 고형(固形) 물질이 가열에 의하여 변형되어 연화를 일으키기 시작하는 온도.

Tip

휨강도

어떤 재질을 휘게 하거나 구부러지게 하는 외력에 견디는 힘

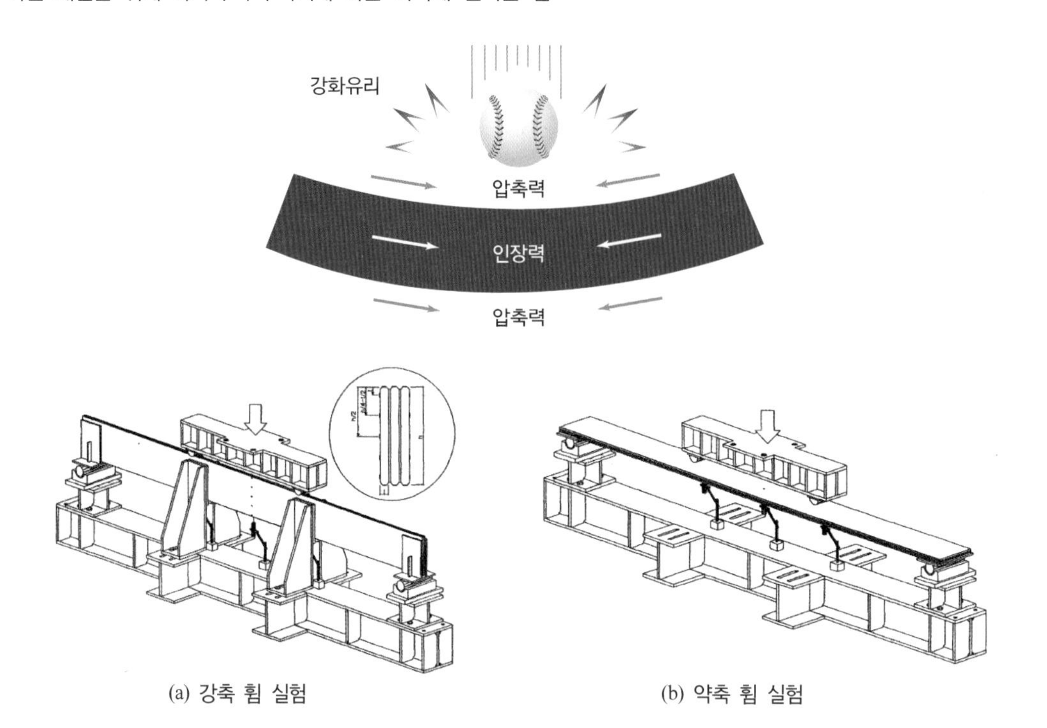

(a) 강축 휨 실험　　(b) 약축 휨 실험

소다석회 유리(soda-lime glass)

생산되는 유리 중에 가장 일반적인 형태의 유리이다. 70%의 실리카(이산화규소), 15%의 소다(산화나트륨), 9%의 석회(산화칼슘)와 소량의 여러 가지 화합물로 이루어져 있다. 소다석회 유리는 값이 싸고, 화학적으로 안정하며, 적당히 단단하면서도, 작품을 끝마무리할 때 필요하면 언제든지 다시 녹일 수 있기 때문에 세공이 쉽다. 이와 같은 성질 때문에 백열전구, 창유리, 병, 공예품 제조에 널리 사용된다.

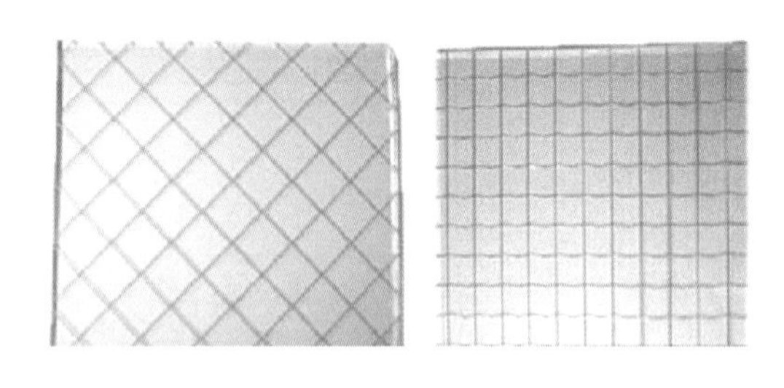

그림 4.225 망입 유리

(a) 강화 유리　　(b) 일반 유리

그림 4.226 강화유리 파손 시 모습

그림 4.227 기포유리

그림 4.228 착색유리(Color glass)

그림 4.229 스테인드 글라스

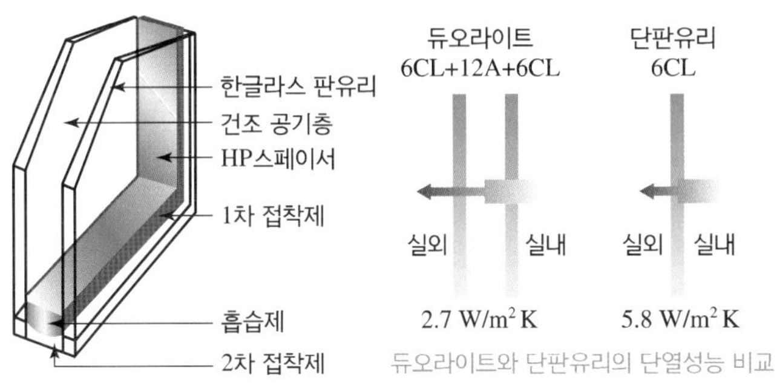

그림 4.230 복층유리

그림 4.231 서리유리 거실장

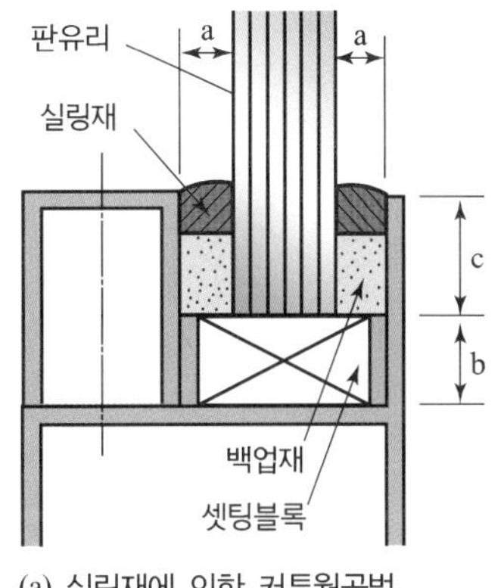

(a) 실링재에 의한 커튼월공법

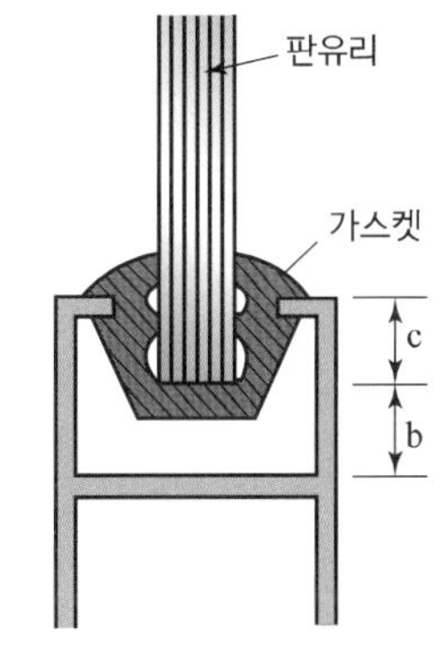

(b) 가스켓을 사용하는 경우

그림 4.232 유리의 고정법

Tip

- 자외선(紫外線, ultraviolet) : 전자기파 스펙트럼에서 보라색 띠에 인접한, 사람의 육안에는 보이지 않는 영역으로, 일반적인 X-선이나 감마선보다 투과성은 낮지만 가시광에 비해 에너지가 높은 편이기 때문에 인간의 피부나 작은 생물체에 영향을 미친다.
- 가시광선(可視光線) : 사람의 육안에 보이는 전자기파의 영역
- 적외선(赤外線, infrared) : 빛을 프리즘으로 분산시켜 보았을 때 빨강색선보다 더 바깥쪽에 있는 전자기파. 가시광선보다 파장이 길고 전자레인지에 사용하는 마이크로파보다는 파장이 짧다. 열선이라고도 한다.

표 4.68 건축물에 사용되는 유리

구 분	특 성	주요 용도
Annealed Glass (일반 판유리)	일반 판유리로 유리를 가공하여 자연적으로 서서히 냉각시킨 것으로 파손의 위험이 크다.	
Tempered Glass (강화유리)	• 일반 판유리를 고온(약 2,000℃)의 열처리 후 급냉시킨 것으로 - 강도가 높아(4배) 파손율이 낮다. - 한계가 넘는 충격을 받아 파손되더라도 끝이 날카롭지 않은 작은 입자로 부서져 사람에게 손상을 거의 주지 않아 안전하다. - 200℃의 온도 변화에도 견디는 내열성이 강하다. • 한 가지 문제는 유리에 불순물(Nickel Sulfide)이 들어가서 가열/냉각이 반복됨에 따라 팽창하여 불시에 파손발생(Spontaneous Breakage) • Heat Soak Test를 통해 불순물 포함 여부 판별 - 290℃에서 8시간 가열	Structural Member Glass Railing Glass Doors
Heat Strengthened Glass (반강화유리)	강화유리처럼 일반 판유리를 열처리 후 서냉시킨 것으로 • 강도가 높고(2배) • 불시 파손(Spontaneous Breakage)의 위험이 현저히 낮다.	
Laminated Glass (접합유리 또는 안전유리)	• 2장 이상의 유리를 그 사이에 필름 혹은 특수 레진을 사용하여 접합한 것으로, 파손되더라도 그대로 틀속에 유지되며, 조합 방법에 따라 Security, Burglar-Resistant, Bulletproof 등의 등급이 있다. • Interlayer Film : 가공 시 열에 의해 일체화 - PVB(Polyvinyl Butyral) : 0.38 or 0.76 mm - PU(Polyurethane) : 이질재간의 접합 (e.g. glass + polycarbonate) • Resin : 자외선에 의해 일체화 - 안전보다는 차음성능 고려	Skylight Canopy Walkway 진열장(도난방지) 감시창 위험물보관소

(계속)

구 분	특 성	주요 용도
Insulated Glass (복층유리)	2장의 유리를 그 사이에 건조공기층을 두고, 그 Gap은 공기건조제(소금)를 포함한 Alum Spacer 혹은 Silicone으로 막은 것으로, 보온성능 및 차음성능이 뛰어나다.	Skylight Sloped Glazing 전화국, 연구소, 녹음실 같이 소음차단이 요구되는 곳이나 기차, 선박, 항공기의 창, 매장의 냉동, 보온기기 투시부처럼 온도나 습도조절이 필요한 곳에 사용
Low-E Coated Glass (로이유리)	• 맨눈에는 안보이는 금속산화물을 유리면에 바른 것으로, 가시광선은 76% 넘게 투과시켜 밝은 실내분위기를 유지할 뿐 아니라, 코팅처리된 면의 위치에 따라 태양광의 적외선(열선)을 반사시켜 실내냉방비를 절감하거나, 겨울철 난방기구에서 발생하는 장파장의 열선을 재반사하여 실내 보온기능으로 난방비를 절감할 수 있다. • 2가지 종류의 코팅방법이 있는데 - Pyrolitic Coating : 판유리의 한쪽면에 금속산화물을 직접 분사시켜 주는 열분해 방법 - Ion Sputter Coating : 현재까지 개발된 코팅방법 중 가장 우수한 공법으로, 고진공 상태에서 아르곤, 질소, 산소가스를 주입하고 전기장을 이용하여 가스를 가속시키면 가스이온들이 금속타케트와 충돌하고 이때 금속타케트에서 떨어져 나온 원자상태의 작은 금속입자가 유리면에 침투되어 코팅이 되는 방법이다.	
Reflective Coated Glass (반사유리)	거울처럼 보인다는 점 외에는 Low-E Coated Glass와 유사하며, 가시광선 투과율이 낮다.	대형건물의 외부커튼월
Tinted Glass (착색유리)	건물 내부로 유입되는 가시광선의 양 및 눈부심을 줄이기 위해 사용되며, 표준색상으로 Green, Grey, Bronze, Blue-Green이 있고, Blue, Evergreen, Azurlite와 같은 프리미엄 색상도 있다.	대형건물의 외부커튼월

(계속)

구 분	특 성	
Ceramic Frit Coated Glass	• 유리면에 건축적인 효과를 주기 위해 사용하며, 눈부심이나 태양광의 투과를 줄여준다. 세라믹을 유리면에 Silkscreen 처리하고 가열하여 유리와 일체화시킨다. • 간단한 Dot Pattern에서부터 Custom Pattern까지 다양한 Pattern과 여러 가지 색상이 사용되며, Frit Pattern의 최대 크기는 1.5 m×3.0 m이다.	
Fire-Rated Glass Ceramic (방화유리) FireLite	5 mm 두께의 유리재로 도어상부처럼 충격이 미치지 않는 위치에 사용되며, 20~90분 정도의 방화성능을 가진다.	
Clear Wire Glass (망입유리)	방화창호, 방화문용으로 사용되며, 45분 정도의 방화성능을 지니며 외부 충격에 쉽게 파손되지 않는다. Diamond나 Square Pattern이 있다.	방화창호, 방화문
Patterned Glass (무늬유리)	주로 장식을 목적으로 유리의 한쪽이나 양쪽면에 다양한 무늬가 새겨진 반투명유리이다.	
Bullet Resistant Glass (방탄유리)	다음과 같은 자재와 방법이 사용되며, 성능에 따라 8가지 단계가 있다. (별첨 도표 참고) - Glass Laminates - Glass Clad Polycarbonate - Acrylic Armour Polycarbonate - Polycarbonate Sheet	은행 공항감시창 고가상점 진열장

VIII 합성수지

1869년 질산섬유소(窒酸纖維素)를 원료로 하는 셀룰로이드(celluloid)가 발명되고, 다시 1909년 석탄산과 포르말린(formalin)에 의하여 베클라이트(beklite)가 만들어졌다. 그 후 발전을 거듭하여 오늘날과 같은 플라스틱 시대에 이르렀다. 플라스틱(Plastics)이란 말은 약 반세기 전부터 쓰이기 시작하였는데, 이것을 간단히 표현하면 어떤 온도의 범위에서 가소성(可塑性 : plasticity)을 가진 물질이라는 뜻이 될 것이다. 가소성을 가진 물질은 천연수지와 합성수지(synthetic resin)로 크게 구별되며, 자연계에서도 많이 존재하여 송지(松脂), 셀락(shellac), 아스팔트(asphalt) 등이 천연수지에 속한다.

그러나 우리들이 오늘날 플라스틱이라 부르는 것은 이보다 좁은 범위의 유기합성 고분자물질(有機合成 高分子物質), 즉 합성수지를 말하고 있다. 비교적 분자량이 작은 단순한 분자가 수많이 결합하여 몇천, 몇만이라고 하는 분자량이 큰 고분자물질을 이루게 되는데 이러한 물질은 성상(性狀), 형태에 있어서 천연수지와 유사하여 이와 대비적(對比的)으로 합성수지라 불리게 되었다.

플라스틱의 발전과정을 보면 처음에 카세인(caseine), 천연고무와 같은 천연고분자물질을 채취·분리하는 것에서 비롯하여, 섬유소를 화학적으로 처리·가공하여 플라스틱을 만들고, 그 후 오늘날과 같은 순수한 합성플라스틱을 제조하기에 이르렀다.

플라스틱은 일반적으로 두 그룹으로 구별된다. 하나는 고분자로서 가열에 의해서 유동성을 가지게 되어 성형이 되는 열가소성 플라스틱(열가소성수지)이고, 또 하나는 저분자이지만 형(型) 속에서 가열·가압되는 동안에 유동성을 가지고 화학반응에 의해서 고분자화되어 그 후 가열해도 유동성을 가지지 않는 열경화성 플라스틱(열경화성수지)이다. 용도면으로 보면 처음에는 완구, 장식품 등의 일용잡화에서 차례로 공업적 용도로 개발되어, 도료, 접착제, 피복재 등의 보호재료로, 더 나아가서 최근에는 구조재로서도 이용되기에 이르렀다.

1. 일반적인 성질

플라스틱은 가소성(plasticity)을 가진 고분자 화합물을 말하며, 합성수지는 석탄, 석유, 천연가스 등의 원료를 인공적으로 합성시켜 얻어진 고분자 화합물을 의미한다.

합성수지는 가공성, 강도, 경도, 내식성, 내후성, 내수성, 내구성 등의 특성이 있으며, 착색이 자유롭고 색상 또한 미려하여 다양한 분야에 적합한 재료로 가공되어 사용되고 있다. 비중은 0.9~1.5 정도로 열가소성수지가 특히 가벼운 재료이다. 열경화성수지는 비교적 단단하고 열가소성수지는 유연하다. 합성수지의 열팽창계수는 비교적 크다. 가시광선의 투과율은 아크릴수지가 91~93% 정도로 가장 크고, 보통 70~85% 정도이다. 압축강도가 크고 휨강도, 인장강도 순이다. 일반적으로 열가소성수지가 내충격성이 크다. 합성수지는 열에 약하다. 열연화점은 열가소성수지의 경우 50~100℃ 정도, 열경화성수지의 경우 100~150℃ 정도이다. 각종 유기용제에 강하며 화학적으로 안정되어 내약품성이 우수하다.

표 4.69 합성수지의 성질

합성수지의 장점	합성수지의 단점
• 비교적 저온에서의 가공, 성형 및 방적이 가능하고 절단, 천공 등 가공이 용이하다. • 절연성이 크고 피막형성 성능이 우수하며 착색이 자유롭다. • 인장, 압축, 충격 등의 내력이 크고 탄성 및 신장률이 크다. • 내산, 내알칼리, 내염류, 내용제성 등의 내화학 약품성이 크다. • 비중이 보통 0.9~1.5 정도로 운반 및 취급이 용이하고 대기에 의한 부식현상이 적다.	• 구조재로서의 강도나 탄성계수가 적다. • 열팽창계수는 크고 내열, 내화성이 적다. • 합성수지 제품은 비교적 고가이다.

2. 종류와 특성

합성수지는 열적 성질에 따라 열가소성수지와 열경화성수지로 구분한다.

2.1 열경화성수지

열을 가하여 경화 성형하면 다시 열을 가해도 형태가 변하지 않는 수지로,

일반적으로 내열성, 내용제성, 내약품성, 기계적 성질, 전기절연성이 좋다. 충전제를 넣어 강인한 성형물을 만들 수 있으며 고강도섬유와 조합하여 섬유강화플라스틱을 제조하는 데에도 사용된다.

(1) 페놀수지(Phenol-formaldehyde resin)

가장 오래 전부터 쓰여진 대표적인 열경화수지로서 베클라이트란 이름으로 알려져 있다.

내연성, 내수성, 전기절연성은 양호하지만 성형에 시간이 걸린다. 용도로는 이륜차의 차체, 통신기기의 부품 등 특정 분야에 중요한 재료로 쓰인다. 건축재료로서 외장용 치장합판, 도료접착제 등에 이용된다.

① 성질

원료의 배합비, 촉매의 종류, 제조 조건에 따라 다르고, 성형재료(成型材料), 도료(塗料), 접착제 등의 제품의 질에 따라 다르나 일반적으로 경화된 수지는 매우 굳고 전기 절연성이 뛰어나고 내후성도 양호하다. 수지 자체는 취약(脆弱)하여서 성형품, 적층품(積層品)의 경우 충전제(充塡劑)를 첨가한다. 예를 들어, 내충격성(耐衝擊性)에 대해서는 운모(雲母)를 첨가한다.

② 용도

수요(需要)의 대부분으로 전기통신 기재관계가 60%를 차지하고 건축방면에서는 멜라민화장판의 대부분을 차지하는 지기재(紙基才)로서의 페놀수지 척층판이 있고, 내수합판(耐水合板)의 접착제로서도 사용된다.

(2) 요소수지(Urea Formaldehyde resin)

열경화성수지 중에서 생산량이 가장 많고, 상온 경화형 목재용 접착제로서, 많은 양이 소비, 일용 성형품으로서 식기나 쟁반의 제조에 사용된다.

① 성질

수지 자체는 무색이어서 착색이 자유롭고 내열성은 페놀보다 약간 뒤지나 100℃ 이하에서의 연속 사용에도 견딘다. 약산, 약알칼리에 견디고 또한 내용제성(耐溶劑性)이어서 벤졸, 알코올 각종 유류(油類)에는 거의 침해받지 않는다. 전기적 성질은 페놀수지보다 약간 못하다.

② 용도

성형품(成型品)의 기계적 성질은 본질적으로 페놀수지에 뒤떨어진다. 따라서 공업적인 용도보다 식기, 완구, 장식품 등 일용잡화 방면에 수요가 많으며 접착제로서는 내수합판(耐水合板)에 쓰인다. 합판에는 초기 축합물을 농축하여 수지분 60~70%의 점조액(粘稠液)으로 한 것을 200 g/m^2 비율로 쓴다.

(3) 멜라민수지(Melamine Formaldehyde resin)

수지성형품 중에서 가장 경도가 크고 아름다운 광택을 지니면서 착색도 자유롭고 내열성, 내염성, 내약품성, 내수성이 뛰어나지만 충격에 약하다. 용도는 내장용 합판의 표면 도포재, 접착제 등에 사용된다.

① 성질

멜라민수지는 요소수지와 같은 성질을 가지며 그 성능이 좀 더 향상된 것이라 할 수 있다. 무색 투명하여 착색이 자유로우며, 퍽 굳고, 내수 내약품성 내용제성(耐溶劑性)이 뛰어난 것 외에도 내열성도 우수하다. 기계적 강도, 전기적 성질 및 내노화성(耐老化性)도 우수하다.

② 용도

멜라민화장판은 각종 염료, 안료 등의 착색제나 무늬를 인쇄한 원지(原紙)를 멜라민수지 접착제로 하여 적층(積層)한 것이다.

벽판, 천정판 counter 등에 쓰인다. 도료는 밀착성과 가요성(可撓性)을 개량하기 위하여 알키드수지로써 변성 하에 사용할 때가 많고, 조리대, 냉장고, 실험대 등에 쓰인다.

(4) 폴리에스테르수지(Polyester resin)

폴리에스테르수지는 다가(多價) 알코올(글리세린 등)과 다염기산(多鹽基酸, 무수프탈산 등)의 축합에 의하여 얻어지는 에스테르의 총칭이다. 그러나 우리가 보통 부르는 폴리에스테르는 유리섬유를 보강제(補强劑)로 하여 성형하는 저압적층용(低壓積層用) 및 접착용의 수지를 말하는데, 이는 엄밀히 말하자면 불포화(不飽和) 폴리에스테르이다. 이에 대하여 포화폴리에스테르는 거의 도료용으로 쓰이고 알키드수지라 불린다.

(4) 불포화 폴리에스테르수지(불포화 Polyester resin)

유리섬유 등을 강화재로 사용한 성형품(FRP)으로서 많이 사용 FRP는 경량으로 강도가 높고 내구성, 투광성이 있다. 용도는 공장, 창고 등의 지붕, 천장, 온실 덮개, 칸막이 등과 욕조, 정화조, 설비유닛 등의 대형 성형품으로 사용되며, 이외에 도료, 접착제로서 사용된다.

① 성질

폴리에스테르수지는 가열경화 외에 촉매(촉매의 예를 들면 過酸化벤졸)를 써서 상온에서 경화시킬 수 있다. 경화시간은 촉매량과 온도에 따라 다르다. 폴리에스테르의 중요한 특색은 유리섬유로서 보강한 섬유보강 plastic이다. 기계적 강도는 비항장력(比抗張力)이 강(鋼)과 비등한 값을 나타낸다. 또한 100~150℃가 사용 한계온도이며, －90℃에서도 내성이 크다. 내약품성은 일반적으로 산류 및 탄화수소계 용제에는 강하나 알칼리, 산화성산에는 침해를 받는다.

② 용도

건축방면으로는 아케이트천창(天窓), 루버, 칸막이 등에 쓰인다. 수지액은 접착제도료 외에 1/2 in 메쉬 이하의 유리단(短) 섬유나 석면, 운모 등을 가하여 수지 모르타르로서도 쓰인다.

(5) 실리콘수지(Silicon)

실리콘이라고 불리우는 것에는 유(oil), 고무(gum), 수지(resin) 등이 있다.
발포재, 가구내열성, 내약품성, 전기 절연성이 우수하다. 방수재, 내후도료, 줄눈실링 등에 이용된다.

① 성질

실리콘은 내열성이 우수한데, 한 예를 들면 실리콘 고무는 －60℃～＋120℃에 걸쳐 탄성을 유지하고 150℃～177℃에서는 장기간 연속사용에 견디고, 270℃의 고온에서 수시간 사용이 가능하다. 도료의 경우 안료로서 알루미늄 분말을 혼합한 것은 500℃에서 수시간, 250℃에서는 수백 시간을 견딘다. 실리콘의 특색 중의 하나로 발수성(撥水性)을 들 수 있다. 즉, 실리콘은 극도의 혐수성(嫌水性)으로서 물을 튀기는 성질이 있으므로 건축물, 섬유류, 전기절연물 등의 방수에 쓰인다.

② 용도

- 실리콘유는 윤활유, 펌프유, 절연유, 방수제로 쓰인다.
- 실리콘고무는 고온, 저온에서 탄성이 있어서 개스킷(gasket), 패킹(packing) 등에 쓰인다.
- 실리콘수지는 성형품, 접착제, 기타 전기절연재료로 많이 쓰인다.

(6) 에폭시수지(Epoxy resin)

열경화성수지 중에서 접착성, 내습성, 내수성, 내약품성이 우수하며, 경화재의 종류가 풍부하고 그 배합에 따라서 여러 특성을 얻을 수 있다. 용도는 접착제, 플라스틱 모르터 결합재, 실링재, 도료 등에 사용된다.

① 성질

에폭시수지는 접착성이 아주 우수하다. 경화할 때 휘발물의 발생이 없고, 따라서 용적의 감소가 극히 적다. 금속, 유리, 플라스틱, 도자기, 목재, 고무 등에 탁월한 접착성을 발휘하며, 특히 알루미늄과 같은 경금속의 접착에 가장 좋다. 내약품성, 내용제성에 뛰어나고 농질산(濃窒酸)을 제외하고는 산, 알칼리에 강하다. 자연경화 또는 저온소부시에는 경화시간이 길어서 최고 강도를 나타내기에는 1주일 이상이 필요할 때가 많다. 이것이 결점이라 할 수 있다.

② 용도

주형재료(鑄型材料), 접착제, 도료에 쓰이고 적층품으로는 유리섬유의 보강품이 만들어진다.

(7) 우레탄수지

발포재, 가구 쿠션재, 단열재에 사용된다. 합성고무로서 타이어, 범퍼 등이나 기타 도료, 접착제, 방수재, 바닥재 등에 사용된다.

2.2 열가소성수지

열을 가하여 성형한 뒤에도 다시 열을 가하면 형태를 변형시킬 수 있는 수지로, 압출성형·사출성형에 의해 능률적으로 가공할 수 있다는 장점이 있는 반면, 내열성·내용제성은 열경화성수지에 비해 약한 편이다. 종류에는 결정성과 비결정성이 있다.

(1) 염화비닐수지(polyvinyl chloride, PVC)

용도는 파이프, 이음부, 전화기 소켓, 수도관, 골함석, 벽지, 고단열 새시 등에 사용된다. 연질 염화비닐도 실내바닥재, 방수루핑, 포장재 등과 도료에 사용된다.

① 성질

비중 1.4, 곡력강도 1,000 kg/cm², 사용온도 －10～60℃, 전기절연성, 내약품성이 양호하다. 경질성이지만 가소제 혼합에 따라 유연한 gum狀 제품도 된다.

② 용도

여러 종류의 부재료를 혼합하여 필름(film), 시트(sheet), 판재(plate), 파이프(pipe) 등의 성형품(成型品)이 된다. 제품종류, 지붕재(평판, 골판, 물받이), 벽재(평판 tile, rib 板, 줄눈대), 수도관 기타 스폰지 시이드 레일, 블라인드, 도료, 접착제 또한 시멘트, 석면 등을 가하여 수지 시멘트로서 쓰이기도 한다.

(2) 폴리에틸렌수지(polyetylene, P.E)

용도는 포장용 필름, 물통 등 일용품이 대부분이며, 기타 루핑, 파이프, 용기류, 시트, 표면 코팅재, 전선피복 등에 사용된다.

① 성질

비중 0.94, 유백(乳白) 불투명한 수지이다. 저온에서도 유연성이 크고 취화(脆化) 온도는 －60℃ 이하, 내충격성도 기타 플라스틱의 5배 내화학약품성, 전기절연성, 내수성(耐水性) 등이 극히 양호하다.

② 용도

방수, 방습시트, 포장 필름, 전선피복, 일용잡화 등에 쓰이고 유화액(乳化液)은 도료나 접착제로도 쓰인다.

(3) 폴리프로필렌수지(polypropylene, P.E)

비중이 0.91이며, 플라스틱 중에서 최경량, 내수성, 내약품성, 전기 절연성이 뛰어난 재료이나 충격에 약하며 건축용도로는 사용되지 않는다.

① 성질

비중이 0.9로 가장 가볍고 인장강도 등 기계적 강도가 뛰어나고 내열성도 열가소성수지 중 가장 양호하다. 기타 전기적 성능, 내화학약품성, 광택투명도 등도 우수하다.

② 용도

섬유제품, 필름, 기계공업, 정밀부분품, 화학장치, 의료기구, 가정용품 등에 쓰인다.

(4) 폴리스티렌수지(polystylene, P.S)

용도는 일반용, 내충격용, 발포용, AS수지, ABS수지 등, ABS(아크릴 부타디엔스틸렌수지)는 내충격성, 내약품성이 뛰어나며, 가정제품 등에 사용되고 있다.

① 성질

비점 145.2℃인 무색투명한 액체이다. 유기용제에 침해되기 쉽고 취약한 것이 결점이고, 성형품은 내수 내화학약품성, 전기전열성, 가공성(加工性)이 우수하다.

② 용도

용도범위가 넓고 건축벽 타일, 천정재, 블라인드, 도료, 전기용품, 냉장고 내부상자 특히 발포(發泡) 제품은 저온 단열재로써 널리 쓰인다.

(5) ABS수지

ABS수지는 균형잡힌 성질을 가진 유백색의 플라스틱이다. 성형품으로 할 때, 외관이 아름다운 특징을 가지고 있다. 사출성형도 하기 쉬운 플라스틱이다. 그래서 주로 사출성형에 의한 제품에 사용되고 있다. 그 용도는 자동차의 내장이나 가정전화제품 등으로 넓은 범위에 걸쳐 있다. 그 용도는 자동차 내장이나 가정전화제품 등으로 넓은 범위에 걸쳐있다. 또 이 플라스틱은 도구용 소재로도 사용되고 있다.

(6) 아크릴수지(acrylic resin)

아크릴수지 중에서도 메타크릴수지는 투광성이 높고 경량으로 내후성과 내약품성, 역학적 성질이 뛰어나기 때문에 유리 대용품으로 사용된다. 용도는 판, 관 등의 성형품 외에 조명기구나 천장 재료와 도료로 사용된다.

① 성질

투명성, 유연성, 내후성, 내화학약품성이 우수하다.

② 용도

도료로 널리 쓰이고 섬유처리 또는 고문화재(古文化財) 표면 박락(剝落) 장지로 용액을 취부하고 시멘트 혼화재료로서도 이용된다.

(7) 메타크릴수지(polymethyl methacrylate, PMMA)

투명도가 극히 높고, 항공기의 방풍유리에 쓰인다. 내후성(耐候性)이 뛰어나고 착색이 자유롭고 유기(有機)유리로 불리며, 조명기구, 도료, 접착제, 잡화 등에도 쓰인다.

(8) 폴리카보네이트수지

우수한 투명성, 내충격성 및 내후성을 갖고 있어 유리 대용품으로 아케이드, 톱라이트에 사용된다. 비중은 1.2이다.

2.3 합성섬유

(1) 폴리아미드 섬유

나일론으로서 강인하고 높은 탄성회복률과 내마모성, 뛰어난 내수성, 염색성이 있어, 의복분야, 어망, 실내용 카펫, 커튼 인공잔디, 막구조 지붕재, 시트류에 사용된다.

(2) 폴리에스테르 섬유

영률이 커 주름이 생기지 않는다. 나일론처럼 횡변형이 없다. 다른 섬유와 혼방성이 풍부하다. 용도는 의복류, 비디오 테이프용 필름, 음료용 병, 막구조 지붕재, 기계부품 등에 사용된다.

(3) 아크릴 섬유

염색성, 내광성이 있어 의료, 침구, 실내 카펫 등 인테리어 재료에 이용된다.

(4) 폴리비닐알코올 섬유

비닐론은 3대 합성섬유 다음으로 많이 사용되고 있으며, 내구성, 기계적 성질이 우수하기 때문에 돛 등 이외에 모르터의 균열방지 보강재료로 사용된다.

(5) 고강도고탄성률 합성섬유

종류는 초고연신 폴리에틸렌, 게브라, 탄소섬유 등 최근 철근 콘크리트 보강근 등으로 이용하려는 연구가 있다.

2.4 고무 및 그 유동체와 합성고무

현재 고무라 불리는 것은 화학상 가황고무를 말한다. 고무나무에서 채취한 고무 라텍스(latex)에 황제나 기타 약제로 처리하여 물리적 성질을 개선한 것을 말한다. 고무는 현재 우리 일상의 생활에 불가결한 물질로서 타이어, 호스, 벨트, 신, 완구 등에 이용되며, 기타 공업용재, 전기전열재, 의료(醫療) 등에도 널리 쓰인다.

(1) 라텍스(Latex)

고무나무(Hevea brasiliensis)의 수피에서 분비되는 유상(油狀)의 즙액이다. 백색 또는 회백색으로 비중이 1.02이고 이를 그대로 수시간 방치해 두면 응고한다. 암모니아를 응고방지제로 혼합하여 용도에 따라 농축하여 사용하거나 채취해서 수분을 분리·제거하여 생고무로 만들기도 한다.

(2) 생고무

채취된 라텍스를 정제한 것으로서 비중은 0.91~0.92이다. 4℃에서 경직하여 탄성이 감소되고 130℃ 정도에서 연화되고 200℃에서 분해를 일으킨다. 광선을 흡수하여 점차분해되어 균열이 발생하고 접착성으로 변한다. 그러므로 생고무 그대로의 제품화는 드물다.

(3) 가황고무

생고무는 광선, 산소에 대하여 약하다. 따라서 여기에 황을 가하여 물리적·화학적 성질을 개선하여 사용목적에 적합하게 한 것이 가황(加黃)고무이다. 가황은 분말황이 쓰이고 기타 촉진제, 안정제, 충전제, 착색제가 가해진다. 고무에 대하여 황 6% 내외가 연질고무, 30% 내외가 경질고무(에보나이트)가 된다. 일반적으로 내유성이 약하고 내노화성은 광선, 열에 의해 산화, 분해되어 균열도 발생하나 생고무에 비하면 한층 개선되어 있다.

(4) 고무유도체

생고무의 장쇄(長鎖) 분자 중의 불포화 결합부가 화학적으로 활성이기 때문에, 여기에 염소, 염산 등을 작용시키면 반응하여 각각 염화고무, 염산고무가 되어 가황(加黃)고무에서는 얻지 못하는 여러 개선된 성질을 얻게 된다.

(5) 천연고무

내구성이 부족해서 건축재료로서의 실적은 적다.

(6) 합성고무

스틸렌과 부타디엔의 공중합체이다. 스틸렌 성분이 많을수록 단단해져서 구두밑창이나 고무타일 등 내마모성이 요구되는 곳에 사용된다(하이스틸렌고무). 합성고무에는 부나 S(GR-S), 부나 N(GR-N), 네오프렌(neoprene) 등이 있는데, 이들은 천연고무보다 월등히 우수하다. 그리고 내유성이 중요한 것인데 실제 사용시 중요한 것은 팽윤도(澎潤度) 그 자체보다 팽윤 시의 강도저하문제인데 합성고무는 강도저하가 작다. 내후성에 있어서 산소, 오존, 광선, 특히 직사일광에 대하여서도 저항성이 현저하게 좋다. 이용범위는 천연고무와 거의 같으나, 경제성 및 특성에 따라 용도가 한정되어 있다.

- 네오프렌(neoprene)　내유성, 특히 탄화수소계에 대한 저항성을 고려한 석유제품 취급에 관계되는 호스, 튜브, 패킹에 쓰인다.
- 부나 S　타이어용, 내산, 내알칼리도료
- 부나 N　타이어용, 절연재

(7) 리놀륨

3. 합성수지 제품

3.1 바닥재료

(1) 타일바닥재

사용이 용이하고 규격이 대부분 300×300 mm, 450×450 mm로 모자이크형 패턴 시공으로 독특한 모양새와 이미지를 살릴 수 있다. 습기에 강하고 훼손시 일부분만 교체 시공이 가능하다. 시트바닥재에 비하여 이음매가 많아 온도변화에 의한 수축 팽창 현상에 의해 이음매가 이격되는 현상이 발생할 수 있다.

표 4.70 합성수지 타일바닥재의 종류와 특성

종 류	특 성	비 고
비닐 타일	아스팔트, 합성수지, 석면, 광문분말, 안료 등을 혼합가열하여 시트형으로 만들어 절단한 판상제품. 내구성, 내화학성이 우수, 무늬, 색상을 자유롭게 발현	교육시설, 상업공간, 의료시설, 숙박시설, 주택, 사무실 등의 바닥 마감재로 사용
전도성 타일	접촉 시 발생하는 정전기를 제거, 인체의 피해, 전자기기 작동방해를 방지. 전도성, 난연성, 내마모성, 내약품성이 우수	반도체·전기·전자제품 공장, 병원수술실, 폭발물 제조공장, 가스 취급장소 등의 마감재로 사용
아스팔트 타일	아스팔트를 주원료로 석면 및 기타 충전제와 안료를 혼합하여 착색 열압한 것으로, 촉감, 탄력, 미관, 내화학성이 우수하고 국소압력에 대하여 흔적이 생기지만 곧 원상태로 회복된다. 내유성이 약함	아스 타일
러버 타일 (Rubber Tile)	고무재질로 시공이 용이, 내수성이 강함. 보행감이 좋고 잘 미끄러지지 않으며 실내외 모두 사용 가능	계단 등의 마감재로 사용
콜크 타일	콜크판을 특수 코팅처리하여 압축성형한 천연 콜크 타일은 내구성, 탄력성, 흡음성, 난연성 등이 우수. 정전기 방지효과, 마모성, 방수성, 방음 성능을 개선한 인조 콜크 타일도 많이 사용	주택, 사무실, 유치원 등에 사용

(2) 시트바닥재

형태상 타일바닥재에 비해 이음매가 적어 이음매 부분의 틈이 벌어지는 현상, 오염 등을 방지할 수 있다. 뒷면에 특수종이, 발포층을 두어 보행 시 소음이 타일에 비해 적다.

리놀륨이 대표적인 상품이었으며 염화비닐수지를 이용한 시트가 개발되어 그 사용빈도가 증가하고 있다.

표 4.71 합성수지 시트바닥재의 종류와 특성

종 류	특 성	비 고
비닐시트	염화비닐과 초산비닐 등을 원료로 하여 석면 등을 충전재로 사용하여 안료를 착색 열압성형한 시트	우드륨, 럭스트롱, 골드륨, 칼라륨, 모노륨, 한지장판 등
알트로 (Altro)	특수비닐, 알루미늄, 옥사이드, 실리콘, 카바이트 등을 혼합하여 만들며, 뒷면은 유리섬유로 특수보강하여 미끄럼 방지용 바닥재로 사용. 내마모성, 내약품성, 내화성이 우수. 색상도 다양. 박테리아 생성을 억제하여 위생적	실험실, 세탁실, 주방, 화장실, 식품가공공장, 샤워실 등에 사용
비닐콜크시트	콜크판 위에 얇은 두께의 비닐연질막을 씌운 것. 탄력성, 방화성, 단열성, 흡음성, 방진성	온돌마루 바닥재
마모륨 (Marmoleum)	참나무 콜크를 주원료로 하고 낙엽송분말, 송진, 황마(jute)를 부착시켜 아마인유로 표면 처리하여 제조한다. 탄력성, 흡음성, 내구성이 우수하고 정전기가 발생하지 않으며, 자연살균력이 있어 박테리아 번식이 억제	병원, 박물관 등 전시시설, 백화점, 호텔, 사무실 등의 바닥마감재로 사용
바리솔 (Barrisol)	두께 0.15~0.18 mm의 특수비닐로 만들며 마감효과가 다양하고 누수방지 효과	수영장, 헬스클럽, 회의실, 호텔, 사무실 등에 사용

(3) 시트류

차수막, 차수판, 방수시트 등이 있으며 주로 수분침투를 방지하거나, 토사의 소실, 침하를 방지할 목적으로 사용한다.

표 4.72 합성수지 시트류의 종류와 특성

종 류	특 성	비 고
차수막, 방수막	토사, 암석에 물이 침투하면 침하, 공동, 선굴 등의 현상이 발생하므로 이를 방지하기 위하여 매립지 주위, 댐이나 용수로의 밑면, 댐의 사면 등에 깔아서 사용하는 플라스틱막을 차수막이라 한다. 해안선, 매립지에 조수간만의 차에 의해 토사가 소실, 침하되는 것을 방지하기 위하여 사용하는 플라스틱막을 방사막이라 함	폴리염화비닐, 폴리에틸렌, 폴리염화비닐, 폴리프로필렌, 염화비닐 등이 사용
차수판	일반 하천, 간척지 제방에 투수계수를 낮출 목적으로 사용하는 플라스틱 시트를 차수판, 지수널판이라 함	연질 및 반경질 폴리염화비닐 시트가 사용됨
방수시트	터널공사의 용수처리, 지하구조물의 방수, 저수지의 방수라이닝, 콘크리트 양생막으로 사용됨. 또한 옥상 방수, 벽체방수, 습기방지에도 사용됨	폴리염화비닐, 폴리에틸렌의 시트가 사용되며, 건축용 방수재로는 브틸고무, 클로로플렌고무, 에틸프로필렌폴리머고무, 폴리염화비닐 등 합성고무 루핑류가 사용됨

3.2 방수재

(1) 지수막(차수막)과 방수막

지수막은 토사나 암석 등의 공극에 물이 침투하는 것을 막기 위하여 매립지 주위, 용수로의 밑면, 저수댐, 흙댐의 사면 등에 까는 플라스틱막이다.

방수막은 해수의 간만 차에 의해 끊임없이 씻겨 내려가서 침하나 함몰 등의 사고를 방지하기 위하여 호안의 배면지와 토사의 중간에 쓰이는 플라스틱막이다.

재료로는 폴리에틸렌, 폴리프로필렌, 염화비닐, 폴리아미드가 사용되고, 두께는 0.5～1.0 mm 정도이다.

(2) 지수벽과 지수 널말뚝

지수벽/지수 널말뚝은 하천의 제방이나 간척 제방 등에 지수 코어를 형성하여 침윤선을 저하시키고, 투수계수를 낮추기 위해 사용되는 플라스틱시트/플라스틱판으로 된 말뚝이다. 지수벽은 두께 1.0～3.0 mm 연질 염화비닐 시트를 사용하고 지수널말뚝는 두께 1.0 mm 정도의 반경질 염화비닐판을 사용하면 시공이 간편하고, 내구성이 우수하며, 값이 싸다.

(3) 방수시트

방수시트는 터널공사의 용수처리, 지하구조물의 방수, 저수지의 방수라이닝, 콘크리트 양생막으로 사용되며, 옥상방수, 벽체방수, 습기방지에도 사용된다.

연질 염화비닐, 폴리에틸렌 시트류를 사용하며 두께 0.3～0.5 mm이다. 터널공사 시 콘크리트를 치기 전에 방수시트에 의해 용수처리를 실시한다.

3.3 관

(1) 경질 염화비닐관

가볍고 부식되지 않고 시공하기 쉬워 강관 대신 수도용관으로 사용된다. 다루기 쉽고 이음이 쉬우며 인장강도는 480 kgf/cm^2 이상이다. 비중은 1.4이다.

(2) 폴리 에틸렌관

성질은 염화비닐관과 비슷하고 비중이 0.93으로 가볍다. 인장강도에서 경질관 200 kgf/cm^2, 연질관 100 kgf/cm^{2}으로 내한성이 뛰어나 한랭지 급수관으로 사용한다.

(3) 그 외 염화비닐홈통, 염화비닐튜브, 페놀수지관이 사용된다.

3.4 방식재

(1) 코팅

- 피복층이 얇으며 두께가 0.3～0.5 mm
- 건설공사에서 페인팅 도장은 거의 코팅과 같은 동의어
- 염해를 받는 강교, 강관 말뚝 등의 녹 방지
- 에폭시수지, 알키드수지, 폴리우레탄수지가 사용

(2) 라이닝

- 피복층이 두꺼우며, 두께가 0.5～3.0 mm
- 콘크리트 2차 제품의 내식처리 등에 이용
- 에폭시수지, 불소수지, 폴리에스테르수지, 페놀수지, 푸란수지가 사용

3.5 접합제

(1) 접착제

강, 목재, 콘크리트 및 유리 등의 접착에 쓰인다. 알맞은 유동성, 접착성, 내수성, 내열성, 내후성, 내화학성을 요구한다.

표 4.73 합성수지 접착재의 종류와 특성

접착제의 종류	용 도
페놀수지	합판 접착제
요소수지	목재 접착제
에폭시수지	금속, 콘크리트, 유리 등의 접착제

(2) 그라우트재

콘크리트 구조물의 균열 부분에 주입, 균열 부분의 강도와 수밀성을 크게 하기 위하여 액상 폴리머 재료를 사용한다. 재료는 저점도의 고강도 에폭시 수지를 사용한다.

3.6 실링(sealing)제

(1) 지수판

콘크리트 구조물의 신축 이음에 끼워 넣어 이음부에서 물이 새는 것을 막는 역할을 한다. 재료로는 연질 염화비닐판이 있다.

(2) 가스켓

수도관, 케이블관 등을 연결할 때 사용하는 세그먼트이음, 프리캐스트 접합 등에 쓰인다.

(3) 줄눈재료

줄눈판은 콘크리트 구조물 이음부의 채움재이다. 합성수지 줄눈판은 탄성력이 있고, 온도에 따라 변하지 않는 장점이 있다. 재료로는 폴리에틸렌 발포제, 에폭시수지, 합성고무가 사용된다.

주입 줄눈재는 상온 또는 가열상태에서 줄눈부에 주입하여 사용한다. 재료로는 실리콘수지, 폴리우레탄수지, 에폭시수지가 사용된다.

(4) 탄성실링재

콘크리트와 프리캐스트 콘크리트의 신축 조인트에 사용한다.

3.7 토질 안정제

토질 안정제는 연약한 지반을 안정, 용수 및 누수를 차단하기 위하여 지반에 액상 폴리머 재료를 주입함으로써, 댐의 누수방지/ 터널의 용수방지/ 기초지반의 지지력을 증강시킨다. 사용재료는 아크릴 아미드계, 요소수지, 아크릴산염, 우레탄계이다.

3.8 기타

(1) 강화 플라스틱

탄소섬유, 유리섬유, 합성섬유 등으로 보강한 섬유강화플라스틱(FRP)으로 보통 폴리에틸렌수지를 사용한다. 이밖에 페놀수지, 요소수지, 멜라민수지, 에폭시수지, 염화비닐수지, 메타크릴산수지 등이 사용된다.

(2) 콘크리트의 양생제 / 양생막

콘크리트의 건조를 막기 위하여 피막제로 아크릴계 에밀션수지, 염화비닐계 에밀션수지를 사용하여 수분의 증발을 방지한다.

(3) 플라스틱 거푸집

강하고 수밀성이 크며 가벼워서 운반하기 쉬우며 여러 번 사용이 가능하다.

(4) 분리막

시멘트 콘크리트 포장에서 보조기층과 콘크리트 슬래브 사이에 두어 시멘트풀의 흡수나 마찰을 줄이기 위해 사용한다.

(5) 방사막

방사막은 해안, 하천, 간척지 등의 호안 뒷면이나 제방 속에 플라스틱막을 사용하여 흙이 무너지는 것을 막는다. 재료로는 폴리에틸렌, 폴리프로필렌, 염화비닐, 폴리아미드가 사용되고 두께는 1~2 mm이다.

미장재료

건축물의 미관이나 내구성, 내화성, 보온, 방습, 시공 등을 위하여 건축물 내외부의 바닥이나 벽, 천장 등에 흙손 또는 스프레이를 이용하여 어느 정도 일정한 두께를 바르거나 붙여서 마감하는 모든 재료를 총칭한다. 미장재료는 대부분이 공사여건 및 조건에 따라 현장에서 배합이 조정되며, 주로 물을 사용하여 배합하는 것이 특징이다. 어느 정도의 두께를 가져야 한다는 점에서 도장재료와는 구별이 된다.

장점

- 다양한 형태로 성형할 수 있고 가소성이 크며, 이음매 없이 바탕을 처리할 수 있다.
- 재료적인 혼합성이 우수하여 타 재료와 혼합하여 내화, 방수, 차음, 단열 효과를 얻을 수 있다.
- 마무리 방법이 다양하며 여러 형태의 디자인이 가능하다.

단점

- 재료의 혼합에 있어 물을 사용하므로 경화시간이 길다.
- 배합 시 시간 경과에 따른 강도 저하의 판단이 어렵다.
- 여러 단계의 공정을 거치기 때문에 상당한 관리가 필요하다.

1. 미장재료의 분류

1.1 응결 방식에 따른 분류

(1) 수경성

물과 화학반응하여 경화하는 것으로 수화작용이 충분한 물만 있으면 공기중에서나 수중에서도 굳는 시멘트 모르타르, 석고플라스터, 인조석 및 테라

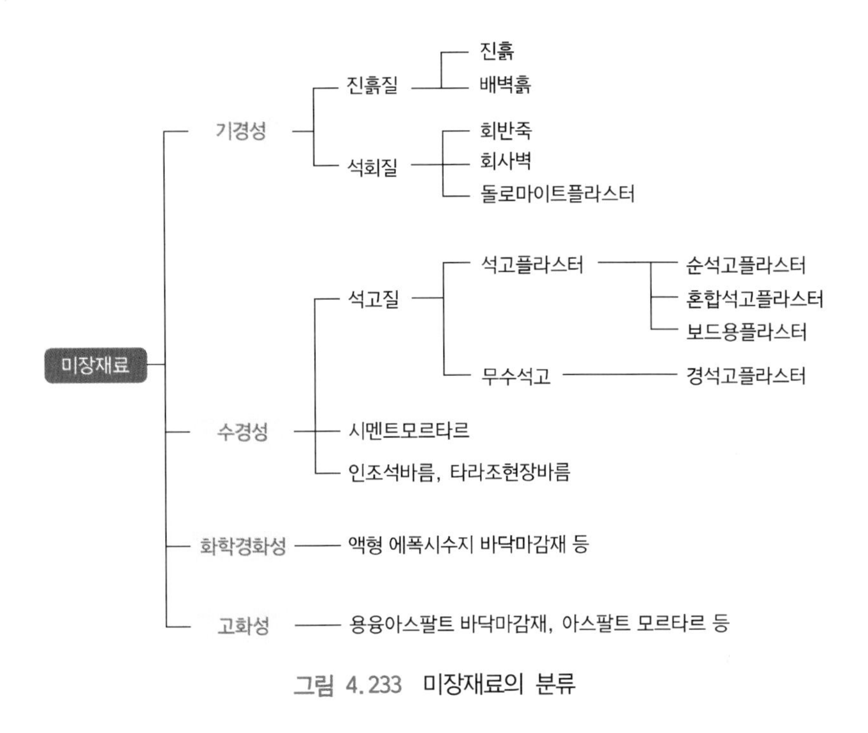

그림 4.233 미장재료의 분류

죠 현장 바름재 등이 속한다. 통풍이 필요 없다. 경화시간이 짧다. 반죽해서 바로 사용한다.

(2) 기경성

공기 중의 탄산가스와 작용하여 경화한 후 수축·경화하는 것으로, 충분한 물이 있더라도 공기 중에서만 경화하고 수중에서는 굳어지지 않는 재료이다. 돌로마이트 플라스터, 소석회, 점토 등이 있다. 통풍이 필요하다. 경화시간이 길다. 반죽해서 오래두었다가 사용 가능하다.

1.2 구성재료의 역할에 따른 분류

- 고결제　그 자신이 물리적 또는 화학적으로 고화하여 미장바름의 주체가 되는 재료이다(소석회, 점토, 돌로마이트석고, 마그네시아 시멘트 등).
- 결합제　고결제의 결점(수축균열, 점성, 보수성의 부족 등)을 보완하고, 응결 경화시간을 조절하기 위하여 쓰이는 재료이다(여물, 풀, 수염 등).
- 골재　증량 또는 치장을 목적으로 혼합되며 그 자신은 직접 고화에 관계하지 않는 재료이다(모래).

2. 미장재료의 구성

2.1 고결제

미장 바름벽이 단단하게 굳어지는 것은 고결재 때문이다. 고결재가 응결, 경화하는 방식에는 수경과 기경이 있다. 시멘트계, 석고계는 수경성이고, 석회계 플라스터와 흙반죽, 섬유벽 등은 기경성이다. 그러나 같은 기경성 재료라 하더라도 고결재의 종류에 따라 경화 현상이 다르다. 일반적으로 기경성 고결재는 주로 실내에 쓰인다.

(1) 소석회

보통 석회라고 하며 회반죽과 회사벽의 고결제로서 화학적으로는 수산화칼슘이다. 천연산 탄산석회석인 석회암을 약 1,100℃로 하소하여 생석회를 만들고, 여기에 물을 가하면 발열하며 팽창 붕괴되어 소석회가 된다. 생석회에 가하는 물이 소량이면 분말소석회가 되고 다량일 때는 가소성의 석회죽이 되는데, 이 작용을 소화라 하고, 전자는 건식소화법, 후자를 습식소화법이라 한다. 소석회는 물과 반죽하여 벽면에 얇게 바르면 수분이 증발하고 공기 중의 CO_2와 소석회가 화학반응에 의해 단단한 석회석으로 된다.

(2) 돌로마이트 석회

돌로마이트 플라스터의 고결제로서 경화방식은 소석회와 같다. 백운석을 약 1,000℃로 가소하여 CaO, MgO를 만들고 여기에 물을 가하면 돌로마이트 석회가 생성된다. 돌로마이트 석회를 물과 반죽하여 벽면에 바르면 물은 증발하고 돌로마이트 석회는 공기 중에서 CO_2와 결합하여 백운석화하여 굳어진다.

그림 4.234 석회암

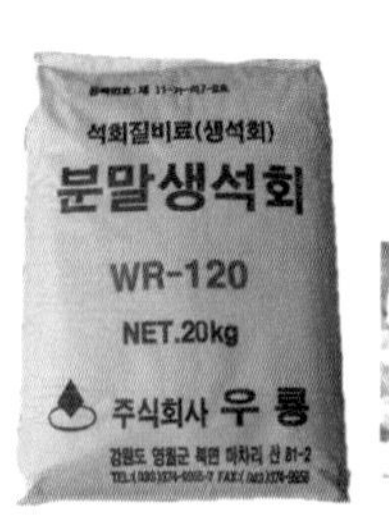

그림 4.235 생석회

그림 4.236 소석회

그림 4.237 백운석(=돌로마이트)

그림 4.238 돌로마이트 석회

(3) 석고

석고플라스터의 고결제로서 소석고와 경석고가 있으며, 석회암이 황산의 영향으로 변한 것이다. 석고를 물과 반죽하여 얇게 바르면 소석회와는 달리 수화작용에 의하여 단단한 천연 석고가 된다. 소석고와 경석고의 제조방법은 다음과 같다.

- **소석고** 천연석고를 180~190℃로 소성한 후 미세분하여 소석고로 만든다.
- **경석고** 천연석고를 약 400~500℃에서 가열하면 무수석고가 되며, 무수석고는 경화력이 약하므로 여기에 명반, 붕사, 규사, 점토를 소량 가하거나 불순석고를 가하여 다시 고온(500~1000℃)으로 소성하면 경화성이 있는 경석고가 된다.

(4) 마그네시아 시멘트

마그네시아 시멘트는 특수한 용액에서 경화하는 것으로, 원재료인 마그네시아를 염화마그네슘 용액으로 반죽을 하면 일종의 산염화물이 되어 응결·경화한다. 수중이나 습기가 많은 장소에서는 경화하지 않고 공기 중에서만 경화한다.

그림 4.239 석고

그림 4.240 석고 제품

그림 4.241 석고 미장 제품

그림 4.242 마그네시아 시멘트 제품

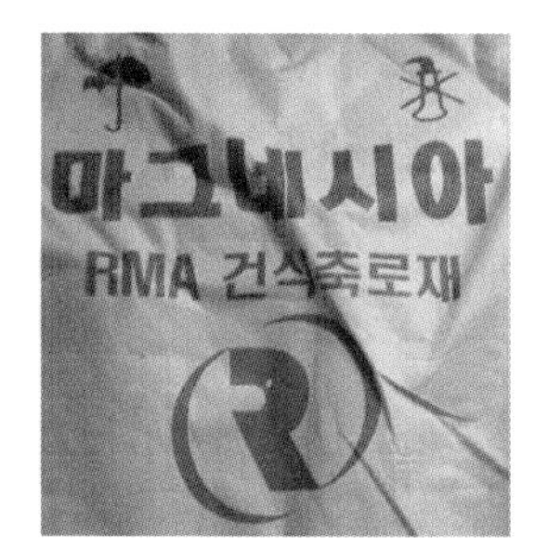

그림 4.243 마그네시아

그림 4.244 점토

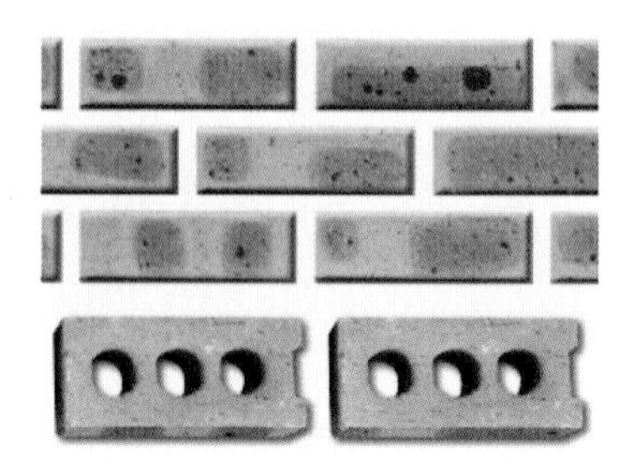
그림 4.245 점토제품

(5) 점토

점토는 가장 단순한 것으로 수분의 증발과 동시에 경화한다.

2.2 결합재

결합재는 고결재의 성질에 적합한 것을 선택하여 사용해야 한다. 석고와 같이 경화, 수축성이 없는 고결재에는 여물의 필요성은 적지만, 소석회, 돌로마이트 석회, 점토와 같이 수축 균열이 큰 고결재에는 여물이 반드시 필요하다. 풀은 접착성이 적은 소석회에는 필요하나 접착성이 큰 돌로마이트 석회에는 필요하지 않은 결합재이다.

(1) 여물(hair)

미장재료에 혼입하여 보강, 균열방지의 역할을 하는 섬유질재료를 여물이라 하며, 여물을 고르게 잘 섞으면 재료의 분리가 되지 않고, 흙손질이 쉽게 퍼져나가는 효과가 있다.

① 짚여물

- 짚여물　진흙질용으로 짚을 3～10 cm 정도로 자른 것이다.
- 마분여물　새벽질용으로 마분을 씻어 건진 짚여물이다. 흙 따위에 섞어 쓰는 말똥을 물에 헹구어 뜬 짚. 미장재료로 쓰인다.

> **Tip**
>
> **새벽**
>
> 누른 빛깔의 차지고 고운 흙. 벽이나 방바닥은 막토를 바른 다음에 새벽으로 덧바른다.

② 삼여물

- 생여물　생삼을 씻어 바래어 자른 것이다.
- 로프삼여물　삼으로 만든 헌 로프나 어망을 풀어 자른 것(삼밧줄)이다.
- 흰털삼여물　마닐라삼의 헌 제품을 풀어 자른 것이다.

③ 기타 여물

- 종이여물　헌 종이를 물에 적셔 두들겨 풀어 만든 것이다.
- 털종려여물　종려나무의 외피털로 만든 것이다.
- 털여물　헌 모탄자 등을 풀어 자른 것이다.

(2) 수염

수염은 충분히 건조되고 질긴 삼, 어저귀(줄기껍질을 이용), 종려털, 마닐라삼을 쓰며, 길이는 600 mm 내외(벽 쌤용은 350 mm 내외)이다. 수염은 바름벽이 바탕에서 떨어지는 것을 방지하는 역할(졸대바탕 등에 거리간격 20～30 cm 마름모형으로 배치하여 못을 박아대고 초벌바름과 재벌바름에 각기 한 가닥씩 묻혀 바름)을 하는 것으로 여물이나 풀과는 다소 다르다.

그림 4.246　짚

그림 4.247　삼여물 미장

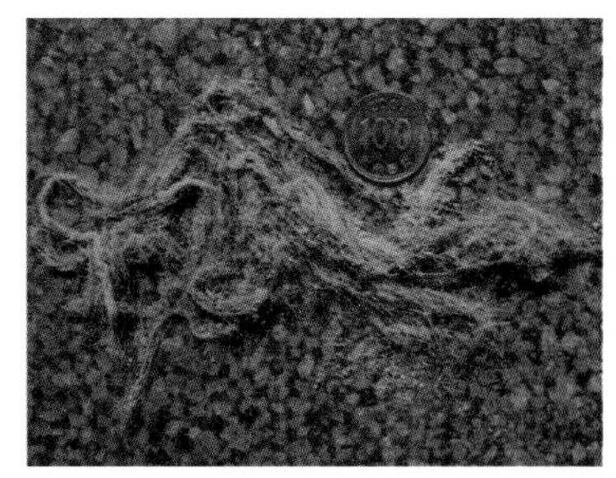

그림 4.248　삼여물

(3) 풀

그림 4.249 풀 넣기

풀을 넣으면 점성이 커져서 바르기가 쉽고 물기를 유지하며, 바른 후 부착이 잘 된다. 풀은 주로 해초풀이 많이 쓰이나 화학 합성풀을 쓰기도 한다.

- 해초풀 해초풀은 살이 두껍고 잎이 작은 것이 풀이 많이 침출되고, 풀기가 좋다.
- 분말해초풀 번거로운 작업을 제거하기 위하여 풀가사리, 은행초 등의 해초를 건조, 분쇄하여 만든 해초풀 정제품이다.
- 화학 합성풀 해초풀 이외의 공업제품을 말하는 것으로 우수한 점성, 내화학성을 이용하여 만든 합성수지계가 대부분이다.

① MC(Methyl-Cellulore)

수용성의 백색 분말로서, 소석회의 0.5~0.8%를 섞으면 작업성이 좋아지면서 해초풀보다 점성이 좋고, 같은 효과를 시멘트 몰탈 혼화제로서도 발휘한다.

② CMC(Carboxy Methyl-Cellulore)

펄프에서 만들어지는 수용성의 분말로서, 내수성, 내알칼리성은 떨어지나, 점성이 우수하다.

③ PVA(Polyvinyl Alcohol)

비닐론 제조과정에서 나온 수용성 분말로서 점성은 MC보다 떨어지나 내수성이 증대한다.

(4) 골재

중량, 치장 및 수축균열의 분산에 의한 균열의 미소화 등을 위하여 사용하는 것으로, 점성이 큰 고결제의 용도에 맞게 적당량을 넣으면 점성을 감소시켜 작업성이 좋아지기도 한다.

(5) 혼화재료

혼화재료는 작업성의 증대 및 방수, 방동 등의 저항성을 주며 착색 또는 응결시간 조절이나 강도증진의 역할을 한다. 작업성의 증대 및 재료의 경제성을 높여주는 혼화재료는 화산회, 규조토, 규산백토, 가용성 백토 등이 쓰이고, 최근에는 플라이 애쉬, 포졸란 등이 사용되고 있다.

- 방수제 방수제에는 공극 충진에 의한 것(점토, 석분, 소석회 등), 화학적 반응에 의한 것(지방산염, 물유리, 명반 등), 바름 방수제(방수물질의 용액과 실리콘수지 용제 용액, 염화비닐용액, 작산비닐유제 등) 등이 있다.
- 방동제 염화석회 및 식염 등이 주로 쓰이며 AE제를 사용하기도 한다.
- 촉진제 및 급결제 응결조정제로 응결 시간을 단축시키는 촉진제는 물유리, 염화석회 등이 쓰이고, 응결시간을 단축시키는 급결제는 규산소다, 염화칼슘 등이 쓰인다.
- 착색제 이산화망간, 합성산화철, 산화크롬, 카본블랙 등이 사용된다.

3. 여러 가지 미장 바름

3.1 흙바름

점토분(진흙)과 가는 모래, 짚여물 등을 섞어서 물로 반죽하여 바르는 재래식 공법으로 초벌바름(초벽)과 재벌바름(재벽)에 사용된다.

3.2 회반죽

소석회, 해초풀, 여물, 모래(초벌, 재벌에만 섞고 정벌바름에는 섞지 않음) 등을 혼합하여 바르는 미장재료이다. 건조, 경하할 때의 수축률이 크기 때문에 삼여물로 균열을 분산, 미세화시킨다. 풀은 내수성이 없기 때문에 주로 실내에 바른다. 회반죽에 석고를 약간 혼합하면 수축균열을 감소시키고, 경화속도, 강도 등이 증대된다.

그림 4.250 흙바름

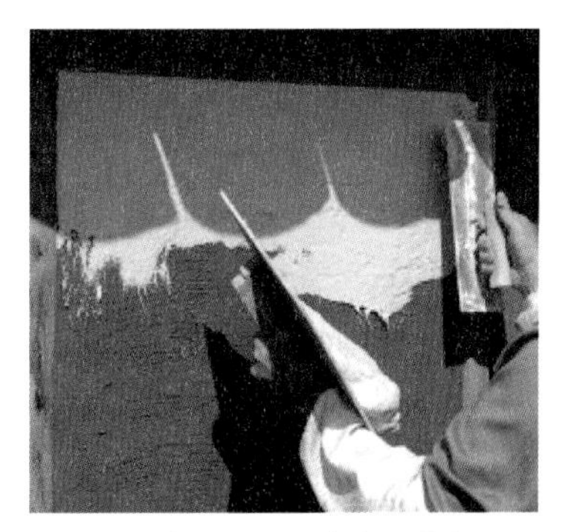

그림 4.251 회반죽바름

3.3 회사벽

석회죽에 모래를 넣어 반죽한 것을 회사벽이라 하며, 필요에 따라서는 시멘트 또는 여물을 혼입하기도 한다. 석회죽과 모래, 황토, 회백도(풍화토)를 혼합한 것을 회사물 또는 회삼물이라 한다. 회사벽은 흙벽 위의 정벌바름에 쓰이고 회사물은 매부벽돌벽면 또는 회반죽 바름의 고름질, 재벌바름 등에 쓰인다.

3.4 돌로마이트 플라스터

돌로마이트 석회(마그네시아 석회)에 모래, 여물, 필요한 경우에는 시멘트를 혼합하여 반죽한 바름재료이다. 미장재료 중 점도가 가장 크고 풀이 필요 없으며 변색, 냄새, 곰팡이가 없고 응결시간이 길어 바르기도 좋다. 회반죽에 비해 강도가 높다. 건조 경화 시에 수축률이 커서 균열이 생기기 쉽고 물에 약한 것이 결점이다.

3.5 석고 플라스터

석고에 풀 등의 접착제, 응결시간조절제(아교질재 등), 혼화제(점토, 돌로마이트 플라스터 등) 등을 혼합한 것으로, 벽, 천장 등에 사용하는 미장재료이다. 석고플라스터에는 소석고 플라스터(혼합석고플라스터, 순석고플라스터, 보드용 석고플라스터)와 경석고 플라스터의 2종이 있다. 소석고계 플라스터는 다른 미장재료보다 응고가 빠르고 응고되기 시작하면 다시 반죽할 수 없으나 응고지완제 등을 혼합하여 2시간 정도 조정할 수 있다.

3.6 석고보드(board)

경석고에 톱밥, 석면 등을 넣어서 판상으로 굳히고 그 양면에 석고액을 침지시킨 회색의 두꺼운 종이를 부착시켜 압축 성형한 것이다. 석고보드는 보온성, 방화성, 방습성이 우수하다.

그림 4.252 석고보드

3.7 마그네시아 시멘트

산화마그네슘과 염화마그네슘을 섞은 것으로 산화마그네슘은 물과 섞으면 경화하지 않으나 염화마그네슘 용액과 섞어서 반죽을 하면 응결·경화성이 생긴다. 경화한 것은 백색 또는 담황색이며, 강도가 크고 반투명하기 때문에 안료를 섞어서 여러 가지 색의 인조석을 만들 수 있다. 결점으로는 $MgCl_2$를 함유하기 때문에 흡습성이 크다. 백화가 생긴다. 수축성이 크고 철을 부식시키기가 쉽다.

3.8 시멘트 모르타르(Cement Mortar)

시멘트와 모래를 섞어서 물반죽하여 쓰는 미장재료이며, 각종 혼화재를 혼합하여 사용하기도 한다.

- 시멘트　보통 포틀랜드 시멘트, 백색 포틀랜드 시멘트, 실리카 시멘트 등이 쓰인다.
- 모래　깨끗하고 불순물이 함유되지 않은 양질의 것을 사용된다.
- 혼화재　플라이 애쉬, 돌로마이트 플라스터, 소석회, 규산백토, 돌가루, 각종 합성수지 등이 쓰인다.

그림 4.253 시멘트 모르타르 바름

3.9 인조석 바름

모르타르 바름 바탕 위에 인조석을 바르고 씻어내기, 갈기 또는 잔다듬 등으로 마무리한 것을 인조석 바름이라 한다.

- 인조석 바르기　종석(화강석, 석회석의 부순돌)과 시멘트(보통 포틀랜드 시멘트, 백색 포틀랜드 시멘트 등)와 안료, 돌가루 등을 배합반죽하여 모르타르 바탕바름 위에 바르는 것을 말한다.

그림 4.254 인조석 바름

- 인조석 씻어내기 인조석 바름이 굳어지기 전에 솔 또는 분무기로 표면의 시멘트풀을 씻어내어 표면에 종석만 나타내게 한 것을 말한다.
- 인조석 갈기 및 잔다듬 인조석의 정벌바름 후에 숫돌이나 그라인더로 연마해서 매끈하게 마감한 것을 갈기라고 한다. 인조석 바름이 굳은 후에 적당한 석공용 다듬망치로 쪼아내어 마감한 것을 잔다듬이라 한다.

3.10 테라죠 현장바름

백시멘트와 안료 및 종석(대리석, 화강석 등)을 섞어서 정벌바름을 하고 경화한 후에 연마기로 평활하게 연마한 다음 왁스로 광내기를 하여 광택이 있는 표면을 만드는 것을 말한다(테라죠는 알이 크고 좋은 종석을 쓰고, 갈기 횟수를 늘려 잘 갈아낸 인조석의 하나이다).

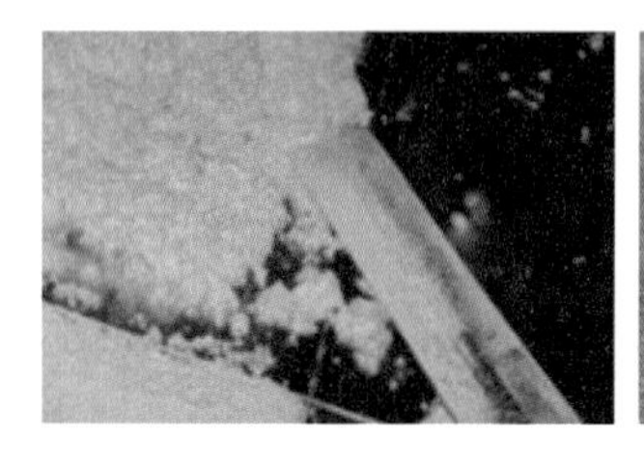
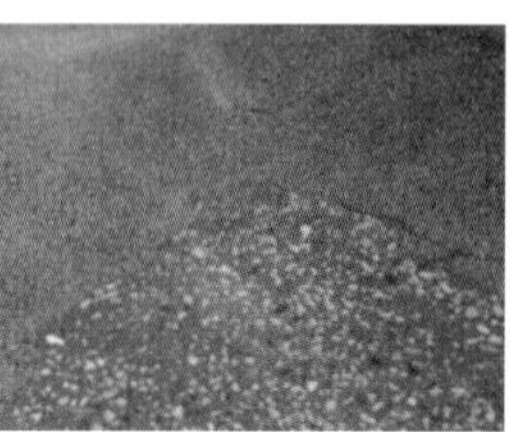

그림 4.255 테라죠 현장바름

X 도장재료

도료란 일반적으로 상온에서 유동성을 가진 액체로서 물질의 표면에 도장하여 상온 건조 또는 가열 건조해서 물체의 표면에 피막을 형성하는 것을 말한다.

2500년 전에 이집트에서는 건성유가 만드는 고체막을 전색제로 하는 도료를 사용하였다고 한다. 1760년경에는 미리 기름을 가열하면 점성도가 증가하여 빨리 고체막을 형성하는 현상을 이용하여 유성니스·리놀륨 등이 유럽에서 가내공업적으로 생산되었다.

20세기에 이르러 근대공업의 급진적인 발달이 있었음에도 불구하고 도료공업은 경험에 의한 숙련기술에 의존하고 있었다. 그 후 도료의 수요 증대에 대처하기 위한 대량생산기술의 발전과 합성건성유의 기술발전 및 알키드수지 도료와 같은 합성수지의 발전을 계기로 급격한 합성수지 화학공업이 계속 발달됨에 따라 새롭고 우수한 도료가 생산되고 있다.

도료를 물체에 칠하여 도막을 만드는 조작을 도장(塗裝)이라고 한다. 도장에서는 물체 표면을 먼저 처리하여 형성도막이 벗겨지거나 변질되는 것을 막을 필요가 있다. 표면을 깨끗하게 하고, 도면을 평활하게 하기 위하여 용제·계면활성제·충전제 등을 사용한다. 도장할 때에는 평활·균일·고능률로 칠하기 위하여 주로 도막형성의 속도, 도료의 조도(稠度), 건조 방법 등을 선택하여야 한다. 도료는 다른 화학공업 분야와는 달리 전기·기계 및 인간의 생활양식 등과 밀접한 관계를 가지고 있으며, 도료가 요구하는 성질은 다양하다.

도료는 앞에서 언급한 각 원료를 잘 혼합하여 만드는데, 제조의 열쇠는 바로 이 혼합기술에 있다. 제조공정은 균일하고 안정된 도료를 만들기 위하여 수지·안료의 분쇄·혼합에 에지 러너(edge runner)를 비롯하여 여러 가지 기계가 사용되고 있다.

1. 도료 및 그 역할

1.1 도료

도료(Paint and Vanish)는 유동상태로서 물체의 표면에 도포하면 물리적 또는 화학적으로 변화되어, 시간이 경과함에 따라 그 표면에 고체막을 형성하여 물체를 보호하고 색과 광택의 미감을 부여하는 물질이다.

1.2 도료의 역할

건축물에 도료를 도포하면 다음과 같은 효과가 있다.

- 건축물의 표면을 보호하여 내구성을 증대시킨다.
- 착색, 광택, 무늬 등으로 외관을 아름답게 미화한다.
- 광선의 반사를 조절하고 색채를 조절하여 피로를 감소시키고, 작업능률을 높인다.
- 전기 절연성, 방화, 방음, 온도 표시, 방균 등 물체의 특수한 기능에도 이용된다.

2. 도료의 구성 및 분류

2.1 도료의 구성성분

도료는 주성분인 전색제, 안료, 용제(희석제)와 조성분인 건조제, 가소제, 증량제 등으로 구성되어 있다.

그림 4.256 도장공사 시 필요한 도구

- 주성분　도막을 구성하는 성분과 도포 후 도막에 남지 않는 성분이 있다. 도막을 구성하는 성분으로는 도막결정성분인 전색제, 착색도료에 필요한 안료가 있고, 도포 후 도막에 남지 않는 성분으로는 도료를 용해 또는 희석시키는 용제(희석제)가 있다.
- 조성분　건조제, 가소제, 증량제 등을 말한다.

2.2 도료의 분류

- 전색제(원료)에 의한 분류　수성 및 유성도료, 합성수지도료, 셀룰로오스 유도체 도료
- 도장법에 의한 분류　스프레이용 도료, 브러쉬용 도료, 전착용 도료 등
- 도막성능에 의한 분류　내유성도료, 내열성도료, 방화도료, 녹막이도료, 내약품성 도료, 절연도료 등
- 도막 모양에 의한 분류　투명도료, 형광도료, 착색에나멜 등

3. 도료의 원료

도료에 사용되는 원료에는 도막을 형성시켜 전색제가 되는 유지, 수지, 섬유소 화합물 등과 착색과 도막의 두께 또는 도막을 강인하게 하는 안료, 유동성과 전성을 주어 작업성을 편리하게 하기 위한 용제, 도막에 유연성을 주기 위한 가소제, 건조를 빠르게 하는 건조제, 칠이 흐르는 것을 막는 흐름 방지제, 즉 보조제 등이 있다.

3.1 전색제

- 유지류　아마인유, 들기름 등의 건성유가 많이 쓰이고, 반건성유(대두유, 어유 등)가 쓰이기도 한다.
- 천연수지　로진(Rosin: 송진), 댐머(Dammar), 셀락(Shellac: 락크충의 배설물), 코우펄(Copal) 등이 쓰인다.
- 합성수지　알키드수지, 페놀수지, 에폭시수지, 폴리우레탄수지 등의 축합계나 비닐아세테이트수지, 염화비닐수지 등의 중합계수지 등이 쓰인다.
- 셀룰로오스 유도체　락카 제조에 쓰인다.

• 고무유도체　염화고무, 황화고무 등이 녹막이 도료의 전색제로 쓰인다.

3.2 안료

그림 4.257 안료

안료는 도료를 불투명하게 하고 색을 넣기 위해 가하는 물질로서 독성(산화수은, 아산화동) 및 방청(아연크로메이트), 방화(인산 및 할로겐 화합물) 등의 효과를 목적으로 하는 경우도 있다. 안료의 구비조건은 착색력, 은폐력, 흡유량이 좋고, 알갱이의 크기가 균일해야 하며 내열성, 내광성, 내약품성 등이 있어야 한다.

안료의 종류

① 흰색 안료

종 류	특 성
연백(white lead)	도장이 쉽고 은폐력이 강하나 내구력 등에 약하다.
산화아연(ZnO)	연백보다 은폐력이 크고 내구력도 크며 독성이 없다.
리토론(lithorone)	• 값이 싸고 광택이 있어서 내부도장에 좋다. • 황산아연 28~30%와 황산비율 70~72%의 물질이다.
이산화티탄(티탄백) (titanium white)	• 중성으로 백색안료 중에서 착색력, 은폐력이 제일 크고(산화아연 은폐력의 2~3배, 착색력은 4배), 독성이 없고 내약품성이 크다. • 가장 많이 쓰이는 흰색안료로 페인트, 래커, 제지, 고무, 가죽, 직물, 리놀륨 등에 쓰인다. • 일메나이트를 진한 황산에 가열시킨 후 털분을 제거하여 얻는다.

② 검은색 안료

대부분 탄소계로 카본블랙, 흑연(석묵), 산화철흑 등에서 얻는다.

③ 노란색(등색) 안료

종 류	특 성
황토	• 노란색의 점토이며 10~30%의 수산화제2철을 함유하고 있다. • 색도를 조절하는 데 쓰인다.
크롬에로우(또는 황연이라고도 함)	• 착색력, 은폐력, 내후성이 뛰어나며 가장 많이 쓰이는 황색 안료이다. • H_2S에 의해 검게 변하고 비중이 커서 침강한다. • 질산납 용액과 반응시켜 얻는다.
아연황	녹막이 도장이나 혼합페인트에 쓰인다.
카드뮴	내광성, 내알칼리성, 내열성이 좋아 특수한 용도에 쓰인다.
일산화 납	납을 공기로 산화하여 만들며 외부용 녹막이 도장에 쓰인다.

④ 빨간색 안료

종 류	특 성
사산화삼납 (red lead)	• 광택이 있고 햇빛에 잘 견디며 철재의 부식을 방지한다. • 납을 산화시켜 얻는다. • 방청성이 커서 철재의 초벌용(밑칠)에 쓰인다.
산화제2철	• 착색력, 은폐력이 크고 내광성, 내후성이 있다. • 제조조건에 따라 여러 색상을 얻을 수 있다.
카드뮴 (cadmium red)	황산카드뮴, 황산나트륨, 셀렌화나트륨을 혼합하여 제조하며 셀런염 함량이 많을수록 색이 짙다.
유기적색 안료	퍼머넨트레드, 리틀레드, 알리자린레드 등이 있다.

⑤ 파란색 안료

- 감청　가장 많이 쓰이는 청색 안료로서 착색력 및 흡유량은 좋으나 내열성 및 내알칼리성이 나쁘다.
- 군청(ultramarine blue)　밝고 선명하나 은폐력 및 착색력이 적으며 무기산에 약하다.
- 코발트청(cobalt blue)　내광성, 내열성, 내알칼리성은 좋으나 착색력, 은폐력 등이 떨어진다.

⑥ 녹색 안료

- 산화크롬　광택 및 은폐력이 좋지 않다.
- 기네 그린(Guignot's green)　산화크롬보다 내구성 및 광택이 우수하다.
- 크롬 그린　크롬옐로우(황연)와 감청(prussian blue)의 혼합물로 내구력, 은폐력은 좋으나 산, 알칼리에 약하다.
- 아연 그린　아연황과 감청의 혼합물이다.

⑦ 체질 안료

도료의 도막, 침강성, 내후성을 개선하고 안료의 양을 늘리기 위한 증량제로 쓰이는 안료를 말하며 다음과 같은 종류가 있다.

- 규산계　규산, 고령도, 활석, 운모 등
- 황산바륨계　중정석 가루, 침강황산 바륨 등
- 석고계　석고, 침강석고 등
- 탄산석회계　침강성 탄산석회, 석회석 등

3.3 용제 및 희석제

(1) 용제

도막주요소(유지류, 수지류)를 용해시키고 적당한 점도로 조절 또는 도장하기 쉽게 하며, 도료의 건조속도를 조절하고 평활한 도막을 만들기 위해 사용하는 물질을 용제라 한다. 도료용 용제에 필요한 성질은 다음과 같다.

- 도료의 용해성이 좋아야 한다.
- 적당한 휘발속도를 가져야 하고 불휘발성 성분을 함유하지 않아야 한다.
- 무색 또는 담색이어야 한다.
- 휘발증기에 중독성이나 악취가 없어야 한다.

유성페인트, 유성바니쉬, 에나멜 등의 용제는 미네럴스피릿(mineral spirit)을 사용한다. 락카(lacquer)의 용제로는 벤졸, 알코올, 초산에스테르 등의 혼합물을 사용한다.

(2) 희석제

희석제는 도료의 점도를 저하시킴과 동시에 증발속도를 조절하는데 사용하는 것으로, 그 자체로서는 용해성이 없으며 신전제 또는 휘발성용제라고도 하고, 보통 신나(thinner)라고 한다. 종류에는 도료용 신나, 염화비닐수지 도료용 신나, 락카용 신나 등이 있다.

3.4 건조제 및 가소제

(1) 건조제

건조제는 도포의 건조를 촉진시키기 위하여 사용하는 것으로서, 일반적으로 납, 망간, 코발트 등의 산화물 또는 염류 등이 사용된다.

건조제의 종류는 납건조제(수지산납, 리노렌산납 등), 망간건조제(이산화망간, 수지 산망간, 리노렌산망간 등), 코발트건조제(수지산 코발트, 리노렌산 코발트 등), 칼슘건조제, 아연건조제(아연화) 등이 있다.

(2) 가소제

가소제는 건조된 도막에 교착성, 탄성, 가소성 등을 부여함으로써 내구력을 증가시키는 데 쓰이는 물질이다. 가소제의 종류는 DBP(debuthyl phthalic acid), DOP(diocthyl phthalic acid), 피마자유, 염화파라핀 등이 있다.

4. 페인트

안료와 전색제를 혼합하여 얻는 도료의 총칭이다. 전색제의 종류에 따라 유성 페인트, 수성 페인트, 수지성 페인트 등 여러 종류가 있다.

4.1 유성 페인트

유성 페인트(oil paint)는 주성분인 보일유와 안료에 용제 및 희석제, 건조제 등을 혼합하여 만든다.

(1) 유성 페인트의 종류

- 된비빔 페인트　최소한의 보일유로 안료를 반죽한 것으로서(조성: 안료분 80～90%, 유분 10～20%), 사용할 때 보일유와 건조제를 넣고 건조시간을 조절하여 사용한다.
- 조합 페인트　도장에 직접 사용할 수 있도록 각 재료를 알맞게 배합하여 제조한다.

(2) 유성 페인트의 특성 및 용도

- 유성 페인트는 비교적 두꺼운 도막을 만들 수 있고 값이 저렴하나, 내후성, 내약품성, 변색성 등 일반적으로 도막 성질이 나쁘다.

그림 4.258　페인트

• 목재, 석고판류 등의 도장에 쓰인다.

4.2 수성 페인트

수성 페인트(water paint)는 소석고, 안료, 접착제를 혼합한 것을 사용할 때 물로 녹여 이용하는 것이다. 광택이 없고 마감면의 마멸이 크므로 주로 내장 마감용으로 많이 사용된다. 속건성으로 작업의 단축을 가져다 주고, 내수, 내후성이 좋아서 햇볕, 빗물에 강하다. 또 내알칼리성이라서 콘크리트면에 밀착이 우수하다.

4.3 수지성 페인트

전색제로 보일유 대신 유성 바니쉬나 중합유에 안료를 섞어서 만든 유색 불투명한 도료로서 통상 에나멜이라고 부른다.

건조가 빠르고 도막은 탄성 및 광택이 있으며, 내수성, 내유성, 내약품성, 내열성 등이 우수하다.

5. 바니쉬

바니쉬(varnish)는 건성유를 천연수지나 합성수지를 열반응시켜서 휘발성 용제 등에 녹인 용액 또는 콜로이드 모양의 분산체로, 니스라고도 한다.

안료를 넣지 않은 투명한 도료로서 증발, 산화, 중합 등의 작용에 의해 튼튼한 도막을 형성한다(피도장물의 보호 및 장식의 목적으로 사용된다).

그림 4.259 바니쉬(니스) 도장

5.1 유성 바니쉬

유성 바니쉬(oil varnish)는 수지를 건성유(중합유, 보일유 등)에 가열 용해시킨 후 휘발성 용제로 희석시킨 무색 또는 담갈색의 투명 도료이다.

수지와 기름(oil)의 비율에 따라 도막의 형성속도가 다르게 된다.

- **단유성 바니쉬(골드사이즈; 속건성)** 수지의 비율이 기름의 양보다 많기 때문에 빨리 건조하여 튼튼한 도막을 형성하나 부서지기 쉽다. 마루나 가구 등에 쓰인다.
- **중유성 바니쉬(코우펄니스; 중건성)** 수지와 기름의 양이 같은 양으로 포함된 것이다.
- **장유성 바니쉬(스파아니스 또는 보디니스; 완건성)** 수지보다 기름의 비율이 많은 바니쉬이며, 건조가 느리나 내후성이 큰 도막을 형성한다. 외부의 목재도장에 쓰인다.

5.2 휘발성 바니쉬

휘발성 바니쉬는 수지류를 휘발성 용제에 녹인 것으로서 에틸 알코올을 사용하기 때문에 주정 바니쉬 또는 주정도료라고도 하며, 특히 천연수지를 주체로 한 것을 래크(lack)라 하고 합성수지를 주체로 한 것을 락카(lacquer)라 한다.

- **래크(lack)** 수지류를 휘발성용제(알콜, 테레핀유 등)에 녹인 투명도료의 일종으로서 조건성이나 피막은 유성 바니쉬보다 약하다. 수지의 종류에 따라 셀락 바니쉬(shellac varnish)와 셀락 대용품으로 구분한다. 셀락 바니쉬는 셀락(lac 충의 분비물)을 알코올에 용해시킨 것으로 조건성이 있으며, 견강하고 광택이 있으나 내광성, 내열성이 없이 때문에 화장용(마감용)으로는 쓰지 않고 내장 또는 가구 등에 쓰인다. 표백셀락을 사용한 것을 백락이라 하며 도막은 셀락보다 약간 약하다.
- **락카(lacquer)** 락카는 질화면(nitro cellulose)을 용제(acetone, butanol, 지방산 ester)에 용해시키고 여기에 합성수지, 가소제와 안료를 첨가시켜 만든다. 락카의 특성은 건조가 빠르고(10~20분) 내후성, 내수성, 내유성 등이 우수하다. 도막이 얇고 부착력이 약한 것이 결점이다. 락카 도막에는 때때로 흐려지거나 백화현상이 일어나는데, 이것은 용제가 증발할 때

그림 4.260 락카

표 4.74 락카의 종류

종 류	특 성
클리어 락카 (clear lacquer)	안료가 들어가지 않는 투명락카로서 유성 바니쉬보다 도막은 얇으나 견고하고 담색으로 광택이 우아하다.
에나멜 락카 (enamel lacquer)	클리어 락카에 안료를 첨가한 락카로서 불투명하다.
하이솔리드 락카 (high solid lacquer)	에나멜 락카보다 내구력 및 내후성을 좋게 하기 위하여 끈기가 낮은 니트로셀룰로오스 또는 프탈산수지 및 멜라민수지 등을 배합하고, 용해성이 큰 용제를 사용하여 끈기가 오르는 것을 방지함에 따라 내후성, 부착력, 광택 등은 좋으나 건조가 더디고 연마성이 떨어진다.
호트 락카(hot lacquer)	하이솔리드 락카보다 니트로셀룰로오스 및 기타 도막 형성물질을 많이 함유한 락카이다.

열을 도막에서 흡수하기 때문에 일어나는 것이다. 이런 경우에는 신나(thinner) 대신 리타더(retarder)를 사용하면 방지된다.

5.3 에나멜 페인트

바니스에 안료를 혼합하여 만든 재료로서 유성 페인트와 오일 바니시의 중간 제품이다. 보통 유성 페인트보다 도막이 두껍고 광택이 좋으며 피막이 견고한 고급도료이다.

6. 합성수지 도료

6.1 합성수지 도료의 특성

- 건조가 빠르고 도막도 견고하다.
- 내산성 및 내알칼리성이 있어서 콘크리트나 플라스터(plaster)면에서 사용가능하다.
- 페인트나 바니쉬보다 더욱 방화성이 있다.
- 투명한 합성수지를 사용할 경우 더욱 선명한 색을 낼 수 있다.

6.2 합성수지 도료의 종류

- 페놀수지 도료 속건성(10시간 이내)이고 내수성, 내유성, 내후성, 내산성

등이 우수하고 내알칼리성도 있다.

- **알키드수지 도료** 유지류를 가한 변성 알키드수지를 도막 형성요소로 하는 자연 건조 도료로서, 건조성, 부착성, 내후성, 다른 도료와의 배합성, 용해성 등은 좋으나 내수성이 다른 도료에 비해 떨어지고 내알칼리성이 나쁘다.
- **비닐계수지 도료** 초산비닐, 염화비닐, 비닐알코올 등의 도료에 이용된다.
- **에폭시수지 도료** 도막이 단단하고 굴곡성 및 내마모성이 좋으며, 특히 내산성 및 내알칼리성이 우수하다.
- 기타 아크릴수지계 도료, 실리콘수지 도료, 요소수지 도료, 에스테르수지 도료가 있다.

7. 특수도료

7.1 방청도료

녹막이 도료 또는 녹막이 페인트라고도 하며 그 종류는 다음과 같다.

- **광명단 도료** 광명단을 보일드유에 녹인 유성 페인트의 일종으로 광명단 등의 알칼리성 안료는 기름과 잘 반응하여 단단한 도막을 만들어 수분의 투과를 막게 되므로 부식을 방지한다.
- **산화철 도료** 산화철에 안료(아연화, 아연분말, 연단 등)를 가하고 이것을 스테인오일(stain oil), 합성수지 등에 녹인 도료로서 도막의 내구성이 좋다.

그림 4.261 방청도료

- 알루미늄 도료　알루미늄 분말을 안료로 하는 도료로서 방청효과 및 광선, 열반사의 효과를 내기도 하며, 녹막이 효과가 좋고 아연철판이나 알루미늄판의 초벌용으로 적합하다.
- 징크로메이트 도료　크롬산아연을 안료로 하고 알키드수지를 전색제로 한 도료로서, 녹막이 효과가 좋고 아연철판이나 알루미늄판의 초벌용으로 적합하다.
- 워시 프라이머　합성수지의 전색제에 소량의 안료와 인산을 첨가한 도료로서 엣칭 프라이머라고도 하며, 금속면의 바탕처리를 위해 사용되는 것으로 프라이머를 바른 위에 방청도료를 바르면 부착성이 좋고 방청효과도 크다.
- 역청질 도료　역청질(아스팔트, Tar pitch 등)에 건성유, 수지류를 첨가한 도료로서 안료에 의해 착색한 것과 알루미늄 분을 배합한 것이 있다.

7.2 방화도료

인화, 연소를 방지 또는 지연시킬 목적으로 사용되는 도료로서 난연성도료나 발포성 방화도료 등을 사용한다.

- 난연성 도료　물유리(규산소다)와 같은 무기질 용제에 내화성인 안료를 넣은 것, 카세인이나 아교에 석면, 석회 또는 마그네슘을 혼합한 수성도료, 실리콘수지 도료와 같은 내열성이 있는 합성수지 도료, 염소화합물을 함유한 도료 등이 있다.
- 발포성 방화도료　화열에 접하면 불연성인 소염성 가스를 내는 도료로서, 이것은 아민계 합성수지(멜라민, 요소수지 등)를 주체로 하여 발포제(인산, 암모니움염 등), 소염제를 넣은 것으로 화염에 접하면 10～50 mm 정도로 부풀어서 피복물과의 사이에 차단층을 만들어 열전도를 지연시킨다.

7.3 발광도료

발광도료는 형광체나 인광체의 안료를 적당히 전색제에 넣어 만든 도료로서 형광도료 및 인광도료 등이 있다.

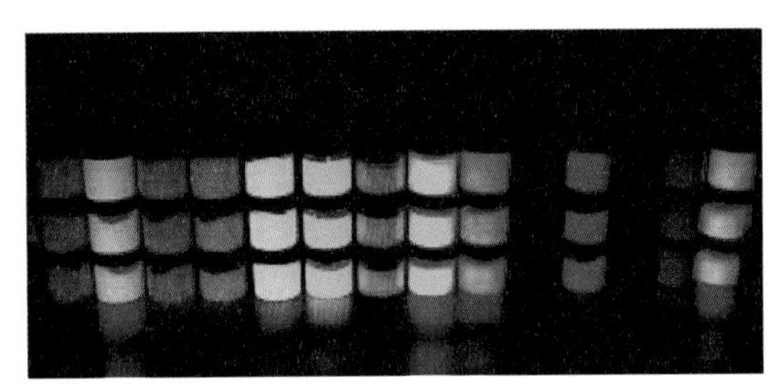

그림 4.262 자발광 도료

- 형광도료 형광안료(아연 및 카드뮴의 황화물 등)를 사용한 도료로서 일광 또는 인공광선이 조사하는 동안만 빛을 방광하고 빛을 제거하면 방광하지 않는다. 광고, 장식, 표시 그림 등에 사용한다.
- 인광도료 안료로서 칼슘, 바륨, 스트론티움의 황화물을 사용하며, 빛을 비추면 빛을 제거한 후에라도 상당기간 발광이 남아 있는 도료이다.
- 자발광 도료 도료성분 중 라듐과 같은 방사선 물질이 함유된 도료로서 외부에서 자극이 없어도 스스로 발광하여 보인다.

8. 옻(칠), 감즙 및 캐슈

8.1 옻(칠)

옻(칠)의 종류는 생칠과 정칠이 있다.

옻(칠)의 성질로는 칠은 적당한 온도와 습도가 있는 상태에서 산화되어 경화한다(25~30℃, 습도 80% 이상). 경화된 칠은 화학적으로 안정하며 내산성, 내구성, 수밀성 등이 크다. 내열성은 보통 페인트나 바니쉬보다 우수하다.

표 4.75 옻(칠)의 종류

종 류	특 성
생칠	옻나무 껍질에 상처를 입힐 때 나오는 회백색의 유상액으로서 공기에 의해 갈색으로 변한다.
정칠	생칠을 마직천(삼베 등)으로 걸러 불순물을 제거한 후 40~50℃로 가열하여 수분을 정제한 것을 정칠이라 한다. 정칠에는 흑칠과 투명칠이 있다. • 흑칠 : 생칠은 70% 정제한 것을 다시 70℃로 가열하여 철분을 섞어 흑색으로 마감한 것 • 투명칠 : 생칠을 정제할 때 적당한 혼합물을 가하면 투명도가 큰 칠이 얻어지며 안료를 넣어 각종 색깔을 내기도 한다.

8.2 감즙(삽)

익지 않은 감을 절구에 다져 물을 가한 후 며칠 후에 천으로 짜서 채취한 액체로서, 처음에는 회백색이나 점차 갈색으로 변한다(주성분은 탄닌으로 약 5% 정도 포함되어 있다). 건조피막은 물이나 알코올에 녹지 않는다. 목재, 종이, 섬유 등에 바르면 방수성 및 내수성을 높일 수 있다.

8.3 캐슈

캐슈(cashew)는 캐슈열매의 껍질에서 얻은 즙으로 만든 것이며 그 특성은 다음과 같다.

- 밀착성이 좋고 광택이 있는 도막을 만들 수 있다.
- 내수성, 내유성, 내용제성이 우수하고 내산성 및 내알칼리성도 강하다.

XI 접착제

접착제는 교착제라고도 하는데 액체 상태의 물질로 만들어 목재, 금속, 유리, 합성수지, 천 등의 여러 가지 물체 사이에 발라 넣고 굳어지면서 이 물체들을 단단히 연결시키는 재료를 말한다.

접착제라는 단어는 일반적인데 옛날부터 풀이나 GLUE 등으로 불려지고 있다. 접착제를 영어로 ADHESIVE라고 쓰는데, 번역하면 접착제, 결합제, 습착제, 점착제, 점결제 등의 뜻이 있다. 석기시대 고대인은 흑류석 등으로 창, 칼 등을 만들어 나무나 대나무에 고정시키기 위해서 아스팔트를 사용했다. 즉, 아스팔트를 열로 용융해서 사용한 것이 현재의 HOT MELT 접착제의 원형이 된다. 접착제 공업은 20세기가 되기까지 진전되지 않았다. 최근 수년간 천연계 접착제는 개량되어 합성접착제가 여러 연구실에서 집중적으로 개발되고 있다. 접착제는 그 자체가 최종 사용하기 위한 제품이라기보다는 주로 최종 제품을 제조하기 위한 보조재로 사용되고 있다. 따라서 접착제도 최종 제품의 변화 요구에 자연스럽게 개량, 개발되어 왔다. 환경에 나쁜 영향을 주지 않는 제품 및 제조방법, 자동화에 의한 제조 단가의 저하, 경량화, 고기능화 소재 개발 및 요구가 확대되고 있다. 이에 따라 접착제도 무용제형의 개발, 고기능성 접착제의 개발 등 만능 접착형 접착제로부터 특정 기능 부여의 다품종 소량생산 방식으로 변화하고 있다.

접착제는 원료의 주성분에 따라 단백질계 접착제, 고무계 접착제, 합성수지 접착제, 아스팔트 접착제 등으로 나눌 수 있는데, 그 종류가 대단히 많고 성질도 서로 다르므로 용도에 알맞은 것을 골라서 사용하는 것이 중요하다.

1. 단백질계 접착제

1.1 카세인(Casein)

우유에 들어 있는 단백질에 수산화칼슘을 섞어서 가루로 만든 것이며, 물에 개어서 쓴다. 접착력은 강하지만 물기에 견디는 힘이 약하다.

카세인은 제조할 때 유산(젖산)을 쓰면 질이 좋아지고 황산은 응결시간을 단축시킨다. 알코올, 물, 에스테르에는 녹지 않고 알칼리에는 잘 녹는다. 사용방법은 카세인에 소석회, 소다염 등을 가하고, 물로 잘 섞어서 사용하며 사용가능 시간은 6～7시간이다. 배합은 카세인 100 g, 생석회 15 g(소석회는 15 g), 소다염(가성소다, 탄산소다 등) 0.27 g, 물 300 g의 비율로 혼합한다.

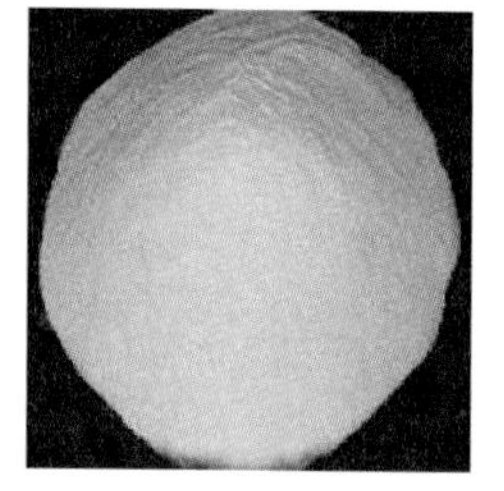

그림 4.263 카세인

1.2 아교

아교(albumin)는 수피(짐승 가죽)를 삶아서 그 용액을 말린 반투명, 황갈색의 딱딱한 물질로, 물을 충분히 흡수시킨 다음 더운물로 녹여서 액체로 만들어 쓴다.

합성수지 접착제의 제품이 나오기 전에는 합판, 목재 창호, 가구 등의 접착제로 사용되었다.

1.3 알부민 접착제

(1) 혈액 알부민

가축의 혈액 중에 있는 알부민의 접착성을 이용한 것으로 혈장을 70℃ 이하에서 건조시켜 제조한 반투명한 황갈색의 굳은 물질이다. 접착력이 좋고 빨리 고착되나 내수성이 부족하다. 사용방법은 알부민을 물에 용해한 후 암모니아수 또는 석회수를 소량 가하여 잘 혼합해서 사용한다.

(2) 난백 알부민

달걀의 흰자를 원료로 하여 탄닌산 또는 아세트산을 가해 정제하여 제조한 담황색 가루로서, 상온에서 사용할 수 있으나 시간의 경과에 따라 품질이 저하된다.

1.4 콩풀

콩에서 지방질(콩기름)을 제거한 후 잔류액을 가열하여 만든 탈지대두를 분말로 만든 것이다. 내수성이 크고 상온에서 사용이 가능하지만 접착력은 떨어진다(카세인이나 요소수지 접착제의 증량재로 쓰인다). 사용방법은 탈지대부분말에 소석회, 가성소다액(18%), 황화탄소, 규산소다, 물을 혼합해서 사용한다.

1.5 전분질계 접착제

주요 성분이 전분 또는 전분에서 얻어지는 호정으로서 쌀, 감자, 고구마, 소맥, 옥수수에서 만들어지며, 가정용 및 직물용 풀로 많이 쓰이고 공업용 접착제로서는 쓰이지 않는다.

(1) 전분

정제 전분은 백색의 분말로서 흡습성이 있고 냉수, 알코올, 에테르, 벤젠, 기름에는 불용성이며, 가열하면 입자가 팽창하여 반투명체가 된다.

- 밥알을 주걱모양의 것으로 이겨 만든 것　삼나무, 오동나무 제품을 접착할 때 쓰이고 수지가 많은 소나무 제품에는 부적합하다.
- 쌀알을 물과 함께 절구에 다져 가열하여 풀로 한 것　비단천을 표구할 때 쓴다.
- 쌀을 찌거나 밥에 말려 분말로 한 것　물에 풀어쓰며 창호 목공용이다.

(2) 호정

전분에 황산을 가하고 110～150℃ 가열하여 만든 것으로 무미무취의 분말로서 흡수성이 없으며, 냉수, 알코올에 녹지 않고 물을 넣고 끓이면 풀이 된다. 접착제로서 전분만큼은 못하지만 수용성이어서 다른 접착제의 배합제로 쓰이거나 직물마감풀, 판지 제조용으로 쓰인다.

2. 고무계 접착제

2.1 천연고무

생고무를 에테르 등의 지방족 탄화수소 또는 벤졸 등의 방향족 탄화수소에 녹인 것으로, 보통 10% 이하의 농도로 하여 목재, 가죽, 플라스틱보드, 종이천 등의 접착제로 사용한다.

2.2 네오프렌

합성고무로서 석유계의 기름에 녹지 않으며 네오프렌에 마그네시아, 아연화 등을 넣고 가황하면 내유성 및 내약품성이 증가된다. 콘크리트, 유리, 가죽, 천 등의 접착이나 고무와 금속과의 접착에 사용된다.

3. 섬유소계 접착제

3.1 질화면 접착제

목면 등의 섬유소를 초산과 젖산으로 혼합 처리한 접착제로서, 가죽, 천, 목재, 유리, 금속 등을 접착시키는 속건성 접착제이다.

3.2 나트륨칼폭시메틸 셀룰로오스(C.M.C)

알칼리 섬유소를 모노크(monochloral)나 작산 소다로 처리하여 제조한 접착제로서 독성이 없는 백색의 분상체이다. 수용성으로 천, 종이 등의 접착직물의 마무리제로 쓰인다.

4. 합성수지계 접착제

4.1 요소수지 접착제

요소와 포름알데히드(formaldehyde)를 혼합하고 가열한 다음 진공 증류하여 얻어지는 유백색의 수지이다. 접착할 때 경화제로서 염화암모늄 10%의 수용액을 수지에 대하여 10~20%(중량) 가하면 상온에서 경화된다. 경화제를 섞은 다음 1~2시간이 되면 젤리 모양이 되므로 그 사이에 사용해야 한다(경화시간은 15~24시간). 접착할 때 5 kg/cm^2의 압력을 가하여야 충분한 접착력을 발휘하고 접착력은 300 kg/cm^2 정도이다. 내산, 내알칼리성이며 내수, 내열, 내후성은 약간 뒤떨어지나 멜라민 및 레졸시놀수지를 첨가하면 현저하게 성능이 개선된다.

4.2 페놀수지 접착제

페놀수지의 초기축합물을 주성분으로 하고 이것을 메탄올 또는 변성알코올에 녹여서 경화제와 증량제(규조토, 목분 등)를 혼합하여 만든 접착제로서 주로 목재 제품에 사용한다. 접착력, 내수성, 내열성 등이 우수하다. 상온에서 경화하는 것도 있으나 기온 20℃ 이하에서는 충분한 접착력을 발휘할 수 없고 20~110℃ 정도로 가열해야 한다.

4.3 에폭시수지 접착제

비스페놀(bisphenol)과 에피클로로히드린(epichlorohydrin)의 반응에 의해서 만들어지는 접착제로서 다음과 같은 특성을 가진다.

- 접착할 때 가압할 필요가 없다.
- 내산성, 내알칼리성, 내수성, 내약품성, 전기절연성 등이 우수하고 강도 등의 기계적 성질도 뛰어나다.
- 경화제(폴리아민, 지방족 및 방향족 아민과 그 유도체 등)가 반드시 필요하고 경화제 양의 다소가 접착력에 영향을 끼친다.
- 금속 접착에 적당하고 플라스틱류, 도기 및 유리, 콘크리트, 목재, 천 등의 접착에도 사용된다.

4.4 멜라민수지 접착제

멜라민수지와 포름알데히드와의 반응에 의해서 만들어지는 투명백색의 액상 접착제이다. 내수성이 크고 열에 대하여 안정성이 있다. 목재에 대한 접착성이 우수하여 내수합판제조 접착제로 사용된다. 그러나 금속, 고무 유리 접착용으로는 부적당하다.

4.5 실리콘수지 접착제

실리콘수지를 알코올, 벤졸 등에 녹여서 60% 정도의 농도로 만든 접착제이다. 내수성이 뛰어나고 200℃의 열을 계속 가해도 견디는 내연성 및 전기 절연성이 있다. 피혁류, 텍스, 유리섬유판 등 모든 재료의 접착제로 쓰인다.

4.6 레조르시놀수지 접착제

레조르시놀과 포름알데히드에 의해서 만들어지는 접착제이다. 요소수지, 페놀수지 접착제보다 내열성 및 내수성이 우수하다.

4.7 초산비닐수지

아세틸렌과 빙초산의 반응에 의해서 만들어지는 유백색의 점성 액체이다 (수지분 50%, 수분 50%). 경화제를 첨가하지 않은 그대로의 상태에서 경화된다. 경화 전의 접착제는 물에 녹으며 밀폐해두면 장기간 보존이 가능하다. 접착력이 낮고 가소성이 있으며 내수성이 낮으므로 요소 또는 멜라민수지를 첨가하여 성능을 향상시킨다.

XII 역청재료

역청재료란 천연 또는 인공의 탄화수소 혼합물 또는 이들의 비금속유도체의 혼합물로서, 이황화탄소(CS_2)에 완전히 용해되는 물질로 정의되며, 상태에 따라서는 메탄가스와 같은 기체, 가솔린, 경유, 등유와 같은 액체 또는 반고체 또는 아스팔트, 피치, 파라핀과 같은 석유까지도 포함한다.

역청(瀝靑, bitumen)은 천연산의 천연역청과 석탄에서 건류 또는 원유에서 분류하여 제조되는 인공역청으로 분류되며, 기체, 액체, 반도체 또는 고체의 것이 있다.

역청재료의 특성으로는 온도에 딸 점성을 가진 액상에서부터 반도체, 고체로 변하는 성질이 있고, 많은 광물질재료 등과 잘 부착하는 점착성을 가지고 있으므로 결합재료나 접착재료로 이용된다. 또한 역청재료는 물에 녹지 않고, 투수량이 상당히 적어 방수성이 풍부하며, 석유나 석탄의 부산물로 얻어지므로 비교적 값이 싼 재료이다.

역청재료 중에서 아스팔트란 비파라핀계 석유성분의 일부가 자연적으로 증발하거나 인공적으로 이를 증발(비등점이 낮은 것부터 차례로)하여 얻어지는 흑색 또는 암갈색의 고체 또는 반고체의 점조성 역청(Bitumen)물질을 말하며 가열하면 서서히 액화한다.

천연 아스팔트는 16세기 이후에 발견되어 한동안 이용되어 왔으나 19세기 말에 원유를 증류한 찌꺼기로부터 천연 아스팔트와 유사한 성질의 것을 얻을 수 있음을 알게 되어 석유 아스팔트라 불렀으며, 제조법이 급속히 진보하여 현재 아스팔트 사용량의 대부분을 차지하고 있다. 천연 아스팔트는 토사류를 포함하기 쉬우나 석유 아스팔트는 대부분 역청으로만 되어 있다.

아스팔트는 방수성 및 화학적 안정성이 크므로 방수재료, 화학공장 등의 내약품 재료, 녹막이 재료, 도로 포장재료 등에 쓰이고 있다. 건설분야에 있어서 아스팔트의 용도는 방수용과 포장용으로 대별된다. 아스팔트의 품질을 분류하기 위하여 지정된 형상, 중량의 침이 5초간 아스팔트 표면부터 관입된 깊이로 정의한 침입도를 이용한다.

그림 4.264 역청재료의 분류

1. 아스팔트의 종류

아스팔트는 생산방법에 따라 천연 아스팔트와 석유 아스팔트로 나뉜다. 천연 아스팔트는 산지와 산출량이 극히 제한되어 있고, 사용량은 아주 적기 때문에 통칭 아스팔트라면 석유 아스팔트를 말한다.

표 4.76 아스팔트의 종류

<table>
<tr><td rowspan="6">천연 아스팔트</td><td colspan="2">록(Rock) 아스팔트</td></tr>
<tr><td colspan="2">레이크(Lake) 아스팔트</td></tr>
<tr><td colspan="2">샌드(Sand) 아스팔트</td></tr>
<tr><td rowspan="3">아스팔타이트(Aspaltite)</td><td>길소나이트(Gilsonite)</td></tr>
<tr><td>그라하마이트(Grahamite)</td></tr>
<tr><td>글랜스 피치(Glance Pitch)</td></tr>
<tr><td rowspan="8">석유 아스팔트</td><td colspan="2">스트레이트(Straight) 아스팔트</td></tr>
<tr><td rowspan="3">컷백(Cutback) 아스팔트</td><td>급속 경화형(Rapid Curing)</td></tr>
<tr><td>중속 경화형(Medium Curing)</td></tr>
<tr><td>완속 경화형(Slow Curing</td></tr>
<tr><td rowspan="2">유화(Emulsified) 아스팔트</td><td>양이온계(RSC, MSC)</td></tr>
<tr><td>음이온계(RSA, MSA)</td></tr>
<tr><td colspan="2">블로운(Blown) 아스팔트</td></tr>
<tr><td colspan="2">개질(Modified) 아스팔트</td></tr>
</table>

1.1 천연 아스팔트

천연 아스팔트는 석유가 지표에 흘러나오거나 암석의 틈에 스며들어 휘발성 물질이 증발 또는 대기의 영향을 받아서 변질되어 생긴 것으로 생산량은 극히 적다. 그 종류에는 록 아스팔트(Rock Asphalt), 레이크 아스팔트(Lake Asphalt), 아스팔트타이트(Asphalttite) 등이 있다.

- 록 아스팔트　다공질 암석(석회암, 사암)에 스며든 천연 아스팔트로 역청분의 함유량이 5~40% 정도이다. 잘게 부수어 도로 포장에 사용한다.
- 레이크 아스팔트　남미에서 산출되는 것으로 아스팔트가 지표에 호수 모양으로 노출되어 형성된 반유동체의 아스팔트이다. 역청분의 함유량이 50% 정도이다.
- 샌드 아스팔트　모래층 속에 아스팔트가 스며들어 이루어진 것이다.
- 아스팔타이트　원유가 암맥 사이에 침투되어 지열이나 공기 등에 의해 중합 또는 축합 반응을 일으켜서 오랜 세월에 걸쳐 아스팔트로 만들어진 것으로 불순물이 거의 없고 탄력성이 풍부하다. 그 종류에는 길소나이트, 그라하마이트, 글랜스 피치 등이 있다.

그림 4.265　천연 아스팔트

그림 4.266　길소나이트

그림 4.267　그라하마이트

1.2 석유 아스팔트

원유를 증류할 때 인위적으로 만든 아스팔트로, 증류 방법에 따라 스트레이트 아스팔트(Straight Asphalt), 블로운 아스팔트(Blown Asphalt), 아스팔트 컴파운드(Asphalt Compound)가 있다.

- 스트레이트 아스팔트　잔류유를 증류하여 남은 것인데, 증기 증류법에 의한 증기 아스팔트와 진공증류법에 의한 진공 아스팔트의 2종이 있다. 신장성이 크고 접착력이 강하나, 연화점이 낮고 내후성 및 온도에 대한 변화가 큰 것이 결점이다. 지하방수에 주로 쓰이고 아스팔트 펠트 삼투용으로 사용되기도 한다. 침입도 40 이하의 스트레이트 아스팔트는 공업용으로, 40 이상인 것은 주로 도로 포장용으로 사용되지만, 건축용으로는 아스팔트 루핑에 사용된다.
- 블로운 아스팔트　적당히 증류한 잔류유를 또 다시 공기와 증기를 불어넣으면서 비교적 낮은 온도로 장시간 증류하여 만든다. 스트레이트 아스팔트보다 내후성이 좋고 연화점은 높으나 신장성, 접착성, 방수성은 약하다. 아스팔트 컴파운드, 아스팔트 플라이머의 원료로 쓰인다. 스트레이트 아스팔트에 비해 침입도가 작고 탄력성이 풍부하며 감온성이 작다. 건축 아스팔트 방수재료, 방청도료 등으로 폭넓게 사용된다.
- 아스팔트 컴파운드　내열성, 내구성, 접착성 등을 개량하기 위하여 블로운 아스팔트에 동·식물성 유지를 혼입한 것을 말하며, 고성능 방수재료이다.

그림 4.268　스트레이트 아스팔트

그림 4.269　블로운 아스팔트

그림 4.270　아스팔트 컴파운드

1.3 기타 아스팔트

(1) 컷백 아스팔트

컷백 아스팔트(cutback asphalt)는 상온에서 유동성을 높이기 위하여 석유 아스팔트에 휘발성 용제를 섞어서 만든 것이다. 시공성은 좋으나 화기에 주의하여야 한다.

(2) 아스팔트 콘크리트

아스팔트 콘크리트는 가장 많이 사용되는 것으로, 굵은 골재, 잔골재, 채움재에 도로 포장용 아스팔트를 알맞게 넣고 가열하여 섞어서 만든 혼합물로서, 도로, 공항, 주차장 등의 포장에 쓰인다.

그림 4.271 컷백 아스팔트

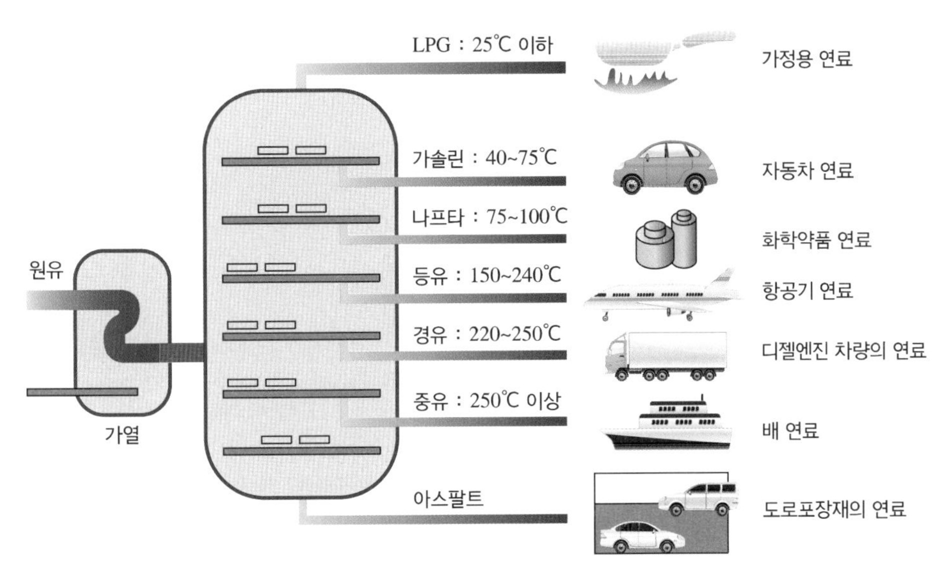

그림 4.272 석유 아스팔트의 생산과정

2. 아스팔트의 성질

2.1 밀도

밀도는 단위 부피당 질량이며 단위로는 g/cm^3를 사용한다. 아스팔트의 밀도는 온도에 따라 값이 변화하므로 15 æ에서의 밀도를 말한다. 스트레이트 아스팔트는 밀도 1 g/cm^3 이상을 표준으로 한다.

2.2 침입도

침입도(針入度)는 아스팔트의 굳기(경도)를 나타내는 척도이다. 규정된 질량의 침을 시료 중에 수직으로 관입시켜 그 깊이로 시료의 굳기를 표시한다. 단위는 0.1 mm 깊이로 관입했을 때를 침입도 1로 한다. 침입도가 클수록 연하며, 25 æ에서의 침입도를 표준으로 한다. 침입도는 아스팔트 분류의 기준이 된다.

2.3 신도

신도(伸度)는 아스팔트의 늘어나는 능력을 가리킨다. 표준 시험체를 표준 온도(25℃)에서 규정 속도로 당겼을 때 끊어질 때까지 늘어난 길이를 cm 단위로 나타내며 연성의 기준이 된다. 신도는 점착성·가요성·내마모성과 관계되며, 도로용 아스팔트는 신도가 크다.

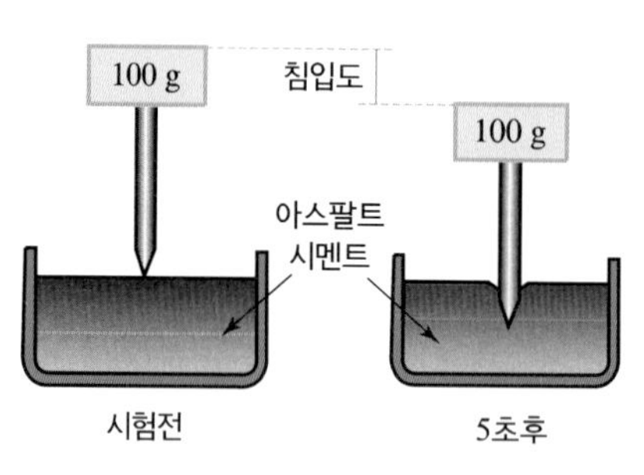

그림 4.273 아스팔트의 침입도

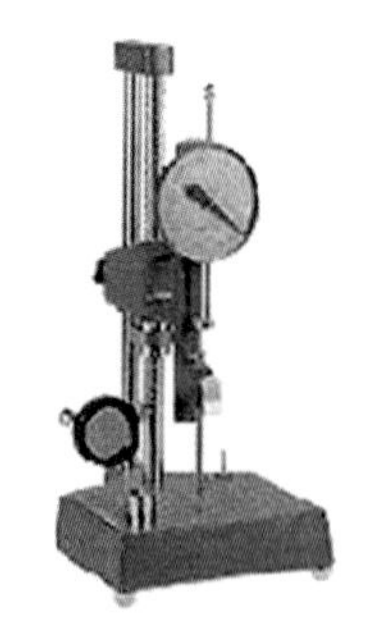

그림 4.274 아스팔트 침입도 측정기

그림 4.275 아스팔트 신도 측정기

3. 아스팔트 제품

3.1 아스팔트 펠트(KS F 4901)

유기질 섬유(양털, 무명, 삼, 펠트 등)로 만든 직포에 스트레이트 아스팔트를 함침시켜 롤러로 압축하여 만든 것이다. KS규격에는 440품(440 g/m^2), 540품(540 g/m^2), 650품(650 g/m^2)의 3종류가 있다. 흑색 시트상으로 방수, 방습성이 좋고, 가벼우며, 넓은 면적을 쉽게 덮을 수 있어 기와 지붕의 기와 밑에 깔거나 방수공사 시 루핑과 같이 사용한다. 아스팔트 루핑에 비하여 흡수성이 상당히 커서 부식되기 쉽다, 또 내후성이나 내균열성이 낮다.

3.2 아스팔트 루핑(KS F 4902)

펠트의 양면에 아스팔트를 피복하고 활석 분말 등을 부착하여 만든 제품으로 현재 가장 많이 사용한다. KS규격에는 1280품(1280 g/m^2), 1500품(1,500 g/m^2)의 2종류가 있다.

아스팔트 펠트보다 흡습, 흡수성이 적어 방수, 방습성은 우수하고, 표층의 아스팔트 컴파운드 때문에 내후성이 크고, 내균열성도 적다.

그림 4.276 아스팔트 펠트

그림 4.277 아스팔트 루핑

3.3 특수 루핑

(1) 스트레치 아스팔트 루핑(KS F 4904)

방수공사, 방습공사에 있어서 방수층 또는 방습층의 내균열 성능을 보강하기 위하여, 나일론이나 폴리에스테르 등의 유기합성섬유를 주원료로 한 부직포 원지에 아스팔트를 함침, 피복하고 양면에 광물질 분말을 부착한 시트상의 것이다.

이 제품은 유연 구조물, PC 혹은 ALC 패널 바탕재처럼 균열이나 변형이 발생하기 쉬운 바탕에 순응시킬 목적으로 만든 것이다. KS규격에는 스트레치 루핑 1000, 1800의 2종류가 있다. 그 밖에 스트레치 루핑의 한쪽 면에 광물질 입자를 밀착시킨 것이 있는데, 노출방수에 있어서 방수층을 겹친 마감층으로써 사용되는 모래붙은 스트레치 루핑 800이 있다.

(2) 구멍 뚫린 아스팔트 루핑(KS F 4905)

유리섬유나 석면 등의 무기질 섬유를 주원료로 한 부직포 원단에 아스팔트를 함침, 피복한 루핑의 전면에 걸쳐서 일정한 크기의 관통한 구멍을 일정 간격으로 설치한 것이다. 바탕의 움직임에 의한 방수층의 파단방지와 방수층이 들뜨는 원인인 바탕재로부터의 수증기압을 넓게 확산시키기 위해 사용된다.

KS규격에는 모래붙인 구멍 뚫린 루핑 2500과 구멍뚫린 루핑 1100 dml 2종류가 있다. 모래붙인 구멍 뚫린 루핑은 한쪽 면에 굵은 광물질입자를 밀착시키고, 다른 한면은 광물질 분말을 부착한 것으로 노출공법, 보호마감공법에 범용적으로 이용된다.

구멍 뚫린 루핑은 양면에 광물질 분말을 부착한 것으로 보호마감공법에 이용되는 경우가 있지만, 보호마감층을 설치하기까지의 사이에 방수층에 부풀어 오르거나 주름 등이 생기지 않게 하기 위해서는 모래붙인 구멍 뚫린 루핑을 이용하는 것이 바람직하다.

그림 4.278 구멍 뚫린 아스팔트 루핑

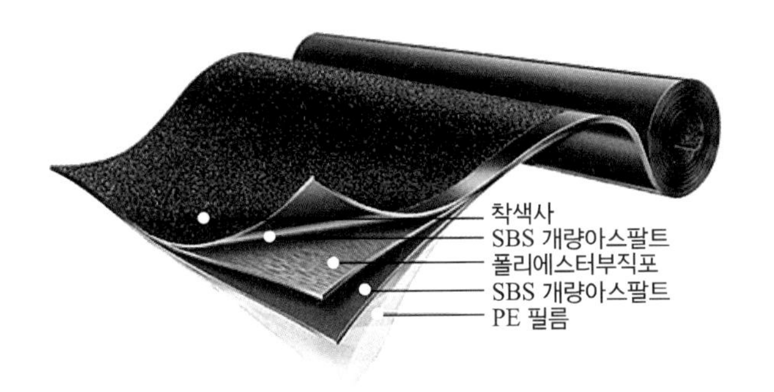

그림 4.279 개량 아스팔트 방수시트

그림 4.280 모래 붙인 루핑

(3) 개량 아스팔트 방수 시트(KS F 4917)

용융 아스팔트를 사용하지 않고 시트 밑면에 개량 아스팔트를 부착시켜 토오치버너를 이용하여 아스팔트를 용융시키면서 바탕재와 접착시켜 나가는 재료이다. 향후 방수층의 품질향상 및 노동력 절감에 크게 기여할 것이 기대된다.

(4) 모래 붙인 루핑(KS F 4906)

아스팔트 루핑과 동종의 원지로 만들어진 루핑의 한쪽 면에 지름 1~3 mm의 광물질 입자를 피복한 것이다. 주로 비보행 지붕의 노출방수에 최상층 마감재로 사용한다.

(5) 직조망 아스팔트 루핑(KS F 4913)

면, 마 또는 합성수지로 만들어진 메쉬 형태의 직물에 아스팔트를 부착, 침투시킨 것이다. 바탕재 전체 면에 까는 일은 거의 없고, 유연하고 잘 융화되는 성질을 이용하여 파이프 주위나 방수층 끝부분 등의 국부적인 보강 붙이기에 주로 사용된다. KS규격에는 면 루핑, 마 루핑, 합성섬유 루핑의 3종류가 있고, 내부식성을 위해 합성섬유로 만들어진 것을 사용하는 경우가 많다.

3.4 아스팔트 바닥재료

(1) 아스팔트 타일

아스팔트와 쿠마론 인덴수지, 염화 비닐수지에 석면, 돌가루 등을 혼합한 다음 높은 열과 높은 압력으로 녹여 얇은 판으로 만든 것을 알맞은 크기로 자른 것이다.

(2) 아스팔트 블록

아스팔트모르타르를 프레스 성형시킨 블록으로 보도포장, 건축용 바닥재로 사용된다. 내마모성, 내약품성이 크고, 흡수성이 작다. 화학공장, 교통량이 많은 곳에 사용된다.

3.5 아스팔트 도료 접착제

(1) 아스팔트 프라이머

아스팔트(Asphalt)와 휘발성이 높은 용제(Solvent)를 혼합하여 제조하며, 콘크리트, 철제, 목재 등의 표면에 도포하여 하층에 피막을 형성 표면처리 및 시공층과 접착력을 강화시키기 위해 사용되는 제품이다.

(2) 아스팔트 코팅

블로운 아스팔트(blown asphalt)를 휘발성 용제로 녹이고, 석면, 광물 분말 등을 가하여 주걱칠할 수 있는 연도(軟度)를 갖게 한 것이다. 방수층 단부(端部)나 드레인 둘레의 실링재로서 사용한다.

(3) 아스팔트 접착제

광유로 아스팔트를 용해시킨 내수성과 접착성이 우수하고 아스팔트타일, 펠트시트 등을 콘크리트에 붙일 때 사용된다.

그림 4.281 아스팔트 프라이머

그림 4.282 아스팔트 접착제

목재

■ 개요 ■

1 2001년 7월 22일 시행

목재에 관한 기술 중 옳지 않은 것은?

㉮ 온도에 대한 신축이 비교적 적다.
㉯ 외관이 아름답다.
㉰ 중량에 비하여 강도가 크고 탄성이 크다.
㉱ 재질, 강도 등이 균일하다.

2 2002년 7월 21일 시행

목재의 분류 중 내장수에 속하는 것은?

㉮ 전나무　　㉯ 잣나무
㉰ 대나무　　㉱ 밤나무

3 2004년 2월 1일 시행

목재의 장점으로 맞는 것은?

㉮ 비중이 큰 반면에 인장강도와 압축강도가 모두 작은 편이다.
㉯ 석재나 금속에 비하여 가공이 어렵다.
㉰ 다른 재료에 비하여 열전도율이 높다.
㉱ 재질이 부드럽고 탄성이 있어서 인체에 대한 접촉감이 좋다.

1
응력방향에 따라 강도가 변화되어 섬유 방향에 평행하게 가한 힘에 대하여 가장 강하고, 섬유 직각방향에 대하여 매우 작다.

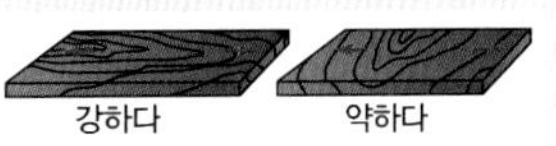

2
목재의 성장형태에 따라 외장수와 내장수로 분류한다.

구분	내용
외장수(外長樹)	길게 뻗어 성장하며 횡단면에 나이테가 형성되며 비대 성장하는 수종으로서 건축용 목재라 하면 거의 이에 속한다. 대부분의 침엽수와 활엽수가 여기에 속한다.
내장수(內長樹)	길게 성장할 뿐 횡단면에 나이테 형성이 안되며 두께가 비대해지지 않고 얇게 되어, 조직이 치밀해지는 것에 불과하여 모개로서 가치가 적다. 대나무, 야자나무 등이 있다.

3
㉮ 비중이 작은 반면에 인장강도와 압축강도가 모두 큰 편이다.
㉯ 석재나 금속에 비하여 가공이 쉽다.
㉰ 다른 재료에 비하여 열전도율이 낮다.

1.㉱ 2.㉰ 3.㉱

4 2005년 7월 17일 시행

다음 중 목재가 건축재료로 갖는 성격이 아닌 것은?

㉮ 가볍고 가공이 쉽다.
㉯ 비중에 비하여 강도가 크다.
㉰ 흡수 및 흡습성이 크다.
㉱ 열전도율이 높아 방한·방서성이 나쁘다.

■ 목재의 조직 ■

5 2003년 10월 5일 시행

목재의 나이테에 대한 설명 중 틀린 것은?

㉮ 봄과 여름에 생긴 세포는 춘재라 하며 유연하다.
㉯ 추재율은 목재의 횡단면에서 추재부가 차지하는 비율을 말한다.
㉰ 춘재부와 추재부가 수간횡단면상에 나타나는 동심원형의 조직을 말한다.
㉱ 추재율과 연륜밀도가 큰 목재일수록 강도가 작다.

5
연륜밀도, 추재율이 클수록 강도가 크다.
연륜밀도=연륜개수/AB(개/cm) : 일정한 크기 안에 연륜이 몇 개?

6 2003년 10월 5일 시행

일반적으로 목재의 심재부분이 변재부분보다 작은 것은?

㉮ 비중　　㉯ 신축성
㉰ 내구성　　㉱ 강도

6

심재	변재
• 다량수액, 비중이 크다. • 신축이 적다. • 내후성, 내구성이 크다. • 강도 크다.	• 심재보다 비중은 작으나 • 건조하면 변하지 않는다.

■ 목재의 성질 ■

7 1998년 3월 8일 시행

생목을 건조하면 강도가 커진다. 강도가 커지기 시작하는 함수율은?

㉮ 10~15%　　㉯ 15~20%
㉰ 20~25%　　㉱ 25~30%

7
섬유 포화점 : 30%

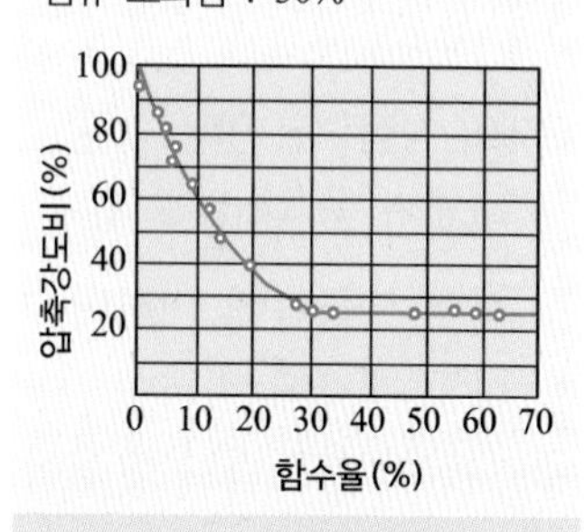

4.㉱ 5.㉱ 6.㉯ 7.㉱

8 1998년 9월 27일 시행

어느 목재의 전건비중이 0.54일 때 목재의 공극률은 얼마인가?

㉮ 약 65% ㉯ 약 54%
㉰ 약 35% ㉱ 약 46%

9 2004년 10월 10일 시행

어느 목재의 절대건조비중이 0.54일 때 목재의 공극률은 얼마인가?

㉮ 약 65% ㉯ 약 54%
㉰ 약 35% ㉱ 약 46%

10 2007년 1회 시행

목재의 절대건조비중이 0.54일 때 이 목재의 공극률은?

㉮ 35% ㉯ 46%
㉰ 54% ㉱ 65%

11 2000년 3월 26일 시행, 2003년 1월 26일 시행

절건비중이 0.3인 목재의 공극률은?

㉮ 60.5% ㉯ 70.5%
㉰ 80.5% ㉱ 90.5%

12 2002년 7월 21일 시행

목재에 관한 기술 중 옳은 것은?

㉮ 목재의 비중은 섬유포화점 상태의 함수율을 기준으로 한다.
㉯ 전건비중이 큰 목재일수록 공극률이 작아진다.
㉰ 공극률이 큰 목재는 강도가 커진다.
㉱ 비중이 작은 목재는 강도가 크다.

8
공극률
$V=(1-W/1.54)\times 100$
$=1-(0.54/1.54)\times 100$
$\fallingdotseq 1-(0.35)\times 100$
$=65$

11
공극률
$V=$(1－W(절건상태의 중량)/1.54(세포자체의 비중))×100
$=1-(0.3/1.54)\times 100$
$\fallingdotseq 1-(0.195)\times 100$
$=80.5$

12
공극률
$V=(1-W/1.54)\times 100$
(W : 절건비중)

8.㉮ 9.㉮ 10.㉱ 11.㉰ 12.㉯

13 2000년 5월 21일 시행

목재의 기건재라 할 수 있는 함수율은?

㉮ 5~10% ㉯ 10~15%
㉰ 15~30% ㉱ 30% 이상

14 2002년 10월 6일 시행

목재에서 기건재의 함수율로 옳은 것은?

㉮ 40~80% ㉯ 30%
㉰ 12~18% ㉱ 0%

15 1999년 7월 25일 시행, 2000년 5월 21일 시행, 2005년 1월 30일 시행

목재의 기건재 함수율은 얼마 정도인가?

㉮ 10% ㉯ 15%
㉰ 20% ㉱ 25%

16 2006년 1회 시행

목재의 기건상태 함수율은 평균 얼마 정도인가?

㉮ 7% ㉯ 15%
㉰ 21% ㉱ 25%

17 2006년 4회 시행

목재의 기건상태의 함수율은 평균 얼마 정도인가?

㉮ 5% ㉯ 10%
㉰ 15% ㉱ 30%

13
기건재의 함수율은 12~18%의 범위이다.

14
기건재의 함수율은 12~18%의 범위이다.

15
목재의 기건상태 함수율 - 15%
가구재의 함수율 - 10%

16
목재의 기건상태 함수율 - 15%
가구재의 함수율 - 10%

17
목재의 기건상태 함수율 - 15%
가구재의 함수율 - 10%

13. ㉯ 14. ㉰ 15. ㉯ 16. ㉯
17. ㉰

18 2007년 5회 시행

목재의 기건상태의 함수율은?

㉮ 7%　　㉯ 15%　　㉰ 21%　　㉱ 34%

19 2000년 3월 26일 시행

목재에 관한 설명 중 옳지 않은 것은?

㉮ 심재는 변재에 비해 내구성이 크다.
㉯ 우리나라에서 기건상태의 함수율은 20% 정도이다.
㉰ 생목을 건조하면 함수율이 30% 이하일 때부터 수축한다.
㉱ 일반적으로 춘재는 추재보다 약하다.

20 2000년 1월 30일 시행

열에 대한 목재의 성질 중 옳지 않은 것은?

㉮ 목재는 가열온도가 100℃ 이상이 되면 목질부 조직의 성분이 분해된다.
㉯ 목구조의 화재위험 온도는 260℃ 정도이다.
㉰ 목재는 160℃ 정도에서 탄화되어 가연성 가스가 발생한다.
㉱ 목재는 300℃ 정도에서 불꽃이 없어도 발화한다.

21 2000년 10월 8일 시행

목재의 발화점의 온도로 적당한 것은?

㉮ 160℃ 전후　　㉯ 250℃ 전후
㉰ 320℃ 전후　　㉱ 450℃ 전후

22 2003년 1월 26일 시행

목재의 자연 발화점 평균 온도는 어느 정도인가?

㉮ 250℃　　㉯ 350℃　　㉰ 450℃　　㉱ 550℃

18
목재의 기건상태 함수율 – 15%
가구재의 함수율 – 10%

19
목재의 기건상태 함수율 – 15%
가구재의 함수율 – 10%

20
발화점(400 – 450°) : 불을 붙이지 않아도 자연발화점

21
발화점(400 – 450°) : 불을 붙이지 않아도 자연발화점

22
발화점(400 – 450°) : 불을 붙이지 않아도 자연발화점

18. ㉯　19. ㉯　20. ㉱　21. ㉱　22. ㉰

23 2001년 1월 21일 시행

목재의 인화점(화재 위험온도)은 몇 ℃ 정도인가?

㉮ 200℃ ㉯ 260℃
㉰ 300℃ ㉱ 350℃

24 2001년 7월 22일 시행

목재의 착화점에 해당되는 온도는?

㉮ 100~180℃ ㉯ 260~270℃
㉰ 300~360℃ ㉱ 400~450℃

25 1999년 3월 28일 시행

목재의 특징에 관한 다음 기술 중 옳지 않은 것은?

㉮ 강도는 건조와는 관계가 없다.
㉯ 인장강도는 콘크리트보다 크다.
㉰ 착화점은 250~260℃ 정도이다.
㉱ 비중이 큰 수종이 강도가 크다.

26 2004년 2월 1일 시행, 2007년 1회 시행

목재의 강도에 관한 기술 중 옳지 않은 것은?

㉮ 습윤상태일 때가 건조상태일 때보다 강도가 크다.
㉯ 목재의 강도는 가력방향과 섬유방향의 관계에 따라 현저한 차이가 있다.
㉰ 비중이 큰 목재는 가벼운 목재보다 강도가 크다.
㉱ 심재가 변재에 비하여 강도가 크다.

23
착화점(260－270°) : 목질부에 불이 붙는 점(화재 위험온도)

24
착화점(260－270°) : 목질부에 불이 붙는 점(화재 위험온도)

25
목재는 건조하면 강도가 커진다. 생나무를 건조하면 강도가 증가하기 시작하는 점 : 함수율 30%에서부터

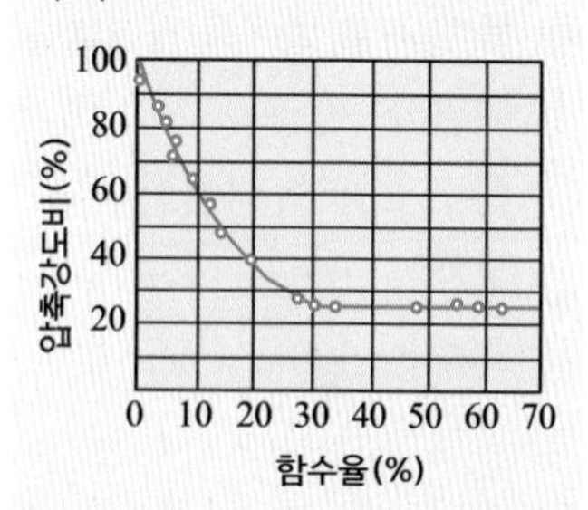

26
목재는 건조하면 강도가 커진다.

23. ㉯ 24. ㉯ 25. ㉮ 26. ㉮

27 2001년 7월 22일 시행

목재의 강도에 관한 기술 중 옳지 않은 것은?

㉮ 비중이 클수록 강도가 크다.
㉯ 함수율이 클수록 강도가 크다.
㉰ 심재가 변재보다 크다.
㉱ 섬유방향의 인장강도는 압축강도보다 크다.

27
목재는 건조하면 강도가 커진다.

28 2001년 1월 21일 시행

목재에 관한 다음 기술에서 틀린 것은?

㉮ 목재의 인장강도는 섬유방향에 힘을 가할 때 가장 강하다.
㉯ 가벼운 목재가 중량이 큰 목재보다 수축이 크다.
㉰ 목재의 기건상태 함수율은 15% 정도이다.
㉱ 목재의 자연 발화 온도는 400~450℃ 정도이다.

28
단단한 나무가 수축이 크다.

29 2002년 10월 6일 시행

목재에 대한 설명 중 옳지 않은 것은?

㉮ 목재의 강도는 비중과 비례한다.
㉯ 함수율이 작을수록 강도는 커진다.
㉰ 팽창 수축률은 비중이 클수록 작다.
㉱ 팽창 수축은 함수율과 관계가 있다.

29
단단한 나무가 수축이 크다.

30 2004년 7월 18일 시행

다음 목재에 관한 기술 중 옳지 않은 것은?

㉮ 섬유포화점 이하에서는 함수율이 감소할수록 목재강도는 증가한다.
㉯ 섬유포화점 이상에서는 함수율이 증가해도 목재강도는 변화 없다.
㉰ 가력방향이 섬유에 평행할 경우 압축강도가 인장강도보다 크다.
㉱ 심재는 일반적으로 변재보다 강도가 크다.

30
목재의 강도
- 인장>휨>압축>전단 강도
- 섬유평형>섬유직각
- 허용강도 : 최대강도의 1/7~1/8
- 섬유포화점 30% 이하에서는 비례하여 증가

27. ㉯ 28. ㉯ 29. ㉰ 30. ㉰

31 2001년 10월 14일 시행

목재의 강도 중에서 가장 큰 것은?

㉮ 섬유의 직각방향의 압축강도
㉯ 섬유의 직각방향의 인장강도
㉰ 섬유의 평행방향의 압축강도
㉱ 섬유의 평행방향의 인장강도

32 2005년 1월 30일 시행

목재의 강도에 관한 설명 중 옳지 않은 것은?

㉮ 섬유포화점 이하에서는 함수율이 감소할수록 강도는 증대한다.
㉯ 응력방향이 섬유방향에 평행할 경우 인장강도가 압축강도보다 크다.
㉰ 비중이 증가할수록 외력에 대한 저항이 감소하므로 목재의 강도는 감소한다.
㉱ 압축강도는 옹이가 있으면 감소한다.

33 2006년 4회 시행

목재의 성질에 대한 설명 중 옳지 않은 것은?

㉮ 목재는 열전도도가 아주 낮아 여러 가지 보온재로 사용된다.
㉯ 섬유포화점 이하에서 그 강도는 일정하나 섬유포화점 이상에서는 함수율이 증가할수록 강도는 증대한다.
㉰ 목재의 강도는 전단강도를 제외하고 응력방향이 섬유방향에 평행한 경우에 강도가 최대가 된다.
㉱ 목재는 비중이 증가할수록 외력에 대한 저항이 증대된다.

34 2004년 2월 1일 시행

길이가 4 m인 생나무가 절대건조상태로 되었을 때 3.92 m라면 전수축률은 몇 %인가?

㉮ 1%　　㉯ 2%　　㉰ 3.3%　　㉱ 4.4%

31
- 인장>휨>압축>전단강도
- 섬유평형>섬유직각

32
비중이 큰 수종이 강도도 크다.

33
섬유포화점(30%) 이하에서는 비례하여 증가하나 섬유포화점(30%) 이상에서 강도가 일정하다.

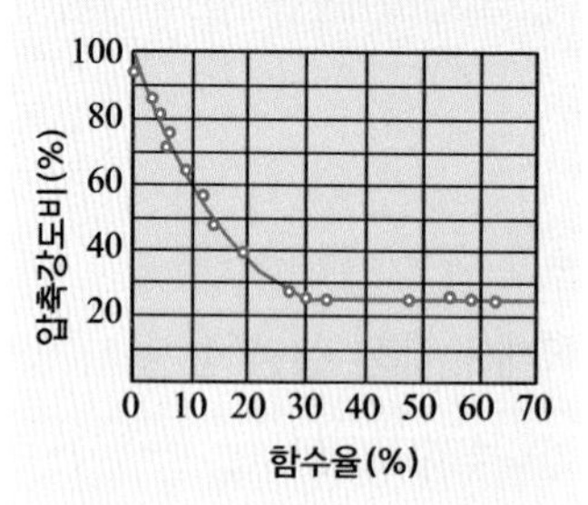

34
전수축률(%)
=(생나무의 길이－절건상태로 되었을 때의 길이)/생나무의 길이 ×100
=(4－3.92)/4×100=2%
전수축률은 나이테 접선방향이 가장 크고(6～10%; 심재, 변재 갈림의 원인), 나이테 직각방향은 그의 1/2(2.5～4.5%; 원형 갈림의 원인) 정도이며, 목재 길이방향(섬유방향)은 곧은결 나비 방향의 약 1/20 (0.1～0.3%) 정도이다.

31.㉱ 32.㉰ 33.㉯ 34.㉯

35 1998년 9월 27일 시행

전건비중이 큰 목재부터 차례로 나열한 것은?

㉮ 티크 – 낙엽송 – 미송 – 느티나무
㉯ 아피톤 – 나왕 – 낙엽송 – 삼나무
㉰ 참나무 – 육송 – 느티나무 – 삼나무
㉱ 버드나무 – 삼나무 – 오동나무 – 느티나무

35
㉮ 티크(0.52) > 낙엽송(0.52) > 미송(0.49) < 느티나무(0.69)
㉯ 아피톤(0.73) > 나왕(0.55) > 낙엽송(0.52) > 삼나무(0.38)
㉰ 참나무(0.83) > 육송(0.53) < 느티나무(0.69) > 삼나무(0.38)
㉱ 버드나무(0.38) = 삼나무(0.38) > 오동나무(0.30) < 느티나무(0.69)
- 아피통(Apitong) : 열대 지방에서 나는 질이 좋은 목재(강질목) 비중이 0.58~0.94로 물에 많이 가라 앉을 정도의 무거운 목재이다.
- 라왕(WHITE LAUAN) : 우리나라에서는 "백라왕"으로 알려진 수종이다.
- 티크(Teak) : 고급 수입목
- 육송 : 소나무

티크

라왕

■ 제재와 건조 ■

36 2001년 4월 29일 시행

목재 제재 치수에서 널재란?

㉮ 두께 : 60 mm 미만, 너비 : 160 mm 이상
㉯ 두께 : 60 mm 미만, 너비 : 180 mm 이상
㉰ 두께 : 75 mm 미만, 너비 : 160 mm 이상
㉱ 두께 : 90 mm 미만, 너비 : 180 mm 이상

36
널재
두께가 60 mm 미만, 너비는 두께의 3배 이상

■ 목재의 부식과 보존법 ■

37 1998년 3월 8일 시행, 2001년 10월 14일 시행

목재 방부제에 관한 기술 중 부적당한 것은?

㉮ 크레오소트 오일은 방부력이 우수하나 냄새가 강하여 실내 사용이 곤란하다.
㉯ P.C.P는 거의 무색제품이므로 그 위에 페인트를 칠할 수 있다.
㉰ 황산동, 염화아연 등은 방부력이 있으나 철을 부식시킨다.
㉱ 벌목 전에 나무 뿌리는 약액을 주입하는 생리적 주입법은 효과가 좋아 많이 쓰인다.

37
생리적 주입법
벌목 전에 나무 뿌리에 약을 주입하는 것으로 별로 효과는 없다.

38 2005년 1월 30일 시행

다음 중 목재의 방부제로서 가장 부적절한 것은?

㉮ 황산동 1%의 수용액　　㉯ 염화아연 3% 수용액
㉰ 수성페인트　　㉱ 크레오소트 오일

35. ㉯　36. ㉯　37. ㉱　38. ㉰

39 2006년 5회 시행

목재의 방부제 중 수용성 방부제에 속하는 것은?

㉮ 크레오소트 오일　　㉯ 불화소다 2% 용액
㉰ 콜타르　　㉱ PCP

40 2008년 4회 시행

무색이고 방부력이 가장 우수하며 석유 등의 용제로 녹여 쓰는 목재 방부제는?

㉮ 콜타르　　㉯ 크레오소트유
㉰ P.C.P　　㉱ 플로화나트륨

41 2008년 1회 시행

목재의 건조방법 중 인공건조에 속하는 것은?

㉮ 송풍건조　　㉯ 태양열건조
㉰ 열기건조　　㉱ 천연건조

42 2001년 4월 29일 시행

합판에 대한 설명 중 적당하지 못한 것은?

㉮ 단판을 서로 직교되게 붙인다.
㉯ 단판을 짝수겹으로 붙인다.
㉰ 단판 제조에는 로터리 베니어법이 많이 쓰인다.
㉱ 값싸게 무늬가 좋은 판을 얻을 수 있다.

43 2004년 10월 10일 시행

합판의 특징에 대한 설명 중 옳지 않은 것은?

㉮ 섬유방향이 서로 직각되게 단판을 짝수 붙임하여 제작한다.
㉯ 함수율 변화에 따른 팽창, 수축의 방향성이 없다.
㉰ 뒤틀림이나 변형이 적은 비교적 큰 면적의 평면재료를 얻을 수 있다.
㉱ 균일한 강도의 재료를 얻을 수 있다.

39
- 유용성(유성)방부재 – 크레오소트, 콜타르, 아스팔트, PCP(펜타클로로 페놀)
- 수용성 방부재 – 황산구리 용액, 염화아연 용액, 염화제2수은 용액, 플르오르화 나트륨 용액

40
P.C.P(펜타클로로 페놀)
거의 무색 무취 제품이며 방부력 우수하고 그 위에 페인트를 칠할 수 있다.

41
목재의 인공건조 방법

증기법	건조실을 증기로 가열하여 건조시킴. 가장 많이 사용
열기법	건조실 내의 공기를 가열하거나 가열 공기를 넣어 건조
훈연법	짚이나 톱밥 등을 태운 연기를 건조실에 도입하여 건조
진공법	원통형의 탱크 속에 목재를 넣고 밀폐하여 고온, 저압 상태하에서 수분을 빼냄

42
합판(plywood)이란 목재를 얇은 판, 즉 단판(veneer)으로 만들어 이들을 섬유방향이 서로 직교되도록 홀수로 적층하면서 접착제로 접착시켜 합친 판을 말한다. 단판의 매수는 일반적으로 3ply, 5ply, 7ply 등(3 – 15층) 홀수매수로 한다.

43
단판의 매수는 일반적으로 3ply, 5ply, 7ply 등(3 – 15층) 홀수매수로 한다.

39. ㉯　40. ㉰　41. ㉰　42. ㉯
43. ㉮

44 2007년 4회 시행

다음 합판의 특성에 대한 설명 중 옳지 않은 것은?

㉮ 함수율 변화에 따른 팽창·수축의 방향성이 없다.
㉯ 단판을 섬유방향이 평행하도록 짝수로 적층하면서 접착제로 접착하여 합친 판을 말한다.
㉰ 뒤틀림이나 변형이 적은 비교적 큰 면적의 평면 재료를 얻을 수 있다.
㉱ 균일한 강도의 재료를 얻을 수 있다.

45 2003년 10월 5일 시행

합판의 특성으로 옳지 않은 것은?

㉮ 함수율 변화에 의한 신축변형이 적다.
㉯ 단판을 섬유방향에 평행하게 서로 붙인 것이므로 잘 갈라지지는 않지만, 방향에 따른 강도의 차이가 크다.
㉰ 표면가공법으로 흡음효과를 낼 수 있고 의장적 효과도 높일 수 있다.
㉱ 곡면가공을 해도 균열이 없고 무늬도 일정하다.

46 2008년 4회 시행

베니어가 널결만이어서 표면이 거친 결점이 있으나, 넓은 베니어를 얻기 쉽고 원목의 낭비가 적어 많이 사용되는 베니어 제조법은?

㉮ 소드 베니어 ㉯ 반소드 베니어
㉰ 슬라이스트 베니어 ㉱ 로터리 베니어

47 1999년 7월 25일 시행

집성목재에 관한 설명 중 옳지 않은 것은?

㉮ 아치와 같은 굽은 용재를 만들 수 없다.
㉯ 목재의 강도를 인공적으로 조절할 수 있다.
㉰ 길고 단면이 큰 부재를 간단히 만들 수 있다.
㉱ 응력에 따른 필요한 단면을 만들 수 있다.

44
단판의 매수는 일반적으로 3ply, 5ply, 7ply 등(3 - 15층) 홀수매수로 한다.

45
합판은 각 단판의 섬유 방향을 1장마다 직교시켜 홀수의 장수로 겹쳐 붙이며, 수축과 팽창이 일어나지 않고 쪼개지는 일이 전혀 없고, 직교로 적층, 접합함으로써 재질을 균질화시킬 수 있다.

46
로터리 베니어
회전시키며 얇고 넓은 단판을 만들고, 여러 겹 접착하여 만듦(가장 많이 쓰는 방법)

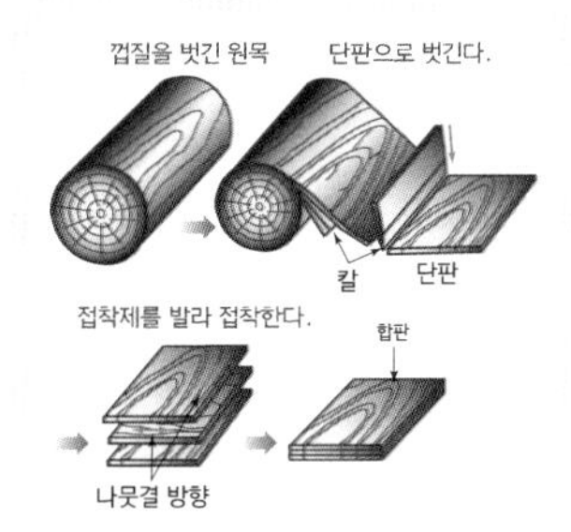

47
집성목재
목재를 붙여 크게 만든 목재
• 아치와 같은 굽은 용재도 만들 수 있다.
• 목재의 강도를 인공적으로 조절할 수 있다.
• 길고 단면이 큰 부재를 간단히 만들 수 있다.
• 응력에 따라 필요한 단면을 만들 수 있다.

44.㉯ 45.㉯ 46.㉱ 47.㉮

48 2000년 3월 26일 시행

다음 설명 중 집성목재의 장점에 속하지 않는 것은?

㉮ 목재의 강도를 인공적으로 조절할 수 있다.
㉯ 응력에 따라 필요한 단면을 만들 수 있다.
㉰ 길고 단면이 큰 부재를 간단히 만들 수 있다.
㉱ 톱밥, 대팻밥, 나무 부스러기를 이용하므로 경제적이다.

48
섬유판(fiber board)
조각낸 목재, 톱밥, 대패밥, 볏짚, 나무부스러기 등 식물성 재료를 펄프로 만든 다음 접착재, 방부재를 첨가하고 가압하여 만든 판

49 2003년 7월 20일 시행

벽 및 천장재로 사용되는 것으로, 강당, 집회장 등의 음향조절용으로 쓰이거나 일반 건물의 벽 수장재로 사용하여 음향효과를 거둘 수 있는 목재 가공품은?

㉮ 파키트리 패널　　㉯ 플로어링 합판
㉰ 코펜하겐 리브　　㉱ 파키트리 블록

49
코펜하겐 리브

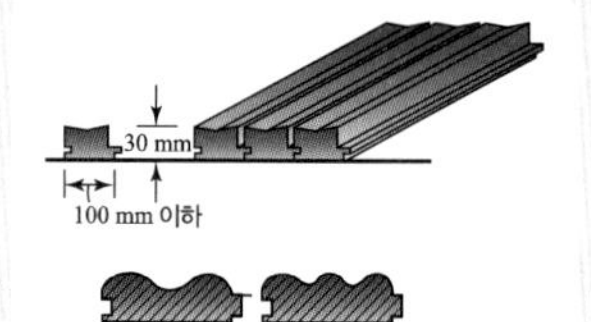

50 2003년 10월 5일 시행

목재의 가공품 중 강당, 집회장 등의 음향조절용으로 사용되며 보통 두께 3 cm, 넓이 10 cm 정도의 긴판에 표면을 리브로 가공한 것은?

㉮ 코르크 보드(cork board)
㉯ 코펜하겐 리브(copenhagen rib)
㉰ 파키트리 블록(parquetry block)
㉱ 집성목재(glue－laminated timber)

51 2008년 4회 시행

다음에서 설명하는 목재의 제품은?

강당, 극장, 집회장 등에 음향 조절용으로 쓰이며, 단면형은 설계자의 의도에 따라 선택할 수 있고 두께가 3 cm이고 넓이가 10 cm 정도의 긴 판에 가공한 것

㉮ 합판　　㉯ 집성재
㉰ 플로어링 보드　　㉱ 코펜하겐 리브

48.㉱　49.㉰　50.㉯　51.㉱

52 2004년 7월 18일 시행

다음 중 강당, 극장, 집회장 등에 음향 조절용으로 사용이 가장 적당한 목재 제품은?

㉮ 플로링 블록
㉯ 코펜하겐 리브
㉰ 플로링 보드
㉱ 파키트 패널

53 2007년 1회 시행

다음 중 강당, 집회장 등의 음향조절용으로 쓰이거나 일반 건물의 벽 수장재로 사용하여 음향효과를 거둘 수 있는 목재 제품은?

㉮ 플로링 블록
㉯ 코펜하겐 리브
㉰ 플로링 보드
㉱ 파키트 패널

54 2006년 5회 시행

코펜하겐 리브판(copenhagen rib)에 대한 설명으로 옳은 것은?

㉮ 철물과 모르타르를 사용하여 콘크리트 마루에 깔 수 있도록 가공 제작된 것이다.
㉯ 강당, 집회장 등의 음향조절용이나 일반 건물의 벽 수장재로 사용된다.
㉰ 코르트나무 표피를 원료로 하여 분말된 것을 판형으로 열압한 것이다.
㉱ 목재와 합성수지를 복합하거나 또는 약품처리에 의해 제조된 목재로서 제재품과는 성질이 다른 목재의 총칭이다.

55 2008년 1회 시행

다음의 목재 제품 중 일반건물의 벽 수장재로 사용되는 것은?

㉮ 플로링 보드
㉯ 코펜하겐리브
㉰ 파키트 패널
㉱ 파키트 블록

52. ㉯ 53. ㉯ 54. ㉯ 55. ㉯

56 2006년 1회 시행, 2008년 5회 시행

코르크판(cork board) 사용용도 중 옳지 않은 것은?

㉮ 방송실의 흡음재 ㉯ 제빙 공장의 단열재
㉰ 전산실의 바닥 ㉱ 내화 건물의 불연재

57 2007년 5회 시행

다음 중 흡음재로 사용이 가장 알맞은 것은?

㉮ 코르크판 ㉯ 유리 ㉰ 콘크리트 ㉱ 모자이크 타일

58 2004년 7월 18일 시행

경질 섬유판에 대한 설명으로 옳지 않은 것은?

㉮ 식물 섬유를 주원료로 하여 성형한 판이다.
㉯ 신축의 방향성이 크며 소프트 텍스라고도 불리운다.
㉰ 비중이 0.8 이상으로 수장판으로 사용된다.
㉱ 연질, 반경질 섬유판에 비하여 강도가 우수하다.

59 2000년 10월 8일 시행

경질 섬유판(Hard board)의 성질에 관한 기술 중 옳지 않은 것은?

㉮ 방향성을 고려하지 않아도 된다. ㉯ 내마모성이 큰 편이다.
㉰ 비틀림이 적다. ㉱ 휨강도가 50 kg/cm^2

60 2003년 7월 20일 시행

목재 제품 중 파티클 보드(Particle board)의 특성을 설명한 것이다. 옳지 않은 것은?

㉮ 표면이 평활하고 경도가 크다.
㉯ 균질한 판을 대량으로 제조할 수 있다.
㉰ 두께는 비교적 자유롭게 선택할 수 있다.
㉱ 음 및 열의 차단성이 나쁘다.

56
코르크판은 가벼우며 탄성, 단열성, 흡음성 등이 있으므로 음악 감상실, 방송실 등의 천장, 안벽의 흡음판으로 쓰일 뿐만 아니라 냉장고, 냉동고, 제빙 공장 등의 단열판으로도 쓰인다.

57
코르크판

58
경질 섬유판
섬유판은 목재를 비롯한 식물성 섬유상으로 열경화성수지 접착제를 첨가하거나, 그 밖의 접착성 소재를 혼합해서 열압, 경화시킨 목재 패널 제품을 총칭하며, 중밀도섬유판, 연질 섬유판, 경질 섬유판으로 분류하고 있다. 우리나라에서 생산되는 섬유판으로는 MDF(medium density fiberboard)라는 명칭으로 이미 널리 알려져 있는 중밀도 섬유판이 거의 대부분을 차지한다.
㉯는 연질 섬유판에 대한 설명이다.

59
휨강도 450 kg/cm^2이다.

56.㉱ 57.㉮ 58.㉯ 59.㉱
60.㉱

61 2006년 4회 시행

파티클 보드에 대한 설명으로 틀린 것은?

㉮ 변형이 적고, 음 및 열의 차단성이 우수하다.
㉯ 상판, 칸막이벽, 가구 등에 이용된다.
㉰ 수분이나 고습도에 대해 강하기 때문에 별도의 방습 및 방수 처리가 필요없다.
㉱ 합판에 비해 휨강도는 떨어지나 면내 강성은 우수하다.
용도 – 붙박이장, 신발장 , 화장대, 싱크대, 책상, 가구 등

62 2006년 5회 시행

파티클 보드에 대한 설명 중 옳지 않은 것은?

㉮ 변형이 극히 적다.
㉯ 합판에 비해 휨강도는 떨어지나 면내 강성은 우수하다.
㉰ 흡음성과 열의 차단성이 적다.
㉱ 내장재, 가구재, 창호재 등에 쓰인다.

63 2007년 1회 시행

목재 제품 중 파티클 보드(Particle board)에 대한 설명으로 옳지 않은 것은?

㉮ 합판에 비해 휨강도는 떨어지나 면내 강성은 우수하다.
㉯ 강도에 방향성이 거의 없다.
㉰ 두께는 비교적 자유롭게 선택할 수 있다.
㉱ 음 및 열의 차단성이 나쁘다.

64 2008년 5회 시행

파티클 보드의 특성에 관한 설명으로 옳지 않은 것은?

㉮ 칸막이·가구 등에 이용된다.
㉯ 열의 차단성이 우수하다.
㉰ 가공성이 비교적 양호하다.
㉱ 강도에 방향성이 있어 뒤틀림이 거의 일어나지 않는다.

61
파티클 보드
목재 또는 기타 식물질을 절삭 또는 파쇄하여 작은 조각으로 충분히 건조시킨 후, 합성수지 접착제를 첨가하여 고열 고압으로 성형 제판한 판을 파티클 보드(칩보드)라 한다.

- 특징 – 변형이 적고, 냉기 및 열의 차단성이 우수하고, 강도가 크며 내력적으로 사용하는데 적당하다. 온도의 변화에 따른 수축, 팽창이 적으며 방화, 방부제를 첨가하여 방부, 방화판을 제작할 수도 있다.
- 용도 – 붙박이장, 신발장, 화장대, 싱크대, 책상, 가구 등

① 목재를 잘게 부순다.

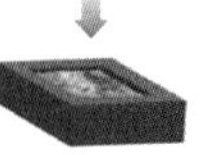
② 접착제를 섞어 형틀에 넣는다.

③ 열과 압력을 가해 붙여준다.

④ 완성된 파티클 보드

62
흡음성과 열의 차단성이 우수하다.

63
흡음성과 열의 차단성이 우수하다.

64
방향에 따른 강도, 팽창 및 수축 등의 차이를 거의 해소할 수 있으므로 뒤틀림도 거의 일어나지 않음

61.㉰ 62.㉰ 63.㉱ 64.㉱

석재

65 1998년 3월 8일 시행

다음 중 화성암에 속하지 않는 것은?

㉮ 화강암　　㉯ 안산암
㉰ 현무암　　㉱ 응회암

66 1999년 7월 25일 시행

다음 석재 중 화성암계에 속하는 것은 어느 것인가?

㉮ 응회암　　㉯ 안산암
㉰ 대리석　　㉱ 점판암

67 2000년 10월 8일 시행, 2002년 10월 6일 시행

석재 중 변성암에 속하는 것은?

㉮ 안산암　　㉯ 석회암
㉰ 응회암　　㉱ 사문암

68 2001년 10월 14일 시행

석재의 종류 중 수성암은?

㉮ 화강암　　㉯ 감람석
㉰ 대리석　　㉱ 사암

■ 채석과 가공 ■

69 2003년 7월 20일 시행

석재의 손가공 시 표면의 평활도 가공 순서로 맞는 것은?

㉮ 혹두기 – 정다듬 – 잔다듬 – 갈기 – 도드락다듬
㉯ 정다듬 – 잔다듬 – 혹두기 – 갈기 – 도드락다듬
㉰ 혹두기 – 정다듬 – 도드락다듬 – 잔다듬 – 갈기
㉱ 도드락다듬 – 잔다듬 – 도드락다듬 – 혹두기 – 갈기

65
화성암
마그마가 고결하여 광물의 집합체가 된 것으로, 지구 내부에서 생긴 것은 심성암, 지표면의 것은 화산암. 화강암, 안산암, 현무암

66
화성암계
화강암, 안산암, 현무암

67
변성암
화성암과 수성암이 지반의 변동에 의한 압력과 열에 의해 조직 또는 광물성분이 변화한 것. 점판암, 대리석, 트레버틴, 사문암

68
수성암
기존의 암석조각이나 수중에 용해한 광물질 생물의 유기물의 수저 또는 지상에 퇴적하여 응고한 것. 응회암, 사암, 석회암

69
다듬 순서
혹두기(쇠메나 망치) – 정다듬(정) – 도드락다듬(도드락망치) – 잔다듬(날망치) – 물갈기

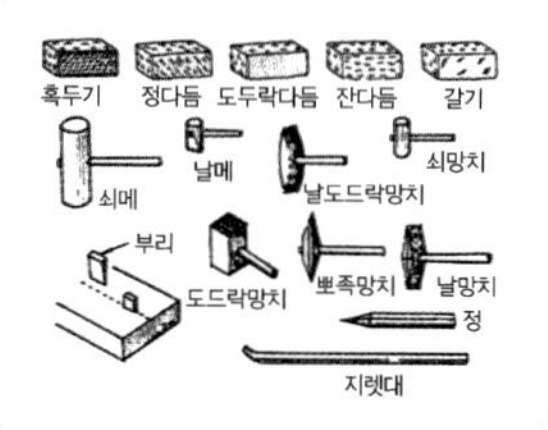

65. ㉱　66. ㉯　67. ㉱　68. ㉱
69. ㉰

■ 석재의 성질 ■

70 1998년 3월 8일 시행

석재의 인장강도는 압축강도에 비하여 얼마 정도인가?

㉮ 1/10～1/20 ㉯ 1/20～1/25 ㉰ 1/25～1/30 ㉱ 1/30～1/35

71 2008년 4회 시행

평균적으로 압축강도가 가장 큰 석재부터 순서대로 나열된 것은?

a. 화강암	b. 사문암	c. 사암	d. 대리석

㉮ a－b－d－c ㉯ a－b－c－d ㉰ a－c－d－b ㉱ d－c－b－a

72 1999년 3월 28일 시행

석재 중 내화성이 가장 좋지 않은 것은?

㉮ 화강암 ㉯ 응회암 ㉰ 안산암 ㉱ 사암

73 2001년 10월 14일 시행

석재에 관한 기술 중 틀린 것은?

㉮ 비중이 클수록 강도가 크다.
㉯ 인장강도가 압축강도보다 크다.
㉰ 흡수율이 낮으면 내구성이 크다.
㉱ 휨강도가 약하므로 보로 사용하지 않는다.

74 2005년 7월 17일 시행

석재의 일반적 성질에 대한 설명 중 옳지 않은 것은?

㉮ 불연성이고 압축강도가 크다.
㉯ 양질의 외관은 장중한 맛이 있고, 치밀한 것은 갈면 아름다운 광택이 난다.
㉰ 내수·내구·내화학성이 좋다.
㉱ 길고 큰 부재를 얻기 쉽다.

70
석재의 인장강도는 극히 약하며, 압축강도의 1/10～1/30에 불과하다. 따라서 휨 강도가 약하므로 석재를 보로 쓰는 것은 무리이다.

72
안산암, 응회암, 사암은 1,000℃ 이하에서는 압축강도의 저하가 극히 적고, 어느 정도까지는 오히려 상승하는 경향도 있으나, 화강암의 경우는 600℃ 정도에서 강도가 갑자기 떨어지는데, 이것은 석영분이 575℃ 정도에서 팽창으로 인하여 붕괴되는 화강암의 공통적인 성질 때문이다.

70.㉮ 71.㉮ 72.㉮ 73.㉯
74.㉱

■ 여러 가지의 석재 ■

75 1998년 9월 27일 시행

석재의 용도로서 적합하지 못한 것은?

㉮ 사문암 – 대리석 대용품　　㉯ 대리석 – 실내장식
㉰ 석회암 – 도로포장　　㉱ 트래버틴 – 외장재

76 2000년 5월 21일 시행

석재의 용도에 관한 기술 중 적당하지 않은 것은?

㉮ 화강암 – 외장재　　㉯ 점판암 – 지붕재
㉰ 대리석 – 내장재　　㉱ 석회암 – 구조재

77 2004년 10월 10일 시행

석재의 용도에 관한 기술 중 부적당한 것은?

㉮ 화강암 – 외장재　　㉯ 점판암 – 지붕재
㉰ 석회암 – 구조재　　㉱ 대리석 – 실내장식재

78 2006년 1회 시행

다음 중 석재의 용도로 적당하지 않은 것은?

㉮ 트래버틴 – 특수실내장식재　　㉯ 응회암 – 구조용
㉰ 점판암 – 지붕재　　㉱ 대리석 – 장식재

79 2007년 4회 시행

다음의 각종 석재에 대한 설명 중 옳은 것은?

㉮ 화강암 : 내화성이 좋다.
㉯ 안산암 : 물갈기를 하여 특유의 광택이 난다.
㉰ 점판암 : 얇게 가공하여 지붕재료로 사용한다.
㉱ 석회암 : 석질이 치밀하고 견고하며 내화성이 커서 구조재로 많이 사용한다.

75. ㉱　76. ㉱　77. ㉰　78. ㉯
79. ㉰

80 2000년 1월 30일 시행

석재로 벽난로를 만들려고 한다. 내화성이 커서 가장 적당한 재료는?

㉮ 응회석 ㉯ 화강암 ㉰ 대리석 ㉱ 트래버틴

81 2001년 1월 21일 시행

다음 중 내화도가 가장 큰 석재는?

㉮ 화강암 ㉯ 대리석 ㉰ 석회암 ㉱ 응회암

82 2002년 10월 6일 시행

다음 중 내화도가 가장 큰 석재는?

㉮ 화강암 ㉯ 대리석 ㉰ 석회암 ㉱ 응회암

83 2008년 5회 시행

다음 석재 중 내화성이 가장 우수한 것은?

㉮ 응회암 ㉯ 화강암 ㉰ 대리석 ㉱ 석회석

84 2003년 7월 20일 시행

석재에 관한 기술에서 옳지 않은 것은?

㉮ 휘석안산암은 구조재나 판석, 비석 등의 재료로 사용된다.

㉯ 대리석의 쇄석을 종석으로 하여 대리석과 같이 미려한 광택을 갖도록 한 인조석을 테라조라고 한다.

㉰ 응회암은 일반적으로 연질이고 내화성이 적다.

㉱ 대리석은 색채와 반점이 아름답고, 갈면 광택이 나므로 주로 실내 장식재, 조각재로 사용된다.

85 2007년 4회 시행

시멘트의 주원료로 사용되는 석재는?

㉮ 사문암 ㉯ 안산암 ㉰ 석회암 ㉱ 화강암

85

석회암

- 유기질 혹은 무기물질 중에서 석회질이 용해 침전된 암석
- 대리석과 같은 화학적 성분을 갖고 있으나, 석회질 성분을 많이 함유하고 있어 흡수성이 있고, 광택효과가 크지 않음
- 치밀하고 견고하나 내산, 내화성이 부족

※ 용도 : 주로 건물 내부의 인테리어용으로 사용, 그밖에 도로포장용이나 석회, 콘크리트의 원료

80.㉮ 81.㉱ 82.㉱ 83.㉮ 84.㉰ 85.㉰

86 2000년 1월 30일 시행

사암(sand stone) 중 재질이 가장 견고하여 구조재료로 쓸 수 있는 것은?

㉮ 규산질 사암 ㉯ 산화철질 사암
㉰ 탄산칼슘질 사암 ㉱ 점토질 사암

87 2000년 5월 21일 시행

내화도가 가장 높은 석재는?

㉮ 대리석 ㉯ 부석 ㉰ 안산암 ㉱ 화강암

88 2001년 7월 22일 시행

압축강도가 가장 큰 석재는?

㉮ 화강암 ㉯ 대리석 ㉰ 안산암 ㉱ 응회암

[해설]

89 2005년 1월 30일 시행

화강암에 대한 설명 중 틀린 것은?

㉮ 심성암에 속하고 주성분은 석영, 장석, 운모, 각섬석 등으로 형성되어 있다.
㉯ 질이 단단하고 내구성 및 강도가 크다.
㉰ 고열을 받는 곳에 적당하며 석영이 많은 것이 가공이 쉽다.
㉱ 용도로는 외장 내장 구조재, 도로포장재, 콘크리트 골재 등에 사용된다.

87
안산암
- 산출량이 가장 많고, 성질은 화강암과 비슷하며 빛깔이 좋지 않고, 광택이 나지 않음.
- 가공성이 떨어지지만 내화력은 화강암보다 크고, 강도와 내구성이 커 주로 구조재로 사용
- 반상조직으로 석질은 치밀한 것부터 극히 조잡한 종류까지 있음

※ 용도 : 구조재, 판석, 비석, 장식재 등 특수 장식재나 경량골재, 내화재로 쓰임

88
- 석영 30%, 장석 65%로 구성. 색조는 장석의 색으로 좌우됨
- 석질이 견고(1,500 kg/cm^2)하여 풍화 닳음에 강함.
- 대재를 용이하게 채취할 수 있고, 대형 구조재로 사용 가능
- 외관이 비교적 아름다워 토목건축에서 장식재로 사용
- 내화도가 낮아서 고열을 받는 곳에는 부적당
- 너무 견고하여 세밀한 조각에도 불가능

※ 용도 : 외장, 내장, 구조재 건축용으로 경계석, 판석, 석등, 묘비석 등에 사용되며 전국에 골고루 분포되어 있다.

86. ㉮ 87. ㉰ 88. ㉮
89. ㉰

90 2001년 1월 21일 시행

대리석에 대한 설명 중 옳지 않은 것은?

㉮ 외부 장식재로 적당하다.
㉯ 주성분은 $CaCO_3$이다.
㉰ 석회석이 변질되어 결정화한 것이다.
㉱ 물갈기 하면 고운 무늬가 생긴다.

91 2002년 7월 21일 시행

건물의 외부 벽체 마감용으로 적당하지 않은 석재는?

㉮ 화강암 ㉯ 안산암 ㉰ 점판암 ㉱ 대리석

92 2005년 7월 17일 시행

석회암이 변화되어 결정화한 것으로 주성분은 탄산석회로 치밀, 견고하고 색채와 반점이 아름다워 실내장식재, 조각재로 사용되는 것은?

㉮ 대리석 ㉯ 사암 ㉰ 감람석 ㉱ 화강암

93 2007년 5회 시행

석회석이 변화되어 결정화한 것으로 실내장식재 또는 조각재로 사용되는 것은?

㉮ 대리석 ㉯ 응회암 ㉰ 사문암 ㉱ 안산암

94 2008년 1회 시행

석회석이 변화되어 결정화한 것으로 석질이 치밀하고 견고할 뿐 아니라 외관이 미려하여 실내장식재 또는 조각재로 사용되는 석재는?

㉮ 점판암 ㉯ 사문암 ㉰ 대리석 ㉱ 안산암

95 2003년 1월 26일 시행, 2007년 1회 시행

대리석의 일종으로 특수 실내 장식재로 사용되는 것은?

㉮ 석회석 ㉯ 트래버틴 ㉰ 안산암 ㉱ 화산암

90
대리석
- 지표면의 암석, 화산 분출물이 퇴적하여 굳어졌거나, 지각변동 또는 지열의 작용 등으로 변화된 암석으로 편상구조를 가짐
- 주성분은 탄산석회질, 점토, 산화철, 규산 등으로 구성되어 치밀한 조직으로 형성
- 연마효과가 뛰어나나, 산과 열에 약하고 옥외에서는 탈색 및 광택이 지워지는 현상이 나타남
- 이태리, 프랑스, 스페인, 그리스, 영국 등지에서 우수한 대리석이 생산

※ 용도 : 실내장식재, 조각재료로 가장 우수

95
트래버틴
- 대리석의 일종으로 다공질이며 황갈색의 얼룩얼룩한 무늬가 있음
- 연한 흙색 또는 밝은 색조이며, 거의 조약돌 크기의 공극이 다량으로 관찰되는-인상적인 외관 때문에 고급 건축용 석재로 각광받음
- 가공성이 뛰어나 장식용 석재 원료 또는 수많은 기념비적 건축물에 사용
- 로마 인근도시인 티볼리의 광대한 트레버틴 퇴적지역에서 채굴하며, 이 지명을 따 이름이 붙여짐

※ 용도 : 실내장식재로 이용

90.㉮ 91.㉱ 92.㉮ 93.㉮
94.㉰ 95.㉯

96 2006년 5회 시행

대리석의 일종으로 다공질이며 황갈색의 무늬가 있으며 특수한 실내장식재로 이용되는 것은?

㉮ 테라코타　　㉯ 트래버틴
㉰ 점판암　　㉱ 석회암

97 2005년 1월 30일 시행

각종 석재에 대한 설명 중 옳은 것은?

㉮ 화강암은 내구성 및 내화성이 크고 절리의 거리가 비교적 커서 대재를 얻을 수 있다.
㉯ 안산암은 내화력은 우수하지만 강도 경도 비중이 적어 구조용 석재로 사용할 수 없다.
㉰ 현무암은 내화성은 적으나 가공이 쉬우며 암면의 원료로 사용된다.
㉱ 석회암은 석질은 치밀하고 강도는 크나, 내화성이 적고 화학적으로 산에는 약하다.

■ 석재 제품 ■

98 1999년 3월 28일 시행

암면에 대하여 잘못 설명한 것은?

㉮ 현무암, 안산암 등을 녹여서 분출시켜 만든다.
㉯ 단열 및 흡음효과가 있다.
㉰ 암면의 제품으로 암면펠트, 암면판, 흡음판 등이 있다.
㉱ 열을 가하면 연소된다.

99 2003년 10월 5일 시행

다음은 암면에 대한 설명이다. 틀린 것은?

㉮ 안산암, 사문암 등을 원료로 한다.
㉯ 원료를 고열로 용융시켜 세공으로 분출하는 과정을 거쳐 제작된다.
㉰ 경질이며 슬레이트나 시멘트판의 재료로 사용된다.
㉱ 보온, 흡음, 단열성이 우수하다.

98
암면
• 암석섬유라고도 함. 안산암, 사문암 등을 원료로 하여 이를 고열로 녹여 작은 구멍을 통하여 분출시킨 것을 고압 공기로 불어 날리면 솜모양의 것이 되는데, 이것을 암면이라 함
• 성분상으로 보면 알칼리에는 강하나 강한 산에는 약함. 내화성이 우수하며, 흡음, 단열, 보온성 등이 우수한 불연재로서 단열재나 음향의 흡음재로 사용
※ 용도 : 보온재나 흡음재로서의 용도가 넓고, 고온 보온재로서도 사용. 암면 펠트, 암면판, 보온통 등의 제품이 있음

96.㉯ 97.㉱, ㉰ 98.㉱
99.㉰

100 1998년 3월 8일 시행

백색시멘트, 대리석 종석, 안료 등을 사용하여 표면을 물갈기한 인조 대리석은?

㉮ 테라초　　㉯ 테라코타
㉰ 내화벽돌　　㉱ 자기타일

101 2006년 5회 시행

대리석, 사문암, 화강암 등의 쇄석을 종석으로 하여 백색 포틀랜드 시멘트에 안료를 섞어 천연석재와 유사하게 성형시킨 것은?

㉮ 점판암　　㉯ 대리석　　㉰ 인조석　　㉱ 화강암

102 2000년 5월 21일 시행

테라초(terrazzo)란 무엇인가?

㉮ 종석을 사용하여 만든 인조석의 일종이다.
㉯ 이탈리아산 천연 대리석의 일종이다.
㉰ 이끼가 낀 풍미있는 자연석이다.
㉱ 테라코타(terra－cotta)의 일종으로 천연석재의 모조품이다.

103 2001년 1월 21일 시행

테라초(Terrazzo)를 만들 때 사용되는 종석은?

㉮ 대리석　　㉯ 화강암　　㉰ 사암　　㉱ 응회암

104 2007년 4회 시행

다음 중 석재의 사용시 유의사항으로 옳은 것은?

㉮ 석재를 구조재로 사용시 인장재로만 사용해야 한다.
㉯ 가공시 되도록 예각으로 한다.
㉰ 외벽, 특히 콘크리트 표면 첨부용 석재는 연석을 피해야 한다.
㉱ 중량이 큰 것은 높은 곳에 사용하도록 한다.

100
테라조(인조대리석)
대리석, 석회암의 세밀한 쇄석을 골재로 하여, 시멘트로 혼합한 후 평평히 발라서 굳히고 표면을 갈아서 광택을 낸 것
※용도 : 골재인 쇄석과 시멘트·안료에 의해, 여러 가지의 색채·광택을 낼 수가 있기 때문에 예전에는 대리석 대용품으로서 건축·공예 등에 널리 사용되었으나, 현재는 낮은 가격이나 견고성이 요구되는 곳에 한정적으로 쓰임

102
테라조(terrazzo)
대리석의 쇄석을 사용하여 대리석 계통의 색조가 나도록 표면을 물갈기한 것

100. ㉮　101. ㉰　102. ㉮
103. ㉮　104. ㉰

시멘트

■ 제조법 ■

105 1999년 7월 25일 시행

시멘트 제조원료와 관계없는 것은?

㉮ 석회석　　㉯ 점토　　㉰ 석고　　㉱ 종석

106 2001년 4월 29일 시행

보통 포틀랜드 시멘트의 원료를 짝지은 것으로 옳은 것은?

㉮ 화강암, 석고, 점토　　㉯ 점토, 모래, 석고
㉰ 석회석, 점토, 석고　　㉱ 석회석, 코크스, 점토

107 2008년 1회 시행

다음 중 포틀랜드 시멘트의 제조원료에 속하지 않는 것은?

㉮ 석회석　　㉯ 점토
㉰ 석고　　㉱ 종석

■ 성분 및 반응 ■

108 2006년 1회 시행

다음 중 보통 포틀랜드 시멘트에 일반적으로 함유되는 성분이 아닌 것은?

㉮ 석회　　㉯ 실리카
㉰ 구리　　㉱ 산화철

■ 성질 ■

109 1998년 3월 8일 시행, 2000년 3월 26일 시행

시멘트의 비중은?

㉮ 1.50～1.65　　㉯ 2.35.～2.40
㉰ 3.05～3.15　　㉱ 3.85～3.95

105. ㉱　106. ㉰　107. ㉱
108. ㉰　109. ㉰

110 2001년 1월 21일 시행

보통 포틀랜드 시멘트의 비중으로 적당한 것은?

㉮ 1.85～2.05　　㉯ 2.35～2.55

㉰ 2.75～2.95　　㉱ 3.05～3.15

111 1999년 7월 25일 시행

시멘트의 단위용적 중량은 얼마 정도인가?

㉮ 1,300 kg/m^3　　㉯ 1,500 kg/m^3

㉰ 1,800 kg/m^3　　㉱ 2,000 kg/m^3

112 2000년 1월 30일 시행

보통 포틀랜드 시멘트 1 m^3의 일반적인 무게는?

㉮ 500 kg　　㉯ 1,000 kg

㉰ 1,500 kg　　㉱ 2,000 kg

113 2000년 5월 21일 시행

시멘트의 일반적 성질 중 옳지 않은 것은?

㉮ 시멘트의 수화작용 시 발생하는 열을 수화열이라 한다.

㉯ 설탕 0.1% 첨가로 시멘트 응결을 지연시킨다.

㉰ 시멘트의 응결은 1시간 이내에 종결된다.

㉱ 시멘트의 비중은 3.05～3.15 정도이다.

114 2000년 10월 8일 시행, 2002년 7월 21일 시행

시멘트 분말도가 높을수록 다음과 같은 성질이 있다. 옳지 않은 것은?

㉮ 초기강도가 높다.

㉯ 수화작용이 빠르다.

㉰ 풍화하기 쉽다.

㉱ 수축 균열이 생기지 않는다.

110.㉱　111.㉯　112.㉰
113.㉰　114.㉱

115 2002년 7월 21일 시행

시멘트의 응결시간에 관한 사항 중 부적당한 것은?

㉮ 가수량이 많을수록 응결이 늦어진다.
㉯ 온도가 높을수록 응결시간이 짧아진다.
㉰ 시멘트의 분말도가 높을수록 응결이 빠르다.
㉱ 알루민산3칼슘 성분이 많을수록 응결이 늦어진다.

116 2003년 10월 5일 시행

시멘트의 응결에 관한 설명 중 옳은 것은?

㉮ 석고의 혼합량에 따라 응결시간이 달라진다.
㉯ 가루가 미세할수록 응결시간이 연장된다.
㉰ 혼합용 물의 양이 적을수록 응결시간이 길어진다.
㉱ 풍화된 시멘트를 사용하면 응결이 빨라진다.

117 2006년 1회 시행

시멘트의 응결시간에 관한 설명 중 옳지 않은 것은?

㉮ 가수량이 많을수록 응결이 늦어진다.
㉯ 온도가 높을수록 응결시간이 짧아진다.
㉰ 신선한 시멘트로서 분말도가 미세한 것일수록 응결이 빠르다.
㉱ 알루민산3칼슘 성분이 많을수록 응결이 늦어진다.

118 2003년 7월 20일 시행

보통 포틀랜드 시멘트의 물 배합 후 응결시간은(KS규정)?

㉮ 초결 - 30분 이상, 종결 - 5시간 이하
㉯ 초결 - 30분 이상, 종결 - 8시간 이하
㉰ 초결 - 1시간 이상, 종결 - 10시간 이하
㉱ 초결 - 2시간 이상, 종결 - 15시간 이하

115. ㉱ 116. ㉮ 117. ㉱
118. ㉰

119 2005년 1월 30일 시행

보통 포틀랜드 시멘트의 응결시간에 대한 KS규정으로 맞는 것은?

㉮ 초결 – 10분 이상, 종결 – 1시간 이하
㉯ 초결 – 20분 이상, 종결 – 4시간 이하
㉰ 초결 – 30분 이상, 종결 – 6시간 이하
㉱ 초결 – 60분 이상, 종결 – 10시간 이하

120 2008년 4회 시행

보통 포틀랜드 시멘트의 응결시간에 대한 설명 중 옳은 것은?

㉮ 초결 – 30분 이상, 종결 – 10시간 이하
㉯ 초결 – 30분 이상, 종결 – 20시간 이하
㉰ 초결 – 60분 이상, 종결 – 20시간 이하
㉱ 초결 – 60분 이상, 종결 – 10시간 이하

121 2005년 1월 30일 시행, 2007년 4회 시행

시멘트에 관한 설명 중 옳지 않은 것은?

㉮ 시멘트의 비중은 소성온도나 성분에 따라 다르며, 동일 시멘트인 경우에 풍화한 것일수록 작아진다.
㉯ 우리나라의 경우 시멘트 1포는 보통 60 kg이다.
㉰ 시멘트의 분말도는 브레인법 또는 표준체법에 의해 측정된다.
㉱ 안정성이란 시멘트가 경화될 때 용적이 팽창하는 정도를 말한다.

122 2005년 7월 17일 시행, 2007년 4회 시행

다음 중 시멘트 안정성 시험방법은?

㉮ 비비 시험기에 의한 시험법
㉯ 오토클레이브 팽창도 시험법
㉰ 브리넬 경도 측정
㉱ 슬럼프시험법

119. ㉱ 120. ㉱ 121. ㉯
122. ㉯

123 2006년 4회 시행

시멘트의 성질에 대한 설명 중 옳지 않은 것은?

㉮ 시멘트의 분말도는 단위중량에 대한 표면적, 즉 비표면적에 의하여 표시한다.

㉯ 분말도가 큰 시멘트일수록 수화반응이 지연되어 응결 및 강도의 증진이 작다.

㉰ 시멘트의 풍화란 시멘트가 습기를 흡수하여 경미한 수화반응을 일으켜 생성된 수산화칼슘과 공기 중의 탄산가스가 작용하여 탄산칼슘을 생성하는 작용을 말한다.

㉱ 시멘트의 안정성 측정은 오토클레이브 팽창도 시험방법으로 행한다.

■ 종류(포틀랜드 시멘트) ■

124 1998년 9월 27일 시행

수화작용 시 발열량을 적게 한 시멘트로 조기강도는 적으나 장기강도가 크며, 경화수축이 적어 댐 축조나 큰 구조물에 사용하는 시멘트는?

㉮ 보통 포틀랜드 시멘트　㉯ 중용열 포틀랜드 시멘트
㉰ 조강 포틀랜드 시멘트　㉱ 백색 포틀랜드 시멘트

125 1999년 7월 25일 시행

시멘트 중 방사선 차단효과가 있는 것은?

㉮ 고로 시멘트　㉯ 조강 포틀랜드 시멘트
㉰ 중용열 포틀랜드 시멘트　㉱ 알루미나 시멘트

126 2001년 10월 14일 시행

방사능 차폐용으로 사용되는 시멘트는?

㉮ 조강 포틀랜드 시멘트　㉯ 중용열 포틀랜드 시멘트
㉰ 고로 시멘트　㉱ 알루미나 시멘트

123. ㉯ 124. ㉯ 125. ㉰
126. ㉯

127 2002년 10월 6일 시행

방사능 차폐성능이 있는 시멘트는?

㉮ 조강 포틀랜드 시멘트 ㉯ 중용열 포틀랜드 시멘트
㉰ 고로 시멘트 ㉱ 알루미나 시멘트

128 2003년 7월 20일 시행

포틀랜드 시멘트 중에서 수화작용 시에 발열량이 적고 수축률도 매우 작아 주로 매스콘크리트용으로 이용되는 것은?

㉮ 보통 포틀랜드 시멘트 ㉯ 조강 포틀랜드 시멘트
㉰ 백색 포틀랜드 시멘트 ㉱ 중용열 포틀랜드 시멘트

129 2004년 10월 10일 시행

수화열이 작고 단기강도가 보통 포틀랜드 시멘트보다 작으나 내침식성과 내수성이 크고 수축률도 매우 작아서 댐공사나 방사능 차폐용 콘크리트로 사용되는 것은?

㉮ 백색 포틀랜드 시멘트 ㉯ 조강 포틀랜드 시멘트
㉰ 중용열 포틀랜드 시멘트 ㉱ 내황산염 포틀랜드 시멘트

130 2001년 7월 22일 시행

매스콘크리트용으로 사용되며 수축이 적고 화학 저항성이 있어 댐 등의 공사에 사용되는 콘크리트는?

㉮ 중용열 포틀랜드 시멘트 ㉯ 조강 포틀랜드 시멘트
㉰ 보통 포틀랜드 시멘트 ㉱ 알루미나 시멘트

131 2006년 1회 시행

수화속도를 지연시켜 수화열을 작게 한 시멘트로 매스 콘크리트에서 사용되는 것은?

㉮ 조강 포틀랜드 시멘트 ㉯ 중용열 포틀랜드 시멘트
㉰ 백색 포틀랜드 시멘트 ㉱ 폴리머 시멘트

127. ㉯ 128. ㉱ 129. ㉰
130. ㉮ 131. ㉯

132 2006년 5회 시행

중용열 포틀랜드 시멘트에 대한 설명으로 옳은 것은?

㉮ 초기에 고강도를 발생하게 하는 시멘트이다.
㉯ 급속 공사, 동기 공사 등에 유리하다.
㉰ 발열량이 적고 경화가 느린 것이 특징이다.
㉱ 수화속도가 빨라 한중 콘크리트 시공에 적합하다.

133 2008년 5회 시행

다음 중 댐공사나 방사능 차폐용 콘크리트에 가장 적당한 시멘트는?

㉮ 조각 포틀랜드 시멘트
㉯ 중용열 포틀랜드 시멘트
㉰ 팽창 시멘트
㉱ 알루미나 시멘트

134 2005년 7월 17일 시행

다음 중 한중(寒中) 또는 수중(水中) 긴급공사 시공에 가장 적합한 시멘트는?

㉮ 보통 포틀랜드 시멘트
㉯ 중용열 포틀랜드 시멘트
㉰ 조강 포틀랜드 시멘트
㉱ 백색 포틀랜드 시멘트

135 2002년 7월 21일 시행

한중(中) 또는 수중(中) 긴급공사 시공에 가장 적합한 시멘트는?

㉮ 보통 포틀랜드 시멘트
㉯ 중용열 포틀랜드 시멘트
㉰ 조강 포틀랜드 시멘트
㉱ 백색 포틀랜드 시멘트

132. ㉰ 133. ㉯ 134. ㉰
135. ㉰

136 2006년 4회 시행

조강 포틀랜드 시멘트에 대한 설명으로 옳은 것은?

㉮ 생산되는 시멘트의 대부분을 차지하며 혼합 시멘트의 베이스 시멘트로 사용된다.
㉯ 장기강도를 지배하는 C_2S를 많이 함유하여 수화속도를 지연시켜 수화열을 작게 한 시멘트이다.
㉰ 콘크리트의 수밀성이 높고 경화에 따른 수화열이 크므로 낮은 온도에서도 강도의 발생이 크다.
㉱ 내황산염성이 크기 때문에 댐공사에 사용될 뿐만 아니라 건축용 매스콘크리트에도 사용된다.

137 2008년 4회 시행

보통 포틀랜드 시멘트보다 C_3S나 석고가 많고 분말도가 높아 조기에 강도 발휘가 높은 시멘트는?

㉮ 고로 시멘트 ㉯ 백색 포틀랜드 시멘트
㉰ 중용열 포틀랜드 시멘트 ㉱ 조강 포틀랜드 시멘트

138 2000년 3월 26일 시행

주로 인조석 등의 미장용 재료로 사용되는 재료는?

㉮ 보통 포틀랜드 시멘트 ㉯ 조강 포틀랜드 시멘트
㉰ 중용열 포틀랜드 시멘트 ㉱ 백색 포틀랜드 시멘트

139 2004년 2월 1일 시행

건축물의 표면 마무리, 인조석 제조 등에 사용되며 구조체의 축조에는 거의 사용되지 않는 시멘트는?

㉮ 조강 포틀랜드 시멘트 ㉯ 플라이 애쉬 시멘트
㉰ 백색 포틀랜드 시멘트 ㉱ 고로슬래그 시멘트

136. ㉰ 137. ㉱ 138. ㉱
139. ㉰

140 2005년 1월 30일 시행

건축물의 내외면 마감 각종 인조석 제조에 주로 사용되는 시멘트는?

㉮ 실리카 시멘트　　　　㉯ 조강 포트랜트 시멘트
㉰ 팽창 시멘트　　　　㉱ 백색 포트랜트 시멘트

141 2005년 7월 17일 시행

건축물의 표면 마무리, 인조석 제조 등에 사용되며 구조체의 축조에는 거의 사용되지 않는 시멘트는?

㉮ 조강 포틀랜드 시멘트　　　　㉯ 플라이 애쉬 시멘트
㉰ 백색 포틀랜드 시멘트　　　　㉱ 고로슬래그 시멘트

■ 혼합 시멘트 ■

142 1999년 3월 28일 시행

혼합 포틀랜드 시멘트가 아닌 것은?

㉮ 고로 시멘트　　　　㉯ 실리카 시멘트
㉰ 알루미나 시멘트　　　　㉱ 중용열 포틀랜트 시멘트

143 2006년 5회 시행

다음 중 혼합 시멘트에 속하지 않는 것은?

㉮ 보통 포트랜드 시멘트　　　　㉯ 고로 시멘트
㉰ 포틀랜드 포졸란 시멘트　　　　㉱ 플라이 애쉬 시멘트

144 1998년 3월 8일 시행

수화열이 적고 조기강도가 낮으나 장기강도가 커지는 시멘트는 다음 중 어느 것인가?

㉮ 백색 시멘트　　　　㉯ 조강 시멘트
㉰ 고로 시멘트　　　　㉱ 알루미나 시멘트

140. ㉱　141. ㉰　142. ㉱
143. ㉮　144. ㉰

145 2000년 10월 8일 시행

고로 시멘트를 보통 시멘트와 비교한 설명으로 옳은 것은?

㉮ 수화열이 크다.
㉯ 비중이 작다.
㉰ 단기강도가 크다.
㉱ 바닷물에 대한 저항이 작다.

146 2001년 7월 22일 시행

고로 시멘트를 보통 시멘트와 비교한 설명으로 옳은 것은?

㉮ 수화열이 크다.
㉯ 비중이 작다.
㉰ 초기 강도가 크다.
㉱ 바닷물에 대한 저항이 작다

147 2002년 7월 21일 시행

보통 시멘트와 비교한 고로슬래그 시멘트의 특징에 대한 설명 중 틀린 것은?

㉮ 댐 공사에 적합하다.
㉯ 바닷물에 대한 저항성이 크다.
㉰ 단기강도가 작다.
㉱ 응결 시간이 빠르다.

148 1999년 7월 25일 시행, 2002년 10월 6일 시행

고로 시멘트의 특징이 아닌 것은?

㉮ 댐공사에 좋다.
㉯ 보통 포틀랜드 시멘트보다 비중이 크다.
㉰ 초기 강도는 약간 낮지만 장기 강도는 높다.
㉱ 화학저항성이 크다.

145. ㉯ 146. ㉯ 147. ㉱
148. ㉯

149 2008년 1회 시행

고로 시멘트에 관한 설명 중 옳지 않는 것은?

㉮ 바닷물에 대한 저항성이 크다.
㉯ 초기 강도가 작다.
㉰ 수화열량이 작다.
㉱ 매스 콘크리트용으로는 사용이 불가능하다.

150 2000년 5월 21일 시행, 2001년 10월 14일 시행

플라이 애쉬 시멘트를 사용한 콘크리트의 특성에 관한 설명 중 옳지 않은 것은?

㉮ 수화열이 적다.
㉯ 워커빌리티가 좋다.
㉰ 수밀성이 크다.
㉱ 초기 강도가 크다.

151 2008년 5회 시행

화력발전소와 같이 미분탄을 연소할 때 석탄재가 고온에 녹은 후 냉각되어 구상이 된 미립분을 혼화재로 사용한 시멘트로서, 콘크리트의 워커빌리티를 좋게 하며 수밀성을 크게 할 수 있는 시멘트는?

㉮ 플라이 애쉬 시멘트
㉯ 고로 시멘트
㉰ 백색 포틀랜드 시멘트
㉱ AE 포틀랜드 시멘트

152 2000년 1월 30일 시행

화산재, 규조토, 규산백토 등의 실리카(Silica)질 혼화제를 넣어 만든 시멘트는?

㉮ 팽창 시멘트
㉯ 알루미나 시멘트
㉰ 포졸란 시멘트
㉱ 플라이 애쉬 시멘트

149. ㉱ 150. ㉱ 151. ㉮
152. ㉰

■ 특수시멘트 ■

153 2000년 5월 21일 시행, 2000년 10월 8일 시행

조기 강도가 가장 커서 동기공사나 긴급공사에 쓰이는 시멘트는?

㉮ 플라이 애쉬 시멘트 ㉯ 슬랙 시멘트
㉰ 알루미나 시멘트 ㉱ 포촐란 시멘트

154 2004년 2월 1일 시행

장기에 걸친 강도의 증진은 없지만 조기의 강도발생이 커서 긴급공사에 사용되는 시멘트는?

㉮ 중용열 포틀랜드 시멘트 ㉯ 고로 시멘트
㉰ 알루미나 시멘트 ㉱ 실리카 시멘트

155 2007년 1회 시행

보크사이트와 같은 Al_2O_3의 함유량이 많은 광석과 거의 같은 양의 석회석을 혼합하여 전기로에서 완전히 용융시켜 미분쇄한 것으로, 조기의 강도 발생이 큰 시멘트는?

㉮ 고로 시멘트 ㉯ 실리카 시멘트
㉰ 보통 포틀랜드 시멘트 ㉱ 알루미나 시멘트

■ 저장 ■

156 2008년 5회 시행

시멘트 저장 시 유의해야 할 사항을 설명한 것으로 옳지 않은 것은?

㉮ 시멘트는 지상 30 cm 이상 되는 마루 위에 적재하는 것이 좋다.
㉯ 시멘트는 방습적인 구조로 되니 창고에 품종별로 구분하여 저장하여야 한다.
㉰ 3개월 이상 저장한 시멘트는 반드시 사용 전에 재시험을 실시해야 한다.
㉱ 시멘트를 쌓아올리는 높이는 10포대를 넘지 않도록 해야 한다.

153
알루미나 시멘트
조기강도가 크고 발열량이 대단히 크다.

153. ㉰ 154. ㉰ 155. ㉱
156. ㉱

157 2000년 1월 30일 시행, 2001년 7월 22일 시행

시멘트를 사용하지 않는 재료는?

㉮ 후형 슬레이트　　㉯ 테라코타
㉰ 흄관　　㉱ 테라조

158 2004년 2월 1일 시행

시멘트를 재료로 사용하는 시멘트 제품으로 볼 수 없는 것은?

㉮ 석면 슬레이트　　㉯ 테라코타
㉰ 후형 슬레이트　　㉱ 듀리졸

콘크리트

■ 개요 ■

159 2001년 1월 21일 시행, 2001년 4월 29일 시행

일반적인 콘크리트의 장점 중 잘못 기술된 것은?

㉮ 인장강도가 크다.　　㉯ 내화적이다.
㉰ 내구적이다.　　㉱ 내수적이다.

160 2003년 1월 26일 시행

콘크리트의 특성으로 옳지 않은 것은?

㉮ 압축강도가 크다.
㉯ 인장강도가 작다.
㉰ 내화적이다.
㉱ 강재와의 접착이 좋지 않다.

157.㉯　158.㉯　159.㉮
160.㉱

161 2004년 10월 10일 시행

콘크리트에 대한 설명으로 맞는 것은?

㉮ 현대 건축에서는 구조용 재료에 거의 사용하지 않는다.
㉯ 압축강도는 크지만 내화성이 약하다.
㉰ 철근, 철골 등과 접착성이 우수하다.
㉱ 무게가 무겁고 인장 강도가 크다.

162 1998년 3월 8일 시행

콘크리트의 성질에 대한 설명 중 옳지 않은 것은?

㉮ 압축력을 가할 때 최대 변형량은 0.14~0.2% 정도이다.
㉯ 흡수하면 팽창하고, 건조하면 수축한다
㉰ 시멘트량이 많을수록 수축량이 크다.
㉱ 물-시멘트비가 클수록 수축량은 작다.

163 2001년 1월 21일 시행

콘크리트면에 곰보 현상이 생기는 가장 큰 이유는?

㉮ 콘크리트 투입 후의 재료침하 때문이다.
㉯ 콘크리트 투입 중에 조골재 등의 재료 분리 때문이다.
㉰ 수분 상승시의 물길 때문이다.
㉱ 레이턴스(Laitance)가 생겨 접합부의 밀착이 부족하기 때문이다.

164 2003년 10월 5일 시행

다음 중 콘크리트 재료의 설명으로 틀린 것은?

㉮ 콘크리트는 시멘트와 물 및 골재를 주원료로 한다.
㉯ 시멘트와 모래를 혼합한 것을 시멘트 페이스트라 한다.
㉰ 시멘트, 잔골재, 물을 혼합한 것을 모르터라 한다.
㉱ 굳지 않은 콘크리트 및 경화 콘크리트의 여러 성질은 각각 재료의 성질과 콘크리트의 배합조건에 지배된다.

161. ㉰ 162. ㉱ 163. ㉯
164. ㉯

■ 골재 ■

165 1999년 7월 25일 시행, 2001년 7월 22일 시행

보통 콘크리트 골재로서 가장 부적당한 석재는?

㉮ 화강암　　㉯ 안산암
㉰ 현무암　　㉱ 응회암

166 2000년 5월 21일 시행

골재의 크기가 고르게 섞여있는 정도를 나타내는 용어는?

㉮ 입도　　㉯ 실적률
㉰ 공극률　　㉱ 단위용적 중량

167 2006년 4회 시행

골재의 대소립의 혼합하여 있는 정도를 의미하는 것으로, 콘크리트의 워커빌리티, 경제성 및 경화 후의 강도나 내구성에 영향을 미치는 중요한 요인은?

㉮ 공극률　　㉯ 실적률
㉰ 입형　　㉱ 입도

168 2007년 5회 시행

골재에서 대소(大小) 크기가 고르게 섞여있는 정도를 나타내는 용어는?

㉮ 입도　　㉯ 실적률
㉰ 흡수율　　㉱ 단위용적중량

169 2008년 5회 시행

크고 작은 모래, 자갈 등이 혼합되어 있는 정도를 나타내는 골재의 성질은?

㉮ 입도　　㉯ 실적률
㉰ 공극률　　㉱ 단위용적중량

165. ㉱ 166. ㉮ 167. ㉱
168. ㉮ 169. ㉮

170 2008년 5회 시행

20 kg의 골재가 있다. 5 mm 표준망체에 중량비로 몇 kg 이상 통과하여야 모래라고 할 수 있는가?

㉮ 10 kg ㉯ 12 kg
㉰ 15 kg ㉱ 17 kg

171 2000년 10월 8일 시행, 2002년 10월 6일 시행

철근 콘크리트용 골재에 관한 설명 중 옳지 않은 것은?

㉮ 골재의 알 모양은 구(球)형에 가까운 것이 좋다.
㉯ 골재의 표면은 매끈한 것이 좋다.
㉰ 골재는 크고 작은 알이 골고루 섞여있는 것이 좋다.
㉱ 골재에는 염분이 섞여있지 않는 것이 좋다.

172 2003년 1월 26일 시행

골재의 비중이 2.5이고, 단위용적 무게가 1.8 kg/l일 때 골재의 공극률은?

㉮ 28% ㉯ 44%
㉰ 72% ㉱ 14%

173 2003년 7월 20일 시행

골재 입도의 분포상태를 측정하기 위한 시험은?

㉮ 파쇄 시험 ㉯ 체가름 시험
㉰ 단위용적중량 시험 ㉱ 슬럼프 시험

174 2003년 7월 20일 시행

철근 콘크리트에 사용하는 모래는 염분함유한도를 얼마 이하로 하는가?

㉮ 0.02% ㉯ 0.04%
㉰ 0.06% ㉱ 0.08%

171
㉯ 골재의 표면은 매끈한 것이 좋다.
㉰ 골재는 크고 작은 알이 골고루 섞여 있는 것이 좋다.
㉱ 골재에는 염분이 섞여 있지 않는 것이 좋다.

170. ㉱ 171. ㉯ 172. ㉮
173. ㉯ 174. ㉯

175 2004년 2월 1일 시행, 2005년 7월 17일 시행

골재에 요구되는 성질에 대한 설명으로 옳지 않은 것은?

㉮ 골재의 강도는 콘크리트 중의 경화 시멘트 페이스트의 강도 이상 이어야 한다.
㉯ 골재의 표면은 매끈하고 구형에 가까운 것이 좋다.
㉰ 골재는 잔 것과 굵은 것이 골고루 혼합된 것이 좋다.
㉱ 잔골재의 염분함유한도는 0.04%(NaCl) 이하여야 한다.

176 2006년 1회 시행

다음 중 콘크리트용 골재로서 일반적으로 요구되는 성질이 아닌 것은?

㉮ 입도는 조립에서 세립까지 연속적으로 균등히 혼합되어 있을 것
㉯ 입형은 가능한 한 편평, 세장하지 않을 것
㉰ 잔골재의 염분허용한도는 0.04%(NaCl) 이하일 것
㉱ 강도는 콘크리트 중의 경화 시멘트 페이스트의 강도보다 작을 것

177 2006년 4회 시행

콘크리트용 골재로서 요구되는 성질에 대한 설명 중 틀린 것은?

㉮ 잔 것과 굵은 것이 골고루 혼합된 것이 좋다.
㉯ 강도는 시멘트 풀의 최대 강도 이상이어야 한다.
㉰ 표면이 매끄럽고, 모양은 편평하거나 가늘고 긴 것이 좋다.
㉱ 내마멸성이 있고, 화재에 견딜 수 있는 성질을 갖추어야 한다.

178 2007년 4회 시행

다음 골재의 수분량을 설명한 것 중 틀린 것은?

㉮ ㉮ – 기건함수량
㉯ ㉯ – 표면수량
㉰ ㉰ – 흡수량
㉱ ㉱ – 전함수량

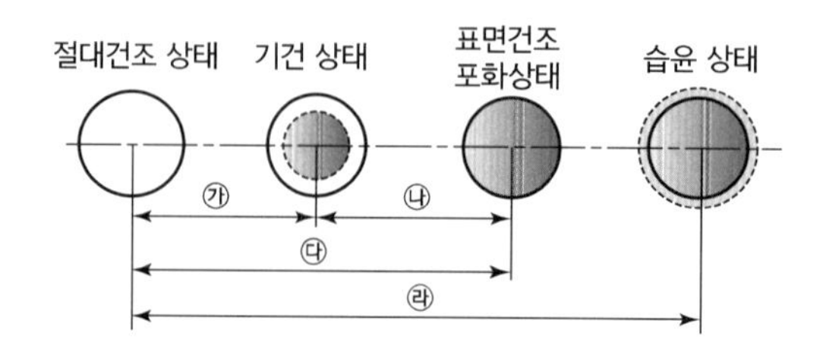

175. ㉯ 176. ㉱ 177. ㉰
178. ㉯

■ 혼화재료 ■

179 2000년 1월 30일 시행

콘크리트 혼화제의 사용목적에 맞지 않는 것은?

㉮ 발포제는 경량콘크리트에 쓰인다.
㉯ 플라이 애쉬(fly ash)는 시공연도를 증가시킨다.
㉰ 규조토는 수밀성을 증가시킨다.
㉱ 염화칼슘은 시공연도를 증가시킨다.

180 2001년 7월 22일 시행

콘크리트의 경화 촉진제에 대한 설명 중 옳지 않은 것은?

㉮ 경화촉진 혼화제로 염화칼슘 등이 쓰인다.
㉯ 시공연도가 빨리 감소되므로 시공을 빨리해야 한다.
㉰ 건조수축이 감소한다.
㉱ 동기공사나 수중공사에 이용된다.

181 2000년 10월 8일 시행

시멘트 모르타르의 경화 촉진제는?

㉮ 규산백토
㉯ 염화 암모니아
㉰ 플라이 애쉬
㉱ 염화칼슘

182 2006년 5회 시행

콘크리트의 경화촉진제로 사용되는 염화칼슘에 대한 설명 중 옳지 않은 것은?

㉮ 한중 콘크리트의 초기 동해방지를 위해 사용된다.
㉯ 시공연도가 빨리 감소되므로 시공을 빨리해야 한다.
㉰ 염화칼슘이 많이 사용할수록 콘크리트의 압축강도는 증가한다.
㉱ 강재의 발청을 촉진시키므로 RC부재에는 사용하지 않는 것이 좋다.

179. ㉱ 180. ㉰ 181. ㉱
182. ㉰

183 2003년 1월 26일 시행

콘크리트의 경량, 단열, 내화성 등을 목적으로 사용되는 혼화제는?

㉮ AE제 ㉯ 감수제 ㉰ 방수제 ㉱ 기포제

184 2003년 10월 5일 시행

AE제의 사용효과에 대한 설명으로 가장 옳지 않은 것은?

㉮ 워커빌리티가 좋아진다.
㉯ 단위 수량을 감소할 수 있다.
㉰ 압축강도가 커진다.
㉱ 화학작용에 대한 저항성이 커진다.

185 2004년 10월 10일 시행

콘크리트의 경량 단열 내화성 등을 목적으로 사용되며 ALC의 제조에도 이용되는 혼화제는?

㉮ AE제 ㉯ 감수제 ㉰ 방수제 ㉱ 기포제

186 2005년 1월 30일 시행

콘크리트 내부에 미세한 독립된 기포를 발생시켜 콘크리트의 작업성 및 동결융해 저항성능을 향상시키기 위해 사용되는 화학혼화제는?

㉮ 융결 경화조정제 ㉯ 방청제
㉰ 기포제 ㉱ AE제

187 2007년 1회 시행

AE제의 사용 효과에 대한 설명으로 옳지 않은 것은?

㉮ 시공연도가 좋아진다.
㉯ 수밀성을 개량한다.
㉰ 동결융해에 대한 저항성을 개선하다.
㉱ 동일 물시멘트비인 경우 압축강도가 증가한다.

183. ㉱ 184. ㉰ 185. ㉱
186. ㉱ 187. ㉱

188 2008년 4회 시행

다음 중 혼화재인 A.E제에 대한 설명으로 옳은 것은?

㉮ 사용 수량을 줄여 블리딩(bleeding)이 감소한다.
㉯ 화학작용에 대한 저항성을 저감시킨다.
㉰ 탄성을 가진 기포의 동결융해 및 건습 등에 의한 용적 변화가 크다.
㉱ 철근의 부착강도를 증가시킨다.

189 2007년 4회 시행

콘크리트 혼화재료 중 콘크리트 내부의 철근이 콘크리트에 혼입되는 염화물에 의해 부식되는 것을 억제하기 위해 이용되는 것은?

㉮ 기포제 ㉯ 유동화제
㉰ AE제 ㉱ 방청제

190 2007년 1회 시행

다음 중 콘크리트 혼화재료에 속하지 않는 것은?

㉮ 플라이 애쉬 ㉯ 고로슬래그
㉰ 시멘트 ㉱ 방청제

■ 물 ■

191 004년 10월 10일 시행, 2005년 1월 30일 시행, 2008년 1회 시행

콘크리트 배합에 사용되는 물에 대한 설명으로 옳지 않은 것은?

㉮ 산성이 강한 물을 사용하면 콘크리트의 강도가 증가한다.
㉯ 기름, 알칼리, 그밖에 유기물이 포함된 물은 사용하지 않는 것이 좋다.
㉰ 당분은 시멘트 무게의 0.1~0.2%가 함유되어도 응결이 늦고, 그 이상이면 강도가 떨어진다.
㉱ 염분은 철근 부식의 원인이 되므로 철근 콘크리트에는 사용하지 않는 것이 좋다.

191
강도가 떨어진다.

188.㉮ 189.㉱ 190.㉰
191.㉮

192 2004년 7월 18일 시행

콘크리트 배합에 사용되는 수질에 대한 설명으로 옳지 않은 것은?

㉮ 산성이 강한 물을 사용하면 콘크리트의 강도가 증가한다.
㉯ 수질이 콘크리트의 강도나 내구력에 미치는 영향은 크다.
㉰ 당분은 시멘트 무게의 일정 이상이 함유되었을 경우 콘크리트의 강도에 영향을 끼친다.
㉱ 염분은 철근 부식의 원인이 된다.

■ 콘크리트의 배합 및 성질 ■

193 2006년 1회 시행

다음 중 배합된 콘크리트가 갖추어야 할 성질과 가장 관계가 먼 것은?

㉮ 가장 경제적일 것
㉯ 재료의 분리가 쉽게 생길 것
㉰ 소요강도를 얻을 수 있을 것
㉱ 적당한 워커빌리티를 가질 것

194 2006년 5회 시행

콘크리트의 배합설계를 효과적으로 진행하기 위해서는 먼저 콘크리트에 요구되는 성능을 정확하게 파악하는 것이 중요한데, 이에 따라 콘크리트가 구비하여야 할 성질로 알맞지 않은 것은?

㉮ 소요의 강도를 얻을 수 있을 것
㉯ 적당한 워커빌리티가 있을 것
㉰ 균일성이 있을 것
㉱ 슬럼프값이 클 것

195 2004년 7월 18일 시행

다음 중 콘크리트가 구비해야 할 조건은?

㉮ 골재의 분리가 있을 것　㉯ 적당한 워커빌리티를 가질 것
㉰ 내구성이 적을 것　㉱ 수밀성이 적을 것

192. ㉮ 193. ㉯ 194. ㉱
195. ㉯

196 2007년 5회 시행

다음 중 굳지 않은 콘크리트가 구비해야 할 조건이 아닌 것은?

㉮ 워커빌리티가 좋을 것
㉯ 시공 시 및 그 전후에 있어서 재료분리가 클 것
㉰ 거푸집에 부어넣은 후, 균열 등 유해한 현상이 발생하지 않을 것
㉱ 각 시공단계에 있어서 작업을 용이하게 할 수 있을 것

197 2006년 5회 시행

콘크리트가 시일이 경과함에 따라 공기 중의 탄산가스의 작용을 받아 수산화칼슘이 서서히 탄산칼슘으로 되면서 알칼리성을 잃어가는 현상을 무엇이라 하는가?

㉮ 블리딩　　㉯ 동결융해 작용
㉰ 중성화　　㉱ 알칼리골재 반응

197
콘크리트의 중성화 모형

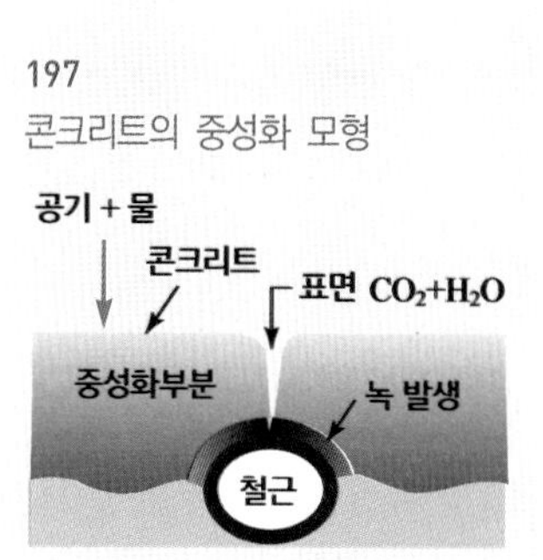

198 1998년 3월 8일 시행, 2006년 5회 시행

다음 중 콘크리트의 시공연도 시험법으로 주로 쓰이는 것은?

㉮ 슬럼프시험　　㉯ 낙하시험
㉰ 체가름시험　　㉱ 구의 관입시험

199 2004년 2월 1일 시행

그림에서 슬럼프값이란 어느 것을 말하는가?

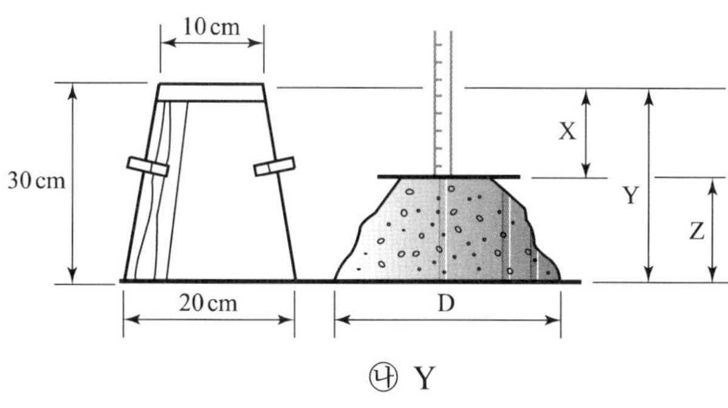

㉮ X　　㉯ Y
㉰ Z　　㉱ D

196.㉯　197.㉰　198.㉮
199.㉮

200 2004년 7월 18일 시행

비빔 콘크리트의 질기 정도를 측정하는 방법이 아닌 것은?

㉮ 플로시험 ㉯ 다짐도에 의한 방법
㉰ 슬럼프시험 ㉱ 르샤틀리에 비중병 시험

201 2008년 4회 시행

다음 중 보통 무근 콘크리트의 단위 중량은?

㉮ 1.5 t/m^2 ㉯ 1.8 t/m^2 ㉰ 2.3 t/m^2 ㉱ 2.8 t/m^2

202 1998년 9월 27일 시행

콘크리트의 인장강도는 압축강도의 얼마 정도인가?

㉮ 1/3~1/5 ㉯ 1/5~1/10
㉰ 1/10~1/15 ㉱ 1/15~1/20

203 1999년 7월 25일 시행

콘크리트의 인장강도는 압축강도의 얼마 정도인가?

㉮ 1/5 ㉯ 1/10 ㉰ 1/15 ㉱ 1/20

204 2000년 10월 8일 시행

콘크리트의 인장강도는 압축강도의 얼마 정도인가?

㉮ 1/2~1/3 ㉯ 1/5~1/10 ㉰ 1/12~1/15 ㉱ 1/15~1/20

205 1999년 3월 28일 시행

콘크리트 강도에 가장 큰 영향을 주는 것은?

㉮ 물시멘트비 ㉯ 골재의 입도
㉰ 모래, 자갈의 양 ㉱ 골재의 공극률

200. ㉱ 201. ㉰ 202. ㉯
203. ㉯ 204. ㉯ 205. ㉮

206 2000년 5월 21일 시행

콘크리트 강도에 가장 큰 영향을 주는 것은?

㉮ 물시멘트비　　㉯ 골재의 입도
㉰ 모래, 자갈량의 비　　㉱ 골재의 공극률

207 2001년 1월 21일 시행

물-시멘트비(W/C)가 콘크리트의 성질에 가장 큰 영향을 주는 것은?

㉮ 시공연도　　㉯ 강도
㉰ 중량　　㉱ 응결속도

208 1999년 3월 28일 시행

콘크리트를 보양할 때 가장 중요한 것은?

㉮ 배합비　　㉯ 온도와 습도
㉰ 수화열과 응결　　㉱ 공극률과 신축률

209 1999년 7월 25일 시행

콘크리트를 혼합할 때 물시멘트비(W/C)와 가장 관계가 깊은 것은?

㉮ 콘크리트의 재료 배합비
㉯ 콘크리트의 골재 품질
㉰ 콘크리트의 재령
㉱ 콘크리트의 강도

210 2000년 5월 21일 시행, 2001년 4월 29일 시행, 2002년 10월 6일 시행, 2003년 1월 26일

콘크리트의 배합에서 물-시멘트비와 가장 관계가 있는 것은?

㉮ 강도　　㉯ 내구성
㉰ 내화성　　㉱ 내수성

206
콘크리트 강도에 가장 큰 영향을 주는 것은 W/C이다.

206. ㉮ 207. ㉯ 208. ㉯
209. ㉱ 210. ㉮

211 2001년 10월 14일 시행

콘크리트 강도와 가장 관련이 있는 것은?

㉮ 물시멘트비　　㉯ 시멘트 비중
㉰ 골재의 조립률　　㉱ A · E제를 혼입

212 2004년 10월 10일 시행

콘크리트에서 물시멘트비란?

㉮ 물의 용적/시멘트 용적
㉯ 시멘트 용적/물의 용적
㉰ 물의 중량/ 시멘트 중량
㉱ 시멘트 중량/물의 중량

213 2000년 1월 30일 시행, 2007년 1회 시행

콘크리트의 강도 중에서 가장 큰 것은?

㉮ 인장강도　　㉯ 전단강도
㉰ 휨강도　　㉱ 압축강도

214 1999년 3월 28일 시행

경량 콘크리트의 수축률은 보통 콘크리트 수축률의 몇 배 이상이 되는가?

㉮ 0.5배　　㉯ 1.5배
㉰ 2.0배　　㉱ 2.5배

215 1999년 3월 28일 시행, 2001년 4월 29일 시행

콘크리트 구조물에 하중의 증가 없이도 시간과 더불어 변형이 증대되는 현상은?

㉮ 영계수　　㉯ 소성
㉰ 탄성　　㉱ 크리프

211.㉮ 212.㉰ 213.㉱
214.㉱ 215.㉱

216 2008년 4회 시행

콘크리트 구조물에서 하중을 지속적으로 작용시켜 놓을 경우 하중의 증가가 없음에도 불구하고 지속하중에 의해 시간과 더불어 변형이 증대하는 현상은??

㉮ 영계수 ㉯ 점성
㉰ 탄성 ㉱ 크리프

217 2008년 5회 시행

다음 중 콘크리트의 크리프에 영향을 미치는 요인으로 가장 거리가 먼 것은?

㉮ 작용 하중의 크기 ㉯ 물-시멘트비
㉰ 부재 단면치수 ㉱ 인장강도

218 2005년 7월 17일 시행

다음은 콘크리트의 배합설계의 단계를 나타낸 것이다. 가장 합리적인 배합설계의 순서로 적당한 것은?

① 요구 성능의 성질	② 배합조건의 설정
③ 재료의 선정	④ 계획배합의 설정 및 결정
⑤ 현장배합의 결정	

㉮ ① ② ③ ④ ⑤ ㉯ ③ ② ① ④ ⑤
㉰ ② ① ③ ⑤ ④ ㉱ ③ ⑤ ② ① ④

219 2007년 1회 시행

다음 중 콘크리트 배합설계 시 가장 먼저 하여야 하는 것은?

㉮ 요구 성능의 설정 ㉯ 배합조건의 설정
㉯ 재료의 선정 ㉱ 현장배합의 결정

216. ㉱ 217. ㉱ 218. ㉮
219. ㉮

220 2008년 1회 시행

다음 중 콘크리트의 배합설계 순서에서 가장 늦게 이루어지는 사항은?

㉮ 계획배합의 설정　　㉯ 현장배합의 결정
㉰ 시험배합의 실시　　㉱ 요구성능의 설정

221 2008년 5회 시행

다음 중 실험실이나 레미콘 생산 배합과 같이 정밀한 배합을 요구할 때 사용되는 콘크리트 배합방법은?

㉮ 절대용적배합　　㉯ 현장계량용적배합
㉰ 표준계량용적배합　　㉱ 중량배합

■ 특수콘크리트 ■

222 2000년 5월 21일 시행

고강도의 피아노선이 사용되는 것은?

㉮ 레디믹스트 콘크리트
㉯ 프레스트레스트 콘크리트
㉰ 콘크리트 말뚝
㉱ AE 콘크리트

223 2004년 7월 18일 시행

경량 콘크리트에 관한 기술 중 옳지 않은 것은?

㉮ 일반적으로 기건 단위용적중량이 2.0 ton/m^3 이하인 것을 말한다.
㉯ 동일한 물시멘트비에서는 보통 콘크리트보다 일반적으로 강도가 약간 크다.
㉰ 열전도율이 작고, 흡수율이 커서 단열적인 목적으로 사용된다.
㉱ 경량 콘크리트는 직접 흙 또는 물에 상시 접하는 부분에는 쓰지 않도록 한다.

220. ㉯　221. ㉱　222. ㉯
223. ㉯

224 1998년 9월 27일 시행

A.E 콘크리트의 특징이 아닌 것은?

㉮ 워커빌리티가 좋아진다.
㉯ 단위 수량이 감소된다.
㉰ 수밀성, 내구성이 커진다.
㉱ 강도가 증가한다.

225 2000년 1월 30일 시행, 2001년 10월 14일 시행

AE제를 사용한 콘크리트에 대한 설명 중 잘못된 것은?

㉮ 콘크리트의 수화발열량이 높아진다.
㉯ 시공연도가 좋아지므로 재료분리가 적어진다.
㉰ 제치장 콘크리트(exposed concrete)로 쓸 수 있다.
㉱ 철근에 대한 부착강도가 감소한다.

226 2000년 3월 26일 시행

AE 콘크리트의 특징에 대한 설명 중 틀린 것은?

㉮ 시공연도가 좋다.
㉯ 블리딩, 침하가 적다.
㉰ 방수성이 좋다.
㉱ 철근에 대한 부착강도가 크다.

227 2003년 1월 26일 시행

AE제를 사용한 콘크리트의 특징이 아닌 것은?

㉮ 동결융해작용에 대하여 내구성을 갖는다.
㉯ 작업성이 좋게 된다.
㉰ 수밀성이 개량된다.
㉱ 압축강도가 커진다.

224.㉱ 225.㉮ 226.㉱
227.㉱

228 2003년 7월 20일 시행, 2008년 4회 시행

미리 거푸집 속에 적당한 입도배열을 가진 굵은 골재를 채워 넣은 후, 모르타르를 펌프로 압입하여 굵은 골재의 공극을 충전시켜 만드는 콘크리트는?

㉮ 펌프 콘크리트 ㉯ 레디믹스트 콘크리트
㉰ 쇄석 콘크리트 ㉱ 프리팩트 콘크리트

229 2007년 5회 시행

거푸집에 자갈을 넣은 다음, 골재 사이에 모르타르를 압입하여 콘크리트를 형성해 가는 것은?

㉮ 경량 콘크리트 ㉯ 중량 콘크리트
㉰ 프리팩트 콘크리트 ㉱ 플리머 콘크리트

■ 시멘트 및 콘크리트 제품 ■

230 2008년 1회 시행

시멘트 및 콘크리트 제품의 형상에 따른 분류에 속하지 않는 것은?

㉮ 판상제품 ㉯ 블록제품
㉰ 봉상제품 ㉱ 대형제품

점토재료

■ 점토의 생성과 성질 ■

231 2001년 1월 21일 시행

점토의 물리적 성질에 대한 설명으로 옳지 않은 것은?

㉮ 보통 점토의 비중은 2.5~2.6이다.
㉯ 입자의 크기가 클수록 양질의 점토로 볼 수 있다.
㉰ 순수한 점토일수록 용융점이 높고 강도도 크다.
㉱ 점토의 압축강도는 인장강도의 약 5배 정도이다.

228.㉱ 229.㉰ 230.㉱
231.㉯

232 2005년 7월 17일 시행

점토의 물리적 성질에 대한 설명 중 옳은 것은?

㉮ 점토의 비중은 일반적으로 3.5~3.6 정도이다.

㉯ 양질의 점토는 점토 입자가 미세할수록 가소성은 나빠진다.

㉰ 미립점토의 인장강도는 30~100 kg/cm^2 정도이다.

㉱ 점토의 압축강도는 인장강도의 약 5배이다.

233 2008년 1회 시행

점토의 물리적 성질에 대한 설명으로 옳지 않은 것은?

㉮ 점토의 비중은 일반적으로 2.5~2.6 정도이다.

㉯ 입자의 크기가 클수록 가소성이 좋다.

㉰ 양질의 점토는 습윤 상태에서 현저한 가소성을 나타낸다.

㉱ 점토의 압축강도는 인장강도의 약 5배 정도이다.

234 2008년 4회 시행

점토에 대한 다음 설명 중 옳지 않은 것은?

㉮ 제품의 색깔과 관계있는 것은 규산성분이다.

㉯ 점토의 주성분은 실리카, 알루미나이다.

㉰ 각종 암석이 풍화, 분해되어 만들어진 가는 입자로 이루어져 있다.

㉱ 점토를 구성하고 있는 점토광물은 잔류점토와 침적점토로 구분된다.

235 2007년 5회 시행

점토의 압축강도는 인장강도의 약 얼마 정도인가?

㉮ 3배　　㉯ 5배

㉰ 7배　　㉱ 9배

232. ㉱ 233. ㉯ 234. ㉮
235. ㉯

■ 점토제품 ■

236 2005년 1월 30일 시행

다음 중 점토벽돌의 품질시험에서 가장 중요한 것은?

㉮ 압축강도 시험과 휨강도 시험
㉯ 흡수율과 휨강도 시험
㉰ 흡수율과 압축강도 시험
㉱ 압축강도 시험과 전단강도 시험

237 2007년 4회 시행

점토벽돌의 품질시험은 어느 것이 주가 되는가?

㉮ 흡수율 및 압축시험　　㉯ 흡수율 및 인장시험
㉰ 비중 및 압축시험　　㉱ 비중 및 인장시험

238 2002년 7월 21일 시행

보통벽돌의 재질시험은 어느 것이 주가 되는가?

㉮ 흡수 및 압축시험　　㉯ 흡수 및 인장시험
㉰ 비중 및 압축시험　　㉱ 비중 및 인장시험

239 1998년 3월 8일 시행, 1998년 9월 27일 시행, 2001년 4월 29일 시행, 2001년 7월 22일 시행, 2002년 7월 21일 시행

점토제품 중 흡수율이 가장 적은 것은?

㉮ 토기　　㉯ 석기　　㉰ 도기　　㉱ 자기

240 2000년 5월 21일 시행

점토제품의 분류 중 위생도기 등의 재료로 양질의 도토나 장석분을 원료로 한 것으로 흡수율이 가장 적은 것은?

㉮ 토기　　㉯ 도기　　㉰ 석기　　㉱ 자기

236.㉰　237.㉮　238.㉮
239.㉱　240.㉱

241 2000년 3월 26일 시행

고급 점토를 주원료로 한 흡수성이 거의 없는 점토제품은?

㉮ 토기 ㉯ 석기 ㉰ 도기 ㉱ 자기

242 2004년 2월 1일 시행

소성온도는 1,230℃~1,460℃ 정도이고 견고 치밀한 구조로서 흡수율이 1% 이하로 거의 없으며, 위생도기 등에 사용되는 것은?

㉮ 토기 ㉯ 석기 ㉰ 도기 ㉱ 자기

243 2003년 10월 5일 시행

점토제품의 분류에서 흡수율이 가장 크고 기와, 벽돌, 토관의 원료가 되는 것은?

㉮ 석기 ㉯ 자기 ㉰ 토기 ㉱ 도기

244 2008년 5회 시행

다음 소지의 질에 의한 타일의 구분에서 흡수율이 가장 큰 것은?

㉮ 자기질 ㉯ 석기질 ㉰ 도기질 ㉱ 클링커타일

245 2000년 5월 21일 시행

점토제품의 분류 중 소성온도가 가장 높은 것은?

㉮ 자기 ㉯ 도기 ㉰ 토기 ㉱ 석기

246 2003년 7월 20일 시행

다음 중 소성온도가 가장 높은 것은?

㉮ 토기 ㉯ 석기 ㉰ 자기 ㉱ 도기

245
소성온도
- 토기 : 790~1,000℃
- 도기 : 1,100~1,230℃
- 석기 : 1,160~1,350℃
- 자기 : 1,230~1,460℃

241.㉱ 242.㉱ 243.㉰
244.㉰ 245.㉮ 246.㉰

247 2004년 7월 18일 시행

다음 중 가장 높은 온도에서 소성된 점토제품은?

㉮ 토기　　㉯ 도기　　㉰ 석기　　㉱ 자기

248 2007년 1회 시행

다음의 점토제품 중 가장 저급의 원료를 사용하는 것은?

㉮ 타일　　㉯ 기와　　㉰ 테라코타　　㉱ 위생도기

249 2005년 7월 17일 시행

점토제품 제조법의 일반적인 순서로 가장 알맞은 것은?

㉮ 원료배합 – 반죽 – 성형 – 건조 – 소성
㉯ 원료배합 – 성형 – 반죽 – 건조 – 숙성
㉰ 원료배합 – 소성 – 반죽 – 성형 – 건조 – 냉각
㉱ 원료배합 – 반죽 – 건조 – 성형 – 숙성

■ 점토벽돌 ■

250 1998년 3월 8일 시행, 1998년 9월 27일 시행

내화벽돌 중 굴뚝이나 페치카 등에 사용되는 벽돌인 것은?

㉮ SK 26～SK 29　　㉯ SK 30～SK 33
㉰ SK 34～SK 42　　㉱ SK 20～SK 25

251 1999년 3월 28일 시행, 2002년 10월 6일 시행

내화벽돌이란 소성온도가 얼마 이상인 것을 말하는가?

㉮ S.K 11 이상　　㉯ S.K 21 이상
㉰ S.K 26 이상　　㉱ S.K 36 이상

247.㉱ 248.㉯ 249.㉮
250.㉮ 251.㉰

252 2000년 1월 30일 시행

점토제품에서 S.K 번호란?

㉮ 제품의 종류를 표시하는 것
㉯ 점토의 성분을 표시하는 것
㉰ 소성가마를 표시하는 것
㉱ 소성온도를 표시하는 것

253 2005년 1월 30일 시행

점토제품에서 SK의 번호는 무엇을 나타내는 것인가?

㉮ 제품의 크기를 표시한다.
㉯ 점토의 구성성분을 표시한다.
㉰ 제품의 용도를 나타낸다.
㉱ 소성온도를 나타낸다.

254 2000년 3월 26일 시행

벽돌 품질 등급에서 1급 벽돌의 최소 압축강도는?

㉮ 100 kg/cm^3 ㉯ 150 kg/cm^3 ㉰ 180 kg/cm^3 ㉱ 210 kg/cm^3

255 1999년 3월 28일 시행

붉은 벽돌의 품질등급에서 1등급의 압축강도는?

㉮ 80 kg/cm^2 이상 ㉯ 100 kg/cm^2 이상
㉰ 150 kg/cm^2 이상 ㉱ 210 kg/cm^2 이상

256 1998년 3월 8일 시행

적벽돌 1등급품의 압축강도로 맞는 것은?

㉮ 210 kg/cm^2 이상 ㉯ 150 kg/cm^2 이상
㉰ 100 kg/cm^2 이상 ㉱ 250 kg/cm^2 이상

252.㉱ 253.㉱ 254.㉱
255.㉱ 256.㉮

257 2002년 7월 21일 시행

KS규정에서 1종 붉은벽돌의 압축강도는 얼마 이상으로 규정되어 있는가?

㉮ 100 kg/cm^2 ㉯ 150 kg/cm^2
㉰ 210 kg/cm^2 ㉱ 230 kg/cm^2

258 2001년 7월 22일 시행

점토벽돌의 품질등급에서 1종의 압축강도로 옳은 것은? (KS규정)

㉮ 120 kg/cm^2 이상 ㉯ 150 kg/cm^2 이상
㉰ 180 kg/cm^2 이상 ㉱ 210 kg/cm^2 이상

259 2002년 10월 6일 시행

벽돌의 품질등급에서 1종 붉은벽돌의 압축강도는?

㉮ 100 kgf/cm^2 이상 ㉯ 150 kgf/cm^2 이상
㉰ 210 kgf/cm^2 이상 ㉱ 300 kgf/cm^2 이상

260 2003년 1월 26일 시행

점토질 소성벽돌의 KS 규정에 의한 품질등급에서 1종의 압축 강도는?

㉮ 100 kgf/cm^2 이상 ㉯ 150 kgf/cm^2 이상
㉰ 210 kgf/cm^2 이상 ㉱ 230 kgf/cm^2 이상

261 2003년 10월 5일 시행

1종 점토벽돌의 최소 압축강도는? (KS기준)

㉮ 100 kgf/cm^2 ㉯ 150 kgf/cm^2
㉰ 210 kgf/cm^2 ㉱ 250 kgf/cm^2

257. ㉰ 258. ㉱ 259. ㉰
260. ㉰ 261. ㉰

262 2004년 10월 10일 시행

1종 점토벽돌의 압축 강도는 얼마 이상이어야 하는가?

㉮ 110 kgf/cm^2　　㉯ 160 kgf/cm^2
㉰ 210 kgf/cm^2　　㉱ 260 kgf/cm^2

263 2005년 7월 17일 시행

KS규정에 의한 품질등급에서 1종 점토벽돌의 압축강도는?
(1 kgf≒9.8 N)

㉮ 10.78 N/mm^2 이상　　㉯ 15.69 N/mm^2 이상
㉰ 20.59 N/mm^2 이상　　㉱ 25.49 N/mm^2 이상

264 2006년 4회 시행

KS규정에서 1종 점토벽돌의 압축강도는 얼마 이상으로 규정되어 있는가?

㉮ 10.78 N/mm^2　　㉯ 15.69 N/mm^2
㉰ 20.59 N/mm^2　　㉱ 25.50 N/mm^2

265 2006년 5회 시행

벽돌의 품질등급에서 1종 점토벽돌의 압축강도는 최소 얼마 이상인가?

㉮ 10.78 N/mm^2　　㉯ 15.59 N/mm^2
㉰ 20.59 N/mm^2　　㉱ 25.48 N/mm^2

266 2001년 10월 14일 시행

점토제품에 대한 설명 중 옳지 않은 것은?

㉮ 1종 벽돌은 외간 및 치수가 정확하고 압축강도는 180 kg/cm^2 이상, 흡수율은 15% 이하이다.
㉯ 토관은 저급점토를 원료로 하여 약 1,000℃ 이하로 소성한 것이다.
㉰ 내화벽돌의 표준형 크기는 230 mm×114 mm×65 mm이다.
㉱ 도기질 타일은 실내에 많이 이용된다.

262. ㉰　263. ㉰　264. ㉰
265. ㉰　266. ㉮

267 1999년 3월 28일 시행

표준형 벽돌 한장의 규격에 해당하는 치수는? (단, 단위는 mm)

㉮ 200×100×60　　㉯ 190×90×57
㉰ 210×100×57　　㉱ 190×90×60

268 2001년 10월 14일 시행

표준형 벽돌의 치수로서 옳은 것은? (단, 단위는 mm)

㉮ 190×90×57　　㉯ 190×90×60
㉰ 210×100×57　　㉱ 210×100×65

269 2004년 2월 1일 시행

표준형 벽돌의 규격에 해당하는 치수는? (단, 단위는 mm)

㉮ 200×100×60　　㉯ 190×90×57
㉰ 210×100×57　　㉱ 190×90×60

270 2004년 10월 10일 시행

표준형 점토벽돌의 크기는? (단, 단위는 mm)

㉮ 190×90×57　　㉯ 190×90×60
㉰ 210×100×57　　㉱ 210×100×60

271 2006년 4회 시행

표준 점토벽돌의 규격으로 옳은 것은? (단위 : mm)

㉮ 190×90×57　　㉯ 210×100×60
㉰ 190×100×57　　㉱ 210×90×60

267.㉯ 268.㉮ 269.㉯
270.㉮ 271.㉮

272 2002년 10월 6일 시행

표준형 벽돌치수에 알맞은 것은?

㉮ 210×100×60 mm　　㉯ 210×100×57 mm

㉰ 190×90×57 mm　　㉱ 190×90×60 mm

273 2000년 1월 30일 시행

내화벽돌의 치수에 해당되는 것은? (단위 : mm)

㉮ 200×100×50　　㉯ 230×114×65

㉰ 190×90×57　　㉱ 220×110×60

274 2000년 5월 21일 시행, 2001년 4월 29일 시행

보통 내화벽돌의 기본치수는? (단위 : mm)

㉮ 230×114×65　　㉯ 210×100×60

㉰ 230×120×60　　㉱ 190×90×60

275 2004년 7월 18일 시행

표준형 내화벽돌 중 보통형의 치수는?

㉮ 190×90×57 mm　　㉯ 210×100×60 mm

㉰ 230×114×65 mm　　㉱ 390×190×190 mm

276 2008년 4회 시행

다음 중 표준형 내화벽돌의 규격 치수는?

㉮ 190×90×57 mm　　㉯ 210×100×60 mm

㉰ 210×100×57 mm　　㉱ 230×114×65 mm

272. ㉰　273. ㉯　274. ㉮
275. ㉰　276. ㉱

277 2000년 1월 30일 시행

내화벽돌을 쌓는데 사용되는 재료는?

㉮ 마그네시아 시멘트 ㉯ 내화점토
㉰ 마그네슘 석회 ㉱ 킨즈 시멘트

278 1998년 9월 27일 시행

속빈벽돌(중공벽돌)의 용도 중 가장 부적당한 것은?

㉮ 방음벽 ㉯ 단열층
㉰ 보온벽 ㉱ 흡음벽

279 1999년 3월 28일 시행

다공질 벽돌에 관한 설명 중 옳지 않은 것은?

㉮ 보통 벽돌보다 크기가 두 배 정도이다.
㉯ 점토에 30~50%의 분탄, 톱밥 등을 혼합하여 소성한다.
㉰ 비중은 1.2~1.7 정도이다.
㉱ 톱질과 못박음이 가능하다.

280 2000년 5월 21일 시행

점토에 톱밥용의 유기질 가루를 혼합하여 성형 소성한 벽돌로 옳은 것은?

㉮ 공동 벽돌 ㉯ 다공질 벽돌
㉰ 포도 벽돌 ㉱ 광재 벽돌

280
다공질 벽돌은 경미한 간막이며, 방열, 방음 또는 단순한 치장재료로 쓰인다.

281 2000년 10월 8일 시행

절단이나 가공이 쉽고 못을 박을 수도 있는 벽돌은?

㉮ 1등품 벽돌 ㉯ 과소품 벽돌
㉰ 다공질 벽돌 ㉱ 속빈 벽돌

277. ㉯ 278. ㉱ 279. ㉮
280. ㉯ 281. ㉰

282 2001년 1월 21일 시행

비중이 1.5 정도로 톱질과 못박기가 가능한 벽돌은?

㉮ 다공질 벽돌 ㉯ 공동 벽돌
㉰ 내화 벽돌 ㉱ 시멘트 벽돌

283 2003년 7월 20일 시행, 2005년 1월 30일 시행

다공질 벽돌에 관한 설명 중 옳지 않은 것은?

㉮ 방음, 흡음성이 좋지 않고 강도도 약하다.
㉯ 점토에 분탄, 톱밥 등을 혼합하여 소성한다.
㉰ 비중은 1.5 정도로 가볍다.
㉱ 톱질과 못박음이 가능하다.

284 2006년 1회 시행

점토에 톱밥, 겨, 탄가루 등을 혼합 소성한 것으로 절단, 못치기 등의 가공이 우수한 벽돌은?

㉮ 중공 벽돌 ㉯ 다공질 벽돌 ㉰ 포도 벽돌 ㉱ 오지 벽돌

285 2007년 1회 시행

다음의 다공벽돌에 대한 설명 중 옳지 않은 것은?

㉮ 비중이 1.2~1.5 정도이다.
㉯ 방음, 흡음성이 좋다.
㉰ 절단, 못치기 등의 가공이 우수하다.
㉱ 구조용으로 주로 사용된다.

286 2008년 5회 시행

점토에 톱밥이나 분탄 등을 혼합하여 소성시킨 것으로 절단, 못치기 등의 가공성이 우수하며 방음·흡음성이 좋은 경량벽돌은?

㉮ 이형벽돌 ㉯ 포도벽돌 ㉰ 다공벽돌 ㉱ 내화벽돌

282.㉮ 283.㉮ 284.㉯
285.㉱ 286.㉰

287 2000년 10월 8일 시행

내화벽돌에 대한 설명 중 옳지 않은 것은?

㉮ 보통 벽돌보다 비중이 크고 내화성도 높다.
㉯ 건축용의 굴뚝, 페치카 등에는 저급품이 이용된다.
㉰ 보통 벽돌보다 치수는 크고 줄눈은 적게 한다.
㉱ 쌓을 때 적당히 물축임을 한다.

288 2004년 2월 1일 시행

내화벽돌에 대한 설명 중 옳지 않은 것은?

㉮ 보통 벽돌보다 비중이 크고 내화성도 높다.
㉯ 굴뚝 등의 내부쌓기용으로 사용된다.
㉰ 종류로는 샤모트벽돌, 규석벽돌, 고토벽돌 등이 있다.
㉱ 쌓을 때 적당히 물축임을 한다.

289 2001년 10월 14일 시행

과소품 벽돌에 대한 설명이다. 잘못된 것은?

㉮ 강도가 크다.
㉯ 흡수율이 매우 높다.
㉰ 모양이 나쁘고 색이 짙다.
㉱ 지나치게 높은 온도를 구워낸 것이다.

290 2007년 5회 시행

점토벽돌 중 지나치게 높은 온도로 구워낸 것으로 모양이 좋지 않고 빛깔은 짙지만 흡수율이 매우 적고 압축강도가 매우 큰 벽돌을 무엇이라 하는가?

㉮ 이형 벽돌　　㉯ 과소풍 벽돌
㉰ 다공질 벽돌　　㉱ 포도 벽돌

287.㉱ 288.㉱ 289.㉯
290.㉯

291 1998년 9월 27일 시행, 1999년 7월 25일 시행

소성된 점토제품의 색깔에 가장 큰 영향을 주는 것은?

㉮ 산화철　　㉯ 석회
㉰ 산화마그네슘　　㉱ 산화나트륨

292 2003년 1월 26일 시행

점토벽돌에 붉은 색을 갖게 하는 성분은?

㉮ 산화철　　㉯ 석회
㉰ 산화나트륨　　㉱ 산화마그네슘

293 1999년 7월 25일 시행

점토제품에 있어서 소성온도의 측정에 쓰이는 것은?

㉮ 샤모트(Chamotte)추　　㉯ 머플(Muffle)추
㉰ 호프만(Hoffman)추　　㉱ 제게르(Seger cone)추

294 2001년 4월 29일 시행

점토제품의 제조 시 소성온도의 측정에 일반적으로 많이 쓰이는 것은?

㉮ 광학 온도계　　㉯ 제게르 추
㉰ 방전 온도계　　㉱ 열전쌍 온도계

295 1999년 3월 28일 시행

일식 기와의 사용에 관한 기술 중 옳지 않은 것은?

㉮ 박공처마 : 감새기와
㉯ 지붕면 : 암기와, 숫기와
㉰ 박공처마끝 : 감내림새
㉱ 용마루 : 마루장기와

291. ㉮ 292. ㉮ 293. ㉱
294. ㉯ 295. ㉯

296 2000년 1월 30일 시행

시멘트 기와의 규격으로 옳은 것은? (단, 단위 : mm)

㉮ 340×300×15　　㉯ 320×300×15
㉰ 300×280×15　　㉱ 300×250×15

■ 타일 ■

297 2003년 1월 26일 시행

흡수율이 가장 높은 타일은?

㉮ 자기질 타일　　㉯ 반자기질 타일
㉰ 석기질 타일　　㉱ 도기질 타일

298 2008년 1회 시행

다음 중 외장용으로 사용할 수 없는 타일은?

㉮ 석기질 타일　　㉯ 자기질 타일
㉰ 모자이크 타일　　㉱ 도기질 타일

299 1999년 7월 25일 시행

고온으로 충분히 소성한 타일로서 색깔은 진한 다갈색이고, 요철무늬를 넣어 바닥 등에 붙이는 타일은?

㉮ 모자이크 타일　　㉯ 클링커 타일
㉰ 스크래치 타일　　㉱ 카보런덤 타일

300 2000년 5월 21일 시행

타일 치수에서 길이가 폭의 3배 이상인 타일은?

㉮ 모자이크 타일　　㉯ 보더 타일
㉰ 세라믹 타일　　㉱ 아트 타일

296. ㉮ 297. ㉱ 298. ㉱
299. ㉯ 300. ㉯

301 2003년 7월 20일 시행

타일 치수에서 길이가 폭의 3배 이상으로 가늘고 길게 된 타일로서 징두리벽 등의 장식용에 사용되는 것은?

㉮ 스크래치 타일
㉯ 보더 타일
㉰ 세라믹 타일
㉱ 아트 타일

302 2004년 10월 10일 시행, 2006년 1회 시행

모자이크 타일의 재질로 가장 좋은 것은?

㉮ 토기질
㉯ 자기질
㉰ 석기질
㉱ 도기질

303 2005년 1월 30일 시행

타일의 흡수율에 대한 규정으로 옳은 것은? (한국산업규격)

㉮ 자기질 8%, 석기질 15%, 도기질 18%, 클링커타일 28% 이하로 규정되어 있다.
㉯ 자기질 13%, 석기질 15%, 도기질 18%, 클링커타일 18% 이하로 규정되어 있다.
㉰ 자기질 3%, 석기질 5%, 도기질 18%, 클링커타일 8% 이하로 규정되어 있다.
㉱ 자기질 15%, 석기질 15%, 도기질 18%, 클링커타일 28% 이하로 규정되어 있다.

304 2008년 4회 시행

다음 중 비닐바닥 타일에 대한 설명으로 틀린 것은?

㉮ 일반사무실이나 점포 등의 바닥에 널리 사용된다.
㉯ 염화비닐수지에 석면, 탄산칼슘 등의 충전제를 배합해서 성형된다.
㉰ 반경질비닐타일, 연질비닐타일, 퓨어비닐타일 등이 있다.
㉱ 의장성, 내마모성은 양호하나 경제성, 시공성은 떨어진다.

301. ㉯ 302. ㉯ 303. ㉰
304. ㉱

■ 테라코타 ■

305 1999년 3월 28일 시행

테라코타(Terra Cotta)에 관한 설명 중 옳지 않은 것은?

㉮ 석재보다 색이 자유롭다.

㉯ 일반석재보다 가볍고 압축강도는 화강암의 1/2 정도이다.

㉰ 화강암보다 내화력이 강하고 대리석보다 풍화에 강하므로 외장에 적당하다.

㉱ 한 개의 크기는 제조와 취급상 1 m^3 이하로 한다.

306 1999년 7월 25일 시행

테라코타에 대한 설명 중 옳지 않은 것은?

㉮ 석재 조각물 대신 사용되는 장식용 점토제품이다.

㉯ 일반 석재보다 가볍다.

㉰ 압축강도는 화강암의 1/2 정도이다.

㉱ 화강암보다 내화력이 약하다.

307 2000년 1월 30일 시행

테라코타(Terra－Cotta)는 어떤 목적으로 건축물에 사용되는가?

㉮ 방수를 목적으로 사용

㉯ 장식을 목적으로 사용

㉰ 보온을 목적으로 사용

㉱ 구조재의 보강을 목적으로 사용

308 2000년 3월 26일 시행

테라코타의 용도로 적당한 것은?

㉮ 방수를 목적으로 사용한다.

㉯ 보온을 목적으로 사용한다.

㉰ 장식을 목적으로 사용한다.

㉱ 구조재의 목적으로 사용한다.

305.㉱ 306.㉱ 307.㉯
308.㉰

309 2000년 10월 8일 시행, 2002년 10월 6일 시행

석재 조각을 대신해 사용되는 장식용 점토제품은?

㉮ 콘크리트　　㉯ 인조석
㉰ 테라초　　㉱ 테라코타

310 2001년 10월 14일 시행

건축물의 장식에 주로 사용되는 대형 점토제품은?

㉮ 타일　　㉯ 자기
㉰ 테라코타　　㉱ 도기

311 2003년 1월 26일 시행

테라코타에 관한 기술 중 옳지 않은 것은?

㉮ 장식용으로 사용되며 시멘트 제품이다.
㉯ 대리석보다 풍화에 강하므로 외장에 적당하다.
㉰ 압축강도는 800～900 kgf/cm^2 정도이다.
㉱ 단순한 제품은 기계로 압출 성형하여 만든다.

312 2003년 7월 20일 시행

건축물의 패러핏, 주두 등의 장식에 사용되는 공동의 대형 점토제품은?

㉮ 쌤돌　　㉯ 클링커타일
㉰ 테라코타　　㉱ 아스타일

313 2006년 1회 시행

테라코타(terra - cotta)의 주된 용도는?

㉮ 구조재　　㉯ 방수재
㉰ 내화재　　㉱ 장식재

309.㉱ 310.㉰ 311.㉮
312.㉰ 313.㉱

314 2006년 5회 시행

공동(空胴)의 대형 점토제품으로 주로 장식용으로 난간벽 돌림대, 창대 등에 사용되는 것은?

㉮ 이형벽돌 ㉯ 포도벽돌
㉰ 테라코타 ㉱ 테라죠

315 2007년 4회 시행

테라코타(Terra-Cotta)의 주된 사용 용도는?

㉮ 구조재의 보강 ㉯ 방수
㉰ 보온 ㉱ 장식

316 2001년 7월 22일 시행

점토제품이 아닌 것은?

㉮ 내화벽돌 ㉯ 위생도기
㉰ 모자이크 타일 ㉱ 아스팔트 타일

317 2000년 3월 26일 시행

점토제품이 아닌 것은?

㉮ 벽돌 ㉯ 기와
㉰ 타일 ㉱ 펄라이트

318 1999년 7월 25일 시행

점토제품의 재료로서 짝지어진 것 중 맞지 않은 것은?

㉮ 토기류 - 기와 ㉯ 석기류 - 벽돌
㉰ 도기류 - 위생도기 ㉱ 자기류 - 자기질 타일

314.㉰ 315.㉱ 316.㉱
317.㉱ 318.㉯

319 2004년 7월 18일 시행

다음 중 점토제품의 분류가 가장 옳게 된 것은?

㉮ 토기 – 타일, 테라코타 타일
㉯ 도기 – 기와, 벽돌, 토관
㉰ 석기 – 마루 타일, 클링커타일
㉱ 자기 – 수도관, 위생도기50

320 2004년 10월 10일 시행

다음 중 점토제품이 아닌 것은?

㉮ 타일
㉯ 테라코타
㉰ 내화벽돌
㉱ 테라초

321 2006년 4회 시행

다음의 점토제품에 대한 설명 중 옳지 않은 것은?

㉮ 테라코타는 공동(空胴)의 대형 점토제품으로 주로 장식용으로 사용된다.
㉯ 모자이크 타일은 일반적으로 자기질이다.
㉰ 토관은 토기질의 저급점토를 원료로 하여 건조 소성시킨 제품으로 주로 환기통, 연통 등에 사용된다.
㉱ 포도벽돌은 벽돌에 오지물을 칠해, 소성한 벽돌로서, 건조물의 내외장 또는 장식물의 치장에 쓰인다.

금속재료

■ 철강재, 금속재료의 성질 ■

322 1998년 9월 27일 시행

강재는 온도에 따라 강도가 다르다. 강도가 최대일 때의 온도는?

㉮ 0℃
㉯ 20~30℃
㉰ 80~100℃
㉱ 200~300℃

319. ㉰ 320. ㉱ 321. ㉱
322. ㉱

323 2000년 10월 8일 시행

강재의 온도에 따라 강도가 다르다. 강도가 최대일 때의 온도는?

㉮ 0℃
㉯ 20~30℃
㉰ 80~100℃
㉱ 200~300℃

324 2001년 10월 14일 시행

철강은 0~250℃ 사이에서는 강도가 증가하여 약 250℃에서 최대가 되고 250℃ 이상이 되면 강도가 감소된다. 약 500℃에서는 0℃일 때 강도의 얼마 정도로 감소되는가?

㉮ 1/2
㉯ 1/3
㉰ 1/4
㉱ 1/5

325 2002년 7월 21일 시행

강재의 강도가 최대가 될 때의 온도는?

㉮ 상온
㉯ 100℃
㉰ 150℃
㉱ 250℃

■ 철강의 제조법과 가공 ■

326 2007년 5회 시행

다음 중 강의 열처리 방법에 속하지 않는 것은?

㉮ 불림
㉯ 단조
㉰ 담금질
㉱ 풀림

■ 주철과 합금강 ■

327 2001년 1월 21일 시행

철강을 선철, 강, 순철로 구분하는데, 무엇의 함유량에 의해서 하는가?

㉮ 탄소(C)
㉯ 규소(Si)
㉰ 인(P)
㉱ 황(S)

323. ㉱ 324. ㉮ 325. ㉱
326. ㉯ 327. ㉮

328 2000년 3월 26일 시행

다음 주철 중 가단 주철로 만든 재료는?

㉮ 방열기 ㉯ 듀벨
㉰ 주철관 ㉱ 철골구조의 주각

■ 비철금속 ■

329 1999년 3월 28일 시행

비철금속 중에서 비중이 가장 큰 것은?

㉮ 구리 ㉯ 주석
㉰ 알루미늄 ㉱ 아연

330 2004년 7월 18일 시행

구리의 특징이 아닌 것은?

㉮ 연성과 전성이 커서 선재나 판재로 만들기 쉽다.
㉯ 열이나 전기 전도율이 크다.
㉰ 건조한 공기에서 산화하여 녹청색을 나타낸다.
㉱ 암모니아 등의 알칼리성 용액에 침식이 잘 된다

331 2005년 7월 17일 시행

구리 및 구리 합금에 대한 설명 중 옳지 않은 것은?

㉮ 구리와 주석의 합금을 황동이라 한다.
㉯ 구리는 맑은 물에서는 녹이 나지 않으나 염수(鹽水)에서는 부식된다.
㉰ 청동은 황동과 비교하여 주조성이 우수하고 내식성도 좋다.
㉱ 구리는 연성이고 가공성이 풍부하여 판재, 선, 봉 등으로 만들기가 용이하다.

328.㉯ 329.㉮ 330.㉰
331.㉮

332 2006년 5회 시행, 2008년 4회 시행

비철금속 중 구리에 대한 설명으로 옳지 않은 것은?

㉮ 알칼리성에 대해 강하므로 콘크리트 등에 접하는 곳에 사용이 용이하다.

㉯ 건조한 기중에는 산화하지 않으나, 탄산가스가 있으면 녹이 발생한다.

㉰ 연성이고 가공성이 풍부하다.

㉱ 건축용으로는 박판으로 제작하여 지붕재료로 이용된다.

333 2000년 1월 30일 시행

알루미늄의 합금재는?

㉮ 두랄루민　　㉯ 모넬메탈

㉰ 포금　　㉱ 퓨우터

334 2000년 5월 21일 시행

다음 중 알루미늄을 부식시키지 않는 재료는?

㉮ 시멘트 모르타르　　㉯ 아스팔트

㉰ 회반죽　　㉱ 철강재

335 2000년 5월 21일 시행

알루미늄에 관한 기술 중 틀린 것은?

㉮ 전기나 열전도율이 높고, 전성과 연성이 풍부하다.

㉯ 가벼운 정도에 비하여 강도가 크다.

㉰ 알루미늄 제품은 압연으로 제조한다.

㉱ 산, 알칼리에 약하므로 콘크리트에 접합시에는 방식처리를 해야 한다.

335
알루미늄 제품은 보통 온도에서 균열이 생기고 압연이 되지 않는다.

332.㉮ 333.㉮ 334.㉯
335.㉰

336 2007년 1회 시행

알루미늄의 특성에 대한 설명으로 옳지 않은 것은?

㉮ 전기나 열전도율이 높다.
㉯ 압연, 인발 등의 가공성이 나쁘다.
㉰ 가벼운 정도에 비하면 강도가 크다.
㉱ 해수, 산, 알칼리에 약하다.

337 2000년 10월 8일 시행

청동에 대한 설명으로 옳지 않은 것은?

㉮ 청동은 황동보다 내식성이 크다.
㉯ 주조하기가 어렵다.
㉰ 주석의 함유량은 보통 4~12%이다.
㉱ 표면은 특유의 아름다운 청록색으로 되어 있어 장식 철물, 공예재료 등에 많이 쓰인다.

338 2003년 7월 20일 시행

구리에 아연을 10~45% 정도로 가하여 만든 합금은?

㉮ 황동 ㉯ 청동 ㉰ 주석 ㉱ 알루미나

339 2003년 10월 5일 시행

다음 중 구리(Cu)를 포함하고 있지 않는 것은?

㉮ 청동 ㉯ 양은 ㉰ 포금 ㉱ 함석판

340 2002년 7월 21일 시행

비철금속에서 황동(놋쇠)은 무엇의 합금인가?

㉮ 구리+주석 ㉯ 구리+아연
㉰ 니켈+주석 ㉱ 니켈+아연

336.㉯ 337.㉯ 338.㉮
339.㉱ 340.㉯

341 2003년 10월 5일 시행

알루미늄 창호의 특징으로서 맞지 않는 것은?

㉮ 열팽창계수가 강의 약 2배 정도이다.
㉯ 알칼리성에 강하다.
㉰ 공작이 자유롭고 기밀성이 좋다.
㉱ 비중이 철의 약 1/3로서 경량이다.

342 1998년 3월 8일 시행

다음 알루미늄의 성질 중 옳지 않은 기술은?

㉮ 전기나 열의 전도율이 높다.
㉯ 전성, 연성이 풍부하며 가공의 용이하다.
㉰ 산알칼리에 강하다.
㉱ 공기 중에서 표면에 산화막이 생겨 내식성이 크다.

343 2004년 2월 1일 시행

알루미늄의 성질에 관한 설명 중 옳지 않은 것은?

㉮ 전기나 열의 전도율이 크다.
㉯ 전성, 연성이 풍부하며 가공이 용이하다.
㉰ 산, 알칼리에 강하다.
㉱ 대기 중에서의 내식성은 순도에 따라 다르다.

344 2004년 7월 18일 시행

금속의 합금에 대한 설명이다. 잘못된 것은?

㉮ 황동=구리+아연
㉯ 청동=구리+납
㉰ 포금=구리+주석+아연+납
㉱ 듀랄루민=알루미늄+구리+마그네슘+망간

341. ㉯ 342. ㉰ 343. ㉰
344. ㉯

345 2004년 10월 10일 시행

청동에 대한 설명으로 옳지 않은 것은?

㉮ 구리와 주석의 합금이다.
㉯ 황동보다 내식성이 작으며 주조하기가 어렵다.
㉰ 청동에 속하는 포금은 약간의 아연, 납을 포함한 구리 합금이다.
㉱ 표면은 특유의 아름다운 청록색으로 되어 있어 장식 철물 공예재료 등에 많이 쓰인다.

346 2005년 1월 30일 시행

구리와 주석을 주체로 한 합금으로 건축 장식철물 또는 미술공예 재료에 상용되는 것은?

㉮ 황동 ㉯ 두랄루민
㉰ 주철 ㉱ 청동

■ 금속의 부식과 방식 ■

347 1999년 3월 28일 시행

철재의 부식방지방법으로 부적당한 것은?

㉮ 철재의 표면에 아스팔트나 콜탈(Coar Tar) 등을 도포한다.
㉯ 시멘트액 피막을 만든다.
㉰ 사산화철($FeCO_4$) 등의 금속 산화물의 피막을 만든다.
㉱ A.E제를 도포한다.

348 2004년 10월 10일 시행, 2007년 5회 시행

금속의 방식법에 대한 설명 중 옳지 않은 것은?

㉮ 도료나 내식성이 큰 금속으로 표면에 피막을 하여 보호한다.
㉯ 균질한 재료를 사용한다.
㉰ 다른 종류의 금속을 서로 잇대어 사용한다.
㉱ 표면은 깨끗하게 하고 물기나 습기가 없도록 한다.

345.㉯ 346.㉱ 347.㉱
348.㉰

349 2005년 1월 30일 시행

금속의 방식법에 대한 설명으로 옳지 않은 것은?

㉮ 다른 종류의 금속을 서로 잇대어 쓰지 않는다.
㉯ 큰 변형을 준 것은 가능한 한 풀림하여 사용한다.
㉰ 표면을 평활 청결하게 하고 가능한 한 습윤상태로 유지한다.
㉱ 방부 보호피막을 실시한다

350 2005년 7월 17일 시행

금속의 방식법에 대한 설명 중 옳지 않은 것은?

㉮ 아스팔트, 방청 도료를 칠한다.
㉯ 알루미늄은 산화 피막 처리를 하지 않아도 된다.
㉰ 다른 종류의 금속을 서로 잇대어 쓰지 않는다.
㉱ 큰 변형을 준 것은 가능한 한 풀림하여 사용한다.

351 2006년 4회 시행

금속의 부식을 방지하기 위한 대책으로 옳지 않은 것은?

㉮ 균질한 것을 선택하고 사용할 때 큰 변형을 주지 않도록 주의한다.
㉯ 가능한 한 상이한 금속은 이를 인접, 접촉시켜 사용한다.
㉰ 큰 변형을 준 것은 가능한 한 풀림하여 사용한다.
㉱ 표면을 평활, 청결하게 하고 가능한 한 건조상태로 유지하며, 부분적인 녹은 빨리 제거한다.

■ 금속제품 ■

352 2000년 5월 21일 시행, 2001년 4월 29일 시행

코너 비드(corner bead)와 가장 관계가 깊은 것은?

㉮ 난간손잡이　　㉯ 형틀 접합부
㉰ 벽체 모서리　　㉱ 나선형 계단

349. ㉰　350. ㉯　351. ㉯
352. ㉰

353 2006년 1회 시행, 2007년 5회 시행

바름공사에서 기둥이나 벽의 모서리면에 미장을 쉽게 하고, 모서리를 보호할 목적으로 설치하는 철물은?

㉮ 조이너 ㉯ 논슬립
㉰ 코너비드 ㉱ 와이어라스

354 1998년 3월 8일 시행, 2003년 7월 20일 시행

두께 1.2 mm 이하의 박강판을 여러 가지 무늬 모양으로 구멍을 뚫어 환기구멍, 방열기의 덮개 등에 쓰이는 것은?

㉮ 펀칭메탈(Punching metal) ㉯ 메탈 라스(Metal lath)
㉰ 코너 비드(Corner bead) ㉱ 와이어라스(Wire lath)

355 1998년 9월 27일 시행

다음 중 공중변소, 전화실 출입문 등에 사용되는 철물은?

㉮ 경첩 ㉯ 플로어 힌지
㉰ 피벗 힌지 ㉱ 래버터리 힌지

356 1999년 7월 25일 시행

금속제품 중 목재의 이음 철물로 사용되지 않은 것은?

㉮ 듀벨(dubel) ㉯ 꺾쇠
㉰ 인서트(Insert) ㉱ 띠쇠

357 1999년 3월 28일 시행

이형철근에서 표면의 마디를 만드는 이유로 옳은 것은?

㉮ 부착강도를 높이기 위해 ㉯ 인장강도를 높이기 위해
㉰ 압축강도를 높이기 위해 ㉱ 항복점을 높이기 위해

353. ㉰ 354. ㉮ 355. ㉱
356. ㉰ 357. ㉮

358 2000년 5월 21일 시행

창호 철물의 사용 용도 중 옳지 않은 것은?

㉮ 여닫이 - 도어 스톱(door stop)
㉯ 오르내리창 - 크레센트(crescent)
㉰ 접문 - 도어 볼트(door bolt)
㉱ 자재여닫이 - 플로어 힌지(floor hinge)

359 2000년 5월 21일 시행

여닫이문을 자동적으로 닫히게 하는 창호철물은?

㉮ 도어 체크(Door Check)
㉯ 도어 홀더(Door Holder)
㉰ 도어 스톱(Door Stop)
㉱ 도어 로크(Door Lock)

360 2001년 7월 22일 시행

창호철물이 아닌 것은?

㉮ 플로어힌지(floor hinge)
㉯ 나이트 래치(night latch)
㉰ 논슬립(non slip)
㉱ 도어클로우져(door closer)

361 2001년 10월 14일 시행, 2008년 1회 시행

다음 중 창호철물이 아닌 것은?

㉮ 도어 클로저
㉯ 플로어힌지
㉰ 실린더
㉱ 듀벨

362 2002년 10월 6일 시행

함석판 잇기 지붕공사에 사용되는 골함석의 두께로서 가장 적합한 것은?

㉮ #24～27 ㉯ #28～31 ㉰ #32～35 ㉱ #36～40㉯

358. ㉰ 359. ㉮ 360. ㉰
361. ㉱ 362. ㉯

363 2003년 1월 26일 시행

콘크리트 슬래브에 묻어 천장 달대를 고정시키는 철물은?

㉮ 인서트 ㉯ 스크루앵커
㉰ 익스팬션 볼트 ㉱ 듀벨

364 2003년 7월 20일 시행

콘크리트 슬래브에 묻어서 천정의 달대받이 역할을 하는 철물은?

㉮ 그릴 ㉯ 논스립
㉰ 인서트 ㉱ 앵커볼트

365 2004년 2월 1일 시행

콘크리트 슬래브에 묻어 천장 달림재(달대)를 고정시키는 철물은?

㉮ 콘크리트 못 ㉯ 플로어힌지
㉰ 코너 비드 ㉱ 인서트

366 2003년 10월 5일 시행

스프링 힌지의 일종으로 공중용 변소, 전화실 출입문에 쓰이며, 저절로 닫혀지지만, 15 cm 정도는 열려 있게 되는 창호철물은?

㉮ 플로어힌지 ㉯ 래버토리힌지
㉰ 도어클로저 ㉱ 레일

367 2003년 10월 5일 시행

철선 또는 아연 도금 철선을 가공하여 그물처럼 만든 것으로 미장 바탕용에 사용되는 것은?

㉮ 와이어 라스(wire lath) ㉯ 메탈 폼(metal form)
㉰ 코너 비드(corner bead) ㉱ 인서트(insert)

363. ㉮ 364. ㉰ 365. ㉱
366. ㉯ 367. ㉮

368 2007년 4회 시행

다음 그림이 나타내는 창호 철물은?

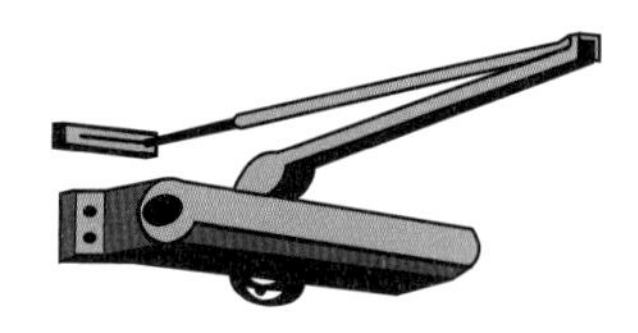

㉮ 경첩 ㉯ 도어클로저
㉰ 코너비드 ㉱ 도어스톱

유리

■ 유리의 종류 ■

369 2000년 3월 26일 시행

건축용 채광재로 가장 많이 쓰이는 유리는?

㉮ 보헤미아 글라스 ㉯ 그라운 글라스(소다석회)
㉰ 플린트 글라스 ㉱ 물유리

370 2001년 1월 21일 시행

유리의 종류에서 채광용 판유리에 쓰이는 것은?

㉮ 소다석회 유리 ㉯ 플린트 유리
㉰ 소다 알루미나 유리 ㉱ 칼리납 유리

371 2003년 1월 26일 시행

채광용 판유리로 일반적으로 사용되는 것은?

㉮ 플린트 유리 ㉯ 칼리석회 유리
㉰ 알루미나 붕사 유리 ㉱ 소다석회 유리

368. ㉯ 369. ㉯ 370. ㉮
371. ㉱

■ 유리의 성질 ■

372 1998년 3월 8일 시행

보통 유리의 연화점은?

㉮ 350℃　　㉯ 460℃
㉰ 740℃　　㉱ 1,000℃

373 2000년 3월 26일 시행

보통 유리의 연화점은 얼마 정도인가?

㉮ 350℃　　㉯ 260℃
㉰ 740℃　　㉱ 1,000℃

374 1998년 9월 27일 시행

유리 섬유의 안전사용 최고 온도로 옳은 것은?

㉮ 100℃　　㉯ 250℃
㉰ 300~350℃　　㉱ 500℃

375 2001년 4월 29일 시행, 2002년 10월 6일 시행, 2003년 7월 20일 시행, 2008년 1회 시행

창유리의 강도란 일반적으로 무엇을 말하는가?

㉮ 압축강도　　㉯ 인장강도
㉰ 휨강도　　㉱ 전단강도

376 2001년 10월 14일 시행

일반적으로 창유리의 강도란 어느 것인가?

㉮ 휨강도　　㉯ 압축강도
㉰ 인장강도　　㉱ 전단강도

372.㉰ 373.㉰ 374.㉱
375.㉰ 376.㉮

377 2002년 7월 21일 시행

보통유리의 강도는 무엇을 기준으로 하는가?

㉮ 압축강도
㉯ 휨강도
㉰ 인장강도
㉱ 전단강도

378 1999년 7월 25일 시행

보통 창유리에 대한 설명 중 옳지 않은 것은?

㉮ 일반적으로 열전도율이 작다.
㉯ 팽창계수가 큰 편이다.
㉰ 보통 강도라 함은 인장강도를 뜻한다.
㉱ 자외선 투과율이 낮은 편이다.

379 2001년 7월 22일 시행

투명 보통유리의 성질 중 광선 투과율은 어느 정도인가?

㉮ 60%
㉯ 67%
㉰ 75%
㉱ 90%

380 2000년 5월 21일 시행, 2002년 10월 6일 시행

유리의 열전도율은 콘크리트의 얼마 정도인가?

㉮ 2배
㉯ 같다.
㉰ 1/2
㉱ 1/3

■ 유리제품 ■

381 2001년 7월 22일 시행

일반 창호용으로 사용되는 유리의 두께는?

㉮ 2~3 mm
㉯ 5~6 mm
㉰ 7~8 mm
㉱ 9~10 mm

377. ㉯ 378. ㉰ 379. ㉱
380. ㉰ 381. ㉮

382 1999년 7월 25일 시행

강화유리의 강도는 보통유리의 얼마 정도인가?

㉮ 1.5~2배 ㉯ 2.5~3배
㉰ 3~5배 ㉱ 5~7배

383 2001년 1월 21일 시행

강화유리에 관한 설명 중 옳지 않은 것은?

㉮ 강도는 보통유리의 3~5배이다.
㉯ 충격강도는 보통유리의 2배이다.
㉰ 파괴되어도 파편이 예리하지 않다.
㉱ 열처리한 다음에는 절단 가공이 불가능하다.

384 2001년 10월 14일 시행

현장에서 가공절단이 불가능하므로 사전에 소요치수대로 절단 가공하여 열처리를 하여 생산되는 유리이며, 강도가 보통유리의 3~5배에 해당되는 유리는?

㉮ 유리블록 ㉯ 복층유리
㉰ 강화유리 ㉱ 보통유리

385 2002년 10월 6일 시행

강화유리에 대한 설명으로 옳지 않은 것은?

㉮ 유리를 가열한 후 급냉시켜 만든다.
㉯ 보통유리보다 강도가 크다.
㉰ 파괴되면 작은 알갱이로 분산된다.
㉱ 절단 가공이 쉽다.

382. ㉰ 383. ㉯ 384. ㉰
385. ㉱

386 2007년 5회 시행

경화유리에 대한 설명 중 옳지 않은 것은?

㉮ 강도가 보통유리의 5배 정도이다.
㉯ 파괴 시 작은 파편이 되어 분쇄된다.
㉰ 열처리를 한 후에는 가공 절단이 불가능하다.
㉱ 2매의 판유리 사이에 비닐계 플라스틱의 인공수지막을 끼워 고온·고압으로 접착시킨 것이다.

387 2008년 1회 시행

다음 중 시공현장에서 절단 가공할 수 없는 유리는?

㉮ 보통판유리 ㉯ 무늬유리 ㉰ 망입유리 ㉱ 강화유리

388 2000년 1월 30일 시행

2장 또는 3장의 유리를 일정한 간격을 두고 결합하는데 둘레에는 틀을 끼워 내부는 기밀하게 하고 건조 공기를 넣어 방서, 단열, 방음용으로 쓰이는 유리는?

㉮ 강화유리 ㉯ 합유리 ㉰ 이중유리 ㉱ 방탄유리

389 2003년 10월 5일 시행

2장 또는 3장의 유리를 일정한 간격을 두고 둘레에는 틀을 끼워서 내부를 기밀로 만들고 여기에 건조공기를 넣거나 진공 또는 특수가스를 넣은 것으로 결로방지, 방음 및 단열 효과가 있는 유리는?

㉮ 스테인드 글라스 ㉯ 강화판 유리
㉰ 복층유리 ㉱ 열선흡수 유리

390 2001년 7월 22일 시행

복층유리(pair glass)의 특징으로 틀린 것은?

㉮ 흡음 ㉯ 단열 ㉰ 결로방지 ㉱ 방음

386.㉱ 387.㉱ 388.㉰
389.㉰ 390.㉮

391 2004년 2월 1일 시행

패어글라스(pair glass)의 주된 사용 목적은?

㉮ 건물의 경량화
㉯ 광선의 투과율 차단
㉰ 유리의 착색
㉱ 단열 및 방음

392 2006년 1회 시행

페어글라스라고도 불리우며 단열성, 차음성이 좋고 결로 방지에 효과적인 유리제품은?

㉮ 접합유리
㉯ 강화유리
㉰ 무늬유리
㉱ 복층유리

393 2006년 4회 시행

페어글라스(pair glass)라고도 불리우며 단열성, 차음성이 좋고 결로 방지에 효과적인 유리 제품은?

㉮ 강화유리
㉯ 복층유리
㉰ 열선흡수유리
㉱ 스테인드글라스

394 2007년 4회 시행

다음 중 결로 방지용으로 가장 알맞은 유리는?

㉮ 접합유리
㉯ 강화유리
㉰ 망입유리
㉱ 복층유리

395 1998년 9월 27일 시행

도난방지와 파손 시 파편을 막을 수 있는 유리는?

㉮ 서리유리
㉯ 자외선 투과유리
㉰ 망입유리
㉱ 후판유리

391.㉱ 392.㉱ 393.㉯
394.㉱ 395.㉰

396 2004년 7월 18일 시행

유리 성분에 산화 금속류의 착색제를 넣은 것으로 스테인드글라스의 제작에 사용되는 유리 제품은?

㉮ 색유리　　㉯ 복층유리
㉰ 강화판유리　　㉱ 망입유리

397 2001년 1월 21일 시행, 2003년 1월 26일 시행

유리에 함유되어 있는 성분 가운데 자외선을 차단하는 주성분인 것은?

㉮ 황산나트륨($NaSO_4$)　　㉯ 탄산나트륨(Na_2CO_3)
㉰ 석회석($CaCO_3$)　　㉱ 산화제2철(Fe_2O_3)

398 2003년 10월 5일 시행

유리가 자외선을 차단하는 것은 유리에 함유된 성분 중 어느 것 때문인가?

㉮ 붕산(H_3BO_3)　　㉯ 산화 제1철(FeO)
㉰ 산화 제2철(Fe_2O_3)　　㉱ 연단(Pb_3O_4)

399 2006년 5회 시행

자외선의 화학작용을 방지할 목적으로 의류품의 진열청 식품이나 약품의 창고 등에 사용되는 유리는?

㉮ 자외선 차단유리　　㉯ 열선 흡수유리
㉰ 열선 반사유리　　㉱ 자외선 투과유리

400 1999년 7월 25일 시행

유리제품 중 단열유리라고 불리어지는 유리는 무엇인가?

㉮ 자외선 흡수유리　　㉯ 열선 흡수유리
㉰ 지외선 투과유리　　㉱ 색유리

396.㉮ 397.㉱ 398.
399.㉮ 400.㉯

401 2005년 7월 17일 시행

단열유리라고도 하며 철, 니켈, 크롬 등이 들어 있는 유리로서 담청색을 띠고 태양광선 중에 장파부분을 흡수하는 유리는?

㉮ 열선 흡수유리 ㉯ 열선 반사유리
㉰ 자외선 투과유리 ㉱ 자회선 차단유리

402 2007년 1회 시행

철, 니켈, 크롬 등이 들어 있는 유리로서 서향일광을 받는 창에 사용되며 단열유리라고도 불리우는 것은?

㉮ 열선반사유리 ㉯ 자외선투과유리
㉰ 열선흡수유리 ㉱ 자외선흡수유리

403 2004년 10월 10일 시행

속이 빈 상자 모양의 유리 2개를 맞대어 저압 공기를 넣고 녹여 붙인 것으로 방음 보온효과가 크며 장식 효과도 얻을 수 있는 유리 제품은?

㉮ 유리 블록 ㉯ 자외선투과유리
㉰ 폼글라스 ㉱ 유리섬유

404 2000년 10월 8일 시행

지하실창 또는 옥상의 천장 채광용으로 가장 적당한 유리 제품은?

㉮ 폼글라스(Form glass) ㉯ 프리즘 타일(Prism tile)
㉰ 글라스 블록(Glass block) ㉱ 글라스 울(Glass wool)

405 2001년 1월 21일 시행

기포유리(Foam glass)의 특성 중 옳지 않은 것은?

㉮ 보온성이 좋다. ㉯ 방음성이 좋다.
㉰ 탄성이 좋다. ㉱ 투광률이 좋다.

401.㉮ 402.㉰ 403.㉮
404.㉯ 405.㉱

406 2005년 1월 30일 시행, 2008년 5회 시행

각종 색유리의 작은 조각을 도안에 맞추어 절단해서 조합하여 모양을 낸 것으로 상당의 창, 상업건축의 장식용으로 사용되는 것은?

㉮ 접합유리
㉯ 스테인드글라스
㉰ 복층유리
㉱ 유리블록

407 2008년 4회 시행

각종 유리제품의 용도 및 특징에 관한 기술 중 옳은 것은?

㉮ 프리즘 타일(prism-tile) : 입사광선을 확산 또는 집중시킬 목적으로 지하실 또는 옥상의 채광용으로 사용
㉯ 폼글라스(foam glass) : 보온 및 방음성이 좋고, 음향조절에 이용, 투광률 90%
㉰ 유리섬유(glass wool) : 전기절연성이 작고 특히 인장강도가 작음
㉱ 유리블록(glass block) : 장식 및 보온 방음벽에 이용, 투광률이 전혀 없음

미장재료

■ 미장재료의 분류 ■

408 2007년 1회 시행

다음 미장재료 중 응결 경화 방식이 기경성이 아닌 것은?

㉮ 석고 플라스터
㉯ 회반죽
㉰ 회사벽
㉱ 돌로마이터 플라스터

409 2003년 7월 20일 시행

킨스시멘트(Keene's cement)는 어느 것을 말하는가?

㉮ 경석고 플라스터
㉯ 시멘트 모르타르
㉰ 돌로마이트 플라스터
㉱ 마그네샤 시멘트

406. ㉯ 407. ㉮ 408. ㉮
409. ㉮

410 2000년 3월 26일 시행

물만으로 비비면 경화되지 않아 간수를 넣어 주는 것은?

㉮ 회반죽 ㉯ 마그네시아 시멘트
㉰ 실리카 시멘트 ㉱ 석고 플라스터

411 2002년 7월 21일 시행

건축재료 중 물로 비비면 경화가 잘 되지 않아 간수를 넣어 주는 것은?

㉮ 회반죽 ㉯ 실리카시멘트
㉰ 석고플라스타 ㉱ 마그네시아시멘트

■ 미장재료의 구성 ■

412 2008년 1회 시행

미장재료의 구성 재료 중 그 자신이 물리적 또는 화학적으로 고체화하여 미장바름의 주체가 되는 재료는?

㉮ 골재 ㉯ 혼화재
㉰ 보강재 ㉱ 결합재

413 2000년 1월 30일 시행, 2008년 5회 시행

회반죽 바름이 공기 중에서 경화하는데 필요한 것은?

㉮ 탄산가스 ㉯ 수소
㉰ 질소 ㉱ 산소

414 2003년 1월 26일 시행

회반죽은 공기 중에서 경화하는데 어느 것의 작용을 받는가?

㉮ 공기 중의 산소 ㉯ 공기 중의 탄산가스
㉰ 공기 중의 질소 ㉱ 수중의 산소

410. ㉯ 411. ㉱ 412. ㉱
413. ㉮ 414. ㉯

415 2007년 4회 시행

미장재료 중 회반죽은 공기 중의 무엇과 반응하여 경화하는가?

㉮ 이산화탄소　㉯ 수소
㉰ 산소　㉱ 질소

416 2000년 5월 21일 시행

미장재료에 관한 설명 중 옳지 않은 것은?

㉮ 진흙은 기경성이다.　㉯ 석고는 기경성이다.
㉰ 시멘트는 수경성이다.　㉱ 석회는 기경성이다.

416
석고는 수경성이다.

417 2003년 7월 20일 시행

미장재료의 경화작용에 관한 기술 가운데 틀린 것은?

㉮ 돌로마이트 플라스터는 물과 화학반응을 일으켜 경화한다.
㉯ 회반죽은 공기 중의 탄산가스와 화학반응을 일으켜 경화한다.
㉰ 석고플라스터는 물과 화학반응을 일으켜 경화한다.
㉱ 시멘트 모르타르는 물과 화학반응을 일으켜 경화한다.

418 2002년 10월 6일 시행

미장마름재료 중에서 수경성인 것은?

㉮ 진흙　㉯ 소석회
㉰ 돌로마이트 플라스터　㉱ 소석고

419 2004년 7월 18일 시행

다음 중 물과 화학반응을 일으켜 경화하는 수경성 재료는?

㉮ 포틀랜드 시멘트　㉯ 돌로마이트 플라스터
㉰ 소석회　㉱ 석회크림

415. ㉮ 416. ㉯ 417. ㉮
418. ㉱ 419. ㉮

420 2005년 1월 30일 시행

미장재료에 대한 설명 중 옳은 것은?

㉮ 회반죽에 석고를 약간 혼합하면 경화속도, 강도가 감소하며 수축균열이 증대된다.
㉯ 미장재료는 단일재료로서 사용되는 경우보다 주로 복합재료로서 사용된다.
㉰ 결합재에는 여물 풀 등이 있으며 자신을 직접고체화에 관계하지 않는다.
㉱ 시멘트 모르타르는 기경성 미장재료로서 내구성 및 강도가 크다.

421 2005년 7월 17일 시행

다음 중 미장재료가 아닌 것은?

㉮ 석고 ㉯ 시멘트 ㉰ 소석회 ㉱ 포졸란

422 2007년 5회 시행

다음 미장재료 중 수경성 재료는?

㉮ 회사벽 ㉯ 돌로마이트 플라스터
㉰ 회반죽 ㉱ 시멘트 모르타르

423 2007년 5회 시행

미장용 혼합재료 중 응결시간을 단축시키는 것을 목적으로 하는 급결제에 속하는 것은?

㉮ 기본블랙 ㉯ 점토 ㉰ 아산화망간 ㉱ 염화칼슘

424 2008년 5회 시행

미장재료에 여물을 첨가하는 이유로 가장 적절한 것은?

㉮ 방수효과를 높이기 위해 ㉯ 균열을 방지하기 위해
㉰ 착색을 위해 ㉱ 수화반응을 촉진하기 위해

420. ㉯ 421. ㉱ 422. ㉱
423. ㉱ 424. ㉯

■ 여러 가지 미장 바름 ■

425 1998년 3월 8일 시행, 2001년 1월 21일 시행

회반죽에 여물을 넣은 이유는?

㉮ 균열을 방지하기 위하여　　㉯ 점성을 높이기 위하여
㉰ 경화를 촉진하기 위하여　　㉱ 경도를 높이기 위하여

426 2001년 4월 29일 시행

회반죽 바름에서 여물을 넣는 주된 이유는?

㉮ 균열을 방지하기 위해　　㉯ 점성을 높이기 위해
㉰ 경화속도를 높이기 위해　　㉱ 경도 높이기 위해

427 2007년 5회 시행

미장재료 중 회반죽에 여물을 혼합하는 가장 주된 이유는?

㉮ 변색을 방지하기 위해서
㉯ 균열을 분산, 경감하기 위해서
㉰ 경도를 크게 하기 위해서
㉱ 굳는 속도를 빠르게 하기 위해서

428 2001년 7월 22일 시행

회반죽에 쓰이지 않는 재료는?

㉮ 소석회　　㉯ 여물　　㉰ 종석　　㉱ 해초풀

429 2008년 1회 시행

소석회에 모래, 해초풀, 여물 등을 혼합하여 바르는 미장재료로서 목조바탕, 콘크리트 블록 및 벽돌 바탕 등에 사용되는 것은?

㉮ 돌로마이트 플라스터　　㉯ 회반죽
㉰ 석고 플라스터　　㉱ 시멘트 모르타르

425.㉮ 426.㉮ 427.㉯
428.㉰ 429.㉯

430 1998년 9월 27일 시행, 2000년 10월 8일 시행

돌로마이트 석회에 대한 설명으로 옳지 않은 것은?

㉮ 소석회보다 비중이 크고 굳으면 강도도 크다.
㉯ 점성이 높아 풀을 넣을 필요가 없다.
㉰ 냄새가 나며 곰팡이가 잘생기고 변색될 염려가 있다.
㉱ 건조수축이 커서 균열이 생기기 쉬우며 물에 약한 결점이 있다.

431 2008년 4회 시행

돌로마이트 석회에 관한 다음 설명 중 옳지 않은 것은?

㉮ 회반죽에 비해 조기강도 및 최종 강도가 크다.
㉯ 소석회에 비해 점성이 높고 작업성이 좋다.
㉰ 점성이 거의 없어 해초풀로 반죽한다.
㉱ 수축 균열이 많이 발생한다.

432 1999년 7월 25일 시행, 2001년 10월 14일 시행

돌로마이트 플라스터에 관한 기술 중 옳지 않은 것은?

㉮ 표면경도가 소석회보다 크다.
㉯ 가소성이 커서 해초풀이 필요 없다.
㉰ 수축률이 회반죽보다 작다.
㉱ 기경성이다.

433 2005년 7월 17일 시행

돌로마이트 플라스터에 대한 설명 중 옳지 않은 것은?

㉮ 소석회보다 점성이 작다.
㉯ 풀이 필요 없다.
㉰ 변색, 냄새, 곰팡이가 없다.
㉱ 분말도가 미세한 것이 시공이 용이하다.

430. ㉰ 431. ㉰ 432. ㉰
433. ㉮

434 2001년 4월 29일 시행

돌로마이트 플라스터에 관한 기술 중 옳은 것은?

㉮ 응결이 느린 미장재료이다.
㉯ 점성이 큰 재료이다.
㉰ 여물이나 풀을 필요로 한다.
㉱ 유성페인트를 칠할 수 있다.

435 2006년 5회 시행

미장재료 중 돌로마이트 플라스터에 대한 설명으로 옳지 않은 것은?

㉮ 수축 균열이 발생하기 쉽다.
㉯ 소석회에 비해 작업성이 좋다.
㉰ 점도가 없어 해초풀로 반죽한다.
㉱ 공기 중의 탄산가스와 반응하여 경화한다.

436 2004년 7월 18일 시행, 2006년 1회 시행

석고 플라스터에 대한 설명으로 옳지 않은 것은?

㉮ 점성이 작아서 여물 또는 해초 등을 원칙적으로 사용하여야 한다.
㉯ 경화·건조시 치수안정성이 우수하다.
㉰ 결합수로 인하여 방화성이 크다.
㉱ 유성페인트 마감이 가능하다.

437 2006년 1회 시행

다음 미장재료 중 균열 발생이 가장 적은 것은?

㉮ 돌로마이트 플라스터 ㉯ 석고 플라스터
㉰ 회반죽 ㉱ 시멘트 모르타르

434.㉯ 435.㉰ 436.㉮
437.㉯

■ 기타 ■

438 2006년 4회 시행

다음의 석고보드에 대한 설명 중 옳지 않은 것은?

㉮ 방부성, 방화성이 크다.
㉯ 팽창 및 수축의 변형이 크다.
㉰ 흡수로 인해 강도가 현저하게 저하된다.
㉱ 유성페인트로 마감할 수 있다.

439 2007년 4회 시행

석고보드에 대한 설명으로 옳지 못한 것은?

㉮ 방부성, 방화성이 크다.
㉯ 흡수로 인한 강도의 변화가 없다.
㉰ 열전도율이 작고 난연성이다.
㉱ 가공이 쉬우며, 유성페인트로 마감할 수 있다.

440 2008년 4회 시행

석고보드에 대한 다음 설명 중 옳지 않은 것은?

㉮ 부식이 안 되고 충해를 받지 않는다.
㉯ 팽창 및 수축의 변형이 크다.
㉰ 흡수로 인해 강도가 현저하게 저하된다.
㉱ 단열성이 높다.

방수재료

441 2004년 7월 18일 시행

다음 중 아스팔트의 품질을 판별하는 기준과 가장 관계가 먼 것은?

㉮ 연화점 ㉯ 마모도
㉰ 침입도 ㉱ 인화점

438. ㉯ 439. ㉯ 440. ㉯
441. ㉱

442 2005년 7월 17일 시행

아스팔트나 피치처럼 가열하면 연화하고, 벤젠·알코올 등의 용제에 녹는 흑갈색의 점성질 반고체의 물질로 도로의 포장, 방수재, 방진재로 사용되는 것은?

㉮ 도장재료 ㉯ 미장재료
㉰ 역청재료 ㉱ 합성수지재료

■ 천연 아스팔트 ■

443 2008년 4회 시행

다음 중 석유계 아스팔트가 아닌 천연 아스팔트에 해당하는 것은?

㉮ 레이크 아스팔트
㉯ 스트레이트 아스팔트
㉰ 블론 아스팔트
㉱ 용제추출 아스팔트

■ 석유 아스팔트 ■

444 2000년 3월 26일 시행

아스팔트 방수층을 만들 때 콘크리트 바탕에 제일 먼저 사용하는 재료는?

㉮ 아스팔트 펠트 ㉯ 아스탈트 루핑
㉰ 블론 아스팔트 ㉱ 아스팔트 프라이머

445 2004년 2월 1일 시행

아스팔트를 용제에 녹인 액상으로서 아스팔트 방수의 바탕 처리재로 사용되는 것은?

㉮ 아스팔트 펠트 ㉯ 아스팔트 루핑
㉰ 아스팔트 프라이머 ㉱ 아스팔트 싱글

442.㉰ 443.㉮ 444.㉱
445.㉰

446 2007년 4회 시행

다음 중 아스팔트 방수층을 만들 때 콘크리트 바탕에 제일 먼저 사용되는 것은?

㉮ 아스팔트 프라이머　　㉯ 아스팔트 펠트
㉰ 스트레이트 아스팔트　　㉱ 아스팔트 루핑

447 2008년 1회 시행

블론 아스팔트를 휘발성 용제로 희석한 흑갈색의 액체로서 콘크리트, 모르타르 바탕에 아스팔트 방수층 또는 아스팔트타일 붙이기 시공을 할 때에 사용되는 초벌용 도료는?

㉮ 아스팔트 프라이머　　㉯ 타르
㉰ 아스팔트 펠트　　㉱ 아스팔트 루핑

448 2008년 5회 시행

다음 중 아스팔트 방수층을 만들 때 콘크리트 바탕에 제일 먼저 사용되는 것은?

㉮ 아스팔트 프라이머　　㉯ 아스팔트 펠트
㉰ 아스팔트 컴파운드　　㉱ 아스팔트 루핑

449 2000년 10월 8일 시행, 2001년 7월 22일 시행

석유계 아스팔트로서 연화점이 높아 옥상의 아스팔트 방수 등에서 많이 이용되는 아스팔트의 종류는?

㉮ 스트레이트 아스팔트(Straight asphalt)
㉯ 블로운 아스팔트(Blown asphalt)
㉰ 레이크 아스팔트(Lake asphalt)
㉱ 록 아스팔트(Rock asphalt)

446. ㉮　447. ㉮　448. ㉮
449. ㉯

450 2007년 5회 시행

블록 아스팔트의 성능을 개량하기 위해 동식물성 유지와 광물질 분말을 혼합한 것으로 일반지붕 방수공사에 이용되는 것은?

㉮ 아스팔트 유제 ㉯ 아스팔트 펠트
㉰ 아스팔트 루핑 ㉱ 아스팔트 컴파운드

■ 아스팔트 제품 ■

451 2000년 10월 8일 시행, 2002년 10월 6일 시행

목면, 마사, 양모, 폐지 등을 혼합하여 만든 원지에 스트레이트 아스팔트를 침투시킨 두루마리 제품 이름은?

㉮ 아스팔트 루핑 ㉯ 아스팔트 싱글
㉰ 아스팔트 펠트 ㉱ 아스팔트 시트

452 2004년 10월 10일 시행

아스팔트의 용도로서 가장 적합하지 못한 것은?

㉮ 도로포장 재료 ㉯ 녹막이 재료
㉰ 방수재료 ㉱ 보온, 보냉 재료

합성수지

■ 일반적인 성질 ■

453 2007년 4회 시행

합성수지의 일반적인 성질에 대한 설명 중 틀린 것은?

㉮ 가소성이 크다.
㉯ 전성 및 연성이 크다.
㉰ 내화, 내열성이 부족하다.
㉱ 착색이 자유롭고 투수성이 크다.

450.㉱ 451.㉰ 452.㉱
453.㉱

454 1998년 3월 8일 시행, 2000년 3월 26일 시행, 2001년 10월 14일 시행

보통 F.R.P판으로 알려져 있는 플라스틱 제품을 만드는 열경화성수지는?

㉮ 폴리에스테르수지 ㉯ 페놀수지
㉰ 염화비닐수지 ㉱ 폴리에틸렌수지

455 2004년 10월 10일 시행

유리섬유로 보강한 섬유보강 플라스틱으로서 일명 F.R.P라 불리는 제품을 만드는 합성수지는?

㉮ 아크릴수지 ㉯ 폴리에스테르수지
㉰ 실리콘수지 ㉱ 에폭시수지

456 2006년 4회 시행

열경화성수지 중 건축용으로 글라스섬유로 강화된 평판 또는 판상제품으로 주로 사용되는 것은?

㉮ 아크릴수지 ㉯ 폴리에스테르수지
㉰ 염화비닐수지 ㉱ 폴리에틸렌수지

457 2003년 7월 20일 시행

다음 중 열경화성수지가 아닌 것은?

㉮ 페놀수지 ㉯ 요소수지
㉰ 멜라민수지 ㉱ 폴리스티렌수지

458 2004년 2월 1일 시행

다음 합성수지 중 내열성이 가장 좋은 것은?

㉮ 실리콘수지 ㉯ 페놀수지
㉰ 염화비닐수지 ㉱ 멜라민수지

454. ㉮ 455. ㉯ 456. ㉯
457. ㉱ 458. ㉮

459 2003년 10월 5일 시행

내열성, 내한성이 우수한 수지로 －60～260℃의 범위에서는 안정하고 탄성을 가지며 내후성 및 내화학성 등이 아주 우수하기 때문에 접착제, 도료로서 주로 사용되는 수지는?

㉮ 페놀수지 ㉯ 멜라민수지
㉰ 실리콘수지 ㉱ 염화비닐수지

460 2004년 7월 18일 시행

열경화성수지로 전기통신 기자재류에 주로 사용되며 건축용으로는 내수합판의 접착제 등으로 사용되는 것은?

㉮ 염화비닐수지 ㉯ 페놀수지
㉰ 폴리에틸렌수지 ㉱ 아크릴수지

461 2004년 10월 10일 시행

열경화성수지에 해당하는 것은?

㉮ 멜라민수지 ㉯ 염화비닐수지
㉰ 메타크릴수지 ㉱ 폴리에틸렌수지

462 2007년 1회 시행

다음 중 열경화성수지는?

㉮ 염화비닐수지 ㉯ 폴리스티렌수지
㉰ 요소수지 ㉱ 아크릴수지

■ 합성수지 제품 ■

463 2001년 1월 21일 시행

내산, 내알칼리, 내수성이 좋은 접착제로서 특히 금속접착에 적당하여 항공기재의 접착에 이용되는 것은?

㉮ 에폭시수지 접착제 ㉯ 실리콘수지 접착제
㉰ 푸란수지 접착제 ㉱ 멜라민수지 접착제

459.㉰ 460.㉯ 461.㉮
462.㉰ 463.㉮

464 2001년 7월 22일 시행

금속재의 접합에 적당한 합성수지 접착제는?

㉮ 페놀수지접착제 ㉯ 멜라민수지 접착제
㉰ 에폭시수지 접착제 ㉱ 요소수지 접착제

465 2002년 7월 21일 시행

내수성 및 내열성이 뛰어나므로 200℃ 정도의 온도에서 오랜 시간 노출되더라도 접착력이 떨어지지 않는 접착제는?

㉮ 페놀수지 접착제 ㉯ 실리콘수지 접착제
㉰ 네오프렌 접착제 ㉱ 요소수지 접착제

466 2003년 10월 5일 시행

순백색 또는 투명한 흰색으로 내수성이 크며 열에 대하여 안정성이 있지만, 금속, 고무, 유리의 접합용으로는 부적당한 접착제는?

㉮ 페놀수지 접착제 ㉯ 에폭시수지 접착제
㉰ 멜라민수지 접착제 ㉱ 아크릴수지 접착제

도장재료

467 2003년 1월 26일 시행

도료가 가지는 성능으로 틀린 것은?

㉮ 물체의 보호 성능
㉯ 물체의 방식 성능
㉰ 물체의 색채와 미장의 기능
㉱ 물체의 가공 기능

464. ㉰ 465. ㉯ 466. ㉰
467. ㉱

■ 페인트 ■

468 2006년 1회 시행

다음 중 유성페인트에 대한 설명으로 옳지 않은 것은?

㉮ 건조시간이 짧다.
㉯ 내알칼리성이 떨어진다.
㉰ 붓바름작업성 및 내후성이 뛰어나다.
㉱ 콘크리트에 정벌바름하면 피막이 부서져 떨어진다.

469 2006년 5회 시행

다음의 유성페인트에 관한 설명 중 옳지 않은 것은?

㉮ 내후성이 우수하다.
㉯ 붓바름작업성이 뛰어나다.
㉰ 모르타르, 콘크리트, 석회벽 등에 정벌바름하면 피막이 부서져 떨어진다.
㉱ 유성에나멜페인트와 비교하여 건조시간, 광택, 경도 등이 뛰어나다.

470 1999년 3월 28일 시행, 2002년 7월 21일 시행

합성수지 도료를 유성페인트와 비교한 설명이다. 옳지 않은 것은?

㉮ 건조시간이 빠르다.
㉯ 도막이 단단하다.
㉰ 내산, 내알칼리성이 적다.
㉱ 방화성이 크다.

471 1999년 3월 28일 시행

합성수지 니스에 대한 설명이다. 잘못된 것은?

㉮ 도막이 단단하다.
㉯ 건조가 느리다.
㉰ 광택이 있고 값이 싸다.
㉱ 목재부분 도장에 많이 쓰인다.

468. ㉮ 469. ㉱ 470. ㉰
471. ㉯

472 2006년 4회 시행

다음의 도료 중 내 알칼리성이 높아 모르타르나 콘크리트 벽 등에 사용이 가능한 것은?

㉮ 염화비닐수지도료　　㉯ 유성페인트
㉰ 유성바니시　　㉱ 알루미늄페인트

473 2008년 1회 시행

유성 바니시의 일반적인 성질에 대한 설명 중 틀린 것은?

㉮ 목재부 도장에 쓰인다.
㉯ 내후성이 작아 옥외에서는 별로 쓰이지 않는다.
㉰ 강인하나 내구, 내수성이 작다.
㉱ 무색 또는 담갈색의 투명 도료로서 광택이 있다.

474 2007년 4회 시행

목부에 사용되는 투명도료는?

㉮ 유성페인트　　㉯ 클리어래커
㉰ 래커에나멜　　㉱ 에나멜페인트

475 1998년 9월 27일 시행

도료에 관한 기술 중 부적당한 것은?

㉮ 유성페인트는 바탕의 재질을 감추어 버린다.
㉯ 바니시는 바탕의 재질을 그대로 나타낸다.
㉰ 광명은 목재의 방부도료로 적당하다.
㉱ 에나멜페인트의 도막은 견고하고 광택이 좋다.

476 1998년 9월 27일 시행

래커를 도장할 때 사용되는 희석제는?

㉮ 휘발유　　㉯ 테레빈유　　㉰ 석유　　㉱ 시너

472.㉮ 473.㉰ 474.㉯
475.㉰ 476.㉱

477 2000년 1월 30일 시행

다음 도료 중 가장 건조가 빠른 것은?

㉮ 유성바니쉬 ㉯ 수성페인트
㉰ 유성페인트 ㉱ 클리어래커

478 2000년 1월 30일 시행, 2001년 1월 21일 시행

물에 유성페인트, 수지성 페인트 등을 현탁시킨 유화액상 페인트로 바른 후 물은 고화(固化)되고 표면은 거의 광택이 없는 도막을 만드는 것은?

㉮ 에멀젼 도료 ㉯ 셀락
㉰ 종페인트 ㉱ 스파바니쉬

479 2001년 1월 21일 시행

주로 목재에 사용되어 목재의 무늬나 바탕의 특징을 잘 나타내는 마무리 도장 방법은?

㉮ 유성 페인트칠 ㉯ 에나멜칠
㉰ 클리어 래커칠 ㉱ 오일 스테인칠

480 2002년 10월 6일 시행

목재의 착색에 사용하는 도료 중 가장 적당한 것은?

㉮ 오일스테인 ㉯ 열단도료
㉰ 래커(lacqur) ㉱ 아스팔트 시이트

481 2008년 5회 시행

밤에 빛을 비추면 잘 볼 수 있도록 도로 표시판 등에 사용되는 도료는?

㉮ 방화 도료 ㉯ 에나멜 래커
㉰ 방청 도료 ㉱ 형광 도료

477.㉱ 478.㉮ 479.㉰
480.㉮ 481.㉱

■ 퍼티 및 코킹재 ■

482 2008년 5회 시행

유지 및 수지 등의 충전제를 혼합하여 만든 것으로 창유리를 끼우거나 도장 바탕을 고르는 데 사용하는 것은?

㉮ 형광 도료 ㉯ 에나멜 페인트
㉰ 퍼티 ㉱ 래커

접착제

483 2006년 4회 시행

급경성으로 내알칼리성 등의 내화학성이나 접착력이 크고 내수성이 우수하며 금속, 석재, 도자기, 글라스, 콘크리트, 플라스틱재 등의 접착에 사용되는 합성수지질 접착제는?

㉮ 페놀수지 접착제 ㉯ 에폭시수지 접착제
㉰ 멜라민수지 접착제 ㉱ 요소수지 접착제

단열재료

■ 기와 및 지붕 ■

484 1999년 7월 25일 시행

시멘트 기와이기도 하는 지붕의 물매는 최소 얼마 이상으로 하는가?

㉮ 2/10 ㉯ 3/10 ㉰ 4/10 ㉱ 5/10

484
시멘트 기와 잇기 지붕 물매의 최소한도 – 4/10(목구조에서)

485 2008년 5회 시행

평기와로 지붕잇기 공사를 하려면 지붕의 경사는 최소 얼마 이상으로 하는가?

㉮ 1/10 ㉯ 2/10 ㉰ 3/10 ㉱ 4/10

482. ㉰ 483. ㉯ 484. ㉰
485. ㉱

486 2003년 1월 26일 시행

평기와로 지붕잇기 공사를 하려면 지붕 물매는 최소 얼마 이상으로 하는가?

㉮ 2/10　　㉯ 3/10
㉰ 3.5/10　　㉱ 4/10

487 2001년 10월 14일 시행

지붕의 경사 등과 같이 물매가 큰 경우에 물매를 표시한 것이다. 적당한 것은?

㉮ 4/10　　㉯ 4/100
㉰ 4/50　　㉱ 1/100

488 2001년 1월 21일 시행

소형 슬레이트로 지붕이기 공사를 하려면 지붕 물매는 최소 얼마 이상으로 하는가?

㉮ 2/10　　㉯ 3/10
㉰ 3.5/10　　㉱ 5/10

489 2000년 10월 8일 시행, 2001년 7월 22일 시행

지붕이기 재료에서 물매의 최소한도로 부적당한 것은?

㉮ 평기와 : 4/10　　㉯ 슬레이트(소형) : 5/10
㉰ 아스팔트 루핑 : 3/10　　㉱ 슬레이트(대형) : 2/10

490 2000년 5월 21일 시행

지붕 물매에서 재료와 물매의 최소값으로 옳은 것은?

㉮ 평기와 : 3/10　　㉯ 슬레이트(대형) : 3/10
㉰ 금속판기와가락 : 2.5/10　　㉱ 아스팔트루우핑 : 3/10

486. ㉱　487. ㉮　488. ㉱
489. ㉱　490. ㉮

■ 벽지 ■

491 2008년 1회 시행

실을 뽑아 직기에 제직을 거친 벽지는?

㉮ 직물벽지 ㉯ 비닐벽지
㉰ 종이벽지 ㉱ 발포벽지

■ 기타 ■

492 1999년 7월 25일 시행, 2002년 7월 21일 시행

재료의 주용도로서 맞지 않는 것은?

㉮ 테라조 – 벽, 바닥의 수장재
㉯ 트래버틴 – 내벽 등의 수장재
㉰ 타일 – 내외벽, 바닥의 수장재
㉱ 테라코타 – 흡음재

493 2005년 7월 17일 시행

다음 중 재료들의 주용도가 옳게 연결되지 않은 것은?

㉮ 테라코타 : 구조재, 흡음재
㉯ 테라조 : 벽, 바닥면의 수장재
㉰ 트래버틴 : 내벽 등의 특수 수장재
㉱ 타일 : 내외벽, 바닥면의 수장재

494 2007년 5회 시행

재료의 주용도로서 맞지 않는 것은?

㉮ 테라조 – 바닥마감재
㉯ 트래버틴 – 특수실내장식재
㉰ 타일 – 내외벽, 바닥의 수장재
㉱ 테라코타 – 흡음재

491. ㉮ 492. ㉱ 493. ㉮
494. ㉱

495 1998년 9월 27일 시행

다음 재료 중 가장 내화적인 것은?

㉮ 화강암
㉯ 유리
㉰ 강철
㉱ 콘크리트

496 2001년 10월 14일 시행, 2000년 5월 21일 시행

흡수율이 가장 적은 것은?

㉮ 화강석
㉯ 대리석
㉰ 내화벽돌
㉱ 테라조

497 2001년 4월 29일 시행

열전도율이 가장 적은 재료는?

㉮ 유리
㉯ 대리석
㉰ 타일
㉱ 콘크리트

498 2001년 7월 22일 시행, 2002년 10월 6일 시행

상호 짝지어진 것 중 관련이 없는 것은?

㉮ 클링커타일 – 점토
㉯ 리그노이드 – 마그네샤
㉰ 킨스시멘트 – 석고
㉱ 테라조 – 퍼티

499 2000년 5월 21일 시행, 2002년 7월 21일 시행

다음 중 재료와 용도의 조합에서 옳지 않은 것은?

㉮ 광명단 – 방청제
㉯ 토분 – 눈메움제
㉰ 크레오소오트 – 용제
㉱ 오일스테인 – 착색제

495. ㉮ 496. ㉯ 497. ㉮
498. ㉱ 499. ㉰

500 2003년 1월 26일 시행

다음 재료의 용도와 조합에서 옳지 않은 것은?

㉮ 오일 스테인 – 착색제 ㉯ 시너 – 희석제
㉰ 크레오소트 – 용제 ㉱ 광명단 – 방청제

501 2004년 2월 1일 시행

다음 재료와 용도의 짝지움이 맞는 것은?

㉮ 광명단 – 방음제 ㉯ 회반죽 – 방수제
㉰ 카세인 – 접착제 ㉱ 아교 – 흡음제

502 2004년 7월 18일 시행

다음 중 건축재료와 그 품질을 판별하는 요소의 연결이 부적절한 것은?

㉮ 벽돌 – 압축강도, 흡수 ㉯ 타일 – 휨강도, 인장강도
㉰ 기와 – 흡수율, 휨강도 ㉱ 내화벽돌 – 내화도

503 2006년 1회 시행

다음 건축물의 용도와 바닥재료의 연결 중 적합하지 않은 것은?

㉮ 유치원의 교실 – 인조석 물갈기
㉯ 아파트의 거실 – 플로어링 블록
㉰ 병원의 수술실 – 전도성 타일
㉱ 사무소 건물의 로비 – 대리석

504 2007년 1회 시행

다음 중 단열재료에 대한 설명으로 옳지 않은 것은?

㉮ 열전도율이 높을수록 단열성능이 좋다.
㉯ 일반적으로 다공질의 재료가 많다.
㉰ 단열재료의 대부분은 흡음성도 뛰어나므로 흡음재료로서도 이용된다.
㉱ 섬유질 단열재는 겉보기 비중이 클수록 단열성이 좋다.

500. ㉰ 501. ㉰ 502. ㉱
503. ㉮ 504. ㉮

505 2007년 5회 시행

실(seal)재에 대한 설명으로 옳지 않은 것은?

㉮ 실(seal)재란 퍼티, 코킹, 실링재, 실런트 등의 총칭이다.

㉯ 건축물의 프리패브 공법, 커튼월 공법 등의 공장 생산화가 추진되면서 더욱 주목받기 시작한 재료이다.

㉰ 일반적으로 수밀, 기밀성이 풍부하지만, 접착력이 작아 창호, 조인트의 충전재료서는 부적당하다.

㉱ 목외에서 태양광선이나 풍우의 영향을 받아도 소기의 기능을 유지할 수 있어야 한다.

505. ㉰

Construction Materials

Chapter | 5

재료의 선정방법

재료선정의 기본적 사고방식 / 재료선택의 시스템화

1. 재료선정의 기본적 사고방식

건축재료의 합리적인 선정을 행하기 위해서는 다음의 3단계의 순서로 구체적인 방법을 사용해야 한다.

제1단계는 재료에 요구되는 성능을 분명히 하는 것이다. 건물에 요구되는 조건은 건축물의 용도, 건축되는 장소 등의 각종 조건에 따라 다르고, 이들 조건은 공학적, 경제적, 법률적, 사회적, 심리적, 기타 많은 측면이 있어 복잡하나 재료 선정이라는 입장에서 이 복잡한 조건을 가능한 조직적으로 정리할 필요가 있고, 이렇게 정리된 건물에 요구되는 조건으로부터 재료의 요구성능을 구할 필요가 있다.

제2단계는 위의 재료에 요구되는 성능에 대응하는 각 재료가 갖고 있는 성능을 분명히 하는 것이다. 이것은 종래의 건축재료 연구에서 가장 중점을 둔 부분이다. 그러나 건축재료에 요구되는 성능이 단순히 공학적인 측면뿐 아니라 기타 많은 측면을 갖고 있기 때문에 종래의 연구에서는 불충분한 점이 상당히 많고, 또한 이 부분의 재료의 진보, 신재료의 출현에 따라 항상 변화하는 점에서 해결해야 할 문제가 남아 있다.

제3단계는 제1단계에서 정리한 조건과 제2단계에서 밝혀진 재료의 성질로부터 최적 재료를 합리적으로 선택하고 결정하는 방법을 정하는 것이다.

각 단계의 문제를 해결하는 데는 다음과 같은 방법이 고려된다.

건축재료에 요구되는 조건을 구하는데 제1단계에서는 건축계획, 건축환경, 건축구조, 도시계획, 건축법규, 건축경제 등의 건축학 전방에 걸친 재료 및 시공 이외 분야의 연구성과를 이용하는 경우가 대부분으로, 이들 건축학의 다른 분야로부터 건축재료에 대한 요구조건에 관련이 있는 부분을 추출하여 계통적으로 조립한다. 제2단계에서는 종래의 건축재료 및 시공의 연구가 주역을 담당하나 이들 연구의 성과를 재료선정이라는 목적에 편리하도록 조립한다. 제3단계에서는 OR(operation research)과 같은 최적화 수법을 재료선정에 응용하여 최적재료를 합리적으로 선택하고 결정할 수 있는 과학적이고 논리적이 체계를 만든다.

2. 재료선택의 시스템화

재료선택의 순서는 여러 가지 형태나 프로세스가 고려될 수 있으나, 구법이나 성능이라는 비교적 객관적인 데이터에 기초를 두고, 자기의 설계구상에 부합되는 재료로서 선택하여 디자인이 양호한 것을 선택하는 사고방식이 보다 합리적이다. 설계내용이 다양화하고, 복잡한 형태나 기능을 가진 건축물을 구현화하기 위해서는 이를 위한 방법론으로서 재료선택 시스템의 확립을 도모하는 것은 의미있는 일이다.

ㄱ

ㅅ

ㅇ

ㅈ

ㅊ

ㅋ

ㅌ

ㅍ

ㅎ

A

B

C

D

E

F

G

H

U

V

W

X

Y

건축재료의 이해

2017년 3월 10일 제1판 1쇄 인쇄 | 2017년 3월 15일 제1판 1쇄 펴냄
지은이 김태곤 | **펴낸이** 류원식 | **펴낸곳** **청문각출판**

편집팀장 우종현 | **본문편집** 디자인이투이 | **표지디자인** 유선영
제작 김선형 | **홍보** 김은주 | **영업** 함승형·박현수·이훈섭 | **인쇄** 영프린팅 | **제본** 한진인쇄

주소 (10881) 경기도 파주시 문발로 116(문발동 536-2) | **전화** 1644-0965(대표)
팩스 070-8650-0965 | **등록** 2015. 01. 08. 제406-2015-000005호
홈페이지 www.cmgpg.co.kr | **E-mail** cmg@cmgpg.co.kr
ISBN 978-89-6364-318-2 (93540) | **값** 31,000원

* 잘못된 책은 바꿔 드립니다. * 저자와의 협의 하에 인지를 생략합니다.